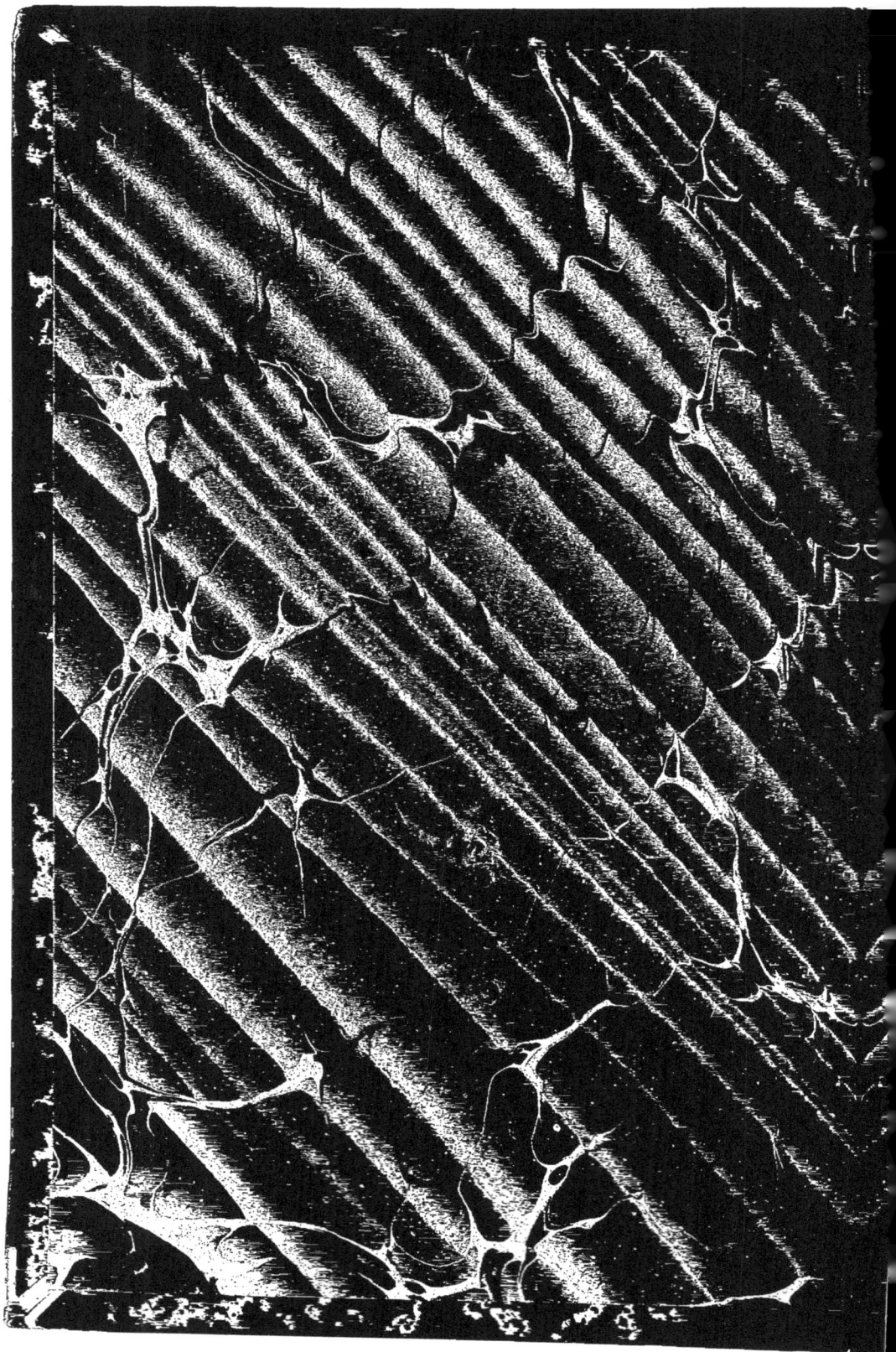

TRAITÉ

DES

MATIÈRES COLORANTES

ARTIFICIELLES

NOUVEAU TRAITÉ

DE

CHIMIE INDUSTRIELLE

à l'usage

DES CHIMISTES, DES INGÉNIEURS, DES INDUSTRIELS
DES FABRICANTS DE PRODUITS CHIMIQUES, DES AGRICULTEURS, DES ÉCOLES
D'ARTS ET MANUFACTURES ET D'ARTS ET MÉTIERS., ETC., ETC.

PAR R. WAGNER

Professeur de chimie industrielle à l'Université de Wurzbourg

ÉDITION FRANÇAISE PUBLIÉE D'APRÈS LA HUITIÈME ÉDITION ALLEMANDE

PAR LE Dʳ L. GAUTIER

2 BEAUX VOLUMES GRAND IN-8

FORMANT ENSEMBLE 1300 PAGES, AVEC 406 FIGURES DANS LE TEXTE

Prix : 20 francs.

Cet ouvrage, qui a en Allemagne un très-grand succès, doit la faveur dont il jouit à la position scientifique de l'auteur qui, désintéressé de toute participation spéculatrice à des entreprises industrielles, ne craint pas d'instruire le lecteur des procédés perfectionnés et récents qui appartiennent à des industries nouvelles.

L'ouvrage se divise en huit chapitres ; les trois premiers forment le premier volume, où l'on traite successivement de la métallurgie et des préparations métalliques. de l'extraction des sels de potasse et de l'acide azotique, de la préparation des corps explosifs, de l'extraction du sel, de la fabrication de la soude, de l'extraction du brome, de l'iode et du soufre, de la fabrication de l'acide sulfurique, du sulfure de carbone, de l'acide chlorhydrique et des chlorures décolorants, de la préparation de l'ammoniaque et des sels ammoniacaux, de la fabrication du savon. de l'extraction du borax et de l'acide borique, de la fabrication des aluns, de la préparation de l'outre-mer et de la technologie du verre, des poteries, du plâtre, de la chaux et des mortiers.

Le second volume contient les cinq autres chapitres, comprenant la technologie des fibres textiles animales et végétales, la fabrication du papier, du sucre, de l'amidon, du vin, de la bière, de l'alcool et du vinaigre ; la préparation du pain, la conservation du bois, la fabrication du tabac, les applications industrielles des huiles volatiles et des résines, le tannage des peaux ; la fabrication de la colle, du phosphore, des allumettes, du noir animal ; la préparation du beurre et du fromage, la conservation de la viande, la **teinture et l'impression des tissus**, avec l'**examen des matières colorantes**, et enfin les matières employées pour le chauffage et l'éclairage.

L'exécution typographique ne laisse rien à désirer, et aux gravures déjà nombreuses qui se trouvaient dans l'édition originale nous avons cru devoir en ajouter encore un certain nombre, afin de rendre au lecteur l'intelligence du texte plus facile.

CORBEIL, typ. et ster. de CRÉTÉ FILS.

TRAITÉ

DES

MATIÈRES COLORANTES

ARTIFICIELLES

DÉRIVÉES DU GOUDRON DE HOUILLE

PAR

P. BOLLEY ET E. KOPP

Professeurs de Chimie industrielle à l'École polytechnique de Zurich

TRADUIT DE L'ALLEMAND

ET AUGMENTÉ DES TRAVAUX LES PLUS RÉCENTS

PAR LE

Dr L. GAUTIER

AVEC 26 FIGURES DANS LE TEXTE

PARIS

LIBRAIRIE F. SAVY

24, RUE HAUTEFEUILLE, 24

1874

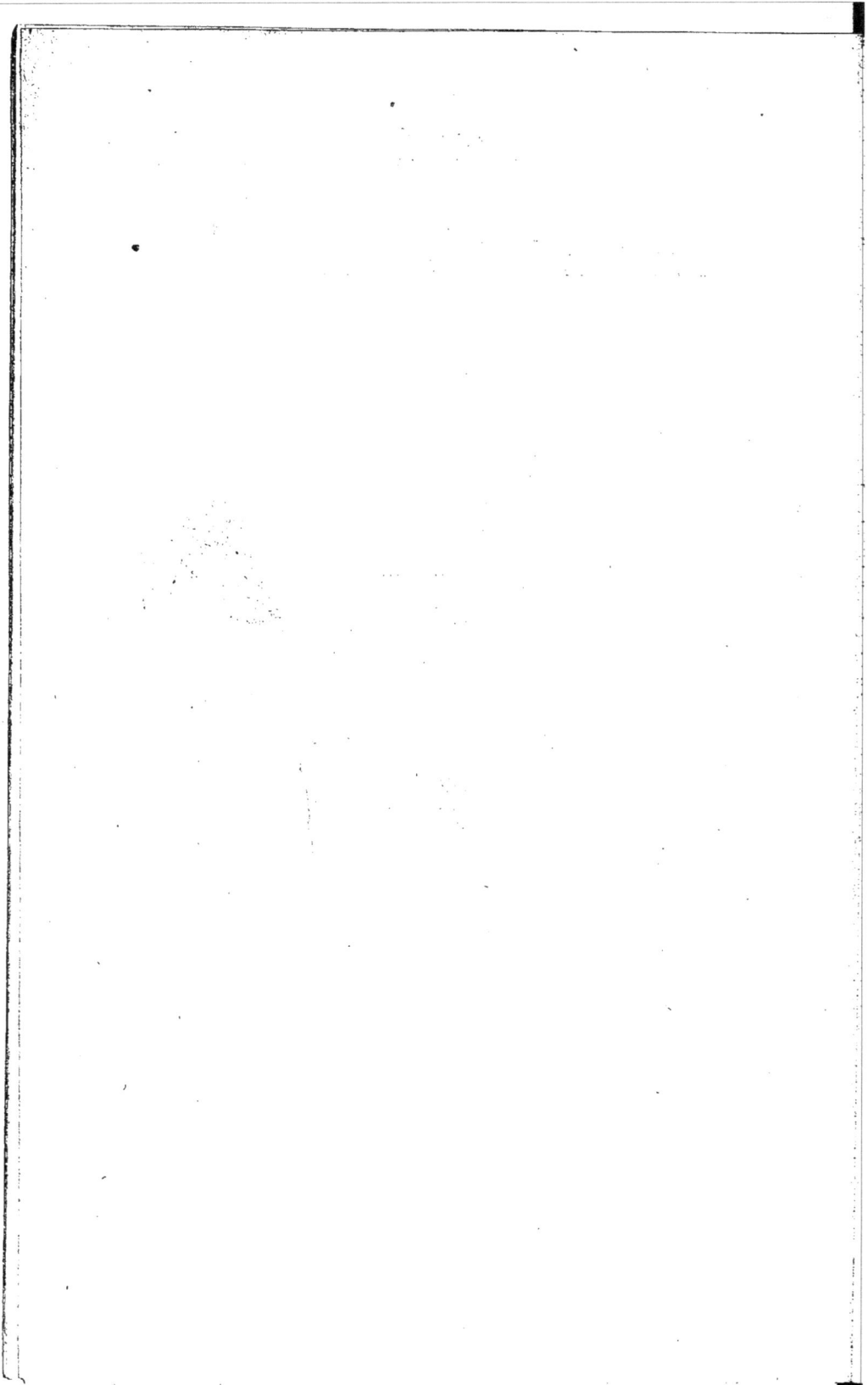

PRÉFACE

L'ouvrage que nous présentons au public est principalement l'œuvre du regrettable professeur Bolley.

Si déjà les nombreuses publications antérieures de *M. Bolley* se distinguent par l'excellence de la méthode, par la clarté de l'exposition et par le talent de condenser en peu de lignes une masse de faits et de données scientifiques, on peut bien dire que ces qualités éminentes du professeur et de l'écrivain se trouvent, mais à un degré encore supérieur, dans cet ouvrage, qui fut sa dernière œuvre.

En effet, *M. Bolley* mourut subitement au mois d'août 1870, peu de temps après l'apparition du fascicule renfermant les

Matières colorantes artificielles dérivées du goudron de houille, et spécialement les couleurs de l'acide phénique et de l'aniline, et c'est à moi qu'échut la tâche très-difficile, mais aussi bien honorable, de compléter l'œuvre de mon beau-père et prédécesseur dans la chaire de chimie technologique à l'École polytechnique fédérale de Zurich.

Ce complément devait naturellement renfermer les autres matières colorantes artificielles dérivées de la naphtaline, de l'anthracène, de l'acide urique, de la chinoline, de l'aloès et de quelques autres substances appartenant à la série aromatique.

La science et l'industrie des couleurs d'aniline ayant progressé depuis 1870, il était encore devenu nécessaire de compléter ce qu'en avait dit *M. Bolley ;* il fallait mettre la publication à la hauteur de l'époque actuelle et y insérer les faits nouveaux qui s'étaient principalement fait remarquer à l'Exposition universelle de Vienne en 1873. M. le docteur *L. Gautier* a entrepris et mené à bonne fin la tâche de traduire en français le texte allemand, en coordonnant et mettant dans leurs lieu et place toutes les additions et corrections, dont un grand nombre sont dues à sa propre initiative.

Il en est résulté un *Traité des matières colorantes artificielles* méthodiquement arrangé, qui, dans un nombre de pages pas trop considérable, contient cependant tout ce qui est essentiel et qui, nous l'espérons, recevra un accueil favorable de la part des industriels et des hommes de science.

E. KOPP,

Docteur ès sciences, Pharmacien de 1re classe, Professeur de chimie technologique à l'Ecole polytechnique de Zurich, Commandeur de la Couronne d'Italie, Chevalier de la Légion d'honneur, etc., etc.

ZURICH, Novembre 1873.

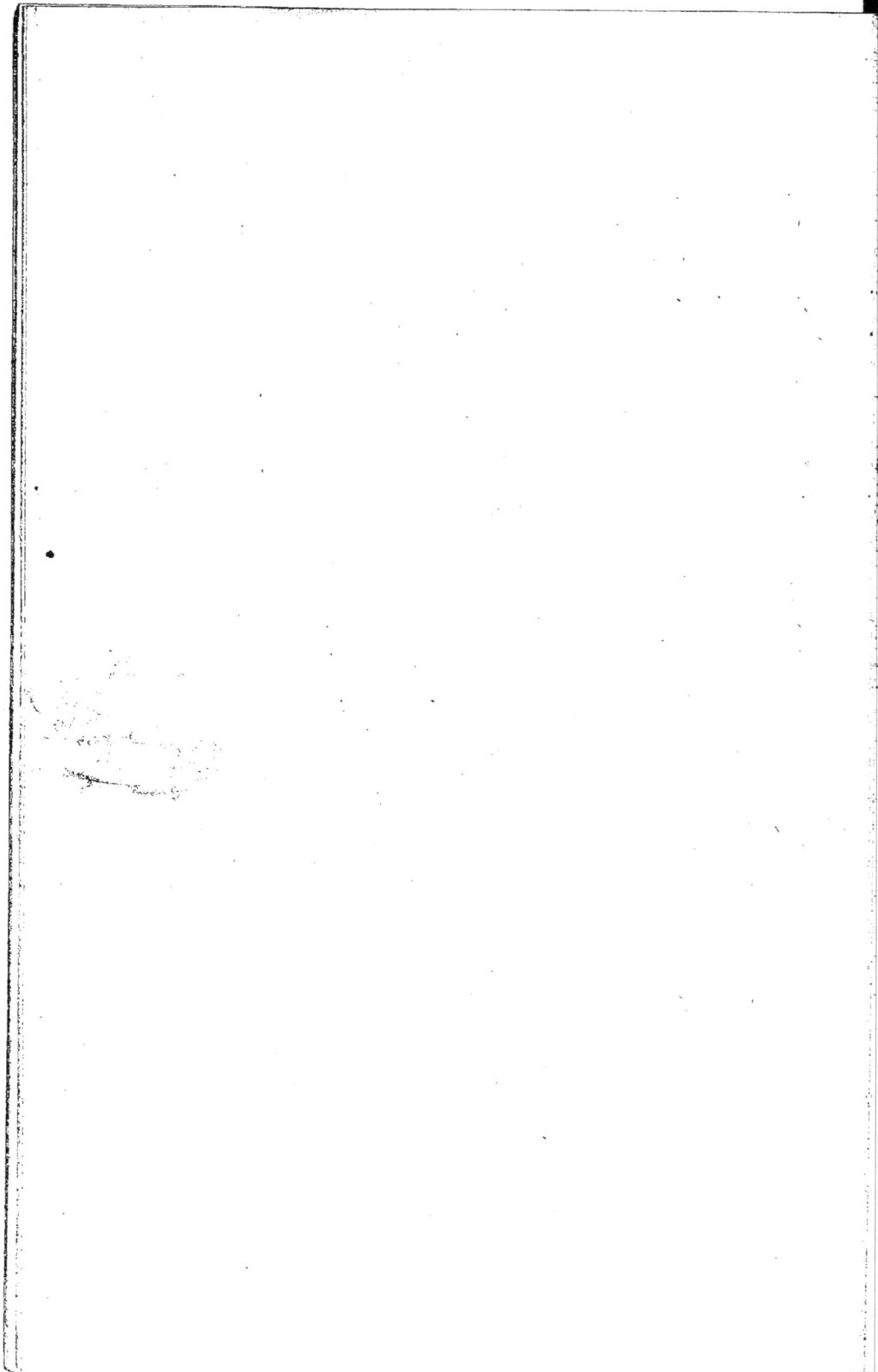

TRAITÉ

DES

MATIÈRES COLORANTES ARTIFICIELLES

DÉRIVÉES DU GOUDRON DE HOUILLE

CHAPITRE PREMIER

DU GOUDRON ET DE SA RECTIFICATION.

Dans la distillation sèche des corps organiques il se forme toujours un grand nombre de produits très-différents. Le plus petit nombre d'entre eux se trouvent tout formés, préexistent dans la matière qui a été soumise à la distillation ; ils prennent plutôt naissance uniquement sous l'influence des hautes températures. Si la diversité des produits de la distillation est aussi grande, c'est surtout parce que l'espace, où la matière brute est exposée à une haute température, n'est pas chauffé partout uniformément. La cornue des usines à gaz, par exemple, chauffée extérieurement, aura dans son intérieur, au voisinage des parois, une température plus élevée que vers le milieu. Il résulte de là que certains produits volatils, qui prennent naissance à une température déterminée, éprouvent, en passant dans les parties fortement chauffées de l'appareil, une décomposition ultérieure et fournissent des produits la plupart nouveaux et secondaires. L'exemple le plus simple de ces sortes de décompositions secondaires est le suivant : supposons que, par une chaleur modérée, de la vapeur d'eau soit expulsée des corps que l'on veut soumettre à la distillation sèche ; sur les parois rouges de la cornue de fer, cette vapeur est partiellement décomposée en hydrogène gazeux et oxygène qui forme de l'oxyde de fer, ou bien, s'il se trouve sur la paroi de la cornue des particules de charbon rouge, de l'hydrogène, de l'oxyde de carbone ou de l'acide carbonique prennent naissance. Autre exemple : un des produits de la distillation du bois est l'acide acétique ; on sait que ce dernier, en traversant des tubes chauffés au rouge, se décompose en acétone et acide carbonique, ce qui d'ailleurs se produit également dans les cornues servant à la distillation du bois, cornues dont les parois sont chauffées au rouge, tandis que les parties centrales ont une température beaucoup plus basse.

Les produits de la distillation sèche des corps organiques se partagent d'eux-mêmes en deux groupes pendant l'opération, si à leur sortie du vase distillatoire on les fait passer à travers des parties refroidies de l'appareil : le premier groupe comprend ceux qui se condensent à la température de la réfrigération, c'est-à-dire les produits solides et liquides, et le deuxième groupe les produits non condensés qui demeurent sous forme de gaz et de vapeurs. Bien qu'une certaine portion des premiers se trouve mélangée sous forme de vapeur parmi les produits gazeux, la masse principale de ce qui est condensable demeure cependant à l'état liquide ou solide. Cette partie des produits de la distillation se sépare à son tour en deux couches : une couche aqueuse, où sont dissous certains corps salins, acides ou basiques, suivant la nature de la substance soumise à la distillation, et une couche épaisse, brunâtre et *goudronneuse*.

Ce goudron, le *goudron de houille* surtout, est la substance fondamentale de la fabrication des couleurs nouvelles.

Goudron de houille. — Le *goudron de houille* s'obtient en grandes quantités comme produit secondaire de la préparation du gaz d'éclairage. On est parvenu à partager en trois groupes les nombreuses substances qui se trouvent dans le goudron, soit en rectifiant celui-ci, c'est-à-dire en le soumettant à une nouvelle distillation et en recueillant à part les différents produits, soit en faisant agir sur ce corps des acides minéraux et des bases. Les deux premiers groupes comprennent des substances neutres et acides, qui peuvent être gazeuses, liquides ou solides ; les substances gazeuses appartenant au premier groupe ne sont que peu nombreuses, parce qu'elles se trouvent en majeure partie dans les produits gazeux de la distillation sèche.

a. Les *corps neutres* ou *indifférents* qui prennent naissance dans la distillation sèche de la houille sont les suivants :

		Formules anciennes.		Formules modernes.		Point d'ébullition.

1. Hydrogène........ H $=$ (H^2) —

[Hydrocarbures de la série $C^n H^{n+2}$
Hydrures des radicaux alcooliques monoatomiques $C^n H^{2n+1}$).]

2. Gaz des marais..... $C^2 H^4$ $=$ $(C H^3. \; H)$ —
3. Hydrure de caproïle
(de   capronyle ,
d'hexyle)....... $C^{12}H^{14}$ $=$ $(C^6 H^{13}. \; H)$ 68°
4. Hydrure de capryle
(d'octyle)....... $C^{16}H^{18}$ $=$ $(C^8 H^{17}. H)$ 116-118°
5. Hydrure de pélar-
gyle (de nonyle).. $C^{18}H^{20}$ $=$ $(C^8 H^{19}. H)$ 136-138°
6. Hydrure de rutyle
(de décyle)...... $C^{20}H^{22}$ $=$ $(C^{10} H^{21}. H)$ 158-162°

[Hydrocarbures de la série $C^n H^n$
Radicaux des alcools biatomiques $(C^n H^{2n+2}O^2)$]

7. Gaz oléfiant, éthy-
lène, gaz élaïle.. $C^4 H^4$ $=$ $(C^2 H^4)$ —
8. Propylène ou trity-
lène........... $C^6 H^6$ $=$ $(C^3 H^6)$ —
9. Caproylène ou hexy-
lène........... $C^{12}H^{12}$ $=$ $(C^6 H^{12})$ 55°? 60-70°
10. Œnanthylène   ou
heptylène....... $C^{14}H^{14}$ $=$ $(C^7 H^{14})$ 95°
11. Paraffine......... $C^n H^n$ $=$ $(C^n H^{2n})$ (Point de fusion) 33-65°

[Hydrocarbures de la série $C^n H^{n+2}$
Radicaux alcooliques $(C^n H^{2n-2})$]

12. Acétylène......... $C^4 H^2$ $=$ $(C^2 H^2)$ —

[Hydrocarbures de la série $C^n H^{n-6}$
Hydrures des radicaux alcooliques $(C^n H^{2n-7})$]

Alliol ?
13. *Benzine, benzol, hy-*
drure de phényle.. $C^{12}H^6$ $=$ $(C^6 H^5.H)$ 80-81°
14. *Parabenzine.......* $C^{12}H^6$? $=$ $(C^6 H^6 ?)$ 97°,5 ?
15. *Toluène,* hydrure de
benzyle , toluol ,
méthylbenzine... $C^{14}H^8$ $=$ $(C^7 H^7.H)$
ou $(C^6 H^5.CH^3)$ 111°

Pseudotoluène ?
16. *Xylène,* xylol, *hy-*
drure de tolyle, di-
méthylbenzine... $C^{16}H^{10}$ $=$ $(C^8 H^9.H)$
ou $(C^6 H^4 (CH^3)^2)$ 139°

	Formules anciennes.	Formules modernes.	Point d'ébullition.
17. *Cumène, cumol,* hydrure de cumyle, pseudocumène, triméthylbenzine.	$C^{18}H^{12}$	$= (G^9.H^{11}.H)$ ou $(G^6 H^3 (GH^3)^3)$	166°
18. Cymène, cymol, hydrure de cymyle, tétraméthylbenzine?	$C^{20}H^{14}$	$= (G^{10} H^{13}.H)$ ou $(G^6 H^2 (GH^3)^4)$?	175°?

(Hydrocarbures de différentes séries avec richesse en carbone élevée.)

	Formules anciennes.	Formules modernes.	Point de fusion.	Point d'ébullition.
19. *Naphtaline,* hydrure de naphtyle......	$C^{20}H^8$	$= (G^{10} H^7.H)$	79°	212°
20. *Anthracène* (paranaphtaline)........	$C^{28}H^{10}$	$= (G^{14} H^{10})$	180°	300°
21. Fluorène	(Formule non encore fixée).		113°	305°
22. Acénaphtène......	$C^{24}H^{10}$	$= (C^{12} H^{10})$	93-100°	285°
23. Phénantrène......	$C^{28}H^{10}$	$= (C^{14} H^{10})$	105°	340°
24. Chrysène..........	$C^{36}H^{12}$	$= (G^{18} H^{12})$	245-248°	au-dessus
25. Pyrène...........	$C^{32}H^{10}$	$= (G^{16} H^{10})$	170-180°	de 360°
26. Eupione ?				

(27-29. Eau, oxyde de carbone et sulfure de carbone.)

b. Corps avec propriétés acides :

	Formules anciennes.	Formules modernes.	Point d'ébullition.
30. Acide carbonique..	CO^2	$= (GO^2)$	—
31. Acide sulfureux...	SO^2	$= (SO^2)$	—
32. Acide sulfhydrique.	HS	$= (H^2S)$	—
33. Acide sulfocyanhydrique.........	CyS^2H	$= (CyHS)$	—
34. *Acide acétique......*	$C^4H^3O^3.HO$	$= \left(\begin{matrix} G^2H^3O \\ H \end{matrix} \Big\} O \right)$	119°

(Phénol et homologues $C^nH^n - {}^6O^2 = (C^nH^{2n} - {}^6O)$)
(Benzols hydroxylés)

	Formules anciennes.	Formules modernes.	Point d'ébullition.
35. *Acide phénique,* phénol, *alcool* phénique, *etc........*	$C^{12}H^6O^2$	$= \left(\begin{matrix} C^6H^5 \\ H \end{matrix} \Big\} O \right)$ ou (G^6H^5OH).	183-184°

	Formules anciennes.	Formules modernes.	Point d'ébullition.
36. *Acide crésylique*, cré-sol.............	$C^{14}H^8O^2$	$= \left(\begin{matrix}C^7H^7 \\ H\end{matrix}\right\} O\right)$ ou $(C^7H^7. OH)$	203°
37. Acide phlorylique, phlorol.........	$C^{16}H^{10}O^2$	$= \left(\begin{matrix}C^8H^9 \\ H\end{matrix}\right\} O\right)$ ou $(C^8H^9. OH)$	220°
38. *Acide rosolique*.....	$C^{40}H^{14}O^6$?	$= (C^{20}H^{14}O^3)$?	—
39. Acide brunolique?			
40. Acide cyanhydrique	C^2AzH	$= \left(\begin{matrix}C \; Az \\ H\end{matrix}\right)$	26°,5

c. Corps avec propriétés basiques.

	Formules anciennes.	Formules modernes.	Point de fusion.	Point d'ébullition.
41. *Ammoniaque*.......	AzH^3	$= (H^3Az)$		—
42. *Aniline*, phénylami-ne, amidobenzol.	$C^{12}H^7Az$	$= \left(\begin{matrix}C^6H^5 \; \| \\ H^2 \; \|\end{matrix} Az\right)$ ou $(C^6H^5.AzH^2)$		182°
43. *Toluidine* cristall...	$C^{14}H^9 Az$	$= (C^7H^9 Az)$	40°	198°
44. Pseudotoluidine...	$C^{14}H^9 Az$	$= (C^7H^9 Az)$	—	198°
45. Xylidine..........	$C^{16}H^{11}Az$	$= (C^8H^{11}Az)$	—	214-215°
46. Cespitine.	$C^{10}H^{13}Az$	$= (C^5H^{13}Az)$	—	—

Bases homologues de la pyridine $C^nH^n - {}^5Az = (C^nH^{2n} - {}^5.Az)$

	Formules anciennes.	Formules modernes.	Point d'ébullition
47. Pyridine..........	$C^{10}H^5 Az$	$= (C^5 H^5 Az)$	118°,5
48. Picoline..........	$C^{12}H^7 Az$	$= (C^6 H^7 Az)$	135°
49. Lutidine..........	$C^{14}H^9 Az$	$= (C^7 H^9 Az)$	154°
50. Collidine..........	$C^{16}H^{11}Az$	$= (C^8 H^{11}Az)$	179°
51. Parvoline.........	$C^{18}H^{13}Az$	$= (C^9 H^{13}Az)$	188°
52. Coridine..........	$C^{20}H^{15}Az$	$= (C^{10}H^{15}Az)$	211°
53. Rubidine..........	$C^{22}H^{17}Az$	$= (C^{11}H^{17}Az)$	230°
54. Viridine.	$C^{24}H^{19}Az$	$= (C^{12}H^{19}Az)$	251°

Bases homologues de la chinoline $C^nH^n - {}^{11}Az = (C^nH^{2n} - {}^{11}Az)$

	Formules anciennes.	Formules modernes.	Point d'ébullition.
55. *Leucoline* et chino-line...........	$C^{18}H^7 Az$	$= (C^9 H^7 Az)$	238°
56. Lépidine..........	$C^{20}H^9 Az$	$= (C^{10}H^9 Az)$	252-257-260°?
57. Cryptidine........	$C^{22}H^{11}Az$	$= (C^{11}H^{11}Az)$	274°

58. Pyrrol..........	$C^8 H^5 Az$	$= (C^4 H^5 Az)$	133°

Dans ce tableau, emprunté à *A. W. Hofmann*, et légèrement modifié pour notre usage, on a imprimé en lettres italiques le nom des corps qui sont l'objet d'applications industrielles.

Les proportions de ces éléments ne sont pas les mêmes dans les différents goudrons de houille, ce qui dépend soit de la qualité de la houille elle-même, soit du degré de chaleur auquel la distillation a été effectuée. Quelques goudrons sont très-riches en naphtaline, dans quelques-uns le groupe des corps acides est beaucoup plus abondant que dans d'autres; il y a des goudrons qui sont riches en hydrocarbures très-volatils, tandis que d'autres contiennent une plus grande quantité des hydrocarbures moins volatils.

Traitement préliminaire du goudron. — Le *traitement préliminaire du goudron*, en vue de l'extraction des éléments qui servent dans la fabrication des couleurs (la *benzine* et ses *homologues*, l'*acide phénique* et la *naphtaline* sont les plus importants), comprend les quatre opérations principales suivantes :

a. Déshydratation du goudron ;

b. Rectification et séparation préliminaire des produits de la distillation d'après leur poids spécifique ;

c. Séparation des hydrocarbures neutres des corps α. *basiques*, β. *acides*, par combinaison chimique de ces derniers et lavage ;

d. Deuxième distillation pour séparer plus complétement les liquides huileux.

Déshydratation du goudron. — La *déshydratation du goudron* s'effectue ordinairement en versant celui-ci dans de grands réservoirs en maçonnerie, où on l'abandonne à un long repos. L'eau se rassemble au fond de ces citernes, et d'autant plus facilement et complétement que le goudron est plus fluide et qu'il est spécifiquement plus léger. Les goudrons qui sont assez riches en créosote de houille, c'est-à-dire qui renferment beaucoup de phénol et de ses homologues, sont en général les plus lourds. Le poids spécifique du goudron de houille varie entre 0,85 et 0,94, suivant les charbons desquels il a été extrait et suivant la température à laquelle il a été produit. Tandis que le goudron léger est déjà déshydraté au bout d'un court séjour dans les citernes et qu'il peut être soumis immédiatement à la distillation, l'eau qui reste opiniâtrément dans le goudron lourd peut avoir l'inconvénient de faire écumer et monter la masse pendant la distillation.

Comme sous l'influence du chauffage le goudron devient plus fluide et abandonne alors son eau avec plus de facilité, on se sert fréquemment de ce moyen pour le préparer à la rectification. On emploie dans ce but un appareil qui consiste ordinairement en un cylindre de tôle traversé par un serpentin de cuivre et muni de plusieurs robinets adaptés à différentes hauteurs. Si d'un générateur on fait arriver de la vapeur dans le tube de cuivre, le goudron devient plus fluide, l'eau se sépare au fond du cylindre et on la fait écouler par le robinet inférieur, tandis que le goudron déshydraté est soutiré par les robinets supérieurs, et amené dans l'appareil distillatoire.

Quelquefois il se trouve entre l'eau séparée et le goudron clair déshydraté une couche intermédiaire, qui est visqueuse, un peu épaisse, butyreuse, et qu'il vaut mieux finir de déshydrater avec une autre portion de goudron. Avec le goudron de houille on n'a pas à craindre que, sous l'influence du chauffage, quelques-uns des éléments très-volatils ne viennent à se dégager, du moins en quantité notable. Dans le cas contraire, la meilleure manière de procéder consiste à effectuer le chauffage dans un vase muni d'un tube abducteur par lequel les vapeurs qui se dégagent sont amenées dans un réfrigérant, où elles se condensent.

Le remplissage des appareils distillatoires avec le goudron s'effectue au moyen de pompes; si le goudron a été préalablement chauffé, on l'introduit chaud dans les appareils.

Rectification du goudron. — La *rectification du goudron* se pratique d'après des procédés très-différents aussi bien au point de vue de l'appareil que relativement à la conduite de l'opération.

Naturellement, l'*appareil* se compose essentiellement de la chaudière et du réfrigérant. Aussi bien relativement à la grandeur et à la forme, qu'au point de vue de la matière avec laquelle sont faites les chaudières à goudron, on observe de grandes différences. On trouve des chaudières tantôt en fonte, tantôt en fer battu, tantôt en tôle forte.

Les cornues à goudron en tôle rivée fabriquées comme les chaudières à vapeur ont sur les cornues en fonte les avantages suivants : 1° on peut leur donner de grandes dimensions, tandis qu'avec la fonte on ne peut pas dépasser facilement une certaine grandeur, parce que de très-grandes pièces de fonte creuses ne sont pas suffisamment solides ; 2° on peut les fabriquer avec une épaisseur de paroi et, par conséquent, un poids plus faibles que les chaudières coulées, circonstance qui offre une grande importance relativement au prix de revient et au point de vue de la conductibilité pour la chaleur ; 3° elles ne sont pas exposées à se briser comme cela peut avoir lieu pour les chaudières de fonte ; 4° lorsqu'elles sont percées par le feu, on peut facilement les réparer avec de la tôle neuve, ce qui ne peut pas avoir lieu avec les chaudières de fonte.

Les chaudières en fonte présentent cependant certains avantages : 1° elles ne se percent pas aussi facilement que les chaudières de fer battu dans les parties qui sont en contact immédiat avec les dards produits par la flamme ; 2° elles sont parfaitement étanches, contrairement à ce qui a lieu pour les chaudières neuves en fer battu mal rivées ; 3° l'enlèvement à l'aide du ciseau des résidus de la distillation dans le but de nettoyer la chaudière ne détériore pas les parois de celle-ci, ce qui arrive fréquemment pour les chaudières de fer battu, si l'on ne prend pas de précautions.

Il est cependant facile d'empêcher les chaudières de tôle forte de brûler ; il suffit pour cela d'employer un foyer voûté, qui s'oppose au contact direct de la flamme sur le fond de la chaudière. Le chaudronnier peut, lors de la construction de l'appareil, éviter que le deuxième inconvénient ne vienne à se produire ; du reste les joints ne tardent pas à se boucher d'eux-mêmes, par suite du dépôt entre les lames de tôle superposées de particules de goudron carbonisées.

Relativement à la crainte que l'on peut avoir d'endommager la chaudière avec le ciseau, on n'a pas à s'en préoccuper si, comme on le fait généralement aujourd'hui, on conduit la distillation de manière à obtenir un résidu fluide à une haute température et non une masse carbonisée.

D'après ce qui précède, l'avantage semble être du côté des chaudières de fer battu.

Les chaudières usitées pour la distillation n'ont entre elles que peu d'analogie au point de vue de la forme ; on peut distinguer quatre types différents :

1° Chaudières de fer battu plates (c'est-à-dire dont la hauteur est notablement plus petite que le diamètre) avec fond plan ou un peu voûté, cylindriques et offrant par conséquent quelque analogie avec les petites chaudières en usage dans la fabrication de l'alcool ;

2° Chaudières à ventre se rapprochant de la forme sphérique ;

3° Cylindres de tôle verticaux, plus hauts que larges, avec fond concave et couvercle convexe ;

4º Chaudières horizontales à section cylindrique ou en forme de ⌓ :

Toutes ces chaudières sont munies supérieurement d'un chapiteau ou chapeau, qui consiste en un tuyau par lequel se dégagent les vapeurs produites dans la chaudière.

Les praticiens ont signalé deux points qui doivent surtout être pris en considération relativement à la forme à donner aux appareils distillatoires : 1º la consommation du combustible, qui du reste ne dépend pas seulement de la forme des cornues, mais aussi de la manière dont celles-ci sont établies dans le fourneau ; 2º les précautions à prendre pour empêcher le boursouflement du goudron chauffé. Bien que les fabricants pensent que le plus souvent cet accident est seulement en connexion avec la forme des chaudières, on devrait chercher à l'éviter plutôt en déshydratant le goudron aussi complétement que possible, en chauffant avec plus de précaution, tant qu'il se dégage encore des vapeurs aqueuses, et en employant de larges tubes abducteurs.

La capacité des chaudières dépend tout d'abord de l'importance de la fabrique ; mais, d'après l'opinion générale des fabricants, il serait plus avantageux de se servir de grandes chaudières, parce que, les rendements en produit distillé étant égaux, la consommation du combustible serait moindre, et cela est tout à fait croyable en admettant d'ailleurs que les conditions soient les mêmes et que la construction et la disposition des chaudières dans les fourneaux soient effectuées convenablement. Les plus petites chaudières peuvent être disposées pour contenir 200 kilog. de goudron, mais les plus grandes en renferment 20 à 25,000 kilog.

Relativement à la disposition des chaudières dans le fourneau, il faut faire attention à ce que l'action du feu soit aussi uniforme que possible, c'est-à-dire à ce que certaines parties du fond ou des parois ne soient pas touchées trop fortement par la flamme, et l'on doit, en outre, faire en sorte que le feu soit utilisé aussi complétement que possible, ce à quoi l'on arrive en offrant au contact de celui-ci une portion des parois de la chaudière aussi grande que possible. Autour de la chaudière on ménage toujours des galeries dans la maçonnerie du foyer. Les principes desquels on a ici à tenir compte sont, en général, les mêmes que pour la construction du foyer des machines à vapeur.

Les *réfrigérants* peuvent offrir les dispositions les plus diverses. Il ne faut pas oublier qu'ils doivent pouvoir être nettoyés avec facilité, dans le cas où ils viendraient à se boucher par suite de la solidification du produit de la distillation ou du boursouflement du contenu de la chaudière, et l'on doit faire en sorte que la température puisse être à volonté abaissée ou élevée à l'aide du liquide employé pour la réfrigération. Ce dernier point est négligé dans la plupart des distillations. Comme, outre les vapeurs condensables, il se dégage aussi des gaz du goudron, il faut songer à leur élimination et à la neutralisation de leur effet nuisible. On se sert ordinairement dans ce but d'un tuyau dirigé en arrière et en dehors du bâtiment.

Après ces considérations générales sur les appareils distillatoires, occupons-nous de la description de quelques-unes des dispositions en usage.

Les chaudières, dont la figure 1 montre la forme, et qui étaient autrefois surtout beaucoup employées, sont très-convenables pour

Fig. 1.

les petites fabriques. Les plus petites contiennent environ 200 kilogr. de goudron, leur diamètre varie entre 80 centimètres et 1 mètre, leur hauteur entre 30 et 80 centimètres. Le fond bombé en dedans est fait avec une tôle plus forte que celle des parois. Le couvercle est en fonte et il repose par l'intermédiaire d'un bord annulaire sur le bord de la chaudière recourbé extérieurement deux fois à angle droit. La fermeture hermétique est obtenue avec un lut d'argile, que l'on étend sur le bord, et quelquefois aussi à l'aide de quelques crochets à vis. Dans le milieu du couvercle se trouve une ouverture circulaire d'un diamètre de 15 ou 20 centimètres, dans laquelle est mastiqué le chapiteau également en fonte. Une ouverture plus petite sert pour l'introduction du goudron ; pendant la distillation elle est fermée avec un bouchon de fonte. A la partie inférieure de la chaudière se trouve un tube de fer, qui traverse la maçonnerie du foyer et qui peut être fermé à l'aide d'un bouchon à vis également en fer.

Les *chaudières de fonte à ventre* sont employées, par exemple, dans la Saxe prussienne, dans les environs de Weissenfels, où l'industrie du goudron de lignite offre un développement très-considérable. Les propriétés physiques du goudron de lignite et des produits que l'on en sépare par distillation présentant, avec les substances correspondantes extraites du goudron de houille,

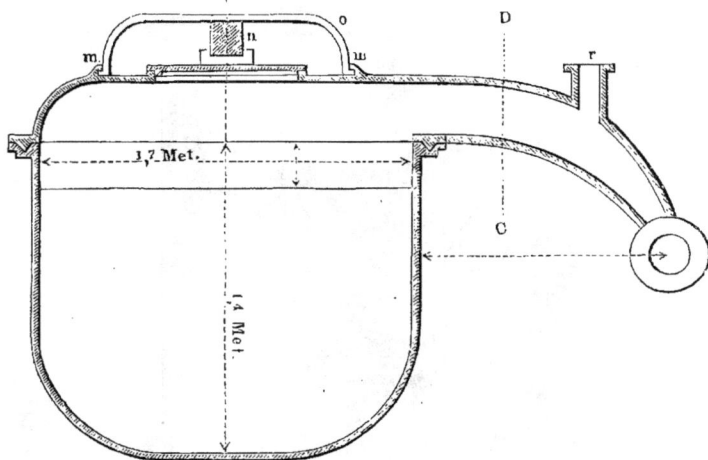

Fig. 2.

de nombreuses analogies, et la rectification du goudron dans le lieu que l'on vient de nommer se pratiquant sur une grande échelle et avec l'observation des principes exacts, les enseignements acquis dans cette industrie, relativement aux appareils et aux opérations, peuvent être d'une grande utilité pour la question qui nous occupe.

Près de Weissenfels, on se sert pour la rectification du goudron, dans le but d'extraire des huiles d'éclairage et de la paraffine, de

chaudières de fonte (fig. 2), qui, remplies jusqu'à la hauteur indiquée dans la figure, contiennent de 1350 à 1750 kilogr. de goudron. La hauteur de la chaudière dont nous donnons le dessin
s'élève jusqu'au couvercle à 1^m,40, son diamètre intérieur est
égal à 1^m,70 et l'épaisseur de ses parois à 0^m,0195. Le chapiteau forme un seule pièce avec le couvercle, il a une section
transversale elliptique aplatie vers l'extrémité pointue (fig. 3) et
dont le grand diamètre est égal, en CD, à 0^m,468 et
le petit à 0^m,195. Sur le col du chapiteau se trouve
un ajutage vertical communiquant avec un tube
de cuivre, par lequel on peut faire arriver d'un générateur un courant de vapeur, qui après chaque
distillation expulse les huiles lourdes et visqueuses (huiles de graissage) restées dans le tube de condensation ; de cette façon ces huiles
ne peuvent pas se mélanger avec les produits qui passent en premier

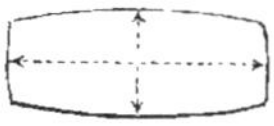

Fig. 3.

Fig. 4.

lieu dans l'opération suivante. Le col du chapiteau débouche dans
un serpentin de plomb, qui est placé dans un réfrigérant. Pour
fermer la chaudière, on glisse l'étrier O sous les crochets m, m et
l'on presse fortement le couvercle à l'aide du coin n. Les cornues
reposent sur une voûte en briques réfractaires, qui s'étend au-

dessus du foyer, de telle sorte qu'elles ne sont pas en contact direct avec le feu. Elles sont en outre supportées par le collet dont elles sont munies à leur bord supérieur et qui repose sur la maçonnerie. Autour de la portion droite de la paroi de la chaudière, il reste entre celle-ci et la maçonnerie un espace creux de 12 à 20 centimètres de largeur, qui est fermé supérieurement vers le niveau de remplissage de la cornue ; à partir de ce point jusqu'au couvercle, la maçonnerie touche immédiatement le métal. Dans l'espace creux annulaire se trouvent des carneaux en spirale pour le passage des gaz du foyer, de sorte que les parois elles-mêmes des cornues ne sont pas en contact direct avec le feu.

On emploie maintenant et plus souvent des *chaudières de tôle*

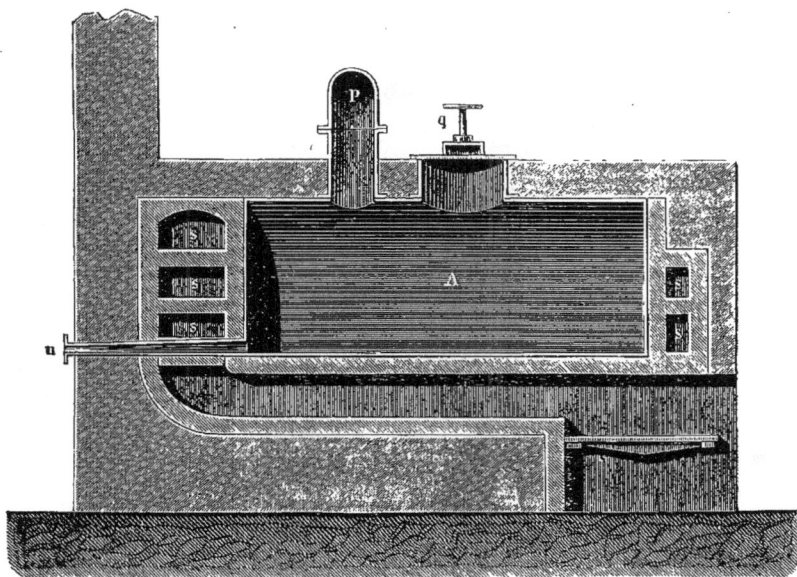

Fig. 5.

horizontales, qui sont cylindriques comme les chaudières à vapeur ordinaires, ou qui ont un fond plat et une section comme celle de la figure 4. Les figures 4 et 5 donnent une représentation exacte d'un appareil de ce genre. La figure 5 offre une vue de côté suivant une section verticale passant par le foyer, et la figure 4 une coupe perpendiculaire sur la figure 5 ; les deux figures sont dessinées à 1/20 de la grandeur réelle. La chaudière A est disposée dans la maçonnerie de manière à ce que le feu ne la touche en aucun point ; son fond repose sur la voûte du foyer. Autour de la chaudière se trouvent des carneaux *s* qui font deux tours et demi. La voûte de la chaudière est également recouverte par la maçonnerie et il n'y a que le trou d'homme *q* (ou l'orifice qui sert pour remplir la chaudière) qui se trouve au niveau de celle-ci. *p* est un tube abducteur pour les gaz et les vapeurs ; il communique avec un serpentin en plomb placé dans un réfrigérant. *u* est un tuyau de fer disposé suivant le prolongement du fond de la chaudière et destiné à faire écouler le résidu goudronneux.

Une chaudière de fer battu cylindrique et verticale, comme celle

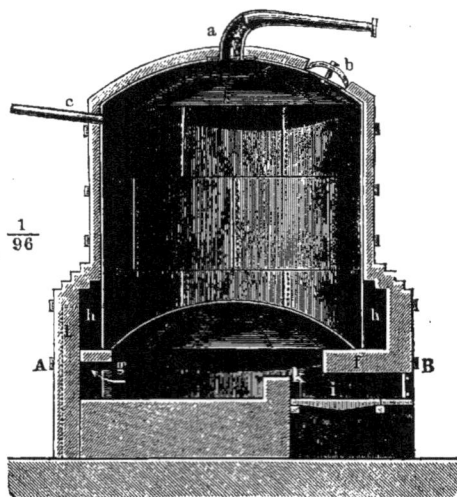

Fig. 6.

dont on se sert, d'après les indications de *Lunge*, dans les fabriques anglaises, est représentée par les figures 6 et 7 ; la figure 6 donne une coupe perpendiculaire de cet appareil par le milieu de la grille, et la figure 7 une coupe transversale passant immédiatement au-dessous du fond de la chaudière (suivant AB, figure 6) ; les deux figures sont dessinées à 1/96 de la grandeur naturelle. Le cylindre est convexe supérieurement et son fond forme une concavité ayant le même rayon que la convexité supérieure. L'épaisseur du fer qui le forme est égale à 12 millimètres, ce qui est reconnu comme tout à fait suffisant. Le chapiteau *a* est en fonte et il s'adapte sur une ouverture circulaire du couvercle en forme de dôme par l'intermédiaire d'un collet. Près de la chaudière il a 36 centimètres de diamètre intérieur et 12 à l'extrémité qui communique avec le tube réfrigérant. *b* est un trou d'homme, dont le couvercle est pressé sur la paroi de la chaudière au moyen d'un étrier à vis ; les joints sont bouchés avec de l'argile humide ; une fermeture au caoutchouc ne convient pas ici à cause de la solubilité de ce corps dans les carbures d'hydrogène. Le trou d'homme sert pour le nettoyage de la chaudière. *c* est un tuyau en communication avec le réservoir à goudron et par lequel s'effectue le remplissage de l'appareil ; lors-

Fig. 7.

que celui-ci est plein, on ferme ce tube, qui dans ce but est muni d'un robinet. Dans la convexité supérieure de la chaudière est pratiquée une autre ouverture, qui pendant le remplissage sert à introduire une petite baguette, afin de s'assurer du niveau du liquide. A la partie inférieure de la chaudière, tout près du fond, se trouve le tuyau de vidange *d*, qui traverse la maçonnerie ; on peut le voir dans la figure 7, et la figure 10 le représente sur une plus grande échelle ; sa disposition sera expliquée avec plus de détails lors de la description de la conduite de l'opération. Il est un peu incliné et posé de manière à ce qu'il puisse donner issue à tout le contenu de la chaudière. *i* est la grille, elle a 1^m,20 de longueur et autant de largeur, *k* est le pont de chauffe haut de 50 centimètres. La chaudière est préservée contre l'action trop énergique du feu au moyen d'une

voûte de pierres, qui occupe environ les trois quarts de l'espace situé au-dessus de la grille. Cette voûte est supprimée dans la figure 7. La flamme passe au-dessus du pont k et se dirige vers
l'ouverture g située vis-à-vis, de là elle pénètre dans l'espace annulaire h situé un peu plus haut, elle contourne toute la chaudière
et elle arrive en i dans un canal, qui d'abord se dirige verticalement
en bas, puis horizontalement et communique enfin avec la cheminée principale. La chaudière repose sur un mur circulaire e, qui
n'est interrompu qu'au-dessus de la grille et vis-à-vis celle-ci en g,
en f par la voûte protectrice, en g par une petite arcade pour le
passage des gaz du foyer; elle est en outre entourée de tous les
côtés par une maçonnerie légère, qui la protége contre le refroidissement extérieur. Afin d'augmenter la solidité de la maçonnerie, on entoure celle-ci de quelques cercles dont les extrémités sont
reliées par des vis. La partie cylindrique de la chaudière a une capacité de 24 à 25 mètres cubes environ.

Le condensateur, qui accompagne l'appareil distillatoire décrit en

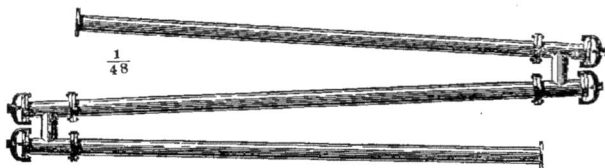

$\frac{1}{48}$

Fig. 8.

dernier lieu, consiste en un tuyau de fonte disposé en zigzags. Ce tuyau
se compose de plusieurs pièces tubulaires d'égale longueur, dont les
extrémités sont munies de collets. Les pièces supérieures, les plus
rapprochées de la chaudière, sont un peu plus larges que celles qui
se trouvent près de l'orifice d'écoulement du tuyau de fonte; le diamètre intérieur des premières est égal à 9 centimètres, celui des
secondes à 4 centimètres 1/2 seulement. Ces tubes sont assemblés
au moyen d'H, c'est-à-dire de têtes comme celles que l'on emploie
fréquemment pour les tuyaux de conduite dans les fabriques de
gaz et qui sont disposées de telle sorte, qu'après l'enlèvement d'un
étrier à vis, on peut facilement nettoyer à l'aide d'un chiffon chacune
des pièces de l'appareil. Celles-ci sont un peu inclinées (voy. fig. 8)
et, comme l'indique le dessin représentant trois de ces pièces, elles
sont placées les unes au-dessus des autres dans un réfrigérant qui

leur est commun. Dans ces sortes de condensateurs les extrémités des tubes sont ordinairement disposées dans le réfrigérant ovale ou quadrangulaire, de manière à ce que les têtes en H se trouvent à l'extérieur.

Cette disposition est la plus convenable pour l'enlèvement du couvercle et pour le nettoyage, cependant les têtes peuvent aussi être placées à l'intérieur du réfrigérant. A cause du nettoyage, les étriers à vis doivent toutefois se trouver à une petite distance de la paroi. Pour faire les joints du couvercle, on enduit le collet du tube avec de l'hydrate de chaux et on applique le couvercle en serrant la vis de l'étrier. L'hydrate de chaux, une fois imprégné par les hydrogènes carbonés, résiste suffisamment à l'action de l'eau et de la chaleur. L'emploi d'une cuve destinée à contenir le tuyau de fonte est plus convenable que le réfrigérant tubulaire de *Liebig* ou de *Göttling*, parce que vers la fin de l'opération, lorsque les vapeurs ont fini de se dégager, l'afflux de l'eau froide peut entraîner la solidification de certains liquides qui distillent en dernier lieu. Avec une cuve, on peut, en fermant le robinet à eau froide et laissant l'eau de la cuve s'échauffer, s'opposer facilement à cette solidification et à l'obstruction du tuyau de fonte. Mais, en cas de besoin, on adapte sur le chapiteau un tube (comme dans la figure 2, *r*), par lequel on peut faire arriver d'un générateur de la vapeur, qui opère rapidement le nettoyage.

Comme il peut facilement arriver, notamment au commencement de la distillation, tant que les produits les plus volatils passent encore, que des vapeurs non condensées traversent le réfrigérant avec des gaz non condensables, qui peuvent être gênants et même dangereux à cause de leur facile inflammabilité, l'appareil devrait toujours être disposé de manière à ce que ces gaz soient entraînés au dehors, et dans ce but on peut simplement se servir d'un tube vertical s'élevant au-dessus du toit du bâtiment où s'effectue la distillation. Un tube de ce genre est indiqué en *b* dans la figure 9 ; il est adapté sur *c*, le tuyau d'écoulement, qui sort de la cuve à refroidir *a*. A la place de ce tube simple on emploie rarement, parce que l'effet économique est douteux, et dans tous les cas peu considérable, un autre appareil condensateur, à l'aide duquel tout ce qui, à l'état de vapeur, accompagne les gaz peut être condensé. Cet appareil est représenté, dans la figure 9, en *d* et en *e*. Les gaz et les vapeurs, au lieu de s'élever directement dans un tube comme *b*, passent à travers *d* et arrivent dans le laveur *e*.

BOLLEY et E. KOPP. Matières colorantes.   2

Le laveur est un appareil semblable à celui que l'on emploie
dans les usines à gaz pour retenir les substances condensables ; il se
compose d'un cylindre de tôle muni d'un fond percé de trous sur
lequel se trouve une couche de coke s'élevant à une assez grande
hauteur ; au moyen du tuyau g et de la trémie à bascule h, de l'eau

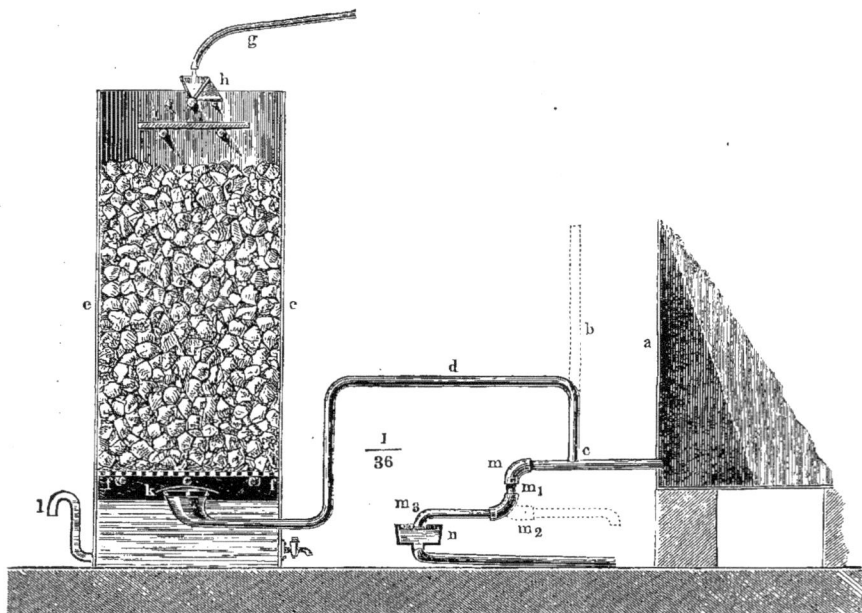

Fig. 9.

coule continuellement sur la plaque i et tombe sur le coke. Par ce
moyen, les vapeurs, qui s'élèvent de a, sont partiellement condensées et elles retombent à l'état liquide vers k, d'où l'eau s'écoule
continuellement par le col de cygne l, tandis que les carbures d'hydrogène plus légers se rassemblent en k et sont ensuite enlevés de
temps à autre, lorsqu'ils s'y sont accumulés en quantité suffisante.

La figure 9 montre aussi la disposition au moyen de laquelle le
produit de la distillation est dirigé dans les récipients. Comme ce
produit doit être recueilli par fractions et comme en outre le changement de vases d'un grand volume et d'un grand poids offre trop
de difficultés, il est mieux de placer plusieurs vases à demeure sous

l'orifice d'écoulement du condensateur. On emploie, par exemple, trois ou quatre caisses de tôle carrées, qui toutes sont placées par un de leurs angles perpendiculairement au-dessus de m. Les vases doivent être couverts, et dans ce but ils sont munis d'un large couvercle dans lequel est pratiquée une petite ouverture destinée à recevoir l'embouchure de m^3 recourbée en forme de tuyau de fontaine. m est un coude comme ceux que l'on emploie généralement pour les conduites de gaz, m^1 est un morceau de conduite de gaz, m^2 un autre coude auquel est adapté le tuyau d'écoulement m^3, qui est plus étroit et recourbé en avant et par en bas. Toutes ces pièces sont assemblées à vis, et en m^1 la vis est moins serrée de manière à permettre la rotation de m^3, de telle sorte que cette partie peut être placée en m^3 et prendre la position opposée.

En plaçant au-dessous de m^3 un entonnoir n, on peut aussi diriger une partie du produit de la distillation ailleurs que dans les vases qui se trouvent au-dessous de m^3, comme on le fait, par exemple, très-convenablement pour les produits les plus lourds qui passent en dernier lieu, et qu'on recueille alors dans un grand réservoir en tôle ou tout simplement en maçonnerie.

Dans tous les appareils distillatoires de ce genre il est d'une grande importance de tenir aussi éloignés que possible les produits de la distillation et le foyer, c'est pourquoi on fera bien de diriger les vapeurs du côté de la chaudière opposé à la porte du foyer et, si c'est possible, de placer les récipients dans une pièce séparée par un mur du reste de l'appareil. Des dangers d'incendie se présentent notamment lorsque le goudron passe par-dessus la chaudière, accident qu'il n'est pas toujours possible d'éviter.

Dans les cas où il est nécessaire que les récipients soient enfoncés dans le sol, il faut s'assurer préalablement s'ils sont bien étanches. Il est indispensable de préserver contre la rouille les vases collecteurs établis dans le sol, et dans ce but on peut les enduire de plusieurs couches d'asphalte.

La *conduite* de la rectification du goudron dans l'un des appareils que l'on vient de décrire ne présente aucune difficulté, cependant l'expérience apprend que l'observation incessante de la marche de l'opération est absolument nécessaire.

Le *remplissage* de la chaudière a lieu par une ouverture pratiquée dans le couvercle ou à l'aide d'un tube (voyez fig. 6): pendant cette opération, on laisse ouvert un deuxième orifice pour la sortie de l'air.

Avec de grandes chaudières, par conséquent lorsque le remplissage doit durer longtemps, on peut commencer à chauffer, dès que l'appareil est à moitié plein ; on n'a pas à craindre un dégagement de vapeurs, parce qu'il faut beaucoup de temps — souvent cinq ou six heures — avant que la grande masse de goudron entre en ébullition. On remplit toujours la chaudière à la même hauteur. La chaudière verticale (fig. 6) peut être remplie jusqu'au bord de la partie cylindrique. Il est convenable de conduire le feu très-modérément, dès que l'on s'aperçoit que la distillation va commencer, moment qu'avec un peu d'exercice on apprend bientôt à reconnaître. L'échauffement du tube réfrigérant est un signe qui indique le commencement de la distillation. Dans cette première période de la distillation il se forme toujours de la vapeur d'eau, formation qui occasionne facilement le boursouflement du goudron. On modère le feu en ouvrant la porte ou en enlevant du combustible ; le premier moyen est ordinairement suffisant pour modérer l'ébullition tumultueuse et le boursouflement du goudron ; lorsqu'il ne suffit pas, on peut refroidir la partie supérieure de la chaudière avec un peu d'eau froide, ce que l'on doit cependant éviter avec les chaudières en fonte, qui au contact de ce liquide peuvent facilement éclater. En premier lieu il passe toujours de l'eau avec les hydrogènes carbonés condensés. La quantité de celle-ci varie avec la teneur primitive en eau du goudron. La formation de la vapeur d'eau cesse promptement avec certains goudrons, de telle sorte que l'on peut changer le récipient, mais elle dure souvent un temps assez long, et les produits ultérieurs de la distillation sont encore mélangés avec de la vapeur d'eau. La quantité du premier produit de la distillation (essence de naphte), c'est-à-dire du produit distillé encore mélangé avec de l'eau, n'est pas par conséquent toujours la même.

Elle varie entre 2 et 4 p. 100 de la quantité de goudron mise en œuvre. Avec les grandes chaudières, comme celle que représente la figure 6, la période de formation de la vapeur d'eau dure environ dix heures. On peut, pour faire écouler l'eau qui se rassemble au fond du premier récipient adapter, à celui-ci un col de cygne, avec lequel ce vase joue le rôle d'un récipient florentin.

Les carbures d'hydrogène du premier produit sont mélangés, pour être traités ultérieurement, avec le produit qui se rassemble dans le deuxième récipient et auquel on donne ordinairement le nom d'huiles légères.

Aussitôt qu'il ne coule plus d'eau et que le récipient a été changé, on doit commencer à chauffer plus fort. Les huiles légères, bien qu'elles soient en plus grande quantité que le premier produit (leur proportion varie entre 7 et 8 p. 100 de la quantité du goudron), passent cependant en un temps plus court. Avec de grandes chaudières d'une capacité de 20 à 22,000 litres (fig. 6) la distillation de ces huiles ne dure que six ou sept heures. Pendant ce temps, le point d'ébullition du contenu de la cornue et le poids spécifique du produit distillé deviennent plus grands. Aussi n'est-il plus nécessaire de refroidir ce dernier aussi complétement qu'au commencement de la distillation ; on peut donc modérer l'afflux de l'eau froide dans la cuve. A une période plus avancée de l'opération, il se forme dans la cornue des vapeurs de naphtaline, qui avec un refroidissement trop considérable pourraient se transformer dans le tube réfrigérant en naphtaline solide ; c'est pourquoi il faut éviter de refroidir fortement et même avoir soin d'élever la température de l'eau. Vers la fin de la distillation, ce liquide doit avoir presque la température d'ébullition, et dans tous les cas il ne doit pas être beaucoup au-dessous de ce point. L'aréomètre est le meilleur moyen à employer pour reconnaître quand il est temps de changer le récipient. Ordinairement on sépare ce qui a un poids spécifique plus faible que 0,90 ou 0,95 du produit plus lourd qui distille plus tard. Dans quelques fabriques il paraît que l'on a l'habitude de faire tomber de temps en temps le produit distillé dans un cylindre plein d'eau et de changer le récipient aussitôt que les huiles offrent de la tendance à se précipiter au fond de l'eau.

Les huiles qui passent après le changement de récipient, les huiles lourdes, que l'on nomme aussi quelquefois huiles créosotées, sont en général toutes recueillies dans le même vase sans séparation ultérieure. On continue la distillation, jusqu'à ce qu'une goutte du produit distillé se solidifie promptement en une masse butyreuse, lorsqu'on la laisse tomber sur un corps froid. Comme pour quelques goudrons, ce phénomène ne se produit pas très-nettement, parce qu'ils contiennent peu d'anthracène, on met à profit, pour reconnaître le moment où la distillation est terminée, l'odeur du produit, odeur qui dans ce cas a subi une altération profonde. L'expérience peut aussi être d'un grand secours, si l'on sait combien d'huile lourde on obtient d'une quantité de goudron donnée. La proportion s'élève en moyenne à 32 ou 35 p. 100 de la quantité du goudron. Avec un peu d'habitude, le temps que mettent les huiles lourdes à distiller fournit également une indication suffisamment exacte. Avec les grandes chaudières (fig. 6) d'une capacité de 20 à 22,000 litres le passage des huiles lourdes dure de douze à quatorze heures, et, pour l'opération tout entière, le remplissage compris, il faut environ trente-six heures.

Si l'on pousse la distillation jusqu'au point indiqué, le résidu contenu dans la chaudière se prend par le refroidissement en une masse dure ou *brai sec*. Mais quelquefois on interrompt la distillation plus tôt, de telle sorte que, dans le résidu, qui en se solidifiant prend la consistance de la poix, il reste encore des éléments des huiles lourdes. On nomme le résidu *brai liquide* ou *asphalte*, lorsque après le refroidissement il conserve une consistance pâteuse, ou *brai gras*, s'il renferme seulement une petite quantité d'huiles lourdes et si, en refroidissant, il donne un corps solide, mais moins dur que le brai sec et devenant plastique par une légère élévation de température.

Si l'on travaille en vue d'obtenir le produit secondaire nommé, en premier lieu, le *brai sec*, la chaudière a à la fin de l'opération une température de 400°, température à laquelle le résidu est complétement liquide. Cependant, il ne faut pas le faire écouler aussi chaud, parce qu'il peut facilement s'enflammer, et c'est pour cela qu'on le laisse refroidir pendant quelque temps. Il ne faut pas attendre que la température se soit abaissée jusqu'au point où la solidification a lieu, parce que la chaudière ne pourrait être débarrassée que difficilement du résidu solidifié, et, en enlevant ce dernier, on pourrait endommager le fond de l'appareil.

Pour faire écouler le brai encore liquide, on adapte à la chaudière

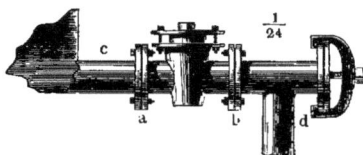

Fig. 10.

(fig. 6) un robinet de vidange comme celui qui est représenté sur une grande échelle par la figure 10. On comprend de soi-même que ce robinet peut servir pour chacun des appareils distillatoires décrits précédem-ment. Le robinet de vidange est, dans la figure 7, dessiné sur une échelle plus petite. Le bourrelet *a* se trouve tout près de la maçonnerie du foyer ; en *b* est un deuxième bourrelet, et entre les deux est placée la clef du robinet. A l'extrémité antérieure de la portion horizontale s'adapte une pièce en forme de T, dont la branche horizontale est fermée à l'aide d'une plaque et d'un étrier à vis.

La branche verticale du T est un tube d, par lequel le résidu pâteux s'écoule dans une rigole couverte, qui le conduit dans une sorte de chambre en maçonnerie (la chambre au brai). Lorsque le tube vient à être un peu obstrué en c par du brai solidifié, on peut rendre la voie libre en maintenant au-dessous de c une écuelle pleine de charbons ou bien en enroulant autour de cette partie un tuyau de plomb en communication avec une chaudière à vapeur. Le couvercle placé en d sert pour nettoyer le tube c à l'aide d'une tige de fer, lorsque la chaudière est vide. Entre la chambre au brai et la chaudière se trouve une rigole inclinée, couverte et faite avec de la tôle et des briques, et qui peut être partout mise à découvert, afin d'en retirer les morceaux de brai solidifié. La chambre au brai a une section transversale rectangulaire; les murs qui la limitent sont bâtis dans la terre et ils sont surmontés d'une voûte en plein-cintre faisant saillie au-dessus du sol. La rigole débouche à une certaine hauteur au-dessus du fond de la chambre. Les deux ouvertures demi-circulaires situées aux extrémités de la voûte sont fermées avec des portes de tôle et les joints sont faits avec de l'argile. Au pied de la voûte se trouve un canal abducteur plus large dont l'orifice est également bouché avec de l'argile. Les dimensions d'une chambre à brai destinée à recevoir le résidu de la distillation de deux chaudières de la grandeur de celle représentée par la figure 6 étaient de 6$^\mathrm{m}$,60 pour la longueur, 2$^\mathrm{m}$,10 pour la largeur et 2$^\mathrm{m}$,40 pour la hauteur jusqu'au sommet de la voûte. Le brai reste dans la chambre pendant environ 12 heures. Au bout de ce temps il a pris de la consistance, mais il est encore assez fluide pour que l'on puisse, sans craindre de le voir s'enflammer, le faire passer par le trou de coulée dans des fosses en maçonnerie peu profondes, où il se solidifie complétement et desquelles on peut le retirer en le cassant en gros blocs à l'aide d'une pioche. Dans la chambre à brai il reste également un peu de brai solidifié, qui est enlevé de la même manière. Le brai est plus facile à détacher du fond des fosses, lorsque celui-ci a été enduit avec un lait de chaux. La poussière produite par le brai attaque les yeux des ouvriers qui sont chargés de l'extraction, aussi doit-on leur conseiller de se couvrir les yeux avec un voile de crêpe.

La méthode que l'on vient de décrire pour l'extraction du brai de la chaudière est regardée comme la meilleure et comme occasionnant le moins de dégâts dans l'appareil.

Comparativement aux autres méthodes, notamment aux anciens

procédés de distillation à l'aide de la vapeur d'eau, la méthode précédente, dans laquelle le chauffage est à feu nu, se recommande par les avantages suivants : le rendement est plus considérable, l'opération dure moins de temps, et les frais de chauffage sont moindres. Une opération, y compris les douze heures de refroidissement, exige deux jours, et il faut pour la distillation complète de la quantité de goudron déjà indiquée plusieurs fois (20 à 22,000 kilogr.) environ 1,500 kilogr. de houille de bonne qualité. En ce qui concerne le rendement il est difficile de donner une indication générale, parce que les températures auxquelles le fractionnement est opéré dans chaque fabrique en particulier offrent des différences trop considérables, et parce qu'en outre il y a des charbons qui donnent un rendement plus abondant en huiles légères. On pourrait peut-être admettre, que le premier produit (essence de naphte) et les huiles légères pris ensemble s'élèvent à 9 ou 12 p. 100 du poids du goudron et que la proportion des huiles lourdes est égale à 30 ou 35 p. 100 de la quantité de la matière mise en œuvre.

. Pour comprendre le traitement auquel sont soumis ultérieurement les produits extraits, il faut se rappeler que dans la rectification du goudron il se forme, comme nous l'avons déjà vu, quatre produits différents : 1° l'*essence de naphte* (premier produit de la distillation) ; 2° les *huiles légères* ; 3° les *huiles lourdes* ; 4° le *brai* (asphalte, résidu des chaudières).

Dans les trois premiers produits on trouve des corps acides, comme l'acide phénique, l'acide crésylique, etc., et des corps basiques tels que l'aniline et ses homologues, etc. Pour préparer les hydrogènes carbonés à l'état pur, il faut que ces corps soient préalablement éliminés, mais on peut aussi avoir pour objet l'extraction de l'acide phénique. Les corps basiques ne se trouvent pas en proportion suffisante dans les produits de la distillation du goudron pour qu'ils puissent être extraits de ceux-ci avec avantage.

Le premier produit de la distillation ou essence de naphte et les huiles légères, ou du moins une partie de celles-ci, sont quelquefois traités ensemble, mais il est plus convenable, lorsqu'il s'agit de séparer plus complétement les hydrogènes carbonés plus volatils de ceux qui le sont moins, de traiter séparément chacun de ces deux produits.

L'*essence de naphte,* c'est-à-dire cette partie du produit de la distillation qui a passé avec la vapeur d'eau, et par conséquent à environ 100°, ne se compose pas seulement de substances dont le point d'ébullition est au-dessous de 100° ou à cette température. L'expérience apprend en effet que lors de la rectification il ne passe souvent pas plus de 10 p. 100 de ce produit à cette température. Outre les hydrogènes carbonés neutres, il se trouve aussi des corps basiques notamment dans les derniers produits de distillation que l'on obtient en rectifiant l'essence de naphte; il vaut mieux éliminer ces corps de celle-ci, avant de la soumettre à la rectification.

On commence par faire agir un acide minéral sur les huiles contenues dans l'essence de naphte; on choisit de préférence l'acide sulfurique. L'acide chlorhydrique, qui est ordinairement moins cher, ne produit qu'une partie de l'effet de l'acide sulfurique. Ce dernier ne sature pas seulement les bases, mais il décompose aussi quelques huiles inflammables, de sorte que celles-ci peuvent être éliminées sous forme de corps résinoïdes. Le vase où s'effectue le mélange peut être construit de différentes manières. Une caisse de bois fort avec fond incliné et revêtue intérieurement de plomb est tout à fait convenable. Dans la partie la plus profonde de la caisse se trouve une ouverture couverte avec une plaque de plomb percée de trous sur laquelle est soudé un tube également de plomb, qui porte à son extrémité externe un robinet de laiton et qui sert pour faire écouler les liquides. Les dimensions de ce vase dépendent de la grandeur de la chaudière à distillation dans laquelle le premier produit doit être rectifié. On lui donne une capacité telle qu'il puisse renfermer tout le contenu de la chaudière avec les liquides nécessaires pour la purification. Le vase est d'abord rempli avec le liquide à rectifier et l'on y abandonne celui-ci au repos, jusqu'à ce que l'eau, qui y manque rarement, se rassemble au fond et puisse être soutirée. On ajoute ensuite de l'acide sulfurique anglais à 66° Baumé, dont on prend en général 1 kilogr. pour 10 litres d'essence de naphte. Du reste on peut à l'aide d'une expérience préliminaire voir combien on doit employer d'acide pour la qualité moyenne de l'essence de naphte d'une fabrique déterminée. Après l'addition de l'acide on brasse vivement le mélange, ce que l'on peut faire à l'aide d'une tige à l'extrémité de laquelle se trouve une planche percée de trous et fixée transversalement. Cette opération doit durer au moins une demi-heure et encore mieux pendant un temps plus long.

Il sera question plus loin, à propos de la préparation de l'acide phénique, d'une machine employée pour le brassage de grandes quantités d'huile. Une disposition analogue peut aussi servir ici.

Il est d'une très-grande importance de faire écouler toute l'eau. Le mélange s'échauffe notablement; il faut d'abord lui donner le temps de se refroidir. On ne doit pas cependant attendre trop long-temps, parce que sous l'influence du refroidissement une partie des corps résineux dissous pourrait se solidifier et boucher le tube d'écoulement. On trouvera le volume de l'acide considérablement augmenté par l'absorption de ces corps. S'il reste de l'acide dans le vase où l'on a effectué le mélange, l'eau que l'on ajoute ensuite pré-cipite une partie des corps absorbés par l'acide et les corps préci-pités se mêlent avec les carbures d'hydrogène, dont ils troublent la limpidité. On fait écouler l'acide dans des vases de plomb ou dans des vases de bois revêtus de plomb. Le lavage avec de l'eau, qui s'effectue au moyen d'un robinet s'ouvrant au-dessus du vase où a lieu le mélange, se pratique de la même manière que le mélange avec l'acide sulfurique, et pour chaque lavage un brassage d'un quart d'heure est nécessaire; les lavages sont continués tant que l'eau paraît notablement colorée. Après le lavage, on ajoute une les-sive de soude caustique d'un poids spécifique de 1,1. On verse peu à peu, en agitant vivement, une quantité de lessive suffisante pour que le liquide brun-rouge passe au brun clair. Pour la séparation de la lessive il faut environ une heure de repos, après quoi on effec-tue un deuxième lavage à l'eau, afin de rendre les huiles prêtes pour la rectification. Sous l'influence des opérations que l'on vient de décrire le volume des huiles devient plus petit; la diminution est de 12 p. 100 pour les huiles de qualité inférieure, de 5 p. 100 pour les bonnes huiles, et en moyenne de 8 p. 100 environ.

Deuxième distillation. — La *deuxième distillation* est seulement une nouvelle opération préparatoire, et dans ce cas elle est effectuée dans une chaudière chauffée à feu nu, ou bien au contraire elle a pour but de préparer les produits définitifs et elle se pratique alors dans une chaudière chauffée à la vapeur. Le premier procédé doit assurément être préféré. La chaudière dont on se sert dans ce cas peut être construite de la même manière que celle qui a été décrite pour la première distillation du goudron; mais comme ici on a affaire à de plus petits volumes, on pourra la construire sur une échelle un peu plus petite. Pour quatre chaudières à goudron de la grandeur et de la forme de celle représentée par la figure 6, une chaudière à rectification ayant environ la moitié du diamètre et de la hauteur des premières est tout à fait suffisante. La chaudière à rectification est établie avec le réfrigérant sous un petit hangar, les récipients se trouvent dans un local fermé et ils sont toujours couverts, pour éviter l'évaporation et les dangers d'incendie. On fractionne le produit de la distillation une fois seulement ou bien deux fois. On opère deux fractionnements lorsqu'il s'agit de produire de la benzine entrant en ébullition à une basse température, par exemple de la benzine à 90 degrés (c'est-à-dire un produit duquel 90 p. 100 en volume distillent à la température de 100°). Dans ce cas, on change le récipient dès que le liquide de la chaudière a atteint la température de 110°, puis une deuxième fois lorsque la température s'est élevée à 140°. Pour les benzines d'un faible degré, on passe immédiatement à 140°, pour le premier produit de la distillation, et l'on sépare comme second produit ce qui distille entre 140 et 170°.

Le rendement s'élève dans ce cas en produits légers à 60 ou 64 p. 100 en volume, et en produits lourds à 15 ou 17 p. 100 ; on obtient dans la chaudière un résidu de 20 à 22 p. 100, qui, après qu'il est refroidi, est ordinairement réuni aux huiles lourdes de la première distillation.

Les produits distillés doivent, comme on l'a dit, être encore rectifiés une dernière fois. Comme ces produits (les produits qui proviennent de la distillation de l'essence de naphte) et ceux qui se forment dans la distillation des huiles légères doivent être soumis ensemble à la rectification, nous ne décrirons que plus loin cette opération, c'est-à-dire le traitement des huiles légères jusqu'à la dernière période.

Huiles légères. — Les *huiles légères* sont quelquefois soumises à une nouvelle rectification, sans purification préalable. Dans ce cas on distille environ un quart du volume des huiles et on le recueille à part ; ce liquide porte dans l'industrie des produits du goudron le nom de *naphte brut*. Ce naphte brut peut être soumis aux procédés de purification que nous avons décrits pour l'essence de naphte. Mais il vaut mieux et il est même indispensable, lorsque le phénol contenu dans les huiles légères doit être pris en considération, de faire subir au liquide une purification avant de le soumettre à la distillation.

Comme les huiles légères renferment plus de phénol que l'essence de naphte, on commence la purification des premières avec la lessive de soude, c'est-à-dire que l'on élimine d'abord l'huile de goudron et les autres produits à réaction acide qui s'en rapprochent.

La quantité de la lessive de soude à ajouter varie avec la teneur en phénol des huiles légères et elle doit par suite être déterminée dans chaque cas particulier. Cette détermination s'effectue à l'aide d'une éprouvette divisée en 100 parties égales et munie d'un bouchon. On verse dans ce vase de l'huile légère jusqu'au trait 50 et l'on ajoute par petites portions et en agitant fréquemment une lessive de soude caustique ayant une concentration déterminée et toujours la même dans chaque opération. Le phénate de soude se sépare et le volume de l'huile diminue tant que celle-ci renferme encore de l'acide phénique. Si ces phénomènes ne se produisent plus après une nouvelle addition de lessive, on note le volume de la lessive qui a été nécessaire pour l'élimination de l'acide phénique. Le vase où l'on effectue le mélange ayant un diamètre uniforme dans toute sa hauteur peut être muni d'une échelle, qui procure un moyen facile de mélanger les deux liquides dans des proportions exactes. Le mélange s'effectue comme on l'a indiqué précédemment, à propos de la purification du premier produit, ou bien à l'aide d'une machine, comme celle, par exemple, qui est décrite plus loin (Acide phénique, ch. II) pour l'élimination du phénol des huiles de goudron de lignite. La combinaison de la soude avec les acides phénique, crésylique, etc., est beaucoup favorisée par une légère élévation de température. Aussi lorsque le mélange a lieu par brassage à l'aide d'une tige de bois dans un vase cylindrique ou en forme de caisse et immobile, il est convenable de placer au fond du vase une spirale de fer par laquelle on peut faire arriver de la vapeur, qui élève la température du liquide.

Au bout de quelques instants de repos, la lessive de soude se rassemble dans la partie inférieure du vase, et elle peut être soutirée à l'aide d'un robinet. Comme il est indiqué plus loin à propos de l'acide phénique, on sature ce liquide par l'acide sulfurique pour en extraire le phénol.

Après l'élimination des corps acides, on procède à la distillation des huiles légères. Comme appareil distillatoire on se sert de celui qui est employé pour la rectification de l'essence de naphte. On chauffe vivement, mais on modère le feu dès qu'un produit liquide commence à apparaître. Au commencement de la distillation il faut bien refroidir. On change le récipient dès que le produit distillé refroidi a atteint un certain poids spécifique. Le poids spécifique sur lequel on se base pour reconnaître le moment où l'on doit opérer ce changement n'est pas le même dans les différentes fabriques;

il est ordinairement compris entre 0,91 et 0,93, la densité étant prise dans le liquide refroidi. Le produit distillé se nomme également *naphte brut.*

Ce qui passe après le changement de récipient contient déjà de grandes quantités de naphtaline. Afin que celle-ci ne puisse pas se solidifier dans le tube condensateur, il faut maintenir l'eau du réfrigérant à une température pas trop basse, c'est-à-dire que le liquide ne doit pas être renouvelé trop rapidement. Pour la même raison, il est nécessaire que le tube condensateur ait dans toute sa longueur une inclinaison suffisante, afin qu'il ne puisse y rester du liquide distillé, qui, ayant le temps de se refroidir jusqu'à l'opération suivante, pourrait donner naissance à des cristaux de naphtaline et par suite obstruer le tube. On distille dans le nouveau récipient, jusqu'à ce que le produit, en tombant dans l'eau, se rende au fond de celle-ci. Le produit de la distillation porte également le nom d'huile légère. Ce n'est point encore une préparation terminée ; on la mélange de nouveau avec les huiles légères dans les opérations suivantes, afin d'en séparer les dernières portions des corps les plus volatils (naphte brut).

On laisse un peu refroidir le résidu de la chaudière et on le fait ensuite écouler dans le réservoir où se trouve l'huile lourde, *l'huile créosotée,* de la première distillation du goudron.

Le *naphte brut* a de l'analogie avec les produits de la distillation de l'essence de naphte. Lorsqu'on le rectifie, il n'en passe qu'une petite quantité jusqu'à 110°. A environ 150° il distille à peu près la moitié de son volume et à 170° il en passe environ 80 p. 100.

Le naphte brut est soumis, seul ou mélangé avec les huiles de l'essence de naphte, aux traitements qui ont été décrits précédemment (pages 25 et 26), c'est-à-dire qu'il est traité par l'acide sulfurique et rectifié par distillation fractionnée. On retire du naphte brut de 30 à 33 d'huile légère (qui passe vers 140°), et 40 p. 100 du deuxième produit (qui distille entre 140 et 170°). Pour obtenir le *produit final* que l'on cherche à préparer, la *benzine,* les deux produits distillés, celui que l'on a extrait de l'essence de naphte et celui qui provient du naphte brut, doivent encore être soumis à une nouvelle distillation.

La meilleure méthode à employer pour effectuer cette dernière distillation consiste, d'après l'opinion générale des praticiens, à se servir de la vapeur d'eau comme moyen de chauffage. On emploie dans ce but des appareils distillatoires offrant des dispositions extrêmement variées. *Lunge* a donné la description exacte d'un appareil excellent, mais qui peut-être ne convient que pour une grande fabrique. Nous suivons cette description dans ce qu'elle a d'essentiel et nous reproduisons la gravure. Des modifications, en rapport avec l'importance et les besoins de la fabrique, peuvent être apportées sans aucune difficulté.

Comme les produits de la distillation qui entrent les premiers en ébullition (ceux qui passent jusqu'à 140°), et que nous désignerons par I, ont besoin d'un traitement un peu différent de celui auquel on doit soumettre les produits II, qui bouent à une température plus élevée (qui distillent entre 140 et 170°), il semble convenable d'employer aussi deux chaudières différentes pour chacune de ces sortes d'huiles. Pour les fabriques qui n'ont pas une très-grande importance une seule chaudière est suffisante. Mais comme dans les plus grandes usines où l'on distille la benzine il sera rarement nécessaire de faire fonctionner les deux chaudières en même temps, un seul et même réfrigérant peut servir pour les deux. I (fig. 11) représente la chaudière pour le produit I, et II, celle qui est destinée au produit II. Toutes deux sont en tôle et cylindriques, elles ont un fond plat et un couvercle bombé; elles reposent toutes deux sur des murs circulaires; à leurs fonds sont adaptés des robinets *a* et *s*, et elles sont munies de trous d'homme, que l'on peut fermer à l'aide d'un étrier à vis, et d'orifices pour l'écoulement de l'air, qui sont ouverts pendant le remplissage, et fermés en tout autre moment. On les remplit au moyen des tubes verticaux *q* et *h*, qui sont munis de robinets et qui communiquent avec un tube horizontal, par lequel on fait arriver, à l'aide d'une pompe, le produit I ou le produit II. Le tube *o*, qui est la continuation des chapiteaux *k* et *h*, est aussi commun aux deux chaudières. Chaque chapiteau est muni d'un robinet; *t* est le robinet du chapiteau *p*, et *n* celui du chapiteau *k*; lorsque l'une des chaudières est en activité, le robinet qui lui correspond est ouvert, tandis que l'autre est fermé. Chaque chaudière peut recevoir de la vapeur au moyen du tuyau *c*, qui communique avec le générateur; la vapeur pénètre dans la chaudière II par *r*, tube dont l'extrémité se termine par trois branches horizontales, qui sont fermées à leur extrémité, mais qui sont munies dans toute leur longueur de petits orifices pour la sortie de la vapeur d'eau. La chaudière I a un tube à vapeur *fb* tout à fait semblable, et qui est muni en *d*, en dehors de la chaudière, d'un robinet que l'on peut fermer.

Le réservoir *u* en fonte, qui sert à recueillir les produits entraînés

$\frac{1}{36}$

Fig. 11.

mécaniquement, est également commun aux deux chaudières; il a

90 centimètres de hauteur sur 30 centimètres de largeur et il est muni du robinet v et du tube réfrigérant w.

Les deux chaudières se distinguent : 1° par leurs dimensions : I a $1^m,50$ de diamètre sur $1^m,80$ de hauteur, et II $1^m,65$ de diamètre et $1^m,50$ de hauteur ; 2° par le tube à vapeur g enroulé en spirale, qui supérieurement s'embranche avec c par l'intermédiaire du robinet d'entrée e et qui inférieurement est muni du robinet de sortie b. Ce tube forme 15 spires, dont une partie seulement est reproduite dans le dessin. Comme tous les autres tuyaux, il est en fer forgé. La troisième différence consiste en ce que au-dessus de I se trouve un réfrigérant mm, dans lequel est renfermé le tube du chapiteau k formant trois tours de spire l, tandis que le tube du chapiteau p s'élève sur II directement.

Si l'on doit rectifier le produit léger I, on le fait couler par h dans la chaudière I, on ferme le robinet à vapeur d, on ouvre e, et la vapeur, pénétrant dans la spirale g, chauffe le contenu de la chaudière. On ouvre le robinet b, seulement de manière à ce que l'eau de condensation puisse sortir et non la vapeur. Celle-ci est dans le générateur à une pression de 2 atmosphères 1/2. Il est également bien de la chauffer encore avant sa pénétration dans la chaudière et c'est ce que l'on fait très-simplement de la manière suivante : on la fait passer à travers une caisse plate large de 18 centimètres, qui est placée contre le mur dans la cheminée, tout près du foyer de la chaudière, et qui de cette façon ne nuit que très-peu au tirage de la cheminée. On ferme le robinet t et l'on ouvre n, et les carbures d'hydrogène qui se transforment en vapeur peuvent, en traversant la boîte u, se rendre par m dans le réfrigérant.

Le vase m est rempli avec de l'eau froide, qui condense et fait retomber dans la chaudière tous les carbures d'hydrogène d'un point d'ébullition élevé, qui sont entraînés lorsque la distillation dure déjà depuis quelque temps. Si l'on avait fractionné les huiles du premier produit (essence de naphte) de manière à recueillir à part ce qui a passé jusqu'à 110°, cette partie est versée la première dans la chaudière I, puis on fait arriver un courant de vapeur par c, e, g, que l'on modère ou que l'on arrête aussitôt que la distillation commence, parce que sans cela l'ébullition serait trop tumultueuse et les produits distillés rempliraient toute la capacité du tube condensateur. On continue la distillation, jusqu'à ce qu'il ne passe plus que très-peu de liquide et l'on verse ensuite les benzines brutes, que l'on a extraites de l'essence de naphte ou des huiles légères au-dessous de 140°.

Un écoulement rapide ne tarde pas à se produire à l'orifice du tube condensateur. Lorsque cet écoulement cesse, on ferme e et l'on ouvre d, de manière que la vapeur pénètre par f dans la chaudière. La distillation s'accélère de nouveau, mais naturellement il passe de l'eau avec les huiles.

Le temps pendant lequel la distillation doit être continuée, le moment où le récipient doit être changé, dépendent nécessairement de la qualité du produit que l'on veut obtenir.

Veut-on, par exemple, préparer de la benzine à 90 degrés [1], il faudra ne faire couler dans le premier récipient que les huiles qui ont distillé jusqu'à 110°, ou bien avec celles-ci une petite portion seulement de celles qui passent au-dessous de 140°, et l'on devra ensuite changer immédiatement le récipient. Au dire des praticiens, ni un thermomètre plongé dans la chaudière, ni la détermination du poids spécifique du produit distillé, ne permettent de juger la qualité de ce produit. Le moyen suivant a été indiqué comme le seul satisfaisant. On verse une portion mesurée du produit de la distillation dans une cornue tubulée munie d'un thermomètre et d'un récipient gradué dans lequel se rassemblent à l'état liquide les vapeurs formées dans la cornue chauffée et ensuite bien refroidies. En lisant les températures et les volumes distillés, on a une idée suffisante de la nature du produit distillé. Si l'on ne travaille que les benzines de la fabrique, benzines dont les propriétés sont invariables, on acquiert promptement une habitude suffisante pour tirer de la quantité d'huile distillée une conclusion sur la volatilité de ce liquide.

Si l'on exige que la benzine ait un degré déterminé, on peut obtenir ce degré en mélangeant des huiles ayant des points d'ébullition différents, les unes bouillant à une basse température et les autres à une température plus élevée, et l'on procède d'après l'équation suivante :

$$m.p + x.p' = (m + x).p'',$$

dans laquelle m est un volume donné d'un produit distillé du degré p, x le volume cherché de l'autre produit du degré p', et enfin p'' le degré demandé,

$$x = \frac{(p - p'')m}{p'' - p'}.$$

---

[1] Voyez Chap. III relativement à cette désignation.

BOLLEY et E. KOPP, Matières colorantes. 3

Ce que l'on extrait encore, après le passage des benzines de différentes forces, sert soit comme dissolvant dans les fabriques de caoutchouc, soit comme huile d'éclairage. Ces produits n'ayant aucune importance pour le sujet qui nous occupe, nous n'en dirons rien de plus. On distille ordinairement jusqu'à ce qu'il passe des produits colorés en jaunâtre. Le résidu de la chaudière est le plus souvent versé dans la chaudière II, afin d'y être traité avec les produits II, qui doivent y être rectifiés (et qui ont distillé entre 140 et 170°). Ces liquides ne donnent que peu ou pas du tout de benzine, mais ils fournissent de 25 à 50 p. 100 des meilleures sortes de naphtes, 25 p. 100 de naphte pour l'éclairage et 25 p. 100 d'un résidu qui est plus lourd que l'eau et qui ne peut guère être employé qu'aux mêmes usages que les huiles lourdes. Pour effectuer la distillation dans cette chaudière, on fait arriver de la vapeur par *r*, on ouvre le robinet *t*, on ferme *n* et on procède d'ailleurs comme on l'a dit pour la chaudière I. Il reste encore à décrire le réfrigérant commun aux deux chaudières et la manière dont les produits sont recueillis.

La boîte *u* sert à retenir les corps entraînés mécaniquement, afin de les faire écouler par le robinet *r*, tandis que les vapeurs se dirigent dans le tube condensateur *w*. Ce dernier est un serpentin de plomb, qui se trouve dans un réfrigérant; on doit lui donner une grande longueur et avoir soin qu'il soit bien refroidi. Entre les récipients et l'extrémité du serpentin est placé l'appareil

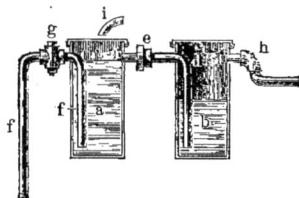

Fig. 12.

représenté par la figure 12. Il se compose de deux caisses de tôle *a* et *b* munies de couvercles et qui sont plongées dans une auge pleine d'eau, de manière que l'on obtienne une fermeture hydraulique; *i* est l'extrémité du serpentin. A la partie supérieure de la caisse *a* se trouvent, à droite et à gauche et exactement à la même hauteur, des ouvertures dans lesquelles sont soudés les tubes *c* et *f*. Le tube *f* est un siphon dont la branche interne descend presque jusqu'au fond de *a*, et il est muni d'un robinet *g*. Sur le tube *c* s'adapte le tube *d*, qui est soudé dans la paroi de la caisse *b*. Entre *c* et *d* se trouve l'écrou *e*, au moyen duquel on peut séparer ou faire communiquer rapidement les caisses *a* et *b*. En *h* est un tube avec un bec mobile qui conduit aux récipients.

Le fonctionnement de l'appareil a lieu de la manière suivante. On remplit *a* aux trois quarts avec de l'eau. Dès que la distillation commence, il passe des carbures d'hydrogène et de l'eau de condensation. Les premiers se rassemblent à la partie supérieure de *a* et coulent par *e* vers *b*, tandis que l'eau, qui se trouve au fond du vase, sort de celui-ci par *f*. Si les ouvertures par lesquelles *c* et *f* pénètrent dans la caisse *a* sont exactement à la même hauteur, *f* ne peut pas agir comme siphon et évacuer tout le liquide de *a*. En *b* se rassemble la benzine (ou, plus tard, les différentes sortes de naphte) et par *h* elle s'écoule dans les récipients. Aussitôt que le naphte passe, on se sert du vase *b* comme épurateur; dans ce but, on y introduit une petite quantité de solution de soude caustique, à travers laquelle les huiles doivent passer, afin d'y laisser les corps acides qu'elles peuvent contenir. Les récipients ne doivent pas être en fer, parce que ce métal s'oxyde facilement, et la rouille produite en se mélangeant avec l'huile trouble la pureté de celle-ci. Les huiles demeurent tout à fait incolores lorsqu'on les recueille dans des cuves de bois revêtues de plomb. Pour conserver des provisions de benzine et de naphte, le mieux est de se servir de cylindres verticaux en tôle bien rivée et de dimensions aussi grandes que possible; ces vases doivent être munis supérieurement d'un trou d'homme et d'un tuyau pour le remplissage, et inférieurement, à quelques pouces au-dessus du fond, ainsi que sur le fond lui-même, de robinets de vidange, celui du fond étant destiné à faire écouler l'eau et les impuretés.

Ce qui concerne le produit le plus important pour le sujet qui nous occupe, la benzine (benzol), ses propriétés et les méthodes employées pour son épuration, tout cela sera traité avec détails dans le chapitre Benzine, ainsi que dans les chapitres relatifs à la naphtaline et au phénol. Les autres produits, les naphtes d'éclairage, les naphtes pour dissoudre les résines, le brai, les eaux ammoniacales, sortent des limites de cet ouvrage.

CHAPITRE II.

L'ACIDE PHÉNIQUE,

SES HOMOLOGUES ET SES DÉRIVÉS.

Acide phénique. — L'*acide phénique* (*acide phénylique, phénol, alcool phénique* ou *phénylique, acide carbolique, créosote de houille*[1]) a été découvert par *Runge* en 1834 dans le goudron de bois. Il reçut de son inventeur le nom d'acide carbolique. *Laurent* prépara ce corps à l'état pur en 1840, et il lui donna le nom d'hydrure de phényle et plus tard celui d'hydrate de phényle. Le nom de phénol a été indiqué par *Gerhardt*. A cause de l'analogie que, sous certains rapports, le phénol présente avec l'alcool ordinaire (autrefois considéré comme de l'hydrate d'oyxde d'éthyle), il a paru convenable de désigner ce corps par le nom d'alcool phénique ou phénylique, et l'identité qu'autrefois on lui supposait avoir avec la créosote, extraite en 1832 par *Reichenbach* du goudron de bois de hêtre, conduisit à la dénomination de créosote de houille. La racine *phen* est tirée du grec φαίνω, paraître, éclairer, parce que le corps que l'on considérait comme le radical de l'acide phénique (et que l'on regardait comme identique au benzol ou son isomère) se rencontre dans le gaz d'éclairage.

---

[1] La *créosote* proprement dite (du grec κρέας, chair, et de σώζειν, préserver, conserver, parce qu'elle a la propriété de conserver la chair), découverte en 1833 par v. Reichenbach dans le goudron de bois de hêtre, est un corps non encore connu d'une manière suffisamment exacte, mais qui a des rapports intimes avec l'acide phénique et qui même a été souvent considéré comme de l'acide phénique impur. Jusqu'à présent la créosote ne joue aucun rôle important dans la fabrication des couleurs. Elle présente les propriétés suivantes : c'est un liquide réfringent, incolore, mais se colorant au bout de quelque temps, huileux, à odeur de fumée et d'une saveur brûlante ; son poids spécifique est 1,04 et son point d'ébullition à 205°, il est peu soluble dans l'eau, mais facilement soluble dans l'alcool et l'éther. Les solutions d'albumine sont coagulées par la créosote (d'où l'action hémostatique de ce corps). Après les nombreuses divergences qui se sont produites entre les analyses de *Völkel*, de *v. Gorup-Besanez*, de *v. Reichenbach*, d'*Ettling*, et les formules qui ont été déduites de ces analyses, quelques chimistes se rallient à l'opinion de *Fairlie*, opinion d'après laquelle la créosote pure doit être regardée comme du crésol (hydrate de crésyle), qui est l'homologue le plus voisin du phénol, ($C^{14}H^8O^2$), tandis que d'autres la considèrent comme un mélange de crésol ($C^{16}H^{10}O^4$) et gaïacol ($C^{14}H^8O^4$) en proportions très-variables.

La préparation de la créosote avec le goudron de bois de hêtre s'effectue comme celle de l'acide phénique avec le goudron de houille ; ou purifie la créosote brute par distillation fractionnée et en recueillant à part ce qui passe de 203 à 208°.

Jusqu'à présent, l'acide phénique n'a été trouvé tout formé, et toujours en petite quantité, que dans un petit nombre de substances d'origine animale; *Wöhler* l'a rencontré dans le castoréum, *Städeler* dans l'urine de l'homme, de la vache et du cheval.

On le trouve au contraire fréquemment dans les produits de la décomposition des matières végétales sous l'influence de la chaleur (dans les produits de la distillation sèche de ces corps). Les goudrons de houille et de lignite sont les produits qui en renferment le plus, et il se forme dans la distillation sèche de certaines résines (résine de benjoin — *E. Kopp*, résine de Botany-Bay — *Stenhouse*), de l'acide salicilique (*Gerhardt*), de l'acide moritannique (*R. Wagner*), de l'acide quinique (*Wöhler*) et lorsqu'on fait passer des vapeurs d'acide acétique ou d'alcool à travers un tube chauffé au rouge (*Berthelot*).

Il se produit aussi aux dépens de certains dérivés de la benzine, ainsi, par exemple, il prend naissance lorsqu'on fait agir l'acide azoteux sur l'aniline (*Hofmann*), lorsqu'on fait bouillir l'azotate de diazobenzol avec de l'eau (*Griess*), et lorsqu'on fait fondre de l'hydrate de potasse avec l'acide benzinosulfurique (*Kékulé*) ou avec l'acétylénosulfate de potasse (*Berthelot*).

Préparation de l'acide phénique. — Il n'y a que les goudrons de houille et de lignite qui puissent être employés dans la pratique industrielle pour l'extraction de l'acide phénique. Les méthodes usitées dans ce but reposent toutes sur les faits suivants : le point d'ébullition de l'acide phénique est à 183 ou 184°, de sorte que ce corps doit se trouver surtout dans les huiles lourdes, qui se produisent lors de la rectification du goudron ; l'acide phénique jouit de la propriété de se combiner avec les bases alcalines, ce qui permet de le séparer des carbures d'hydrogène indifférents. Le mode de préparation peut subir de nombreuses modifications, qui dépendent soit de la qualité du goudron, soit aussi du degré de pureté dans lequel on désire avoir le produit.

A une seule exception près, tous ceux qui ont décrit la préparation de l'acide phénique recommandent la distillation fractionnée préliminaire. *Boboeuf*, au contraire, traite toutes ensemble par un alcali caustique les huiles obtenues lors de la rectification du goudron, et il prétend obtenir de cette façon un rendement beaucoup plus grand. Il n'est pas probable que ce procédé soit le plus avantageux, parce que la plus grande partie de l'acide phénique se trouve dans les produits de la distillation qui passent entre 150 et 200°. Il est plus difficile à isoler des huiles proprement dites. C'est pourquoi on mélange ensemble toutes les huiles dites légères (voyez plus haut page 27), ou seulement les dernières portions qui ont passé lors de la rectification de ces huiles, et la partie du premier produit (essence de naphte) qui a distillé entre 140 et 170°. D'après un procédé breveté indiqué par *Müller*, de Bâle, il est convenable, avant de soumettre ces huiles à un autre traitement, de les laisser reposer pendant quelque temps dans un lieu froid ; sous l'influence de ce repos, une grande partie de la naphtaline qu'elles renferment se dépose sous forme cristalline. (Lorsqu'on traite des huiles de goudron de lignite, il n'est pas nécessaire de laisser reposer et refroidir les liquides, parce que ceux-ci ne contiennent pas de naphtaline et qu'en recueillant séparément la partie du produit de la distillation contenant de la paraffine, celle-ci se trouve déjà séparée.)

Ces huiles, que la séparation de la naphtaline ait ou n'ait pas eu lieu, sont mélangées avec une dissolution de soude caustique ou avec un lait de chaux; la soude et la chaux doivent quelquefois être employées ensemble. La quantité de l'alcali est déterminée par une expérience effectuée sur une petite échelle (comme il est indiqué page 27). Pour l'extraction du phénol des huiles de goudron de lignite on se sert toujours d'une lessive de soude. On préfère des lessives concentrées et on les emploie fréquemment à 35 ou 40° Baumé, c'est-à-dire d'un poids spécifique de 1,3 à 1,35 ou avec une richesse en soude caustique de 21 à 25 p. 100 environ.

Le mélange s'effectue dans des vases verticaux en tôle munis d'un agitateur, qui consiste en un arbre à ailettes placé dans l'axe vertical du vase, ou qui est disposé d'après le principe de la baratte, c'est-à-dire dans lequel se trouve une tige munie inférieurement d'un disque percé de trous et que l'on fait mouvoir alternativement de haut en bas et de bas en haut.

Lorsqu'on a de grandes quantités d'huile à traiter, il est très-convenable d'employer les appareils à mélanger en usage dans les fabriques de photogène et de paraffine de la Saxe. Ce sont des cylindres de tôle, qui sont fixés sur un arbre horizontal à l'aide duquel on peut les faire tourner. L'arbre ne se trouve pas dans l'axe du cylindre, celui-ci ayant une inclinaison d'environ 30° sur l'horizon. Lorsque l'appareil est rempli de liquide, ce dernier, à chaque tour que fait le cylindre, est projeté alternativement vers les deux extrémités du vase, qui l'une après l'autre prennent la position la plus basse; sous l'influence de ce mouvement on obtient un mélange très-intime. Le mélange est versé dans des cylindres verticaux, puis abandonné au repos. Au fond se sépare la solution des corps acides dans l'alcali, tandis que l'huile dépouillée d'acide flotte à la surface. Lorsqu'il y a beaucoup d'acide phénique et que la lessive de soude a été employée concentrée, il arrive quelquefois que le liquide alcalin est rendu un peu épais par la présence de cristaux de phénate de soude qui se sont séparés. Dans ce cas, il doit être étendu avec de l'eau et brassé, parce que, lorsqu'il est épais, il peut retenir des particules huileuses, qui ne peuvent monter à la partie supérieure que lorsqu'on ajoute de l'eau. Le liquide alcalin doit maintenant être saturé avec un acide minéral pour produire la séparation de l'acide phénique. On se sert ordinairement dans ce but de l'acide minéral le moins cher, de l'acide chlorhydrique, mais, d'après l'indication de *E. Kopp*, on peut aussi se servir du liquide acide qui a été employé pour la séparation des bases organiques de l'essence de naphte et du naphte brut (voyez plus haut page 25). Cet acide sulfurique n'est pas seulement en partie combiné avec des bases, il est aussi rendu impur par des résines pyrogénées, etc. Si on le mélange avec de l'eau, les résines se séparent en majeure partie, et l'acide étendu peut parfaitement servir pour la saturation de la soude. Dans le dernier cas il est nécessaire de prendre un excès de liquide acide, afin que les bases organiques ne puissent pas être séparées par l'alcali.

Après l'addition de l'acide, le phénol se sépare à la partie supérieure sous forme d'un liquide foncé, oléagineux; on le décante et on le soumet à la rectification. Il est tout à fait convenable, notamment lorsqu'on n'a pas affaire à de trop grandes quantités de liquide et aussi lorsqu'il s'agit d'obtenir un produit aussi pur que possible, d'effectuer à l'aide d'un acide des décompositions partielles avec la solution alcaline de l'acide phénique, avant de procéder à la rectification. Ce procédé, recommandé par *Hugo Müller*, a pour but d'éliminer plus complètement la naphtaline et de débarrasser l'acide phénique des substances facilement oxydables et se colorant en brun qui l'accompagnent. La naphtaline, qui est insoluble dans l'eau, se dissout en assez grande quantité dans une solution concentrée de phénate de soude contenant un excès d'alcali, et il en est de même pour quelques substances indifférentes analogues à la naphtaline. Si une solution de ce genre est d'abord étendue avec de l'eau, la naphtaline se précipite. On ajoute de l'eau tant qu'il se forme un précipité. Le liquide décanté est versé dans des capsules plates, où on l'abandonne pendant quelques jours en ayant soin de le brasser fréquemment, afin de rendre plus énergique l'action de l'oxygène. (On pourrait atteindre plus facilement ce but au moyen d'un appareil à mélanger incomplétement rempli.) Sous l'influence de l'air le liquide brunit fortement par suite de la formation de corps insolubles, bruns et résinoïdes, et c'est pour cela qu'il devrait être filtré. Si maintenant on le mélange avec environ 1/8 ou 1/6 de la quantité d'acide nécessaire pour sa saturation, quantité déterminée par une expérience, il se sépare encore de ces substances brunâtres devenues insolubles et que l'on peut éliminer par filtration. Si l'on ajoute au liquide filtré une nouvelle quantité d'acide, les alcools homologues supérieurs, l'alcool crésylique, l'alcool xylique, etc., sont précipités avant le phénol, et peuvent par conséquent être aussi séparés. Cette purification ne peut, il est vrai, avoir lieu qu'avec une perte de phénol. Ce qui en dernier lieu est séparé par l'acide est l'acide phénique, que l'on rassemble et que l'on rectifie.

En général la distillation peut être effectuée sans autre traitement préliminaire, seulement les parties qui passent en premier lieu et qui contiennent encore de l'eau doivent être mises de côté, afin de pouvoir être utilisées dans une autre opération. Les portions qui distillent ensuite sont versées dans des vases convenables que l'on place dans un lieu frais, où elles cristallisent. Si l'acide phénique est un peu trop hydraté, on peut, comme le recommande *H. Müller*, le chauffer jusque près de son point d'ébullition et le faire traverser par un courant d'air sec, qui entraîne l'humidité, et de cette façon on obtient immédiatement lors de la distillation un produit cristallisable. Cependant cette méthode semble destinée plutôt pour la préparation de l'acide phénique sur une petite échelle que pour la fabrication en grand de cet acide.

Préparation de l'acide phénique pur. — Pour obtenir de l'acide phénique pur, on peut se servir de la méthode indiquée récemment par *Church*. Dans 10 litres d'eau distillée froide on introduit 500 grammes d'acide phénique du commerce, en faisant bien attention à ce que tout l'acide n'entre pas en dissolution. Lorsqu'on emploie une bonne préparation (comme l'acide blanc cristallisé de *Calvert*), il reste au fond du vase, après avoir agité la liqueur à plusieurs reprises, de 60 à 90 grammes de l'acide traité. Si l'on se sert d'un acide de mauvaise qualité, il faut employer moins d'eau ou plus d'acide. La solution aqueuse obtenue est décantée avec un siphon et, si c'est nécessaire, filtrée sur un filtre de papier suédois, jusqu'à ce qu'elle soit parfaitement claire ; on la verse ensuite dans un vase cylindrique à parois élevées, puis on la mélange avec de la poudre de sel marin pur, et l'on agite jusqu'à ce que celui-ci ne se dissolve plus. Après un repos de quelques heures, la majeure partie de l'acide phénique surnage là solution saline sous forme d'une couche jaune huileuse, et on n'a plus maintenant qu'à décanter l'acide à l'aide d'un siphon ou d'une pipette. Comme l'acide pur ainsi obtenu contient au moins 5 0/0 d'eau, il ne cristallise pas ; mais on peut le faire cristalliser en le distillant dans une cornue avec un peu de chaux. La portion qui passe jusque vers 185° présente à peine de l'odeur à la température ordinaire, c'est tout au plus si cet acide exhale une faible odeur de feuilles de géranium ; *Church* utilise cette propriété remarquable pour masquer la légère odeur propre à l'acide phénique absolument pur ; il ajoute à celui-ci de l'essence de géranium française dans la proportion de 4 gouttes par 30 grammes d'acide ; mais cette addition entraîne la liquéfaction de l'acide pur cristallisé. Ce procédé de purification donne lieu à une perte de matière assez considérable, aussi est-il convenable de soumettre à la distillation la solution salée de laquelle on a séparé l'acide, et l'on obtient ainsi une deuxième portion d'acide phénique pur, qui constitue un désinfectant très-agréable et très-actif pour les usages domestiques.

Propriétés de l'acide phénique. — L'acide phénique se présente sous forme de longues aiguilles incolores, appartenant probablement au système rhombique droit, d'une odeur particulière analogue à celle de la fumée et d'une saveur caustique et brûlante. Son poids spécifique est 1,066, il fond à 37 ou 37°,5, d'après d'autres à 41 ou 42°. Lorsqu'il a été liquéfié, il ne reprend ordinairement l'état solide que beaucoup au-dessous de son point de fusion, notamment lorsqu'il n'est pas tout à fait anhydre. Mais on provoque sa solidification plus rapide en le refroidissant fortement et en y ajoutant quelques cristaux de phénol. Son point d'ébullition est à 183 ou 184°. Il absorbe l'eau de l'air humide et tombe en déliquescence ; dans l'air sec il se conserve sans altération. L'acide phénique se dissout à 20° dans vingt fois son poids d'eau [1]. Il formerait (d'après *Calvert*) avec un atome d'eau un hydrate cristallisable entrant en fusion à 16°. L'alcool et l'éther dissolvent l'acide phénique en toutes proportions, l'acide acétique le dissout plus facilement que l'eau. L'acide phénique et ses solutions concentrées attaquent la peau et la colorent d'abord en blanc, mais au bout de quelque temps les taches deviennent brun-rouge et s'écaillent. En solution aqueuse on l'emploie comme antiseptique, quelques-uns de ses sels servent aussi dans le même but.

Une solution d'albumine, même si elle ne contient que 1 0/0 de ce corps, est précipitée par les solutions d'acide phénique, et il en est de même d'une solution de gélatine. L'acide phénique est vénéneux; quelques gouttes suffisent pour tuer un chien et les plantes périssent dans les solutions aqueuses même étendues. C'est un acide faible, il ne rougit pas le tournesol et il ne peut pas expulser l'acide carbonique des carbonates alcalins, il est même déplacé de quelques-unes de ses combinaisons par l'acide carbonique.

Composition de l'acide phénique. — Formule brute $= C^{12}H^6O^2 = (C^6H^6O)$.

D'après la théorie des radicaux, la composition de l'acide phénique est représentée par $C^{12}H^5O,HO$; le phényle, $C^{12}H^5$, est le radical, et l'acide phénique est regardé comme l'hydrate de l'oxyde de ce radical. De là vient le nom d'hydrate d'oxyde de phényle. A cause des quelques analogies que présente le phénol avec les alcools monoatomiques, analogies qui, suivant des interprétations récentes, ne vont pas du reste très-loin, on a, d'après la théorie des types, écrit la formule du phénol :

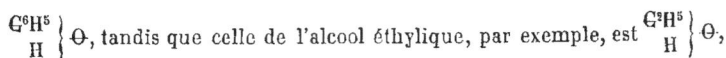

$$\left.\begin{matrix} C^6H^5 \\ H \end{matrix}\right\} O, \text{ tandis que celle de l'alcool éthylique, par exemple, est } \left.\begin{matrix} C^2H^5 \\ H \end{matrix}\right\} O,$$

d'où le nom d'alcool phénique.

La formule $C H^5.OH$, par laquelle *Kekulé* représente la composition du phénol, est maintenant généralement admise, et ce dernier doit, d'après cette formule, être regardé comme un dérivé hydroxylé du benzol, un benzol monoxylé, c'est-à-dire comme un benzol C^6H^6 dans lequel un atome d'hydrogène est remplacé par l'hydroxyle HO.

---

[1] D'après d'autres indications, 326 parties seulement se dissoudraient dans 100 d'eau à 20°.

Combinaisons de l'acide phénique. — Quelques-unes des combinaisons du phénol avec les *bases minérales* offrent des caractères analogues à ceux des composés salins.

Le *phénate de potasse* $C^{12}H^5O,KO = (C^6H^5.OK)$, est un corps dans lequel l'hydrogène du phénol est remplacé par du potassium et qui se forme avec dégagement d'hydrogène aussi bien lorsqu'on met en contact du potassium et du phénol que lorsqu'on chauffe le phénol avec de l'hydrate de potasse ; en solution concentrée il cristallise en aiguilles fines, et il se dissout facilement dans l'alcool, l'éther et l'eau.

Le *phénate de soude*, $C^{12}H^5O,NaO = (C^6H^5.ONa)$ ressemble beaucoup à la combinaison précédente, mais il est plus facilement soluble dans l'eau que celle-ci ; on le prépare de la même manière que le phénate de potasse.

Le *phénate d'ammoniaque*, $C^{12}H^5O,AzH^4O$, se forme lorsqu'on fait passer un courant de gaz ammoniac dans du phénol ; c'est un sel blanc sublimable, dont la solution alcoolique, abandonnée pendant longtemps à elle-même ou mieux chauffée pendant longtemps à 300° dans un tube de verre fermé, se transforme partiellement en *aniline* et en *eau :*

$$AzH^4O,C^{12}H^5O = C^{12}H^7Az + 2HO$$

ou d'après les formules moléculaires :

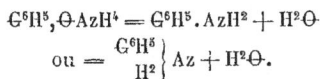

$$C^6H^5,O-AzH^4 = C^6H^5.AzH^2 + H^2O$$
$$ou = \begin{array}{c} C^6H^5 \\ H^2 \end{array}\Big\} Az + H^2O.$$

Le *phénate de baryte* se forme lorsqu'on fait bouillir le phénol avec de l'eau de baryte.

Phénate de chaux. — Suivant que dans un mélange de lait de chaux et de phénol le premier ou le deuxième corps est en excès, il se forme par agitation une combinaison ayant des caractères plus ou moins basiques. Ces deux combinaisons sont solubles dans l'eau, et, lorsqu'on les fait bouillir, elles deviennent encore plus basiques en perdant du phénol. L'acide carbonique les décompose également.

Phénate de plomb. — Le phénol dissout à chaud l'oxyde de plomb en formant une combinaison $C^{12}H^5O,2PbO,HO = (C^6H^6O,Pb O)$, qui cède une forte proportion de phénol à l'eau bouillante.

Produits de l'action de l'acide sulfurique sur le phénol.
— En mélangeant à parties égales du phénol et de l'acide sulfurique anglais, chauffant le mélange pendant quelques moments au bain-marie et laissant reposer plusieurs jours, il se forme des cristaux qui consistent en *acide monosulfophénique* rendu impur par de l'acide sulfurique libre. On dissout ces cristaux, on les fait digérer avec du carbonate de baryte, afin d'éliminer l'acide libre, et l'on combine l'acide sulfophénique avec la potasse en le saturant par le carbonate de cette base. Par le repos il se sépare d'abord des cristaux lamellaires et vers la fin, après l'élimination de ceux-ci, des cristaux plus allongés ; ces deux formes cristallines représentent deux modifications de l'acide sulfophénique qui ont été découvertes par *Kekulé* et auxquelles il a donné les noms d'acide métasulfophénique et d'acide parasulfophénique. La composition de l'acide monosulfophénique est représentée par la formule $C^{12}H^6O^2, 2SO^3 = (C^6H^4, OH, SO^3H)$. Les sels des deux acides sulfophéniques sont facilement solubles dans l'eau. (*Solommanoff* a découvert un troisième acide sulfophénique isomère.)

Si l'on emploie un mélange à parties égales d'acide sulfurique fumant et d'acide sulfurique anglais, que l'on mêle avec du phénol dans la proportion de 4 : 1, si l'on chauffe jusqu'à ce qu'il se manifeste un dégagement d'acide sulfureux, et si l'on procède du reste comme pour l'acide monosulfophénique, afin d'éliminer l'acide sulfurique libre, on obtient *l'acide disulfophénique*, $C^{12}H^6O^2, 4SO^3 = (C^6H^3, OH(SO^3H)^2)$, combiné à la baryte. Cet acide cristallise en aiguilles groupées en forme de mamelons, et il donne naissance à plusieurs sels à formes cristallines bien déterminées. Avec l'acide azotique il fournit, même à la température ordinaire, de l'acide picrique.

Les acides monosulfophéniques donnent avec le chlore, l'iode, l'acide hyponitrique, etc., des dérivés par substitution dans lesquels une partie de l'hydrogène est remplacée par les corps que l'on vient de nommer. L'acide nitrosulfophénique, $C^{12}H^5(AzO^4)O^2, 2SO^3 = (C^6H^3(AzO^2), OH, SO^3H)$, préparé par *Kekulé*, est un corps jaune pâle, qui cristallise en aiguilles et qui est soluble dans l'eau, l'alcool et l'éther. Il forme deux sels différents, qui sont jaune pâle, avec un équivalent de métal, et jaune foncé ou orange avec deux équivalents.

Nous devons en outre mentionner quelques réactions qui, produites avec un acide sulfophénique dont la pureté n'était probablement pas absolue et avant une connaissance complète des.différentes modifications de cet acide (découvertes par *Kekulé*), ont attiré l'attention du teinturier et de l'imprimeur sur étoffes. *Gerhardt* a obtenu un *violet* magnifique en faisant tomber dans une solution très-étendue d'acide sulfophénique quelques gouttes d'une solution de perchlorure de fer. Mais la couleur ne put pas être produite suffisamment pure et même assez concentrée pour être employée en teinture. *Monnet* a fait agir le bioxyde d'azote sur l'acide sulfophénique, et il a obtenu, suivant les proportions dans lesquelles les corps étaient mélangés, des solutions .rouges, violettes et bleues, qui, lorsqu'on y ajoutait de l'eau, se troublaient et devenaient jaunes, mais se transformaient en vert-bleu avec l'ammoniaque. L'action de l'iodure d'amyle sur l'acide sulfophénique n'a pas non plus été suffisamment étudiée et expliquée : *Monnet*, en chauffant à 130° un mélange des deux corps, a obtenu une masse jaune-orange et sirupeuse, qui, avec les alcalis étendus, donnait un beau rouge semblable à la fuchsine et. que les acides ramenaient au jaune.

Les *éthers phéniques* (anisols) sont des produits de substitution du phénol, dans lesquels un atome d'hydrogène est remplacé par un radical alcoolique monoatomique.

L'éther méthylphénique a pour formule $C^{12}H^5(C^2H^3)O^2 = (C^6H^5.O.CH^3)$,
L'éther éthylphénique   — $C^{12}H^5(C^4H^5)O^2 = (C^6H^5.O.C^2H^5)$, etc.

On obtient ces éthers en chauffant du phénate de potasse avec les iodures des radicaux alcooliques ou avec des éthylsulfates alcalins. Ces dérivés peuvent donner lieu à de nouveaux produits de substitution, parce qu'un ou plusieurs atomes d'hydrogène peuvent être remplacés par du brome, de l'iode ou AzO^4. Cet intéressant groupe de corps ne joue jusqu'à présent dans la teinture qu'un rôle peu important.

Dérivés nitrés du phénol, acides nitrophéniques. —Un, deux ou trois atomes de l'hydrogène du phénol peuvent être remplacés par le groupe $AzO^4 (AzO^2)$, et l'on obtient du phénol mononitré, du phénol dinitré ou du phénol trinitré (mononitrophénol, dinitrophénol ou trinitrophénol).

Mononitrophénol, $C^{12}H^5(AzO^4)O^2 = (C^6H^4(AzO^2), OH)$. On connaît deux modifications isomères du mononitrophénol. Elles se forment toutes deux en même temps lorsqu'on ajoute par petites portions 1 partie d'acide phénique cristallisé dans un mélange refroidi de 2 parties d'acide nitrique (d'un poids spécifique de 1,34) et de 4 parties d'eau ; au moyen d'un entonnoir à robinet, on sépare la couche huileuse inférieure, on la lave avec de l'eau et on la soumet à la distillation dans un courant de vapeur, tant qu'il passe un produit coloré et que le résidu est encore odorant. Le produit distillé constitue une des modifications, et l'on extrait l'autre du résidu résineux en faisant bouillir celui-ci avec beaucoup d'eau.

Cette dernière modification, l'*isonitrophénol* ou l'*orthonitrophénol*, fournit, en cristallisant dans une solution aqueuse, de longues aiguilles incolores, qui rougissent facilement à la lumière, tandis que, lorsqu'elle cristallise dans l'alcool et l'éther, elle forme des cristaux brunâtres plus épais. Elle fond à 110° (sous l'eau à 48°), elle distille sans se décomposer, et elle a des caractères nettement acides. Son sel de potasse est jaune d'or, le sel d'argent rouge-écarlate. L'autre modification se présente sous forme de prismes transparents de couleur jaune de soufre, fond à 45° et entre en ébullition à 214° ; elle a une odeur particulière désagréable, se dissout peu dans l'eau, mais elle est plus soluble dans l'alcool et l'éther. Ses dissolutions ont une réaction acide, le sel de potasse cristallise dans sa solution aqueuse bouillante en aiguilles rouge-orange, qui perdent leur eau de cristallisation à 130°, en changeant leur couleur en rouge ; le sel de soude forme des cristaux rouge-écarlate.

Dinitrophénol, acide dinitrophénique, $C^{12}H^4(AzO^4)^2O^2 = (C^6H^3 (AzO^2)^2OH)$. Lorsqu'on met du phénol ou de l'isonitrophénol en contact avec de l'acide azotique pas trop concentré, ce dérivé nitré du phénol prend naissance. Le dinitrophénol peut être préparé de la manière suivante : à 5 parties de phénol brut contenues dans une grande capsule de porcelaine, on ajoute peu à peu et par petites portions 6 parties d'acide nitrique ordinaire, et après chaque addition on attend que la réaction soit presque terminée pour verser une nouvelle quantité d'acide. On lave la masse produite avec de l'eau, puis on la fait bouillir dans de l'ammoniaque liquide : il se forme le sel ammoniacal de l'acide dinitrophénique, et il reste un corps brun et visqueux. De cette dissolution se dépose au bout de quelque temps le sel ammoniacal, que l'on fait cristalliser plusieurs fois dans l'eau bouillante, dans le cas où il n'est pas blanc, et que l'on décompose enfin par l'acide azotique, qui sépare l'acide dinitrophénique. On peut faire cristalliser ce dernier dans l'alcool et de cette façon le purifier complétement.

Lorsque l'acide dinitrophénique cristallise dans l'alcool, il forme des tables rectangulaires jaune pâle, et lorsqu'il se dépose dans une solution aqueuse, il donne des lamelles blanches en forme de feuilles de fougère; il fond à 114°; il peut être sublimé en petites quantités et il forme alors des lamelles blanches devenant facilement jaunâtres; la volatilisation se manifeste à la température de 70°; il exige, pour se dissoudre, 7216 parties d'eau froide et 21 parties d'eau bouillante, mais il est beaucoup plus soluble dans l'alcool et surtout dans l'éther. Il produit des sels ayant des formes cristallines bien déterminées et qui sont généralement de couleur jaune d'or.

Le dinitrophénol est transformé par l'acide azotique bouillant en trinitrophénol, par le chlorate de potasse et l'acide chlorhydrique en chloranil, par le sulfure d'ammonium en amidonitrophénol $C^{12}H^4, AzO^4, AzH^2, O^2 = (C^6H^3, AzO^2, AzH^2, OH)$.

Trinitrophénol (synonymes : acide trinitrophénique, *acide picrique*, acide trinitrocarbolique, amer de Welter, acide chrysolépique, acide carbazotique, acide nitrospirolique) $C^{12}H^3(A^2zO^4)^3 O^2 = (C^6H^2(AzO^2)^3 OH)$.

Cet acide, qui pour la teinture a acquis une grande importance, a été découvert par *Hausmann* en 1788, comme produit de l'action de l'acide azotique sur l'indigo; *Welter* l'a obtenu en faisant agir l'acide azotique sur la soie, et *Chevreul, Liebig, Dumas* et *Laurent* l'ont étudié au point de vue de sa constitution.

L'acide trinitrophénique se forme par l'action de l'acide azotique sur le phénol ou sur certains de ses dérivés, comme le dinitrophénol, le dinitrophénol bromé, etc., et lorsqu'on chauffe avec l'acide azotique, outre les corps nommés plus haut, la soie et l'indigo, la laine, l'aloès, la résine de benjoin, la résine acaroïde, le baume du Pérou, la phloridzine, l'aniline, la salicine et ses dérivés.

Pour *préparer l'acide picrique*, on ne se sert plus guère maintenant que du phénol dans un état de pureté plus ou moins grande, et quelquefois aussi de la résine acaroïde, qui coûte moins et qui fournit un rendement plus abondant que les autres matières nommées plus haut.

Préparation de l'acide picrique avec l'acide phénique brut. — Pour s'opposer à une réaction trop vive, on doit recommander de distribuer dans plusieurs vases les quantités de matière à mettre en œuvre et d'éviter de chauffer tant que l'on a encore à craindre que l'action ne soit tumultueuse.

Guinon dispose dans un bain de sable deux séries de ballons ; chaque ballon contient des poids égaux d'acide azotique d'une densité de 1,3 ; au moyen d'un tube de verre, on fait couler goutte à goutte d'un vase placé au-dessus de chaque ballon l'acide phénique brut (le liquide acide séparé de la soude, page 28), en ayant soin de ne point augmenter la température par le chauffage extérieur des ballons. Tous les ballons sont mis, au moyen de tubes de verre, en communication avec un grand vase en grès vers lequel sont dirigées les vapeurs acides dégagées, dont une partie s'y condense et dont l'autre partie est éliminée par la cheminée de la fabrique, afin qu'elle n'incommode pas les ouvriers. Lorsque la réaction est terminée, c'est-à-dire lorsque l'acide phénique qui tombe goutte à goutte n'éprouve plus aucune altération, on suspend l'arrivée de celui-ci et l'on commence à chauffer doucement le bain de sable, afin de transformer aussi complétement que possible, à l'aide de l'acide azotique non encore employé, la masse résinoïde qui flotte dans les ballons. Le contenu des vases est ensuite versé dans des capsules, où par le refroidissement l'acide picrique se dépose. Celui-ci consiste soit en grumeaux cohérents, soit en cristaux fins. On le dépose sur un entonnoir dont le tube est lâchement rempli de petits fragments de quartz ou de briques exemptes de chaux ; l'acide azotique s'écoule, tandis que l'acide picrique reste. L'acide qui tombe de l'entonnoir peut être employé pour une autre opération. L'acide picrique qui est encore mélangé avec un peu de matière résinoïde est dissous dans de l'eau bouillante à laquelle on a ajouté 1/1000 d'acide sulfurique ; la matière résinoïde n'entre pas en dissolution.

Perra prépare l'acide picrique avec l'*acide phénique pur* de la manière suivante. Dans un ballon se trouvent 600 parties en poids d'acide azotique d'une densité de 1,3, on y fait couler lentement 100 parties de phénol, et l'on a soin de condenser l'acide azotique volatilisé par l'élévation de température et de le diriger sur l'acide phénique. On obtiendrait de cette façon de 90 à 110 p. 100 d'acide picrique de la quantité d'acide phénique employée. Le produit se compose partie d'acide picrique cristallisable dissous dans l'acide, partie de masses cassantes en forme de gâteaux, et consistant en cristaux très-petits et qui sont aussi essentiellement formées d'acide picrique. Ces masses sont solubles dans l'eau bouillante sans résidu et elles donnent des couleurs pures.

Préparation de l'acide picrique avec la résine acaroïde (résine du *Xanthorhœa hastilis*). — *Stenhouse* a fait remarquer le premier les avantages que présente cette résine pour la préparation de l'acide picrique. *Carey Lea* indique le procédé suivant : avec 300 gram. d'acide azotique d'un poids spécifique de 1,42, on arrose environ 150 gram. de la résine pulvérisée et contenue dans une capsule d'une capacité de 2 ou 3 litres. Aussitôt que l'action commence, on ajoute 750 gram. d'eau bouillante, que l'on doit tenir toute prête pour cet usage. On chauffe, la masse se boursoufle et menace de passer par-dessus le vase, ce que l'on peut éviter en ajoutant une toute petite quantité d'eau froide ou mieux en réglant convenablement la température. Lorsque le volume du liquide a diminué de moitié, on ajoute 150 gram. d'acide azotique et l'on continue de chauffer, jusqu'à ce que la liqueur ait repris le volume qu'elle avait auparavant. On a encore besoin d'ajouter de 120 à 200 gram. environ d'acide azotique pour que la préparation soit achevée. Lorsque la dernière portion d'acide azotique a été versée, on évapore le liquide, jusqu'à ce qu'il n'occupe plus qu'un volume de 120 à 150 centimètres cubes. Après le refroidissement, la masse se solidifie en un résidu plus ou moins dur suivant la concentration.

Le rendement de la résine acaroïde en acide picrique est de 50 p. 100, d'après *Stenhouse*, tandis que d'autres n'ont obtenu que 25 p. 100 et même moins, ce qui peut être en partie expliqué par la présence des particules de bois qui se trouvent quelquefois dans la résine.

L'acide picrique, tel qu'on l'obtient d'après les méthodes décrites, ne doit pas être considéré comme chimiquement pur. La *purification* de l'acide picrique brut peut être effectuée de diverses manières. On le lave d'abord avec de l'eau froide, puis on le dissout dans de l'eau bouillante à laquelle on a ajouté par litre 18 ou 20 gouttes d'acide sulfurique, on filtre, on sature avec du bicarbonate de potasse, on fait cristalliser deux fois le picrate de potasse et on le décompose par l'acide sulfurique ou l'acide chlorhydrique.

Une autre méthode de purification, également proposée par *Carey Lea*, est la suivante : on sature l'acide brut avec du carbonate de soude, en ayant soin d'éviter d'ajouter ce sel en excès, parce que autrement une petite quantité de résine serait aussi dissoute, on filtre la solution bouillante et l'on ajoute quelques cristaux de soude au liquide filtré. Par le refroidissement le picrate de soude se sépare de la solution alcaline facilement et presque entièrement à l'état cristallin. On le rassemble et on le dissout dans l'eau bouillante, puis on le décompose avec de l'acide sulfurique (et non avec de l'acide chlorhydrique) ajouté en léger excès; après le refroidissement, l'acide picrique s'est complétement séparé. En le dissolvant dans l'alcool et le laissant cristalliser, on l'obtient à l'état pur.

L'acide picrique offre les *propriétés* suivantes :

Il cristallise dans l'eau ou l'alcool en lamelles rectangulaires jaune pâle, très-brillantes. Par l'évaporation spontanée de la solution éthérée notamment, on l'obtient souvent en prismes à six pans avec pointement octaédrique qui atteignent presque la longueur d'un pouce. Chauffé avec précaution jusqu'à environ 117°, il fond en une huile jaune, qui se prend par le refroidissement en une masse cristalline. Il détone lorsqu'on le chauffe vivement, mais on peut le sublimer en le chauffant lentement et pas trop fort.

D'après *Marchand*, il se dissout à 5° dans 160 parties d'eau :

—	15°	—	86	—
—	20°	—	81	—
—	22°	—	77	—
—	26°	—	73	—
—	79°	—	26	—

Il est plus facilement soluble dans l'alcool et l'éther. L'acide sulfurique et l'acide azotique le dissolvent également, l'eau le précipite de ces dissolutions. Les solutions de l'acide picrique ont une réaction acide et une saveur très-amère (qui a fait donner à ce corps le nom d'acide picrique, tiré du grec πικρός, amer). Elles teignent la soie et la laine non mordancées, ainsi que la peau, en jaune intense et bon teint. La couleur n'est pour ainsi dire pas altérée par la lumière et les alcalis ; elle ne peut être enlevée qu'en partie par un très-long lavage ; lorsque l'étoffe a été préalablement mordancée, la teinte acquiert une solidité encore plus grande et résiste mieux à l'action de la lumière que toutes les couleurs d'aniline. Mais il est très-important que l'acide picrique employé soit d'une grande pureté; aussi doit-on toujours préférer l'acide préparé avec l'acide carbolique pur à celui obtenu directement avec l'huile de goudron. La quantité de l'acide nécessaire pour obtenir une nuance déterminée est proportionnellement très-faible : avec un gramme ou un gramme et demi, on peut teindre en jaune très-intense un kilogramme de soie.

Sous le nom de *jaune picrique* (jaune d'aniline), on rencontre dans le commerce un corps qui contient de l'acide picrique et des picrates alcalins dont la proportion l'emporte sur celle de l'acide ; ce corps n'est probablement rien autre chose que le résidu d'évaporation des eaux mères, qui se produisent dans la préparation de l'acide picrique. Ce jaune offre cela de commun avec les picrates alcalins qu'il détone très-facilement ; la moindre étincelle tombant sur une grande masse de ce produit suffit pour donner lieu à une explosion très-dangereuse.

L'acide picrique éprouve diverses *décompositions.* Avec l'étain et l'acide chlorhydrique on obtient le triamidophénol, la *picramine* $C^{12}H^3 (AzH^2)^3 O^2 = (C^6H^2 (AzH^2)^3 \Theta H)$. Avec le sulfate de fer et l'eau de baryte, ainsi qu'avec le sulfure d'ammonium, il se forme de l'*acide picramique* ou dinitroamidophénol, $C^{12}H^3 (AzH^2) (AzO^4)^2 O^2 = (C^6H^2 (AzH^2) (Az\Theta^2)^2\Theta H)$. L'acide picramique prend aussi naissance lorsqu'on fait agir l'acide azotique sur l'aloès socotrin. Il se présente sous forme d'aiguilles rouge-grenat très-brillantes, qui à l'état pulvérulent offrent une coloration rouge-orange. Il est à peine soluble dans l'eau ; il se dissout facilement dans l'alcool et l'éther. Comme l'acide picrique, il teint sans mordant la laine et la soie.

Sous l'influence du cyanure de potassium, l'acide picrique donne lieu à une réaction intéressante, il se forme de l'*acide isopurpurique*, qui n'est connu qu'à l'état de sel.

Cet acide est, d'après *Hlasiwetz*, isomère de l'acide purpurique et on lui attribue la composition $C^{16}H^5Az^5O^{12} = (C^8H^5Az^5\Theta^6)$ (ou d'après *Bayer*, $C^{16}H^3Az^5O^{10}$). On obtient l'*isopurpurate de potasse*, $C^{16}H^4KAz^5O^{12} = (C^8H^4KAz^5\Theta^6)$, en dissolvant 1 partie d'acide picrique dans 9 parties d'eau bouillante, et en versant lentement cette dissolution dans une liqueur chauffée à 60° et contenant 2 parties de cyanure de potassium pour 4 d'eau. Le mélange devient rouge, par le refroidissement il se prend en une bouillie cristalline, qui, après avoir été comprimée et bien... lavée avec de l'eau froide, est dissoute dans une grande quantité d'eau bouillante et abandonnée à cristallisation. L'isopurpurate de potasse se présente sous forme de cristaux lamelleux rouge-brun, avec reflets verts ; comme l'indique le mode de préparation, il n'est presque pas soluble dans l'eau froide, il est plus soluble dans l'eau bouillante, ainsi que dans l'alcool. Les solutions, même celles qui sont étendues, offrent une belle couleur rouge.

L'*isopurpurate d'ammoniaque*, $C^{16}H^4(AzH^4)Az^5O^{12} = (C^8H^4(AzH^4)Az^5O^6)$, qui prend naissance lorsqu'on mélange une solution concentrée d'isopurpurate de potasse avec du chlorure d'ammonium, se présente sous forme de petites lamelles cristallines rouge-brun à éclat vert-cantharide, et qui au point de vue de leurs propriétés optiques et cristallographiques ne se distinguent pas de la murexide.

Sous le nom de *grenat soluble*, *J. Casthelaz*, de Paris, a exposé en 1867 une matière colorante, qui, d'après différentes communications, est essentiellement formée d'isopurpurate d'ammoniaque. D'après le bas prix de ce produit, qui est employé dans la teinture sur laine et sur soie, on doit conclure qu'il n'a pas été préparé avec de l'acide picrique pur, mais probablement avec des eaux mères et des résidus de cet acide. Comme le grenat soluble fait explosion sous l'influence d'un faible frottement, il est livré en pâte au commerce, et, pour empêcher la dessiccation de la pâte, on la mélange avec un peu de glycérine.

Des expériences exécutées par *Zulkowsky* avec les sels de potasse, d'ammoniaque, de baryte et d'aniline de l'acide isopurpurique, ont montré que, dans la teinture sur soie et sur laine, le sel de potasse, dont la préparation est la plus simple, parce qu'il se produit immédiatement par l'action du cyanure de potassium sur l'acide picrique, donne les résultats les moins satisfaisants ; que le sel ammoniacal en fournit de meilleurs, mais que l'on obtient les résultats les plus beaux avec le sel d'aniline. Les sels n'ont été employés que sous forme de dissolutions préparées en ajoutant du chlorure d'ammonium, du chlorure de baryum ou du chlorhydrate d'aniline à de l'isopurpurate de potasse. Pour préparer l'isopurpurate d'aniline, on prend une quantité de chlorhydrate de cette base égale à 42 p. 100 du poids de l'isopurpurate de potasse. De la laine, après avoir reçu un bouillon de deux heures à la manière ordinaire (avec 4 parties d'alun pour 1 de crème de tartre), prit rapidement dans les quatre bains une couleur brun-châtaigne, tandis que de la laine non mordancée ne fut en quelque sorte qu'imprégnée avec l'aniline et le sel de baryte.

De la soie mordancée avec de l'alun (neutralisé par 1/10 de carbonate de soude cristallisé) ne fut colorée qu'en rouge-rose tirant sur le violet avec les sels de potasse et d'ammoniaque, mais elle prit une coloration brun-grenat foncé avec les sels de baryte et d'aniline. Aux bains chauffés entre 30 et 80° il faut, d'après *Casthelaz*, ajouter un peu d'acide acétique ou d'acide tartrique, mais non un acide minéral.

Les *combinaisons de l'acide picrique avec les bases*, les picrates, sont presque toutes des corps cristallisés et jaunes. Les plus importantes sont les suivantes :

Le *picrate de potasse* $C^{12}H^2(AzO^4)^3O,KO = (C^6H^2(Az^2O^2)^3OK)$, s'obtient en saturant une solution d'acide picrique par la potasse. Dans une solution bouillante il cristallise en prismes rhombiques d'un jaune brillant et souvent jaune-brun. Il exige, pour se dissoudre, 260 parties d'eau froide et 14 d'eau bouillante, il est insoluble dans l'alcool. Lorsqu'on le chauffe, il prend une couleur jaune sans qu'il se produise un changement de poids, et il fond à une température élevée. Il détone vivement, lorsqu'on le chauffe fortement dans un tube de verre.

Le *picrate de soude*, dont la composition est analogue à celle du sel de potasse, forme aussi des aiguilles d'un jaune brillant; il est beaucoup plus facilement soluble que le précédent, il n'exige, pour se dissoudre, que 10 parties d'eau à la température ordinaire.

Le *picrate d'ammoniaque* cristallise également en aiguilles jaunes très-brillantes, à 4 facettes terminales et appartenant au système du prisme oblique à base rectangle; il se dissout facilement dans l'eau et difficilement dans l'alcool.

Les picrates alcalins peuvent aussi être employés en teinture ; ils donnent les mêmes nuances que l'acide picrique; l'acide acétique ajouté au bain favorise beaucoup l'opération; les picrates de baryte, de chaux et de strontiane donnent une couleur semblable, mais un peu moins intense. Après la teinture avec l'un ou l'autre des sels précédents, on passe rapidement l'étoffe dans un bain de vinaigre faible, on lave et on fait sécher. (*F. Springmühl.*)

L'acide picrique forme aussi des combinaisons avec les radicaux des alcools monoatomiques, et enfin les combinaisons de cet acide avec plusieurs carbures d'hydrogène offrent une certaine importance. Si, dans de la benzine bouillante, on ajoute de l'acide picrique jusqu'à ce que rien ne soit plus dissous, et si on laisse refroidir cette dissolution, il se sépare des cristaux ayant la composition $C^{12}H^6, C^{12}H^3(AzO^4)^3O^2 = (C^6H^6, C^6H^2(AzO^2)^3OH)$, et qui, exposés dans un air sec, perdent toute leur benzine. La combinaison se dissout sans décomposition dans l'alcool et l'éther, et elle fond à 149°.

On s'est basé sur la plus ou moins grande affinité des carbures

d'hydrogène pour l'acide picrique pour séparer ces corps les uns
des autres.

Acide rosolique. — Ni la composition ni le mode de formation du corps auquel on a donné le nom d'*acide rosolique* ne sont
connus d'une manière très-satisfaisante, et, relativement aux propriétés de cet acide, il reste encore à éclaircir beaucoup d'incerti-
tudes et de contradictions.

Parmi les nombreuses méthodes indiquées pour la préparation
de l'acide rosolique, une seule a été introduite dans la pratique de
la fabrication des couleurs destinées aux usages industriels; c'est
pourquoi nous ne mentionnerons que brièvement les autres méthodes, afin seulement de rendre plus complète l'histoire du produit nommé acide rosolique.

L'*acide rosolique* a été découvert en 1834 par *Runge*, dans le résidu de la distillation de l'acide phénique brut. Ce résidu est visqueux et de couleur noire. On le lave avec de l'eau, jusqu'à disparition à peu près complète de l'odeur de phénol, puis on reprend
par l'alcool, et la solution est agitée avec un peu de lait de chaux.
Il se forme une solution rouge-rose de rosolate de chaux et un
précipité brun de brunolate de chaux, que l'on sépare par filtration de la liqueur. On mélange le rosolate de chaux avec de l'a-
cide acétique, l'acide précipité est repris par un lait de chaux, qui
laisse un peu de brunolate de chaux et l'on procède ainsi plusieurs
fois, afin de purifier l'acide. L'acide rosolique, de nouveau précipité
par l'acide acétique, est dissous dans l'alcool et, par évaporation de
ce dernier, on l'obtient sous forme d'une masse dure, vitreuse, de
couleur jaune-orange, qui est insoluble dans l'eau, mais soluble dans
l'alcool. *Runge*, en suivant cette méthode, ne l'a obtenu qu'en
petite quantité. Il donne sur des tissus mordancés des couleurs
d'un rouge intense, que *Runge* a indiquées comme étant très-pures
et très-vives.

Tschelnitz a préparé l'acide rosolique en abandonnant au repos
pendant plusieurs mois avec de l'hydrate de chaux en excès les
huiles lourdes provenant de la rectification du goudron. L'odeur
de goudron (de phénol) se perdit presque complétement et il resta
une masse rouge, qui fut décomposée par l'acide sulfurique étendu.
Le produit huileux qui s'était séparé fut rassemblé et bouilli avec

de l'eau jusqu'à élimination des huiles volatiles. Le résidu fut repris par l'alcool et à l'aide de la solution on prépara le sel de
chaux avec l'hydrate de cette base, et l'acide rosolique pur fut séparé du sel de chaux d'après le procédé de *Runge*. Les propriétés
que *Tschelnitz* a observées sur son acide rosolique concordent assez
avec celles qui ont été signalées par *Runge*. L'acide fond à 80° et
il forme après le refroidissement une masse verte à reflets métalliques. Il a remarqué que les colorations produites avec l'acide rosolique ne sont pas solides, mais qu'elles se ternissent promptement
à l'air. Le procédé employé par *Ang. Smith* en 1858, bien que
différent des deux précédents, offre cependant au fond une grande
analogie avec ces méthodes. *Smith* s'est assuré que la formation de
l'acide rosolique aux dépens du phénol en présence de l'hydrate
de chaux n'a lieu que lentement et que l'accès de l'oxygène est la
principale condition de cette formation. Se basant sur ces faits,
il mit dans une capsule de porcelaine 2 parties de phénol, 1 partie de potasse caustique avec un peu d'eau et 5 parties de peroxyde de manganèse en poudre fine; il chauffa, il enleva le rosolate
et le manganate de potasse formés, qu'il décomposa par l'acide
sulfurique, il sépara par l'alcool l'acide rosolique du peroxyde de
manganèse et il le purifia comme on a dit précédemment. Les propriétés du produit se rapprochaient beaucoup de celles qui ont été
mentionnées précédemment. *Smith* trouva aussi que les couleurs
d'acide rosolique passaient vite et qu'elles ne se conservaient qu'en
présence des alcalis. Il regarde l'acide rosolique comme du phénol
qui a absorbé de l'oxygène et il lui assigne la formule $2 (C^{12}H^6O^2)$
$+ O^2 = C^{24}H^{12}O^6 = (C^{12}H^{12}O^3)$.

Hugo Müller décompose par ébullition avec du carbonate d'ammoniaque le rosolate de chaux brut obtenu d'après la méthode de
Tschelnitz; en évaporant presque à sec la solution rouge-carmin
filtrée, il se sépare avec dégagement d'ammoniaque des flocons de
couleur orange, qui sont de l'acide rosolique impur et qui peuvent
être purifiés d'après la méthode de *Runge*. La dernière purification
s'effectue en reprenant l'acide rosolique (contenant de la chaux)
avec un peu d'alcool acidulé et en mélangeant la solution avec
beaucoup d'eau. D'après *Müller*, l'acide rosolique est brun et
amorphe, il a un éclat vert-cantharide; en poudre il est rouge. Précipité de ses dissolutions, il forme des flocons d'un rouge vif, qui
se prennent en masse à 60° et qui fondent à 100°. Les acides concentrés le dissolvent, et l'eau le précipite d ces dissolutions. Il est

un peu soluble dans l'eau bouillante, et il se sépare de ce liquide par le refroidissement. L'alcool, l'éther, le phénol le dissolvent facilement, mais il est insoluble dans la benzine et le sulfure de carbone. Avec les alcalis il forme des combinaisons solubles et brunes avec reflet rouge, qui ne sont pas précipitées par les sels métalliques.

Dusart fait un mélange ayant la consistance d'une bouillie avec du phénol, de la chaux caustique et une lessive de potasse. Au bout de quelques heures la masse est devenue rouge-rose ; traitée par l'eau, elle cède du rosolate de potasse, qui, décomposé par l'acide chlorhydrique, fournit de l'acide rosolique brut, que l'on peut purifier comme il a été déjà dit précédemment.

Les résultats des analyses élémentaires de *H. Müller* et de *Dusart* ne sont pas concordants, et les opinions émises par ces chimistes relativement à la composition de l'acide rosolique offrent aussi des divergences. Le premier déduit de ses analyses la formule $C^{23}H^{22}O^4$ et le second la formule $C^6H^6O^2$, qui ne diffère de la formule de *Smith* donnée précédemment que par une richesse plus grande en oxygène ($C^{12}H^{12}O^3 + O = 2.C^6H^6O^2$).

Jourdin chauffe un peu au-dessous de 150° et pendant 10 minutes du phénate de soude avec du bioxyde de mercure, et il obtient ainsi une solution rouge magnifique de rosolate de soude, qui peut être employée pour préparer l'acide rosolique comme on l'a indiqué. La formule que *Jourdin* donne à sa préparation concorde avec celle d'*Ang. Smith*, $C^{12}H^{12}O^3$.

L'acide rosolique prend encore naissance : par l'action de l'iode sur le biiodophénol (*Schützenberger* et *Sengenwald*), du chlorure d'iode sur le phénol (*Schützenberger* et *Paraf*), et de l'acide bromacétique sur le phénol (*Perkin* et *Duppa*), et aussi lorsqu'on traite (d'après *Caro* et *Wanklin*) un sel de rosaniline avec de l'acide azoteux (il se forme d'abord de la diazorosaniline et par l'action de l'acide chlorhydrique sur celle-ci de l'acide rosolique prend naissance) ; en outre, il se forme du rosolate de potasse lorsque, d'après l'observation de *Körner*, on chauffe du phénol monobromé avec une solution alcoolique de potasse ; toutes ces réactions sont intéressantes parce qu'elles montrent la diversité des voies de formation de l'acide rosolique, mais elles sont sans avenir au point de vue des applications pratiques. Nous citerons enfin un mode particulier de production de cet acide : *Binder* l'a obtenu en faisant agir du zinc sur l'acide sulfophénique, méthode qui n'est autre chose qu'un procédé par réduction, et cependant l'acide rosolique est probablement un produit de l'oxydation du phénol.

C'est une coïncidence vraiment remarquable que des expériences avec le phénol, qui, aussi bien d'après les considérations théoriques que d'après les données expérimentales acquises, ne permettaient pas de voir se réaliser la formation de l'acide rosolique ou en général d'un dérivé coloré du phénol, furent exécutées presque en même temps dans le laboratoire de Marbourg par *Kolbe* et *Smith* et dans celui du Conservatoire des arts et métiers de Paris par *J. Persoz*. Elles doivent être décrites avec détails, parce que ce sont les seules qui aient conduit à des résultats d'une application pratique.

En 1861 *Kolbe* publia dans les *Annales de chimie et de pharmacie* une notice commençant par ces mots : « A l'occasion des nombreuses expériences qui ont été exécutées, il y a *deux ans*, dans le laboratoire de cette ville pour transformer l'hydrate d'oxyde de phényle en acide salicylique, j'ai fait avec *R. Smith* les observations suivantes. »

Kolbe dit ensuite que si l'on mélange, dans une cornue tubulée, 1 partie d'acide oxalique, 1 partie 1/2 d'acide phénique et 2 parties d'acide sulfurique concentré et si l'on chauffe à 140 ou 150°, l'acide oxalique se dédouble en oxyde de carbone et acide carbonique, et lorsque, au bout de 4 ou 5 heures, le dégagement gazeux a cessé, on obtient un résidu brun-rouge foncé, qui, dès qu'il commence à se boursoufler, est versé dans de l'eau et bouilli avec ce liquide, que l'on a soin de renouveler jusqu'à ce que l'odeur de phénol ait disparu. L'eau contient en dissolution de l'acide sulfurique et de l'acide sulfophénique, et dans le liquide se trouve non dissoute une masse pâteuse brun-noir, qui, en se refroidissant, constitue une résine solide. *Le rendement en ce corps résinoïde est très-considérable.* Il est dissous avec une couleur rouge-pourpre magnifique par l'ammoniaque, et il est encore plus facilement soluble dans les lessives de potasse et de soude, ainsi que dans les carbonates alcalins. L'eau de baryte et l'eau de chaux le dissolvent également avec production d'une couleur rouge, mais dans des proportions beaucoup moindres. Si l'on évapore la solution ammoniacale, toute l'ammoniaque est expulsée et il reste un corps brun, amorphe, offrant beaucoup d'analogies avec la gomme laque. Si l'on neutralise les solutions alcalines avec de l'acide sulfurique étendu ou de l'acide chlorhydrique, la substance dissoute se précipite de la solution bouillante en flocons amorphes d'une belle couleur orange, qui se prennent en masse. Le corps fond à 80° ; lorsqu'on le chauffe plus fortement dans un tube de verre, il se décompose en donnant du phénol. *Kolbe* représente le résultat de ses analyses par la formule $C^{10}H^4O^2$ ou $C^{20}H^8O^4$. D'après les analyses de *Kolbe*, le corps obtenu par ce chimiste ne peut pas être regardé comme un simple produit d'oxydation du phénol. Il est nonseulement plus riche en oxygène, mais encore plus pauvre en hydrogène. Non-seulement le corps se distingue, relativement à sa composition, de celui qui a été analysé par *Smith* et *Dusart*, et notamment de l'acide rosolique de *H. Müller*, dont la composition se rapproche le plus de celle de l'acide phénique, il est aussi digne de remarque que *H. Müller* dise que les sels solubles de l'acide rosolique — les combinaisons alcalines — ne sont précipités ni par l'acétate neutre ni par l'acétate basique de plomb, tandis que *Kolbe* avance que l'on obtient par ces réactifs un précipité d'un beau rouge. *Kolbe* a réduit le corps rouge en un corps floconneux *blanc* aussi bien à l'aide de la limaille de fer et de l'acide acétique qu'au moyen de l'amalgame de sodium et en employant dans ce dernier cas une solution alcaline ; ce corps blanc est insoluble dans l'eau, mais il reprend peu à peu à l'air sa couleur rouge.

J. Persoz avait observé en 1859 la même réaction que *Kolbe* et *Smith* ; mais ce n'est qu'après avoir réussi à préparer avec le produit de cette réaction une matière colorante solide (voyez plus loin) qu'il fit part en 1860 de son observation aux fabriques de couleurs et aux teintureries de *Guinon, Marnas* et *Bonnet* de Lyon. D'après les communications faites par cette société, en 1862, le procédé employé à Lyon est le suivant : on chauffe modérément pendant quelques heures 3 parties de phénol, 2 parties d'acide oxalique et 2 parties d'acide sulfurique anglais ; il se produit une effervescence plus ou moins vive et la masse s'épaissit et devient d'un brun rougeâtre ; on essaye de temps en temps, en projetant dans de l'eau ammoniacale une goutte du mélange prise avec un agitateur ; si le liquide ainsi obtenu est rouge intense, et aussitôt que ce point est atteint, on verse le tout dans de l'eau froide. On procède du reste comme l'indique *Kolbe* pour éliminer l'acide sulfurique libre et l'acide sulfophénique, et pour purifier la masse résinoïde qui reste.

Caro, admettant l'identité de tous les produits dont il vient d'être question, indique comme condition de la formation de l'*acide rosolique* la présence des homologues supérieurs de cet acide (acide crésylique), tout comme il est nécessaire que de la toluidine et de l'aniline soient en présence pour qu'il se produise de la rosaniline. D'après lui, la formation de l'acide rosolique aux dépens du phénol pur n'est possible que dans le cas où une combinaison simple de la série des acides gras (l'acide oxalique par exemple) est en même temps présente. Il avance avec *Wanklin* qu'un sel acide de rosaniline traité par l'acide azoteux donne de la diazo-rosaniline $C^{40}H^{10}Az^6$, qui, bouillie avec de l'acide chlorhydrique, se transforme, en abandonnant de l'azote et en absorbant de l'eau, en acide rosolique, auquel ces chimistes attribuent la formule $C^{40}H^{16}O^6$ (qui diffère aussi de celles précédemment indiquées). D'après les recherches récentes de *H. Fresenius* (1872), l'acide rosolique préparé d'après la méthode de *Kolbe* et *Smith* est différent de celui obtenu par le procédé de *Caro* et *Wanklin*, et c'est pourquoi il lui donne le nom d'*acide pseudorosolique*. Ce dernier ne possède pas la formule qui lui a été attribuée par *Caro* et *Wanklin*, mais sa formule empirique est $C^{26}H^{28}O^{10}$. D'après *Dale* et *Schorlemmer* (1871), l'acide rosolique desséché à 200° a pour formule $C^{20}H^{14}O^3$ (Voy. chap. VI, *Matières colorantes dérivées des phénols*).

Coralline (*péonine*, *aurine*). — *J. Persoz* prépare une matière colorante plus stable avec celle dont il vient d'être question, et dans ce but il mélange 1 partie d'acide rosolique avec 3 parties d'ammoniaque du commerce, et il chauffe le mélange pendant trois heures dans un digesteur de Papin, jusqu'à une température qui ne doit pas dépasser 150°. Le liquide que l'on obtient au bout de ce temps offre une couleur rouge-cramoisi magnifique. L'acide chlorhydrique en précipite la matière colorante. Ce corps fut d'a-bord nommé *péonine* à cause de l'analogie de sa couleur avec celle de la fleur de pivoine (*Pæonia*), mais maintenant il est généralement désigné sous le nom de *coralline*, parce que les teintes qu'il pro-duit offrent la plus grande analogie avec la couleur du corail rouge. La coralline est presque insoluble dans l'eau, elle se dis-sout facilement dans l'alcool avec une couleur rouge ; ces dissolu-tions ne sont pas décolorées par les acides. Les solutions alca-lines deviennent brunes, lorsqu'on les expose pendant quelque temps au contact de l'air. La coralline paraît être un acide amidé de l'acide rosolique. Elle a du moins des caractères acides et avec la chaux sodée elle dégage du gaz ammoniac.

La solution alcoolique de la coralline donne avec l'acétate de plomb un précipité rouge vif (ponceau) et avec l'acétate d'alumine et l'acétate de chaux un précipité de couleur orange.

La coralline est employée dans la teinture et l'impression des tissus pour produire des nuances comprises entre le rouge de fuchsine et la cochenille. Elle ne peut pas être mise au nombre des couleurs bon teint, aussi ses usages sont-ils limités.

Pour fixer ce corps sur laine ou sur soie, on est obligé d'employer des méthodes qui diffèrent un peu des procédés ordinaires. Voici l'une de ces méthodes : on dissout la coralline dans l'alcool, on ajoute une toute petite quantité de solution de soude, on verse le liquide alcalin dans beaucoup d'eau, on ajoute un peu d'acide tartrique qui met la matière colorante en liberté, sans cependant la précipiter, et dans le bain ainsi obtenu on passe la laine ou la soie.

D'après une autre méthode, indiquée par *Schützenberger*, on procède comme il suit : on dissout la coralline dans une lessive caustique à 12° Baumé ou dans une solution saturée de carbonate de soude, dont il faut 4 litres par chaque kilog. de matière colorante, et l'on chauffe à 40°. On verse cette dissolution dans 10 litres d'eau et l'on y ajoute 4 litres d'acide sulfurique à 10° Baumé ; la matière colorante ne se précipite pas, mais elle est dans un état tel, que la moindre attraction moléculaire en détermine la séparation et le dépôt sur la fibre . Le bain ainsi obtenu teint sans mordant la laine et la soie. Le coton est mordancé à l'étain et au sumac ou au tannin. La teinture se fait à 50° et on laisse la fibre dans le bain pendant une heure et demie. La nuance résiste au vaporisage et au lavage, mais le savon, les alcalis et la lumière l'altèrent assez promptement.

Pour l'impression de la coralline sur soie, on emploie en Alsace le procédé suivant. On dissout 2 kilog. de coralline dans de la soude à 10° Baumé et on étend avec de l'eau. On chauffe et on ajoute une solution de chlorure d'étain à 40° Baumé ; on chauffe de nouveau et on filtre ; on obtient ainsi une laque pâteuse que l'on mélange avec 100 grammes de magnésie, 260 grammes d'acide oxalique, 2,000 grammes de gomme en poudre et une quantité d'eau suffisante pour former un volume de 10 litres. On mélange bien, on fait chauffer encore une fois et on tamise ; on imprime avec ce mélange et, au bout de dix heures, on vaporise pendant 30 ou 40 minutes.

Autrefois, pour l'impression des indiennes, on épaississait d'abord la coralline avec une solution de caséine ; on dissolvait 100 grammes de coralline dans 400 grammes d'alcool, et on ajoutait environ 2,250 grammes de solution de caséine (faite avec 100 grammes de caséine, 300 grammes d'eau et 20 grammes de sel ammoniac). Plus tard on ajouta au mélange précédent de l'oxyde de zinc. Un autre procédé consistait à mêler intimement la solution alcoolique de coralline avec de l'oxyde de zinc et à épaissir ensuite avec de l'albumine ; le carbonate de chaux en poudre fine pouvait être substitué à l'oxyde de zinc. Aujourd'hui on ajoute à la solution de coralline de la magnésie et de l'oxyde de zinc, et on épaissit soit avec de l'albumine, soit avec de la glycérine et de l'eau gommée.

D'après *Kielmeyer*, pour imprimer la coralline sur laine, on dissout à chaud 80 grammes de la couleur et 1/16 de litre de glycérine dans 1/4 de litre d'eau ; on ajoute 140 grammes de magnésie calcinée délayée dans 1/4 de litre d'eau, et on épaissit avec 3/4 de litre d'eau gommée à 50 0/0, puis on imprime, on vaporise, on lave, etc., par les procédés ordinaires. On obtient ainsi une couleur semblable au rouge d'Andrinople, qui conserve pendant des années tout son éclat et toute sa vivacité. Ce rouge est d'environ 30 0/0 moins cher que le rouge à la cochenille et il a en outre sur ce dernier l'avantage qu'il ne vire pas au bleu, quand on le lave avec de l'eau contenant beaucoup de carbonate de chaux.

Comme le montrent les indications précédentes, la coralline offre, tant au point de vue du procédé employé pour la fixer sur les fibres que relativement à son instabilité, de très-grandes analogies avec la matière colorante du carthame. On a avancé à plusieurs reprises que la coralline avait une action vénéneuse, mais on a reconnu l'inexactitude de ce fait. A propos des couleurs d'aniline, nous aurons à mentionner un autre dérivé de l'acide préparé d'après le procédé de *Kolbe* et *Schmidt* ou de *J. Persoz* et qui constitue une matière colorante bleue désignée sous le nom d'*azuline*.

Le rouge de phénol proposé tout récemment sous le nom de *coquelicot* n'est qu'une modification de la coralline.

On donne le nom de *coralline jaune* ou d'*aurine* à un produit commercial qui ne diffère de la coralline rouge que par une teinte plus orangée et qui résulte de l'action de l'acide oxalique sur le phénol (*Kolbe* et *Schmidt*). D'après *Dale* et *Schorlemmer*, l'aurine du commerce est un mélange de différents corps, et ces chimistes sont parvenus à en séparer la matière colorante pure [1].

La coralline jaune donne sur la laine des nuances orange très-vives; pour imprimer, on dissout 2 kilog. 1/2 de la couleur dans 10 litres de soude caustique à 10° Baumé et à 60° cent. On verse la solution dans 100 litres d'eau, on chauffe de nouveau, et après complète dissolution on ajoute 1 litre de bichlorure d'étain à 55° Baumé étendu de 5 litres d'eau. On filtre et on obtient 20 litres de laque d'un rouge orange très-vif. On prend 10 litres de cette laque non lavée et demi-fluide, 2 kilog. de gomme en poudre et 350 grammes d'acide oxalique; on chauffe jusqu'à dissolution de la gomme et de l'acide, on passe au tamis et on imprime sur laine; après 12 heures, on vaporise pendant 40 minutes. (*Schützenberger.*)

Matière colorante jaune de Fol. — *F. Fol* prépare avec l'acide phénique une matière colorante jaune qui est acide et qui donne avec les bases des combinaisons rouges. Pour obtenir ce corps, on chauffe pendant douze heures, à 100°, dans une chaudière en fonte ouverte, 5 parties d'acide phénique et 3 parties d'acide arsénique desséché et finement pulvérisé. La coloration apparaît au bout de deux heures et augmente peu à peu d'intensité à mesure que la matière s'épaissit en dégageant de la vapeur d'eau. Après douze heures on monte à 125° et on maintient ce dégré pendant six heures. A ce moment le mélange a cessé de se boursoufler et il devient pâteux et tranquille; on y ajoute alors 10 parties d'acide acétique du commerce à 7°. On dissout la masse dans beaucoup d'eau, on filtre sur une toile et on ajoute du sel marin en excès, qui précipite la matière colorante sous forme de flocons. Pour purifier celle-ci, on la combine avec la baryte et l'on décompose le sel barytique par l'acide sulfurique. Le produit pur se sépare sous forme de lamelles rouge-brun douées d'un vif éclat. Il se dissout facilement dans l'eau froide et dans l'eau chaude, ainsi que dans l'éther, l'alcool et l'esprit de bois, mais il est insoluble dans la benzine. En présence des terres alcalines caustiques ou carbonatées, il teint la laine et la soie dans toutes les nuances du rouge, depuis le rouge le plus foncé jusqu'au rouge le plus tendre; les teintes obtenues résistent au savon; employé seul, il donne les

_____

[1] Voy. Chap. VI, Matières colorantes dérivées des phénols.

nuances jaunes les plus variées, qui virent au rouge dans les bains alcalins. Cette couleur est fréquemment employée mélangée avec l'acide rosolique et d'autres matières colorantes pour produire des nuances brunes.

Le *jaune Campo-Bello*, préparé depuis 1871, par *Schrader* et *Berend* (de Schönefeld, près Leipzig), est également une matière colorante dérivée de l'acide phénique ; il est employé avec avantage dans la teinture sur laine ; il donne toutes les nuances de jaune, et les teintes obtenues ne sont pour ainsi dire pas altérées par une solution de carbonate de soude à 20° Baumé. Pour teindre, on dissout d'abord la couleur dans l'eau bouillante et on filtre la solution. On fait bouillir celle-ci et on plonge la laine pendant une demi-heure environ dans le liquide bouillant. On peut ajouter dans le bain de teinture 300 grammes d'alun par chaque quantité de 5 kilog. de laine ; en procédant ainsi, on a besoin, pour arriver au même résultat, d'un peu moins de matière colorante que dans le cas précédent. Le jaune Campo-Bello mélangé avec la fuchsine, l'indigo, etc., donne aussi de très-belles couleurs mixtes.

Phénicienne. — Sous le nom de *phénicienne* ou de *brun de phényle* ou quelquefois aussi sous celui de *rothine* (du nom de l'inventeur *Roth*) on rencontre dans le commerce un produit qui est assez employé dans la teinture sur laine pour produire différentes nuances de brun. Ce corps prend naissance par l'action simultanée des acides azotique et sulfurique (de l'acide azoto-sulfurique, qui se compose de 2 volumes d'acide sulfurique anglais et de 1 volume d'acide azotique d'un poids spécifique de 1,35) sur le phénol. La matière colorante brune qui prend naissance, lorsqu'on fait agir de l'acide azotique sur l'acide sulfophénique, offre, relativement à ses propriétés extérieures, de nombreuses analogies avec la phénicienne, mais il existe aussi des différences entre ces deux produits, de sorte qu'on ne doit pas conclure à leur identité.

D'après *Roth*, on ajoute par portions à 1 partie en poids de phénol 10 ou 12 parties en poids d'acide azoto-sulfurique de la composition indiquée plus haut ; après chaque addition d'acide on attend, pour verser une nouvelle quantité de liquide, que la réaction d'abord vive (dégagement de vapeurs nitreuses) se soit arrêtée, et pendant tout le temps que dure l'opération il faut s'opposer à l'échauffement de la capsule dans laquelle se trouve le phénol.

Lorsque la masse liquide est devenue brun-rouge, après addition de tout l'acide azoto-sulfurique, dont la dernière portion ne doit plus donner lieu à une réaction vive, on la verse dans vingt fois son volume d'eau, et il se forme à l'instant même un précipité brun, qui constitue la phénicienne. On le rassemble sur un filtre et on le lave pendant longtemps, jusqu'à ce que l'acide soit éliminé aussi complétement que possible.

Le brun de phényle est peu soluble dans l'eau froide, pas du tout dans l'eau bouillante (d'après *Roth*), mais il se dissout dans l'éther, l'alcool et l'acide acétique; le pouvoir dissolvant de ces derniers liquides est augmenté par une addition d'une petite quantité d'acide tartrique. Les solutions de carbonate de soude, la potasse et la soude caustiques, les solutions ammoniacales et la chaux caustique dissolvent aussi la phénicienne. Elle fond à une température peu élevée sous forme d'une résine noire.

Le brun de phényle teint la laine et la soie sans mordants; les nuances formées appartiennent au genre Havanne, mais suivant la force des bains elles peuvent varier du brun-grenat foncé au brun-chamois. La couleur résiste à la lumière et au savon.

Le coton doit être mordancé au stannate de soude (sel d'apprêt) et au tannin, et après la teinture dans la solution de phénicienne il faut le passer dans un bain bouillant de bichromate de potasse. Le brun sur coton vire au bleuâtre par les alcalis, et la matière colorante peut être enlevée par le savon.

Alfraise prépare l'acide sulfophénique (voyez page 44), probablement de l'acide monosulfophénique, et il traite la solution de cet acide par une dissolution de salpêtre, il évapore à 100° à consistance d'extrait, et il se forme un corps brun, qui se dissout dans 10 fois son poids d'eau (par quoi il se distingue du brun de phényle précédent) et qui teint sans mordant la laine, la soie, la peau et les plumes. Malheureusement cette matière colorante n'est que très-incomplétement décrite, même relativement à la manière dont elle se comporte en présence des dissolvants; et il est probable qu'elle se rapproche beaucoup de la phénicienne.

Relativement à la *composition* de la matière colorante brune préparée d'après le premier procédé, *Roth* dit seulement qu'elle doit contenir deux substances différentes, une matière colorante jaune et une matière colorante noire.

Mais *Bolley* et *Hummel* ont découvert que le binitrophénol (voyez p. 46) constitue un élément essentiel du brun de phényle. Le bi-

nitrophénol et notamment ses solutions alcalines teignent directement la laine, la soie, la peau, etc., en jaune intense. Il n'est pas
douteux que ce corps ne contribue pour une bonne part aux propriétés tinctoriales de la phénicienne. A côté du binitrophénol, il se
trouve dans le brun de phényle une matière colorante brune amorphe, qui n'est ni une combinaison sulfurique, ni une combinaison nitrée du phénol, et dont la formation a très-probablement
lieu par suite de l'action de l'acide sulfurique sur le binitrophénol. Si en effet on met en contact du binitrophénol avec de l'acide
sulfurique anglais et si l'on chauffe, il se dégage de l'acide carbonique et de l'azote, et il reste une substance brune, qui devient
plus foncée lorsqu'on prolonge le contact avec l'acide sulfurique, et
qui par toutes ses propriétés, dont il est vrai aucune n'est très-
caractéristique, ressemble au corps brun dépouillé du binitrophénol. Ce corps brun est insoluble dans l'eau, mais il se dissout
dans l'alcool et les alcalis.

C'est ici le lieu de mentionner que *Monnet* a obtenu par l'action
du bioxyde d'azote sur l'acide sulfophénique des dissolutions
rouges, violettes ou bleues, suivant le degré de la saturation ; ces
dissolutions ne conservent leur couleur qu'en présence des acides ;
mais, lorsqu'on y ajoute de l'eau, elles deviennent jaunes et se troublent, tandis que l'ammoniaque produit un liquide bleu-vert. Jusqu'à présent ces produits ne peuvent pas servir pour la teinture.

Un produit, qui peut-être n'a de commun que la couleur avec le
brun de phényle décrit plus haut, a été obtenu par *Dullo* en mélangeant une solution aqueuse de sulfophénate d'ammoniaque avec
environ un demi-équivalent de bichromate de potasse. Il se forme
une dissolution brun clair, qui par l'évaporation se prendrait en
gelée et serait difficilement soluble dans les acides. Ce corps est
aussi pour le moment sans importance pratique.

Crésylol. — Le *crésylol* (*crésol, alcool crésylique, acide crésylique*), l'homologue immédiatement supérieur du phénol, a été
trouvé aussi bien dans le goudron de houille que dans le goudron
de bois. On peut l'extraire des huiles lourdes de goudron de houille,
de la même manière que le phénol et mélangé avec celui-ci, au
au moyen d'un traitement par une lessive de soude. La séparation
des deux corps, préalablement entièrement dépouillés d'eau, s'effectue par distillation fractionnée. On peut abréger cette opération
en procédant par précipitation fractionnée, comme il est indiqué

page 39. Le crésylol ne se combine pas aussi facilement avec l'alcali que le phénol, il est par conséquent absorbé en dernier lieu dans un mélange de ces deux corps, et il est séparé le premier par un acide d'un mélange de deux combinaisons alcalines. Après qu'on a éliminé de cette manière une grande partie du phénol, on procède à la distillation fractionnée pour obtenir la séparation complète.

On peut obtenir le crésylol *pur* en traitant l'azotate de toluidine par l'acide azoteux; il se forme de l'azotate de diazotoluène, qui doit être d'abord transformé en sulfate de diazotoluène et ensuite décomposé avec de l'eau. On peut aussi, dans le même but, transformer le toluène en acide crésylsulfureux et fondre le sel potassique de cet acide dans une capsule d'argent avec un mélange de potasse et de soude; le produit, décomposé par l'acide chlorhydrique donne du crésylol brut, duquel l'acide pur se sépare à l'état cristallin par le refroidissement de la liqueur *(Ad. Wurtz)*.

Le crésylol pur est un corps solide, cristallisable, qui fond à $34°,6$ et bout à $200°$; mais on ne l'obtient ordinairement qu'à l'état liquide, état qu'il n'abandonne pas même à $-18°$. Le crésylol liquide bout à $203°$.

Il est peu soluble dans l'eau, mais il se dissout facilement dans l'alcool et l'éther. Il ne peut être soumis à des distillations répétées sans éprouver une décomposition partielle. L'acide azotique forme avec le crésylol des produits nitrés au nombre de trois comme pour le phénol. Il se comporte aussi comme le phénol vis-à-vis de l'acide sulfurique et il donne un acide sulfoconjugué.

Dérivés nitrés du crésylol.—Le *mononitrocrésylol*, $C^{14}H^7(AzO^4)O^2 = (C^7H^6(AzO^2)OH$, prend naissance lorsqu'on fait agir à la température de $60°$ ou $70°$ de l'acide azotique très-étendu sur une solution aqueuse de crésylol; ce corps se présente sous forme d'un sirop brun-jaune, qui est soluble dans l'alcool et qui teint la peau en jaune.

On obtient ordinairement du *dinitrocrésylol*, $C^{14}H^6(AzO^4)^2O^2 = (C^7H^5(AzO^2)^2OH$, mélangé avec d'autres produits nitrés, en chauffant de l'acide azotique étendu avec un mélange de crésylol dissous dans l'eau et l'acide sulfurique. On peut l'obtenir par l'action de l'acide azoteux sur la toluidine. Il est en cristaux jaunâtres, qui fondent à $84°$ et se dissolvent dans l'alcool, l'éther, le chloroforme, la ligroïne et l'eau bouillante.

Le *jaune Victoria* ou *orange d'aniline* est une poudre rouge que l'on rencontre dans le commerce. Cette matière fournit des dissolutions jaune intense et elle est employée dans la teinture. D'après *C. A. Martius* et *H. Wichelhaus*, c'est un binitrocrésylate alcalin presque pur. On ne connaît pas la manière dont il est préparé en grand. Le binitrocrésylol que l'on extrait de ce sel n'a pas exactement les mêmes propriétés que celui décrit plus haut, ainsi par exemple il ne fond qu'à 109 ou 110°.

On obtient le *trinitrocrésylol*, $C^{14} H^5 (AzO^4)^3 O^2 = (C^7 H^4 (Az O^2)^3 OH)$, en versant goutte à goutte du crésylol bien refroidi dans de l'acide azotique maintenu dans un mélange réfrigérant. Si l'on emploie un volume de crésylol égal à celui de l'acide azotique, il se produit deux couches, dont l'inférieure constitue une masse noire goudronneuse, tandis que la couche supérieure, qui est rouge foncé, contient le trinitrocrésylol. De cette dissolution le trinitrocrésylol se dépose en cristaux mélangés avec de l'acide oxalique, qui peut en être éliminé avec de l'eau, et en le faisant cristalliser dans l'alcool on peut l'obtenir à l'état pur. Le trinitrocrésylol forme des aiguilles jaunes, qui fondent à environ 100°; il se dissout dans 449 parties d'eau à 20° et dans 123 parties d'eau bouillante ; il est plus facilement soluble dans l'alcool, l'éther et la benzine. Les solutions de trinitrocrésylol ont une réaction acide et elles teignent en jaune la laine, le poil et la peau.

CHAPITRE III.

LA BENZINE,

SES HOMOLOGUES ET SES DÉRIVÉS.

Benzine. — La *benzine* (*benzol, hydrure de phényle*) a été découverte en 1825 par *M. Faraday* dans le gaz d'éclairage préparé par distillation des huiles ; ce chimiste lui donna alors le nom de *bicarbure d'hydrogène. Mitscherlich* montra en 1834 que la benzine constituait le produit principal de la distillation sèche d'un mélange d'acide benzoïque et de chaux, et c'est à cause de ce mode de préparation qu'on donna le nom de benzine au corps découvert par *Faraday. A. W. Hofmann* fit remarquer en 1845 que la benzine se trouvait en grande quantité dans le goudron de houille. *Darcet* la prépara en faisant passer sur du fer chauffé au rouge des vapeurs d'acide benzoïque ; *Marignac* l'obtint en distillant l'acide phtalique sur de la chaux caustique. La benzine se forme, d'après *Wöhler*, dans la distillation sèche de l'acide quinique ; d'après *Ohme*, lorsqu'on fait passer sur de la chaux chauffée au rouge des vapeurs d'essence de bergamote, et, d'après *Berthelot*, lorsqu'on dirige des vapeurs d'alcool ou d'acide acétique à travers des tubes chauffés au rouge.

La benzine a été trouvée toute formée dans différents pétroles, ainsi, par exemple, dans l'huile de Rangoon de Burmah par *Warren de la Rue* et *H. Müller*, et dans celle de Boroslaw en Galicie par *Pebal* et *Freund*.

Préparation de la benzine. — Malgré les nombreux moyens qui existent pour préparer la benzine, ce corps, lorsqu'il est destiné aux usages industriels, est presque toujours extrait du goudron de houille [1]. Pour préparer la benzine destinée aux études chimiques, qui nécessitent un produit tout à fait pur, on se sert fréquemment de l'acide benzoïque. Nous ne nous occuperons donc que de ces deux méthodes de préparation.

Mitscherlich a proposé pour la préparation de la *benzine avec*

[1] *Caro, Clemm* et *Engelhorn* ont pris récemment une patente pour l'extraction de la benzine du gaz de houille, sans diminuer le pouvoir éclairant de celui-ci. (Voyez *R. Wagner*, Nouveau traité de Chimie industrielle, édition française par *L. Gautier*, t. II, p. 429.

l'acide benzoïque un procédé encore maintenant en usage. L'acide est mélangé avec trois fois son poids d'hydrate de chaux ou de chaux caustique et éteinte avec aussi peu d'eau que possible ; le mélange est soumis à la distillation dans une cornue de verre, dont la température doit être élevée lentement, et le produit huileux de la distillation, qui est passé avec de l'eau, est rectifié après avoir été agité avec une solution de potasse ou de soude. On obtient de cette façon une quantité de benzine égale au tiers du poids de l'acide benzoïque employé.

La *benzine du commerce*, le produit que l'on obtient d'après le procédé décrit dans le Chapitre Ier, n'est pas pure. Les principaux corps qui en altèrent la pureté sont ses homologues, le toluène et les homologues supérieurs. Ceux-ci ont des points d'ébullition plus élevés que la benzine, qui bout entre 80 et 82° (voyez plus loin). Le principal moyen à employer pour l'épuration sera par suite la rectification à une température ne dépassant pas celle qui vient d'être indiquée. On se base en outre sur cette circonstance, que la benzine se solidifie à $+$ 3°, tandis que ses homologues supérieurs demeurent liquides beaucoup au-dessous de 0°.

Les benzines brutes ont des points d'ébullition qui varient avec leur composition. On distingue des benzines à degrés élevés, et des benzines à bas degrés ; les premières renferment des homologues, dont le point d'ébullition est plus élevé que celui de la benzine, une quantité plus grande que les secondes, et celles-ci contiennent plus de benzine que les premières.

Dans le commerce, les benzines se vendent avec un titre établi à l'avance. On dit une benzine à 30, 60, 90 0/0, ce qui signifie, non pas qu'une telle benzine contient 30, 60 ou 90 0/0 de benzine pure, mais que ce corps renferme 30, 60, 90 0/0 de produits distillant jusqu'à 100°.

Lorsqu'il s'agit de préparer avec de la benzine brute de la benzine pure, ou aussi pure que possible, il est tout naturel que l'on choisisse un produit brut ayant d'avance un titre élevé, une benzine à 90 0/0 par exemple.

La benzine brute doit avant tout être de nouveau bien agitée avec de l'acide sulfurique concentré, si l'on opère sur une petite échelle, ou bien, si l'opération se fait en grand, on la met aussi intimement que possible en contact avec cet acide à l'aide d'une des machines à mélanger décrites précédemment ; on abandonne ensuite le mélange au repos, jusqu'à ce que tout l'acide se soit rassemblé au fond du vase. On soutire l'acide, on ajoute de l'eau aux huiles, on mélange encore intimement, on répète plusieurs fois ce traitement et enfin on effectue un dernier lavage avec de l'eau de chaux. L'acide sulfurique n'est pas destiné seulement à éliminer les dernières traces des bases organiques, il doit aussi décomposer les autres carbures d'hydrogène. C'est pourquoi il est quelquefois nécessaire de pratiquer plusieurs mélanges avec l'acide sulfurique, jusqu'à ce que la benzine agitée avec de l'acide concentré froid demeure incolore.

On commence maintenant la rectification de la benzine en se servant d'un appareil muni d'un thermomètre ; on recueille à part ce qui passe entre 80 et 88°. On peut élever un peu le rendement en soumettant les vapeurs lors de leur ascension à un refroidissement incomplet ; de cette façon, la portion condensable à une

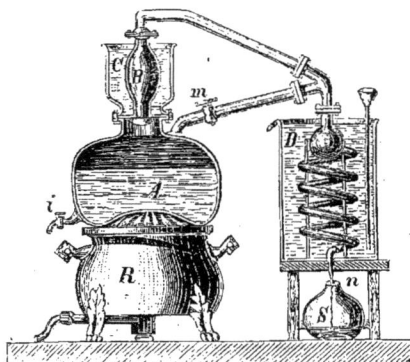

Fig. 13.

température plus élevée se condense et retombe dans la chaudière. Dans ce but, on peut se servir d'un chapiteau élevé entouré avec de l'eau à environ 90°, ou bien d'un serpentin placé verticalement sur la chaudière et qui se trouve dans un vase rempli d'eau ayant la température indiquée.

Mansfield employait, pour la rectification de la benzine, l'appareil représenté par la figure 13. L'huile est introduite dans la chaudière A placée sur le fourneau R. Le vase C est rempli d'eau froide. Aussitôt que l'huile bout, les premières portions des vapeurs qui se dégagent se condensent en B et retournent vers A. Cependant aussitôt que l'eau du vase C a été échauffée à une certaine tempéra-

ture, les parties les plus volatiles de l'huile ne se condensent plus
en B, mais arrivent dans le réfrigérant D, contenant de l'eau maintenue froide, et s'y condensent en un liquide qui, par n, s'écoule
du serpentin et tombe dans le ballon S placé au-dessous. A l'aide
du robinet m, on peut, après que la benzine a passé à la distillation, rectifier les hydrocarbures entrant en ébullition au-dessus de
100°. Le robinet i sert pour vider la chaudière.

Dans les fabriques, on réalise la séparation de la benzine au
moyen d'un appareil tout à fait analogue à celui de. *Mansfield*
et qui est représenté par la figure 14. A est la chaudière, B le

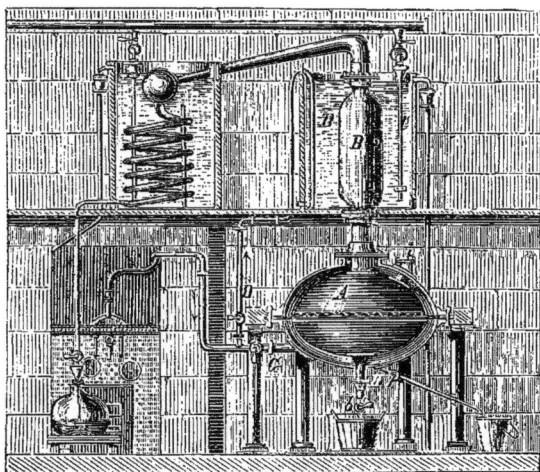

Fig. 14.

condensateur, C le réservoir à eau. Au commencement de la distillation, on chauffe l'eau de C à l'aide du tube à vapeur D,
qui communique avec un générateur. Le tube G amène la vapeur destinée au chauffage de la chaudière, c sert pour emplir
celle-ci et b pour la vider. L'eau de condensation est entraînée
par H.

E. Kopp a depuis longtemps déjà proposé d'employer, pour la
rectification de la benzine, des appareils analogues à ceux en usage
dans la fabrication de l'alcool. Cette méthode, qui consiste à refroidir incomplétement les vapeurs provenant de la chaudière, afin
que leur condensation soit incomplète, est employée par *Th. Cou-*

pier, de Passy (Paris), pour préparer des benzines et des toluènes à peu près chimiquement purs. L'appareil construit par *Coupier* se compose de la chaudière A (fig. 15), dans laquelle on introduit par l'ouverture B les benzines à rectifier. Cette chaudière est chauffée par de la vapeur amenée par le tube C. Les vapeurs qui se dégagent du liquide bouillant arrivent dans la colonne N faisant fonction de déphlegmateur et où il se produit un premier fractionnement. Les portions les plus volatiles des vapeurs, qui ne sont pas condensées en N, se rendent dans l'appareil D, rempli avec une solution de chlorure de calcium ; celle-ci est chauffée au moyen

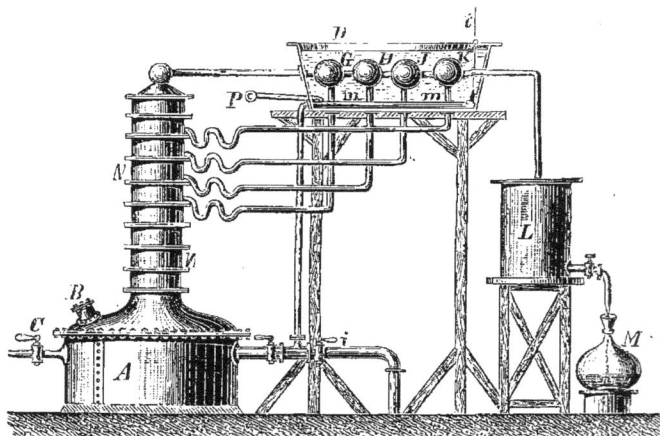

Fig. 15.

d'un tube à vapeur *m*, à une certaine température indiquée par le thermomètre *t*. La vapeur arrive dans le tube *m* par P. Si maintenant on veut préparer de la benzine pure, on chauffe la solution de chlorure de calcium à 80°. Les vapeurs qui arrivent en G sont un mélange de benzine, de toluène, etc. Comme la température du récipient G ne dépasse pas 80°, c'est là que se condensent les vapeurs de toluène et des autres composés homologues, comme le xylène, etc., tandis que les vapeurs non condensables en G passent dans les récipients H, I, K, où elles perdent les dernières traces des hydrocarbures moins volatils, et enfin se condensent dans le réfrigérant L alimenté avec de l'eau froide, après quoi elles sont recueillies dans le ballon M. Le liquide condensé en G, H, I et K retourne dans la colonne N. Comme le récipient G contient les produits les plus lourds, ceux-ci se rendent dans la partie inférieure de la colonne pour y subir une déphlegmation, tandis que les produits de condensation de K sont dirigés vers la partie supérieure de la colonne. Si l'on ne veut pas préparer de la benzine, mais du toluène, on élève la température de l'appareil à chlorure de calcium jusqu'à 108 ou 109°.

Le produit distillé obtenu, à l'aide de ces appareils, est refroidi artificiellement à — 10°, température à laquelle la benzine est solidifiée. Par compression on élimine la partie restée liquide, en ayant soin de maintenir la masse à la température indiquée. Le résidu solide du pressage, redevenu liquide, doit maintenant être essayé relativement à son point d'ébullition, qui doit être entre 80 et 84°, et s'il bout à cette température, il peut être considéré comme de la benzine presque pure. En répétant le traitement que l'on vient de décrire, on peut, mais en diminuant beaucoup le rendement, obtenir un produit ayant un point d'ébullition invariable se rapprochant de 81°.

Propriétés de la benzine. — La benzine est, à la température ordinaire, un liquide très-mobile, incolore et qui réfracte fortement la lumière. Son poids spécifique est à 0°, d'après *H. Kopp*, 0,8991 et à 15°,5, d'après *Faraday* et *Mitscherlich*; 0,85. Refroidie à + 3°, elle se solidifie en lames groupées sous forme de feuilles de fougère ou en une masse semblable à du camphre, qui à — 18° est dure, cassante et pulvérisable. La benzine solide fond un peu au-dessous de 6° en augmentant son volume d'environ 1/8. Les indications relatives à son point d'ébullition ne sont pas tout à fait concordantes : d'après *Mansfield*, il se trouve entre 80 et 81°, d'après *H. Kopp* (la pression barométrique étant 76 centimètres), à 80°,4 et d'après *Freund*, à 82°. Elle a une odeur éthérée particulière qui n'est pas précisément agréable. La densité de sa vapeur a été trouvée égale à 2,75 (le calcul donne 2,704). Elle est vénéneuse à haute dose, sa vapeur agit comme anesthésique, mais elle provoque en même temps des convulsions. Elle est insoluble dans l'eau, bien qu'elle communique son odeur à ce liquide ; l'alcool, l'esprit de bois, l'acétone et l'éther sont des dissolvants de la benzine. Dans la benzine se dissolvent les graisses, les huiles grasses et volatiles (eau à détacher), le camphre, la cire, le caoutchouc et quelques résines, ainsi que le soufre, le phosphore et l'iode. L'acide picrique s'y dissout aussi. La benzine impure destinée à enlever les taches de graisse se rencontre en France sous le nom de *benzine Collas* et en Allemagne sous celui d'*eau à détacher de Brönner*.

Church a trouvé dans l'huile légère de goudron de houille un corps qui a la même composition que la benzine, mais qui bout à 97°,5 et qui ne se solidifie pas même à — 20° ; il a donné à ce produit le nom de *parabenzine*. L'existence d'un tel corps n'a pas encore été confirmée par les recherches d'autres chimistes.

Composition de la benzine. — La formule brute de la benzine est $C^{12}H^6 = (C^6H^6)$. Elle est quelquefois regardée comme de l'hydrure de phényle.

$$\left.\begin{matrix} C^{12}H^5 \\ H \end{matrix}\right\} = \left(\begin{matrix} C^6H^5 \\ H \end{matrix}\right).$$

La benzine est le terme le plus bas dans la série des carbures d'hydrogène de la formule générale $C^nH^{n-6} =, C^nH^{2n-6})$. Chacun des atomes d'hydrogène peut être remplacé par un nombre correspondant de molécules de méthyle $CH^3(CH^3)$ et l'on obtient de cette façon les homologues supérieurs de la benzine, dont chaque terme plus élevé se distingue du précédent par CH^2. A la place du méthyle ou conjointement avec ce corps on peut substituer à l'hydrogène les radicaux alcooliques monoatomiques homologues du méthyle et obtenir de cette façon des corps isomères des homologues supérieurs de la benzine.

Il sera question des combinaisons et des dérivés de la benzine à la suite de l'étude des homologues de cette dernière.

Homologues de la benzine.

Toluène. — Le *toluène* (hydrure de benzyle, toluol, benzoène, dracyle, rétinnaphte, méthylbenzine) a été découvert par *Pelletier* et *Walther*, qui le préparèrent avec les produits huileux de la distillation de la résine de pin, en traitant ces produits par l'acide sulfurique et une lessive de potasse caustique et en les soumettant à la distillation fractionnée. Ils donnèrent au corps ainsi obtenu le nom de rétinnaphte. *Deville* le trouva plus tard dans les produits de la distillation sèche du baume de tolu, d'où les noms de toluène, de toluine et de toluol. Il fut extrait par la même voie du sang-dragon (dracyle) par *Glénard* et *Boudault*. *Cahours* ainsi que *Völkel* indiquèrent sa présence dans le goudron de bois, et *Mansfield* dans le goudron de houille. Le toluène peut être formé par synthèse ; d'après *Fittig* et *Tollens*, les auteurs de cette découverte intéressante, on obtient du toluène en mettant en contact un dérivé de la benzine (benzine bromée) avec un dérivé du méthyle (iodure de méthyle) et du sodium. Ce toluène, ainsi que celui qui a été produit par *Berthelot* par l'action de l'acide iodhydrique sur la toluidine et la pseudotoluidine, sont identiques avec les toluènes extraits directement du goudron ou du baume de tolu.

Préparation du toluène. — La matière qui convient le mieux pour la préparation du toluène pur est le baume de tolu. D'après *E. Kopp*, on élimine de ce corps l'acide cinnamique en le faisant bouillir à plusieurs reprises avec une solution de carbonate de soude, on traite le résidu par une solution de soude concentrée bouillante et, en élevant lentement la température, on distille la solution brune, un peu épaisse et qui devient granuleuse par le refroidissement. Il passe avec l'eau un corps huileux, dont la quantité s'élève vers la fin de l'opération à environ un dixième du volume du produit distillé ; on décante et on rectifie cette huile, on la déshydrate avec du chlorure de calcium et on la rectifie de nouveau.

Pour préparer le toluène avec le *goudron de houille*, on se sert des produits qui lors de la rectification de ce corps passent jusqu'à 120° ou bien des benzines brutes à degrés élevés (qui ne contiennent que peu de benzine pure), et l'on sépare la portion qui ne s'est pas solidifiée à — 10° (voy. page 73). On soumet le liquide ainsi obtenu à des rectifications répétées, en opérant à des températures de moins en moins élevées, et à la fin on recueille dans un récipient séparé ce qui passe entre 107 et 112°. *Coupier* sépare le toluène du benzol des benzines brutes à l'aide de l'appareil distillatoire décrit précédemment (page 72, fig. 15); cet appareil est muni d'un *séparateur*, qui consiste en une sorte de déphlegmateur et qui pendant la distillation est maintenu à une température inférieure de quelques degrés seulement au point d'ébullition du liquide à recueillir.

Propriétés du toluène. — Le toluène est un liquide oléagineux, incolore, réfractant fortement la lumière ; il a une odeur analogue à celle de la benzine et un poids spécifique de 0,8824 à 0° et de 0,872 à 15°. Les indications relatives à son point d'ébullition diffèrent de quelques degrés. En mettant de côté celle de *Church* (103°,7), elles varient entre 108 et 114°. La détermination de *Warren* : 110°,3, semble avoir été faite avec beaucoup de soin. Le toluène ne se solidifie pas même à — 20°. Il est insoluble dans l'eau, il se dissout au contraire dans l'alcool, mais moins facilement que la benzine, et il est facilement soluble dans l'éther. Il dissout les huiles grasses et volatiles, et comme dissolvant il se comporte à peu près entièrement comme la benzine.

Composition du toluène. — La composition du toluène est représentée par la formule $C^{14}H^8 = (C^7H^8)$. Il peut être regardé comme de la méthylbenzine $C^6H^5(CH^3)$.

D'après *Kekulé*, il ne peut pas exister un homologue de la benzine isomère du toluène. La découverte d'une base isomère de la toluidine, la pseudotoluidine (voyez Toluidine), découverte qui donne un certain degré de probabilité à l'existence d'un corps de ce genre, a provoqué des recherches dans cette direction. Mais jusqu'à présent, d'après *Berthelot* et *Rosensthiel*, la découverte d'un isomère du toluène n'est pas encore devenue possible.

Xylène. — Le *xylène* (xylol, hydrure de xylile, diméthylbenzine) a été découvert en 1850 par *Cahours* dans le goudron de bois ; le corps décrit par ce chimiste, de même que celui dont parle *Völkel*, paraissent cependant être des produits qui renfermaient du toluène. *Warren de la Rue* et *H. Müller* ont obtenu une préparation beaucoup plus pure, le premier avec les produits de la distillation du pétrole de Burmah et le second avec les huiles provenant de la distillation de la houille. *Beilstein* l'a également extrait à l'état pur avec *Wahlfors* de l'huile de goudron de houille, et les indications de *H. Müller* et de *Beilstein* relatives à ses propriétés s'accordent entre elles ainsi qu'avec celles de *Fittig*, qui a obtenu le xylène en mettant en contact du toluène monobromé, de l'iodure de méthyle et du sodium, procédé analogue à celui employé pour la production du toluène (voyez page 75). D'après les recherches de *H. Müller*, de *Beilstein* et de *Fittig*, les indications données par leurs prédécesseurs sur les propriétés du xylène doivent être modifiées.

Préparation du xylène. — Suivant *Beilstein* et *Wahlfors*, on prépare le xylène en traitant alternativement par l'acide sulfurique et la lessive de soude l'huile de goudron de houille qui passe au-dessus de 130° et que l'on peut se procurer dans les fabriques de benzine. L'huile ainsi purifiée est rectifiée plusieurs fois avec addition d'un peu de sodium, les produits de la distillation sont recueillis par fractions, et pendant les distillations on continue à ajouter du sodium jusqu'à ce que l'huile demeure incolore. Après 6 ou 8 rectifications, on remarque que les points d'ébullition demeu-

rent invariables à 81° (benzine), à 110° (toluène) et à 141° (xylène).
Ce qui passe vers la température nommée en dernier lieu est mélangé avec de l'acide sulfurique fumant, qui dissout le xylène et
laisse non dissous un autre hydrocarbure plus riche en hydrogène,
qui bout à 151 ou 153°. L'acide sulfoxylique obtenu est soumis à
la distillation sèche, et l'on obtient du xylène pur.

Propriétés du xylène. — Le xylène est un liquide oléagineux,
incolore, d'une odeur faible, différente de celle de la benzine, et
d'un poids spécifique de 0,86 (à 10°); il bout constamment à 189°.

Composition du xylène. — La composition du xylène est représentée par la formule $C^{16}H^{10} = (C^8H^{10})$. Si avec *Kekulé* on le considère comme de la diméthylbenzine, la formule est alors $C^3H^4(CH^3)^2$.

Un corps *isomère* du xylène a été préparé par voie synthétique
par *Fittig* et *Tollens*, en faisant agir le sodium sur le bromure
d'éthyle et la benzine monobromée. Ce corps est un liquide très-
mobile, qui a plus de ressemblance avec le toluène qu'avec le xylène
et qui bout à 133°. Cette éthylbenzine $C^6H^5(C^2H^5)$ n'a jusqu'à présent aucune importance au point de vue industriel. Elle existe dans
le goudron de houille, dans la partie des huiles légères qui passe
à la distillation entre le toluène et le xylène. *Berthelot* a montré
qu'elle est identique avec l'hydrure de styrolène.

Cumène. — Le *cumène* (cumol, hydrure de cuményle) se trouve
également dans l'huile de goudron de houille à côté des hydrocarbures précédents. Comme pour la benzine, le toluène et le xylène, il
existe aussi d'autres sources auxquelles on peut avoir recours pour
la préparation de ce corps. D'après des recherches récentes les cu-
mènes extraits de l'acide cuminique, du phorone (camphorone) et
de l'eugénate de baryte doivent être regardés comme des modifications isomères. Le mésitylène n'a aussi de commun avec le cumène
que la composition.

Le cumène (nommé pseudocumène par *Kekulé*), qui doit être regardé comme de la triméthylbenzine, est le produit qui se rencontre
dans le goudron de houille et probablement dans le naphte de
Burmah. Son point d'ébullition est à 160°, comme le produit obtenu
par *Fittig* et *Ernst* avec le xylène bromé et l'iodure de méthyle.

Jusqu'à présent ce cumène n'a quelque importance dans l'industrie des couleurs de goudron que parce qu'il accompagne les benzines impures.

La *composition* du cumène de l'acide cuminique, du phorone, etc., est $C^{18}H^{12} = (G^9H^{12})$, celle du cumène du goudron de houille serait d'après ce qui précède $G^6H^3 (GH^3)^3$ (triméthylbenzine).

L'éthyméthylbenzine, $G^6H^4 (GH^3)(G^2H^5)$, n'a été jusqu'à présent obtenue que par des moyens artificiels.

Le cumène extrait de l'acide cuminique et du phorone doit être probablement regardé comme de la propylbenzine, $G^6H^5 (G^3H^7)$.

Cymène. — La présence du *cymène* (cymol) dans le goudron de houille n'a pas été déterminée d'une manière certaine. Dans tous les cas il est jusqu'à présent sans importance dans l'industrie des couleurs de goudron. Les cymènes extraits du camphre et de l'essence de cumin sont des corps isomères.

La composition du cymène est représentée par la formule $C^{20}H^{14}$ ($G^{10}H^{14}$). Si l'on regarde les cymènes comme des benzols, dans lesquels des atomes d'hydrogène sont remplacés par des radicaux alcooliques monoatomiques, on peut en déduire une série d'isomères. On est tenté de regarder le cymène du goudron de houille comme de la tétraméthylbenzine, $G^6H^2(GH^3)^4$, les autres modifications seraient de la diméthyléthylbenzine ou de la méthylpropylbenzine, de la diéthylbenzine et de la butylbenzine,

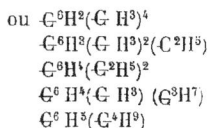

$$\text{ou}\ G^6H^2(G\ H^3)^4$$
$$G^6H^3(G\ H^3)^2(C^2H^5)$$
$$G^6H^4(G^2H^5)^2$$
$$G^6\ H^4(G\ H^3)\ (G^3H^7)$$
$$G^6\ H^5(G^4H^9)$$

Combinaisons et dérivés de la benzine et de ses homologues.

Nous ne mentionnerons ici que brièvement, parmi les *combinaisons*, celles que la benzine forme avec un ou plusieurs atomes des corps halogènes, le chlore, le brome et l'iode, ainsi que celles qui se produisent sans expulsion d'un nombre correspondant d'atomes d'hydrogène, c'est-à-dire les *produits par addition*, qui, du reste, ne peuvent pas être préparés aussi facilement avec les homologues supérieurs de la benzine qu'avec la benzine elle-même. Aucun de ces corps n'offre de l'importance au point de vue industriel.

Parmi les *dérivés* de la benzine et de ses homologues les *produits par substitution*, que ces hydrocarbures forment avec les corps halogènes, n'ont qu'une importance technique indirecte, en tant que quelques-uns d'entre eux servent à introduire les radicaux alcooliques dans les hydrocarbures de la série du benzol C^nH^{n-6} (C^nH^{2n-6}).

Le phénol, considéré comme *dérivé hydroxylé* du benzol, ainsi que ses acides sulfoconjugués, ont déjà été étudiés d'une manière suffisante pour ce qui concerne la préparation des couleurs de goudron.

Il reste, comme dérivés de la benzine et de ses homologues très-importants pour le sujet qui nous occupe, les *produits nitrés*, c'est-à-dire ceux dans lesquels un ou plusieurs atomes d'hydrogène sont remplacés par le complexe $AzO^4(AzO^2)$, nommé ordinairement nitrile. Nous commencerons l'examen de ces corps par la description de la préparation et des propriétés des produits purs, et nous donnerons ensuite les méthodes industrielles en usage pour la fabrication de ces dérivés seulement à peu près purs.

Nitrobenzines. — On ne connaît jusqu'à présent que deux dérivés nitrés de la benzine, la nitrobenzine simple et la binitrobenzine.

Nitrobenzine. — La nitrobenzine (nitrobenzol) a été découverte en 1834 par *Mitscherlich*. On la prépare sur une petite échelle en mélangeant de la benzine avec de l'acide azotique concentré : on verse le premier très-lentement et en agitant continuellement dans l'acide azotique fumant, aussi concentré que possible, ou inversement on ajoute peu à peu l'acide à la benzine. A la place de l'acide azotique fumant, on se sert, comme cela a aussi lieu dans la fabrication en grand, d'un mélange d'acide azotique ordinaire et d'acide sulfurique anglais. Le mélange doit contenir une quantité d'acide sulfurique telle que la proportion d'eau, qu'il a prise à l'acide azotique, ne dépasse pas 3 équivalents pour 1 équivalent d'acide sulfurique anhydre. La nitrobenzine flotte à la surface du mélange acide, on élimine la majeure partie de l'acide au moyen d'un entonnoir à séparation ; on ajoute de l'eau et l'on agite, et la nitrobenzine tombe au fond du liquide ; afin que le lavage soit plus parfait, on renouvelle l'eau plusieurs fois. On peut effectuer le dernier lavage en ajoutant un peu de carbonate de soude. Pour que l'épuration soit plus complète, on peut soumettre la nitrobenzine obtenue à une distillation.

Propriétés et composition de la nitrobenzine. — La nitrobenzine est un liquide jaunâtre, réfractant fortement la lumière, d'une saveur douce et d'une odeur d'essence d'amandes amères ; son poids spécifique est égal, d'après *H. Kopp*, à 1,1866 (à 14°,4) et d'après *Mitscherlich*, à 1,209 (à 15°). Le point d'ébullition de la nitrobenzine est à 213°, d'après *Mitscherlich*, et à 219 ou 220°, d'après *H. Kopp* (*Kekulé* indique 205°). Elle se solidifie à + 3°. Elle est presque insoluble dans l'eau, puisque 500 parties d'eau au moins sont nécessaires pour sa dissolution, mais elle se dissout en toutes proportions dans l'alcool et l'éther.

A la température ordinaire elle n'est attaquée ni par l'acide sulfurique étendu, ni par l'acide azotique ordinaire, ni par le chlore ou le brome. Mais si on la chauffe avec du brome dans un tube fermé, elle se transforme avec perte d'azote en benzines bromées. L'acide azotique fumant la convertit en binitrobenzine. Avec les agents réducteurs elle donne de l'*aniline*, de l'azoxybenzine ou de l'azobenzol (voyez Aniline).

La *composition* de la nitrobenzine est représentée par la formule $C^{12}H^5,AzO^4 = (C^6H^5,AzO^2)$, c'est-à-dire qu'un atome d'hydrogène de la benzine est remplacé par le complexe $AzO^4(AzO^2)$.

Binitrobenzine. — Ce corps a été découvert en 1842 par *Deville;* d'après *Hofmann* et *Muspratt*, on l'obtient en ajoutant de la benzine ou de la nitrobenzine à un mélange de parties égales d'acide azotique fumant et d'acide sulfurique concentré, tant que les liquides se mêlent, et en faisant bouillir quelques minutes. D'après *Deville*, il peut aussi être préparé, bien que plus difficilement, en soumettant de la nitrobenzine à une longue ébullition avec de l'acide azotique fumant. La bouillie cristalline obtenue est lavée avec de l'eau, puis dissoute dans l'alcool bouillant, où on la laisse cristalliser.

Propriétés et composition de la binitrobenzine. La binitrobenzine forme de longues aiguilles, presque incolores, qui fondent à environ 86° et qui sont insolubles dans l'eau froide, peu solubles dans l'eau bouillante, mais facilement solubles dans l'alcool bouillant.

La *composition* de la binitrobenzine est représentée par la formule $C^{12}H^4,2AzO^4 = (C^6H^4(AzO^2)^2$.

Nitrotoluènes. — Le toluène forme trois dérivés nitrés par substitution, dans lesquels 1, 2 ou 3 atomes d'hydrogène sont remplacés par du nitrile (AzO^2).

Mononitrotoluène. — D'après *Deville*, on obtient le mononitrotoluène de la manière suivante : on verse goutte à goutte le toluène dans de l'acide azotique fumant tant qu'il s'y dissout encore, ou inversement on fait tomber goutte à goutte de l'acide azotique concentré dans le toluène, on mélange avec de l'eau, qui précipite du nitrotoluène encore impur. On peut aussi se servir de l'acide azotosulfurique; mais comme le nitrotoluène ne se dissout pas dans cet acide, il faut dans ce cas agiter pendant longtemps, afin que l'action soit complète. Le produit liquide lavé et encore rougeâtre est soumis à la distillation, et celle-ci est continuée, jusqu'à ce qu'une goutte du liquide qui passe, ou un échantillon pris dans la cornue, se solidifie promptement. La température que l'on atteint lors de cette distillation s'élève à environ 230°. La masse solidifiée est pressée entre des feuilles de papier brouillard, puis dissoute dans l'alcool, où on la laisse cristalliser.

Propriétés du nitrotoluène. — Le nitrotoluène était autrefois considéré comme un corps liquide analogue à la nitrobenzine et entrant en ébullition à 220, 225 ou 230°; mais les recherches de *Jawonski* et celles de *Kekulé* ont démontré que le nitrotoluène est un corps blanc, cristallisable, qui fond à 54° et bout à 237 ou 238°. Le nitrotoluène qui bout à environ 223° a cependant été regardé par *Kekulé* comme un mélange de nitrotoluène et de nitrobenzine. Mais *Beilstein* et *Kuhlberg* ont montré que ce point d'ébullition est constant et qu'il appartient à une modification isomère, qu'ils désignent sous le nom de *nitrotoluène liquide*. Ce nitrotoluène liquide est le même corps que celui que l'on obtient en éliminant par l'hydrogène la deuxième molécule de nitrile du binitrotoluène. Il est liquide à la température ordinaire, il bout entre 222 et 223° et il a un poids spécifique de 1,162, à 23°.

La *composition* du nitrotoluène est exprimée par la formule $C^{14}H^7AzO^4 = (C^7H^7, AzO^2)$.

Binitrotoluène. — Le binitrotoluène se forme lorsqu'on chauffe du toluène ou du nitrotoluène avec de l'acide azotosulfurique ou lorsqu'on fait bouillir ces corps avec de l'acide azotique concentré; on lave et on fait cristalliser dans l'alcool.

Propriétés et composition du binitrotoluène. — Il se présente sous forme de longues aiguilles blanches, brillantes, cassantes, qui fondent à 71° et entrent en ébullition à environ 300°, mais elles éprouvent à cette température une décomposition partielle. La composition du binitrotoluène correspond à la formule $C^{14}H^6, 2AzO^4 = (C^7H^6[AzO^2]^2)$.

Trinitrotoluène. — Le trinitrotoluène s'obtient en faisant bouillir doucement pendant plusieurs jours du toluène avec de l'acide azotique fumant ; il se présente sous forme d'aiguilles blanches, qui fondent à 82° et qui sont peu solubles dans l'alcool froid, mais facilement solubles dans l'alcool bouillant et dans l'éther. Sa composition correspond à la formule $C^{14}H^5, 3AzO^4 = (C^7H^5[AzO^2]^3)$.

Chlorure de benzyle. — Outre les dérivés nitrés du toluène, il y a aussi un dérivé chloré qui présente un grand intérêt, à cause de ses applications dans la production des matières colorantes violettes, bleues et vertes ; ce dérivé est le *chlorure de benzyle*.

Si l'on traite par le chlore le toluène, C^7H^8, qui peut aussi être regardé comme de la méthylbenzine $C^6 \begin{cases} H^5 \\ CH^3 \end{cases}$, c'est-à-dire de la benzine dans laquelle 1 atome d'hydrogène est remplacé par du méthyle, CH^3, il peut se former deux combinaisons isomères, mais possédant des propriétés très-différentes.

Si le chlore agit à froid sur le toluène, il se forme du toluène chloré (chlorotoluène) :

$$C^7H^7Cl = \begin{cases} C^6H^4Cl \\ CH^3 \end{cases}$$

Ce composé est un liquide entrant en ébullition à 157 ou 158 ; c'est un corps très-stable, dont le chlore ne peut être éliminé ou substitué qu'avec de très-grandes difficultés, ce qui tient à ce que dans le toluène chloré le chlore est entré dans le noyau benzénique.

Si au contraire le chlore réagit sur le toluène bouillant, il se forme du chlorure de benzyle :

$$C^7H^7Cl = \begin{cases} C^6H^5 \\ C\,H^2Cl \end{cases}$$

Le chlorure de benzyle est également liquide, il bout à 176° et peut subir des métamorphoses variées, parce que le chlore ne se trouve pas dans le noyau benzénique, mais dans l'anneau méthylique ; et, comme on le sait, le chlorure de méthyle peut, comme l'iodure de méthyle, éprouver de très-nombreuses transformations.

Ainsi le chlorure de benzyle donne avec l'hydrate de potasse de l'alcool benzylique ; avec l'acétate de potasse, de l'acétate de benzyle ; avec le cyanure de potassium, du cyanure de benzyle ; avec le phénate de potassium, du phénate de benzyle ; avec l'acide azotique étendu, de l'hydrure de benzoïle ou essence d'amandes amères; avec une solution alcoolique d'ammoniaque, de la mono- bi- et tri-benzylamine, etc.

Chauffé sous pression à 160° avec de l'aniline, de la méthylani-line, de la toluidine ou de la naphtylamine, il se substitue à 1 ou 2 atomes d'hydrogène pour former de la phénylbenzylamine, de la méthylphénylbenzylamine, de la dibenzyltoluylamine, de la naphtylbenzylamine, etc. Avec la diphénylamine, la ditoluylamine, le chlorure de benzyle forme des monamines tertiaires.

Il est facile de voir, d'après cela, quel rôle le chlorure de ben-zyle peut jouer dans la formation des matières colorantes artifi-cielles. Par extension du procédé de *A. W. Hofmann* pour l'obten-tion de violet, procédé qui consiste à remplacer dans la rosaniline l'hydrogène substituable par un radical alcoolique de la série grasse, afin de transformer la nuance rouge en violet plus ou moins bleuâtre, on se sert, dans le même but, du chlorure de benzyle, introduisant ainsi un radical appartenant à la série aromatique (le chlorure de benzyle peut dans ce cas être souvent remplacé par le bromure de benzyle, $C^7H^7Br = C^6H^5,CH^2Br$).

Et dans le fait *Lauth* et *Grimaux* ont obtenu un beau violet en faisant agir directement le chlorure de benzyle sur la rosaniline, et lorsque, à la place de la rosaniline, on prend de la monométhylro-saniline (violet *Hofmann* R), il se forme un violet tirant fortement sur le bleu.

Pour *préparer* industriellement du *chlorure de benzyle*, on se sert d'un appareil construit de manière à ce que l'on puisse cohober et distiller à volonté.

Le toluène est introduit dans l'appareil et rapidement porté à l'ébullition; à ce moment on fait traverser sa vapeur par un cou-rant de chlore, et en même temps on dirige les vapeurs dans le cohobateur. A l'orifice supérieur de celui-ci est adapté un tube, qui plonge dans un flacon refroidi avec de l'eau, où se condensent le toluène et le chlorure de benzyle entraînés par l'acide chlorhy-drique.

Lorsque le thermomètre plongé dans le toluène bouillant marque 140 à 150°, on arrête le courant de chlore et on distille. Tout ce qui passe au-dessous de 170° est recueilli à part, pour être de nou-veau traité par le chlore, parce que c'est un mélange de toluène pour la plus grande partie et de chlorure de benzyle en moindre quantité.

La portion qui passe entre 170 et 180° (et qui contient au moins 90 0/0 de chlorure de benzyle) est soumise à une nouvelle rectification. Enfin, ce qui distille entre 174 et 176° est du chlorure de benzyle presque pur.

Le bromure de benzyle se prépare de la même manière, en substituant au gaz chlore des vapeurs de brome. On ne recueille à part que ce qui distille entre 195 et 205°. Le bromure de benzyle pur, C^7H^7Br, bout à 198 ou 199°.

Pour transformer le chlorure de benzyle en *essence d'amandes amères artificielle*, on fait bouillir pendant 3 ou 4 heures dans un vase muni d'un cohobateur le mélange suivant :

> 1 kilogr. 400 d'azotate de plomb,
> 10 litres d'eau,
> 1 kilogr. de chlorure de benzyle.

On fait passer lentement à travers l'appareil un courant d'acide carbonique. On distille le liquide contenu dans l'appareil jusqu'à moitié. Le produit de la distillation se compose principalement d'eau et d'essence d'amandes amères, qui forme une couche séparée. Si l'on veut obtenir à l'état de pureté l'essence d'amandes amères artificielle ou plutôt l'hydrure de benzoïle, on traite le produit brut par le sulfite de soude, avec lequel l'hydrure de benzoïle forme une combinaison cristallisable, qu'on lave avec un peu d'alcool. Celle-ci est ensuite décomposée par les acides ou les carbonates alcalins. On obtient ainsi en essence d'amandes amères artificielle près des trois quarts de la quantité théorique.

Nitroxylènes. — Nous ne nous occuperons ici que des nitrodiméthylbenzines (voyez Xylène).

Mononitroxylène. — Si, à la température ordinaire ou en refroidissant un peu, on dissout du xylène dans de l'acide azotique trèsconcentré et si ensuite on ajoute de l'eau, il se précipite bientôt une huile lourde, qui généralement est du nitroxylène et de laquelle il se sépare cependant quelquefois après un long repos des cristaux de binitroxylène. C'est à *Deumelandt* que l'on doit la description la plus complète du procédé de préparation. Ce chimiste s'est servi d'un xylène ayant un point d'ébullition constant à 140°. Il se forme des produits binitrés et trinitrés. On agite le mélange avec de l'ammoniaque, on lave, on dessèche et on distille dans un courant d'acide carbonique à une température ne dépassant pas 240°. En fractionnant à plusieurs reprises, on obtient un produit ayant un point d'ébullition constant à 240°.

Le mononitroxylène est liquide et sa composition correspond à la formule $C^{16}H^9, AzO^4 = (\Theta^8H^9, Az\Theta^2)$.

Binitroxylène. — Le binitroxylène, qui cristallise dans le précédent, forme, après avoir recristallisé dans l'alcool étendu, des cristaux très-brillants, qui fondent à 93°. (Il y aurait, outre ce corps, un binitroxylène isomère que l'on a préparé avec le méthyltoluène artificiel et qui fond à 123°,5). Sa formule est $C^{16}II^8, 2AzO^4 = (\Theta^8H^8 [Az\Theta^2]^2)$.

Trinitroxylène. — Le trinitroxylène se forme par l'action de l'acide azotosulfurique sur le xylène aussi bien à la température ordinaire qu'avec le secours de la chaleur (dans ce dernier cas l'opération est plus rapide). Il est sous forme d'aiguilles que l'on peut faire recristalliser dans l'alcool bouillant, et qui fondent à 177°. Sa formule est : $C^{16}H^7, 3AzO^4 = C^8H^7, (AzO^2)^3$.

Nitrocumène. — On prépare le nitrocumène avec le cumène de la même manière que la nitrobenzine avec la benzine. Le mieux est d'employer de l'acide azotique fumant et l'on précipite avec de l'eau ; ce corps est jaune, liquide et il a une odeur moins forte que la nitrobenzine.

La composition du nitrocumène est représentée par la formule $C^{18}H^{11}AzO^4 = (\Theta^9H^{11}[Az\Theta^2])$.

FABRICATION DE LA NITROBENZINE COMMERCIALE.

On doit se guider tout d'abord, pour la fabrication de la nitrobenzine commerciale, sur ce qui a été dit précédemment relativement à la préparation de la nitrobenzine pure. Comme il est dangereux de mettre en contact de grandes quantités de benzine et d'acide, dans toutes les méthodes de nitrification de la benzine, aussi bien dans les anciennes que dans les nouvelles, on s'arrange de manière à ce que la réaction à laquelle donne lieu le mélange des deux corps ne se produise que peu à peu. En outre, afin d'éviter les explosions, on ne doit pas employer des benzines contenant du phénol ou de l'acide crésylique, ces deux corps étant attaqués avec une très-grande vivacité par l'acide azotique.

Les benzines qui renferment de la naphtaline, ainsi que celles qui contiennent une grande quantité des homologues supérieurs du toluène, fournissent, lorsqu'on les emploie à la préparation des couleurs des produits mélangés avec une grande proportion de corps résinoïdes; les benzines de cette espèce doivent par conséquent être débarrassées de ces impuretés. La rectification de la nitrobenzine est une opération ennuyeuse et dangereuse et qui ne peut être faite qu'avec perte, aussi n'est-elle jamais pratiquée avec les nitrobenzines du commerce.

On a indiqué pour la fabrication de la nitrobenzine un grand nombre d'appareils et de procédés; nous ne ferons que mentionner les anciennes méthodes qui ont un intérêt historique réel ou qui conviennent pour une petite fabrication, tandis que nous examinerons avec détails les procédés les plus récents, qui maintenant sont admis dans tous les grands établissements.

Mansfield, à qui nous devons l'extraction en grand de la benzine du goudron de houille, décrit dans sa première patente (1847) le procédé suivant. On place dans de l'eau froide un vase de verre à parois minces, muni d'une tubulure et d'une capacité environ trois fois plus grande que le volume de benzine à traiter, et l'on y verse de l'acide azotique concentré d'un poids spécifique de 1,5 et dont la quantité doit être un peu supérieure au volume de la benzine. On ajoute peu à peu cette dernière en agitant bien le mélange et l'on s'arrête lorsque les dernières portions versées ne se dissolvent pas complétement. On chauffe sur un feu doux (bain de sable), jusqu'à ce que le liquide soit devenu clair par suite de la dissolution du reste de benzine, on ajoute encore de la benzine, jusqu'à ce que le liquide se trouble encore et enfin on fait disparaître le trouble en ajoutant quelques gouttes d'acide azotique. Le mélange est projeté dans 5 ou 6 fois son volume d'eau, au fond de laquelle tombe la nitrobenzine. On décante l'eau et on lave plusieurs fois, jusqu'à ce que l'eau de lavage n'ait plus de réaction acide; à la fin on peut aussi, au lieu d'eau, employer pour le lavage une solution de carbonate de soude. *Depouilly* recommande de laver en dernier lieu avec un peu d'ammoniaque et de chauffer à 105° ou 110°, afin de décomposer la petite quantité d'azotate d'ammoniaque qui s'est formée. Si l'on opère avec un acide azotique ayant un poids spécifique un peu plus faible que 1,5, on se dispense de refroidir le vase avec de l'eau. Si l'on emploie de l'acide azotique du commerce (d'un poids spécifique de 1,35) — et on ne doit jamais se servir d'un acide plus fortement étendu — on le mélange avec la moitié de son volume d'acide sulfurique

auglais (ou plus exactement avec une quantité telle que l'acide azotique soit réduit à l'état monohydraté) et l'on procède suivant la
manière décrite. *Mansfield* trouve cependant que d'après ce procédé il peut arriver plus facilement que toute la benzine ne soit pas
nitrée, opinion qui provient de ce que le produit transformé en nitrobenzine n'est pas dissous dans le mélange acide, et de ce que pour
cette raison on se prive d'un excellent signe de la fin de la réaction. La fabrication de la nitrobenzine avec de l'acide azotique d'un
poids spécifique de 1,5 a cependant aussi ses difficultés. Cet acide
est beaucoup plus gênant et dangereux à manier, et il coûte, à
équivalents égaux, plus que l'acide ordinaire plus étendu, qui est
un produit commercial ordinaire, tandis que l'acide fumant est un
produit exceptionnel.

Mansfield se munit plus tard pour la fabrication en grand de la
nitrobenzine d'appareils particuliers, qui sont construits en vue
d'une réaction intense et de manière à pouvoir conduire l'opération en se mettant à l'abri des dangers d'explosion. La partie essentielle de l'appareil est un serpentin de grès ou de verre qui se
trouve dans un vase réfrigérant et dont l'orifice supérieur se termine par deux tubes munis d'entonnoirs. On fait arriver l'acide
dans l'un des entonnoirs et la benzine dans l'autre, de manière à ce
qu'il s'écoule à la fois des quantités équivalentes des deux liquides,
ou mieux qu'il y ait un léger excès d'acide, et en même temps on a
soin que les volumes des liquides qui arrivent au contact l'un de
l'autre soient toujours très-peu considérables. On règle l'écoulement de l'acide et de la nitrobenzine au moyen de robinets adaptés
aux vases renfermant ces liquides.

A la place du serpentin, on se sert aussi d'un tube droit placé dans
une position inclinée dans une longue auge pleine d'eau et sortant aux
deux extrémités de celle-là. L'extrémité supérieure de ce tube est d'a-
bord recourbée par en bas et ensuite perpendiculairement au-dessus
du liquide réfrigérant et elle est munie d'un entonnoir. Dans cet appareil, la réaction se fait très-régulièrement, mais la fabrication a
l'inconvénient d'être très-lente, et les tubes que l'on vient de décrire
sont cassants, ce qui n'a pas pu contribuer à la généralisation de
leur emploi. Le lavage s'effectue comme il est indiqué plus haut.

Collas, qui livra au commerce il y a déjà trente ans son *essence
de mirbane* (nom dont l'origine est indéterminée), décrit son procédé de la manière suivante. On mélange 1,000 parties d'acide azotique monohydraté avec 500 parties d'acide sulfurique anglais (il

ne faut pas oublier qu'avec l'acide azotique monohydraté on peut se dispenser de l'acide sulfurique), on verse le mélange dans un ballon de 6 litres qui est muni d'un bouchon percé de deux trous. Dans l'un des trous on fixe un tube de verre long de plusieurs pieds et dans l'autre un entonnoir dont le bec est étiré en une pointe fine; par cet entonnoir on verse la benzine par petites portions et très-lentement, surtout au commencement, et pendant ce temps on a soin de remuer un peu le ballon. L'opération doit être regardée comme achevée, lorsque le liquide est devenu jaune foncé; à une température d'environ 15° elle est terminée en trois ou quatre heures, le produit est cependant d'autant meilleur que l'action a duré plus longtemps. Le liquide séparé par décantation est lavé plusieurs fois avec de l'eau exempte de chaux. Ce produit servait autrefois comme succédané de l'essence d'amandes amères, notamment dans la fabrication des savons parfumés, mais depuis quelque temps il semble ne plus être aussi recherché.

Les perfectionnements nouveaux qui furent apportés plus tard dans la fabrication de la nitrobenzine, perfectionnements nécessités par le besoin d'une production plus considérable, consistent essentiellement dans l'emploi d'appareils plus grands et plus convenables. Dès la première apparition de ces appareils, on fut conduit à se servir, au lieu d'acide azotique et d'acide sulfurique, d'un mélange d'un équivalent d'azotate de soude avec deux équivalents d'acide sulfurique. Mais on n'a pas tardé à revenir à l'emploi du mélange acide, dont on se sert maintenant presque sans exception.

En employant l'acide azotosulfurique, on trouva cependant qu'il valait mieux introduire d'abord la benzine dans le vase et y faire ensuite couler peu à peu l'acide, parce que l'on observa que le procédé inverse présentait deux inconvénients : les premières portions de la benzine étaient attaquées trop vivement, ce qui entraînait la formation d'une certaine quantité de binitrobenzine, tandis que vers la fin de l'opération, alors que la majeure partie de l'acide avait été consommée, les dernières portions de la benzine demeuraient inaltérées.

L'appareil décrit par *Perkin*, qui maintenant est employé en Angleterre et qui est aussi généralement en usage sur le continent, est représenté par les figures 16 et 17. La figure 16 montre, placés les uns à côté des autres, plusieurs des vases de fonte *a* où s'effectue le mélange et au-dessus desquels se trouve l'arbre *m* destiné à mettre les agitateurs en mouvement. Les grandes fabriques sont ordinairement pourvues d'une série comprenant douze de ces vases ou

un plus grand nombre. La capacité de ceux-ci, ordinairement cal-
culée pour le traitement de 80 kilogr. de benzine, s'élève à environ
200 ou 240 litres. La figure 17 est une coupe perpendiculaire par
le milieu d'un des vases a (fig. 16), g est un tuyau de vidange pour
l'acide et la nitrobenzine, b et b' sont les deux moitiés inégales du

Fig. 16.

couvercle, qui est également en fonte et qui est fixé dans le bord
saillant du vase a, de manière à fermer celui-ci hermétiquement.
Dans ce couvercle se trouvent plusieurs ouvertures pour l'introduction des matériaux et le dégagement des gaz, ainsi que pour la
tige de l'agitateur. Les bords des deux moitiés du couvercle se re-
lèvent supérieurement à une hauteur de plusieurs pouces et ils forment des capacités destinées à recevoir de l'eau. L'agitateur en
fer c, mis en mouvement au moyen de l'arbre m par l'intermédiaire
d'un engrenage conique, n'est pas fixé dans le couvercle au moyen
d'une garniture ordinaire, parce que la matière de cette garniture

serait trop promptement détruite par les acides ; la tige de cet agitateur traverse une boîte fermée par un liquide, qui est ordinairement de la nitrobenzine. La calotte *d* est serrée fortement contre la tige au moyen d'une vis, et son bord tourné par en bas plonge dans

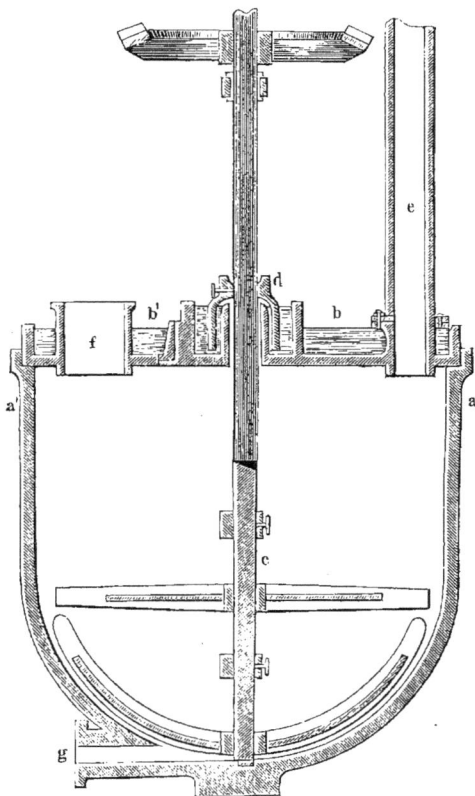

Fig. 17.

la boîte, qui est remplie avec de la nitrobenzine et qui fait corps avec la partie la plus large du couvercle. Dans cette même partie du couvercle s'adapte le tuyau *e*, par lequel se dégagent les vapeurs acides contenant du bioxyde d'azote et de la benzine. Ce tuyau se termine supérieurement par une partie en forme de spirale traversant un réfrigérant qui condense la benzine volatilisée et que l'on fait retourner dans l'appareil. En *b* se trouve aussi une autre ouverture munie d'un tube, qui sert pour faire arriver l'acide dans le vase. Enfin dans la portion la plus étroite du couvercle est pratiquée une ouverture f pour l'introduction de la benzine. Cette ouverture est fermée pendant l'opération au moyen d'un couvercle de fonte. Le liquide qui se trouve en b et en b' est destiné à obtenir une basse température, qui sert à condenser la benzine volatilisée. Il y a dans les fabriques françaises des appareils dans lesquels la réfrigération s'effectue à l'aide d'une autre disposition. Un tube percé d'un grand nombre de petits trous est placé horizontalement autour du vase où s'effectue le mélange et au niveau de son tiers supérieur ; par ce tube on amène de l'eau qui tombe en filets minces le long des parois du vase a. On voit aussi dans les appareils des fabriques françaises, à la place du tuyau e, un tube de verre plus étroit qui est recourbé comme un tube de sûreté de *Welter*, et qui est fermé lâchement par le liquide qui s'y condense. Lorsque l'opération est très-bien conduite, il ne doit pas se former de vapeurs d'acide hypoazotique ou d'acide azoteux, AzO^4 doit être entièrement absorbé, tandis que les autres atomes d'oxygène s'unissent à l'hydrogène de la benzine, de telle sorte qu'à bien dire, rien ne doit se dégager sous forme de gaz ou de vapeur. Le tuyau par lequel l'acide pénètre dans l'appareil est ordinairement une sorte de ballon muni d'un prolongement en forme d'entonnoir et quelquefois aussi d'un robinet, qui sert pour régler l'afflux du liquide. Cet entonnoir, qui n'est pas grand, est rétréci par en haut ; on le maintient toujours plein, afin qu'il ne puisse sortir du vase a ni gaz ni vapeur. A la place des deux ailettes, l'axe de l'agitateur porte une plaque de fonte ayant un diamètre presque égal à celui du cylindre a et munie d'un grand nombre de trous. Cette disposition produit, même lorsque l'agitateur marche lentement, un mélange très-intime. Enfin les vases à mélanger n'ont pas toujours la forme de chaudières comme dans les figures 16 et 17, ce sont des cylindres à parois droites et à fond plat. Lorsque tout l'acide a été ajouté lentement, on continue encore pendant quelques heures à faire mouvoir l'agitateur, jusqu'à ce qu'il ne se produise plus aucune réaction, puis on soutire le contenu du vase par g. C'est l'acide qui s'écoule en premier lieu. On le recueille à part dans des ballons de verre. Il est jaune-brun, il a une légère odeur de nitrobenzine, il contient un peu d'acide azotique ; mais, bien qu'il ait absorbé l'eau de ce dernier acide, il est encore suffisamment concentré pour être employé à la préparation de l'acide azotique avec l'azotate de soude.

La nitrobenzine est lavée plusieurs fois avec de l'eau ; l'opération s'effectue dans des cuves de bois munies d'agitateurs. On ajoute d'abord peu d'eau, mais dans les autres lavages on en emploie une plus grande quantité. En général, on prend une quantité de benzine un peu plus grande que celle qui peut être nitrée par la quantité d'acide employée ; on opère ainsi afin d'éviter la formation de produits nitrés supérieurs. C'est pourquoi il est nécessaire d'éliminer l'excès de benzine. Dans ce but, on verse la nitrobenzine dans un cylindre de tôle en communication avec un tube abducteur et un réfrigérant, et l'on fait passer dans le liquide un courant de vapeur qui entraîne la benzine beaucoup plus volatile et seulement une très-petite quantité de la nitrobenzine qui entre en ébullition à une température beaucoup plus élevée. Ce cylindre est muni de plusieurs robinets. La portion de la vapeur qui reste sous forme d'eau de condensation se rassemble au-dessus de la nitrobenzine ; les deux liquides sont séparés l'un de l'autre au moyen des robinets. La benzine entraînée sert pour les autres opérations.

Le *rendement* en nitrobenzine, que l'on atteint maintenant dans la plupart des fabriques, s'élève à 130 et même à 135 0/0 de la quantité de benzine employée. Cette augmentation de poids correspond presque à la quantité que l'on doit atteindre d'après la théorie, si l'on considère la benzine brute comme composée de 2 équivalents de toluène et 1 équivalent de benzine.

Les *propriétés* de la nitrobenzine obtenue peuvent ne pas concorder tout à fait avec celles de la nitrobenzine pure, et elles s'en écarteront d'autant plus que la proportion des homologues supérieurs contenus dans la benzine employée était plus grande. Dans le commerce on distingue trois sortes de nitrobenzines, que *Chateau* caractérise de la manière suivante :

1° Une nitrobenzine légère, qui est préparée avec des benzines qui distillent entre 80 et 95°. C'est la sorte qui est préférée par les parfumeurs, la véritable essence de mirbane ;

2° Une nitrobenzine plus lourde, qui distille presque entièrement entre 210 et 220° et qui laisse un résidu noirâtre, non volatil à 220° et s'élevant quelquefois à 16 0/0 du poids total ;

3° Une nitrobenzine très-lourde, dont la plus grande partie distille entre 222 et 230°.

Les propriétés du produit fabriqué éprouveront des variations toujours considérables, non-seulement à cause des différences offertes par les benzines brutes, mais encore à cause de ce fait plusieurs fois observé, que le toluène est attaqué par l'acide azotique beaucoup plus énergiquement et beaucoup plus tôt que la benzine, de telle sorte que souvent, dans le produit nitré, le nitrotoluène et la nitrobenzine ne sont pas dans la même proportion que la benzine et le toluène dans la benzine brute.

Pour ces raisons, on a commencé à effectuer une séparation beaucoup plus complète des hydrocarbures (voyez page 72) et à nitrer séparément de la benzine presque pure et du toluène dans le même état. *Coupier* a imprimé avec succès cette direction à la fabrication industrielle. Conduit à son procédé par des considérations théoriques, dont il sera question plus loin au sujet de la fabrication des couleurs, il a ouvert à cette industrie des voies nouvelles, dont l'importance ne saurait être mise en doute. Le mélange des deux corps se fait aussi dans ce cas d'après le procédé décrit pour les benzines impures.

AUTRES DÉRIVÉS AZOTÉS DE LA BENZINE ET DE SES HOMOLOGUES.

Lorsqu'on fait agir des corps réducteurs sur les dérivés nitrés de la benzine ainsi que sur ceux des homologues supérieurs décrits plus haut, il se forme un certain nombre de produits nouveaux. Suivant la nature et la force de l'agent réducteur, on obtient immédiatement par cette voie deux séries de corps, dont les uns, qui sont des bases, *bases amidées*, *amines* ou *ammoniaques composées* (aniline), nous intéressent d'une manière toute particulière, et dont les autres se composent de produits généralement désignés sous le nom d'*azodérivés* (dérivés azotés ou azoïques) n'ayant au point de vue industriel qu'une importance secondaire.

Les indications suivantes, qui se rapportent à la nitrobenzine, peuvent servir pour donner une première notion sur la manière dont se produit la réduction, et sur la composition des deux séries différentes de corps nouveaux ainsi obtenus.

Si l'on double la formule de la nitrobenzine 2 $(C^{12}H^5AzO^4)$ ou $C^{24}H^{10}Az^2O^8 = (C^{12}H^{10}Az^2O^4)$ et si l'on élimine simplement tout l'oxygène, on obtient :

$$C^{24}H^{10}Az = (C^{12}H^{10}Az^2) = Azobenzine.$$

Mais si de la formule de la nitrobenzine on élimine l'oxygène $(C^{12}H^5Az)$ et si en outre on introduit 2 atomes d'hydrogène, on donne naissance à

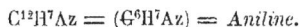

$$C^{12}H^7Az = (C^6H^7Az) = Aniline.$$

L'azobenzine se trouve par conséquent entre la nitrobenzine et l'aniline, c'est le produit de réduction le moins complet.

On peut faire la même chose avec le nitrotoluène et les dérivés supérieurs de la série de la benzine.

Les agents réducteurs employés pour la préparation des amides seront examinés plus loin à propos de chacune des séries ou des termes de celles-ci.

Amides, dérivés amidés de la benzine et de ses homologues.

$$C^n H^{n-6} = (G^n H^{2n-6}).$$

Les corps qui appartiennent à ce groupe sont ordinairement considérés, d'après la théorie des types, comme des ammoniaques, dans lesquelles un ou plusieurs atomes d'hydrogène sont remplacés par les radicaux organiques phényle, toluyle, etc., et en général par $C^n H^{n-7} = (G^n H^{2n-7})$.

D'après cela, l'amide dérivée de la benzine, l'aniline, serait par exemple de la *phénylamine*,

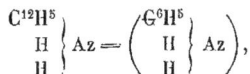

$$\left.\begin{matrix} C^{12}H^5 \\ H \\ H \end{matrix}\right\} Az = \left(\begin{matrix} G^6H^5 \\ H \\ H \end{matrix}\right\} Az\right),$$

outre laquelle il existe une diphénylamine,

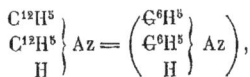

$$\left.\begin{matrix} C^{12}H^5 \\ C^{12}H^5 \\ H \end{matrix}\right\} Az = \left(\begin{matrix} G^6H^5 \\ G^6H^5 \\ H \end{matrix}\right\} Az\right),$$

et l'on peut admettre une triphénylamine

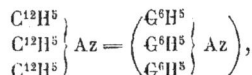

$$\left.\begin{matrix} C^{12}H^5 \\ C^{12}H^5 \\ C^{12}H^5 \end{matrix}\right\} Az = \left(\begin{matrix} G^6H^5 \\ G^6H^5 \\ G^6H^5 \end{matrix}\right\} Az\right),$$

dont l'existence n'a été déterminée que récemment avec certitude.

Kekulé a émis relativement à la constitution des corps en question une opinion un peu différente ; d'après lui, ces corps doivent être considérés comme des *dérivés amidés* des hydrocarbures $C^n H^{n-6} = (G^n H^{2n-6}.)$, c'est-à-dire comme des produits de substitution dans lesquels 1, 2 ou 3 atomes d'hydrogène sont remplacés par le complexe $Az H^2$ (amide, résidu de l'ammoniaque). D'après cela, l'aniline devrait être regardée comme de l'amidobenzol :

$$C^{12}H^5 . AzH^2 = (G^6H^5 . AzH^2).$$

Comme en outre 2 ou 3 atomes du complexe $Az\,H^2$ peuvent remplacer 2 ou 3 atomes d'hydrogène, nous aurons à distinguer avec le benzol, par exemple, d'après la manière dont *Kekulé* désigne ces corps et en écrit la formule, un diamidobenzol $C^{12}\,H^4\,(Az\,H^2)^2 = (C^6H^4\,[Az\,H^2]^2)$, et un triamidobenzol $C^{12}\,H^3\,(Az\,H^2)^3 = (C^6\,H^3\,[Az\,H^2]^3)$.

Ces derniers corps doivent, d'après la théorie des types, et parce qu'ils contiennent 2 ou 3 atomes d'azote, être regardés comme des ammoniaques doublées ou triplées; le diamidobenzol, par exemple, doit être par suite considéré comme

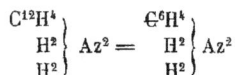

$$\left.\begin{array}{c}C^{12}H^4\\H^2\\H^2\end{array}\right\}Az^2 = \left.\begin{array}{c}C^6H^4\\H^2\\H^2\end{array}\right\}Az^2$$

ou comme de la phénylène-diamine.

Enfin, nous devons encore mentionner ici que dans les amides des radicaux phényle, toluyle, etc., une partie de l'hydrogène peut aussi être remplacée par des radicaux d'alcools monoatomiques, comme cela a aussi lieu pour l'ammoniaque. Si, par exemple, l'aniline est de la phénylamine,

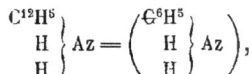

$$\left.\begin{array}{c}C^{12}H^5\\H\\H\end{array}\right\}Az = \left(\left.\begin{array}{c}C^6H^5\\H\\H\end{array}\right\}Az\right),$$

il y a une éthylphénylamine,

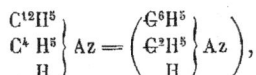

$$\left.\begin{array}{c}C^{12}H^5\\C^4\,H^5\\H\end{array}\right\}Az = \left(\left.\begin{array}{c}C^6H^5\\C^2H^5\\H\end{array}\right\}Az\right),$$

et une diéthylphénylamine,

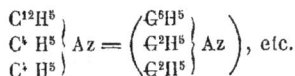

$$\left.\begin{array}{c}C^{12}H^5\\C^4\,H^5\\C^4\,H^5\end{array}\right\}Az = \left(\left.\begin{array}{c}C^6H^5\\C^2H^5\\C^2H^5\end{array}\right\}Az\right),\ \text{etc.}$$

ANILINE.

(SYNONYMES : *Phénylamine, Amidobenzol, Cristalline, Kyanol, Benzidam.*)

L'*aniline* tire son nom de la plante qui fournit l'indigo, l'*Indigofera anil* (*anil* en portugais signifie indigo), parce qu'elle a d'abord été découverte dans les produits de la distillation sèche de l'indigo. C'est *Unverdorben* qui le premier observa ce corps ; il le retira de l'indigo en 1826 en soumettant celui-ci à la distillation, mais il lui donna le nom de *cristalline*, afin de rappeler la propriété qu'il possède, de fournir avec les acides des sels cristallisables. *Fritsche*, qui le prépara avec les produits du traitement de l'indigo par la potasse caustique, lui donna le nom d'*aniline*. *Zinin* le retira de la nitrobenzine et le nomma *benzidam*. *Runge* avait extrait de l'huile de goudron de houille un corps liquide huileux qui se colorait en bleu avec le chlorure de chaux et auquel il donna le nom de *kyanol*. *A. W. Hofmann* montra que ces produits, obtenus par des procédés si différents et avec des matières si variées, étaient identiques.

Préparation de l'aniline. — Pour préparer l'aniline avec l'*indigo*, on mélange peu à peu cette matière réduite en poudre fine avec une solution concentrée et bouillante de potasse caustique, et l'on continue l'addition de l'indigo tant que la couleur de ce corps passe au jaune. La solution est évaporée à sec, et le résidu est soumis à la distillation dans une cornue de fonte. Il passe, outre l'aniline, de l'ammoniaque et des corps huileux non basiques. On purifie le produit de la distillation en le lavant d'abord avec de l'eau, puis en le traitant par l'acide oxalique et en décomposant ensuite l'oxalate obtenu. Il est convenable de ne pas opérer sur plus de 500 ou 600 grammes d'indigo à la fois; on prend un poids triple d'hydrate de potasse, et l'on obtient, notamment lorsqu'on a continué l'ébullition aussi longtemps que possible (pendant plusieurs jours), en ajoutant de l'eau continuellement, une quantité d'aniline égale à environ 20 p. 100 ou un peu plus du poids de l'indigo employé.

Ce corps ne peut être extrait de l'huile de goudron de houille qu'avec de très-grandes difficultés, à cause de la présence des bases homologues et de la faible quantité d'aniline contenue dans cette huile.

On ne se sert plus maintenant pour la préparation de l'aniline que de la *nitrobenzine*, qui fournit le rendement le plus considérable. Il est extrêmement intéressant de connaître les différentes méthodes qui ont été employées pour la transformation de la nitrobenzine en aniline; nous parlerons plus loin avec détails de celles qui ont été adoptées par la fabrication en grand.

La méthode de *Zinin* consiste à ajouter à une solution alcoolique de nitrobenzine, d'abord de l'ammoniaque et à y faire ensuite passer un courant d'hydrogène sulfuré jusqu'à saturation. Par suite de la décomposition de l'hydrogène sulfuré, il se sépare du soufre, dont la quantité n'augmente plus après un repos de 24 heures environ, à la température ordinaire. Au bout de ce temps, on fait de nouveau passer un courant d'hydrogène sulfuré, et l'on répète la même chose, jusqu'à ce qu'il ne se dépose plus de soufre. On peut abréger beaucoup l'opération en faisant bouillir le liquide après le traitement par l'hydrogène sulfuré. Il est cependant toujours difficile d'obtenir la transformation complète de la nitrobenzine en aniline. Lorsqu'il ne se sépare plus de soufre, après le passage d'un nouveau courant d'hydrogène sulfuré, on ajoute au liquide de l'acide chlorhydrique, on élimine l'alcool par distillation et l'on décompose par la potasse le résidu, qui contient à l'état de chlorhydrate l'aniline et l'ammoniaque. L'aniline flotte à la surface sous forme d'un liquide huileux, lorsque la solution saline n'est pas trop étendue et elle peut être immédiatement isolée du reste du liquide à l'aide d'un entonnoir à séparation. Il est facile de la débarrasser de l'ammoniaque qu'elle peut encore contenir en l'agitant avec de l'eau distillée ; et, pour la purifier, on peut la saturer avec un acide, avec l'acide sulfurique, par exemple, faire cristalliser le sulfate obtenu, décomposer celui-ci par la potasse et procéder à une rectification.

Wöhler chauffe à l'ébullition dans une cornue une solution concentrée d'arsénite de soude, et il y ajoute goutte à goutte de la nitrobenzine. La réduction s'effectue très-promptement et très-complétement ; à l'ébullition l'aniline distille, et on peut la purifier en la transformant en oxalate et en décomposant ensuite le sel obtenu.

Le procédé de *Béchamp* est devenu la base des méthodes en usage aujourd'hui pour la fabrication en grand de l'aniline. Ce procédé consistait primitivement à mélanger dans une grande cornue 1 partie en poids de nitrobenzine avec 1,2 partie de limaille de fer et une quantité d'acide acétique faible, égale au volume de la nitrobenzine. La réaction commence très-promptement sans que l'on soit obligé de chauffer, et elle donne lieu à une effervescence et souvent la température de la masse s'élève d'elle-même d'une manière assez notable. A la faveur de cet échauffement des produits passent à la distillation. Afin d'éviter qu'il ne distille une quantité d'acide acétique trop grande, il faut avoir soin de refroidir la cornue extérieurement. On retourne dans la cornue ce qui est passé dans le récipient, et maintenant on chauffe, jusqu'à ce que le contenu du vase soit devenu sec. Le produit distillé contient, outre l'aniline

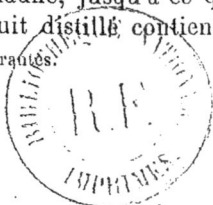

libre, de l'acétate d'aniline et ordinairement une certaine quantité d'acétaniline qui a passé en dernier lieu. On évite le mélange de ces corps en ajoutant dans la cornue un peu de lait de chaux ou de lessive de potasse, avant de commencer la distillation. Il faut avoir soin de ne pas employer une trop grande quantité de fer, parce qu'il pourrait se produire de l'azobenzol, et il peut même arriver avec beaucoup de fer et un acide concentré qu'un peu de benzine soit régénérée aux dépens de la nitrobenzine, et la réaction est alors accompagnée d'un dégagement d'ammoniaque; pour ces raisons on a récemment beaucoup diminué, dans la préparation en grand, les proportions du fer et notamment celles de l'acide acétique.

Un autre procédé proposé par *Béchamp* semble devoir être tout à fait abandonné à cause du faible rendement qu'il fournit; il consiste à employer comme agent de réduction, à la place du fer métallique et de l'acide acétique, l'acétate de protoxyde de fer.

Vohl propose de réduire la nitrobenzine à l'aide d'une solution concentrée de potasse et du sucre de raisin. Au bout d'un temps assez court la température du mélange s'élève spontanément. Dès que l'échauffement a cessé, on introduit dans la cornue de la vapeur qui expulse l'aniline. En cohobant et en continuant la distillation à la vapeur (à une pression de 1 atmosphère 1/2), on obtient toute l'aniline sous forme d'une huile incolore. Il ne paraît pas que l'usage de cette méthode se soit répandu.

Kremer recommande de transformer la nitrobenzine en aniline avec du zinc très-divisé (poussière de zinc des usines métallurgiques), sans addition d'aucun acide. On introduit, dans la chaudière, pour 1 partie en poids de nitrobenzine, 2 parties ou 2 parties 1/2 en poids de poussière de zinc et 5 parties en poids d'eau, et l'on chauffe lentement. Il se produit une effervescence, qui avec la quantité d'eau indiquée et un chauffage modéré ne donne cependant pas lieu à un boursouflement trop considérable de la masse. L'appareil est en communication avec deux réfrigérants séparés. De l'un de ces réfrigérants le produit de la distillation (eau, aniline et nitrobenzine non décomposée) peut retourner dans la chaudière. Il offre en outre une disposition qui permet de prendre un échantillon du produit distillé. Lorsque celui-ci est complétement dissous par l'addition d'une goutte d'acide chlorhydrique, il ne contient plus de nitrobenzine, et l'on fait passer maintenant les vapeurs dans le deuxième réfrigérant, tandis que l'on interrompt la communication de la chaudière avec le premier.

Lorsque les vapeurs aqueuses ne passent plus en grande quantité, la distillation ne fournit plus d'aniline. Ce qui passe maintenant est un peu d'azobenzol. *Kremer* dit avoir obtenu avec 100 parties de nitrobenzine anglaise du commerce de 63 à 65 p. 100 d'aniline, outre qu'une petite quantité de celle-ci était contenue dans l'eau qui avait passé en même temps, quantité qui peut être retrouvée en employant cette eau à la place d'eau ordinaire. L'aniline serait plus pure que celle que l'on rencontre communément, et sa préparation serait aussi moins coûteuse.

Brimmeyr remplace, dans le procédé de *Béchamp*, l'acide acétique par un peu d'acide chlorhydrique, et en même temps il emploie de la poudre de fer aussi fine que possible. Avec 10 kilogr. de nitrobenzine et 7 kilogr. 1/2 de fer passé dans un tamis, dont les mailles avaient un diamètre de 9/10 de millimètre, et une quantité d'acide chlorhydrique égale à 2,5 0/0 du poids de la nitrobenzine et très-étendue, il obtint par distillation, après un contact de deux jours, près de 6 kilog. d'aniline, par conséquent 60 0/0 du poids de la nitrobenzine.

Les *frères Coblentz*, de Paris, se servent de tournure de fonte, dont ils plongent la moitié dans une solution de vitriol bleu, de manière à ce qu'elle se recouvre complétement de cuivre, et ensuite ils la mélangent avec l'autre moitié. Il se produit un courant électrique, qui, bien que n'étant pas suffisant pour décomposer seul l'eau, l'est cependant en présence de la nitrobenzine (ou du nitrotoluène). Lorsque la réduction par l'hydrogène à l'état naissant est terminée, on procède à une distillation. On ignore si cette méthode a été introduite dans l'industrie.

Si la nitrobenzine employée était pure, l'épuration de l'aniline distillée est une opération facile. L'aniline peut encore contenir de la nitrobenzine non décomposée; celle-ci étant insoluble dans l'eau, on peut l'éliminer en saturant l'aniline par l'acide chlorhydrique étendu, filtrant la solution et la décomposant par la potasse caustique. Si la nitrobenzine contenait du nitrotoluène, il se sera formé, outre l'aniline, de la toluidine. Il est difficile de dépouiller complétement la première de la seconde. Il sera question de la séparation des deux corps à propos de la toluidine et lors de la description de la fabrication en grand de l'aniline.

Propriétés de l'aniline. — L'aniline est un liquide incolore, limpide, huileux, fortement réfringent, d'une odeur légèrement aromatique qui n'est pas désagréable, lorsqu'elle est pure, et d'une saveur brûlante. (L'aniline impure a une odeur qui est très-désagréable.) Elle ne se solidifie pas à — 20° et elle bout à + 182°. A l'air libre elle s'évapore, et sous l'influence de la lumière et de l'air, elle se colore en brun. La vapeur d'aniline peut être enflammée et elle brûle avec une flamme fuligineuse. Le poids spécifique de l'aniline est 1,02, à 16°. Elle ne se dissout qu'en très-faibles proportions dans l'eau, et elle est plus soluble dans l'eau bouillante que dans l'eau froide. Une solution aqueuse d'aniline pure saturée à l'ébullition devient laiteuse par le refroidissement ; sa réaction n'est que très-faiblement alcaline. Elle est soluble dans l'alcool, l'éther, les hydrocarbures, le sulfure de carbone, l'acétone, l'esprit de bois, les huiles grasses et volatiles. Le soufre et le phosphore se dissolvent dans l'aniline. Les sels d'alumine, de zinc, de protoxyde et de sesquioxyde de fer sont précipités de leurs dissolutions par l'aniline. L'aniline est vénéneuse, ou du moins elle exerce une action très-énergique sur l'organisme.

Composition de l'aniline. — L'aniline a été analysée par différents chimistes. La composition centésimale à laquelle ceux-ci sont arrivés trouve son expression la plus simple dans la formule $C^{12}H^7Az = (C^6H^7Az)$. D'après la théorie des types, elle est regardée comme de la phénylamine $\left. \begin{array}{l} C^6H^5 \\ H \\ H \end{array} \right\} Az$ (voyez plus haut) ou, d'après *Kekulé*, comme de l'amidobenzol, $C^6H^5.H^2Az$, c'est-à-dire comme un benzol dans lequel un atome d'hydrogène est remplacé par de l'amide, AzH^2.

Combinaisons de l'aniline.

A. Sels proprement dits.

Le *chlorhydrate d'aniline*, $C^{12}H^7Az, HCl = (C^6H^7Az, HCl)$, peut être préparé en saturant l'aniline par l'acide chlorhydrique concentré et en faisant cristalliser la solution, qui doit être préalablement filtrée, si elle est trouble. Ce sel cristallise très-facilement en aiguilles incolores qui sont très-solubles dans l'eau et l'alcool, et peuvent être sublimées par la chaleur sans se décomposer. Le chlorhydrate d'aniline se combine avec le chlorure de platine ainsi qu'avec le chlorure d'or en donnant naissance à des sels doubles.

Le *bromhydrate d'aniline*, $C^{12}H^7Az, HBr = (C^6H^7Az, HBr)$, est un sel qui se présente sous forme de beaux cristaux ; il est un peu moins soluble que le précédent et il peut également être obtenu en mettant directement en contact l'acide et l'aniline.

L'*iodhydrate d'aniline*, $C^{12}A^7Az,HI = (C^6H^7Az,HI)$, forme de longs cristaux, très-facilement solubles dans l'eau et l'alcool, et difficilement solubles dans l'éther.

Sulfate d'aniline, $C^{12}H^7Az, SO^3, HO = (2 C^6H^7Az. SO^4H^2)$. — Si l'on mélange de l'acide sulfurique, $SO^3, HO = (SO^4H^2)$, avec de l'aniline, il se forme immédiatement une bouillie cristalline, que l'on presse entre des feuilles de papier buvard et que l'on redissout dans l'eau. Dans cette dissolution le sel cristallise en aiguilles incolores, ayant un éclat particulier. Il est facilement soluble dans l'eau ; il se dissout moins facilement dans l'alcool étendu, encore plus difficilement dans l'alcool absolu et pas du tout dans l'éther. Une solution alcoolique bouillante se solidifie par le refroidissement. On peut chauffer le sulfate d'aniline à 100°, sans qu'il éprouve d'altération. Jusqu'à présent on n'a pas encore pu préparer un sulfate acide d'aniline.

L'*azotate d'aniline*, $C^{12}H^7Az, HO, AzO^5 = (C^6H^7Az. AzO^3H)$, constitue des lamelles, quelquefois des aiguilles réunies concentriquement ou bien des tables rhomboïdales bien formées. Il peut être chauffé jusqu'à 150° sans perdre de son poids. Il fond sans éprouver une décomposition profonde ; à 190°, il se vaporise, mais en même temps il se décompose.

Olaxate d'aniline, $2 (C^{12}H^7Az, HO) C^4O^6 = (2C^6H^7Az, C^2O^4H^2)$. —En mélangeant une solution concentrée d'acide oxalique avec de l'aniline, on obtient une bouillie cristalline que l'on dissout dans l'eau bouillante. Dans cette solution il se forme des prismes clinorhombiques ou triclinorhombiques, qui sont peu solubles dans l'alcool absolu et insolubles dans l'éther. Ce sel se décompose dès la température de 100° en dégageant de l'acide carbonique, de l'oxyde de carbone et de l'aniline, et en donnant naissance à de l'oxaniline (voyez plus loin).

L'acétate d'aniline n'a pas jusqu'à présent été obtenu à l'état cristallisé.

B. Sels par addition, anilides métalliques.

On a observé depuis déjà longtemps que l'aniline peut s'unir directement avec des sels ; ce groupe de combinaisons a été l'objet d'études approfondies de la part de *H. Schiff*, qui l'a établi en donnant au sujet de leur composition l'interprétation suivante. D'après cet auteur, il y a des anilines dans lesquelles, suivant l'atomicité du métal, 1, 2 ou 3 atomes de métal sont unis, avec 1, 2 ou 3 molécules d'aniline et combinés avec un nombre correspondant de molécules acides. Si M', M'', M''' désignent les métaux monoatomiques, biatomiques et triatomiques, et si on représente par R le radical acide, on a, d'après *Schiff*, les formules générales suivantes :

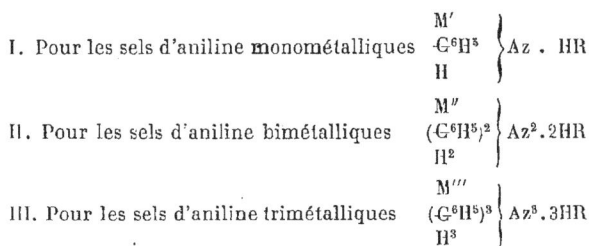

I. Pour les sels d'aniline monométalliques $\left. \begin{array}{c} M' \\ C^6H^5 \\ H \end{array} \right\} Az \cdot HR$

II. Pour les sels d'aniline bimétalliques $\left. \begin{array}{c} M'' \\ (C^6H^5)^2 \\ H^2 \end{array} \right\} Az^2 \cdot 2HR$

III. Pour les sels d'aniline trimétalliques $\left. \begin{array}{c} M''' \\ (C^6H^5)^3 \\ H^3 \end{array} \right\} Az^3 \cdot 3HR$

Kekulé considère ces combinaisons comme formées simplement par addition d'aniline à des sels métalliques : d'après cela, la série I sera : M'R, C^6H^7Az, et la série II : M''R^2,2 C^6H^2Az et la série III : M'''R^3,3 C^6H^7Az.

Nous ne pouvons indiquer ici comme exemples caractéristiques qu'un très-petit nombre de ces combinaisons.

Sels de zinc. — *Chlorhydrate de zinc-anile, chlorure de zinc et d'aniline :*

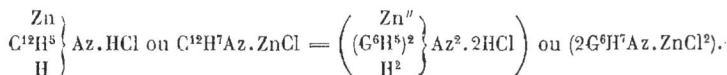

$$\left. \begin{array}{c} Zn \\ C^{12}H^5 \\ H \end{array} \right\} Az \cdot HCl \text{ ou } C^{12}H^7Az \cdot ZnCl = \left(\left. \begin{array}{c} Zn'' \\ (C^6H^5)^2 \\ H^2 \end{array} \right\} Az^2 \cdot 2HCl \right) \text{ ou } (2C^6H^7Az \cdot ZnCl^2).$$

Si l'on mélange goutte à goutte une solution de chlorure de zinc étendue avec de l'aniline, celle-ci se dissout, mais il ne tarde pas à se former un précipité blanc cristallin, qui se dissout lorsqu'on chauffe et qui par le refroidissement donne naissance à de longs prismes minces, brillants et appartenant au système clinorhombique.

Le chlorhydrate de zinc-anile ne s'altère pas à l'air, ni au contact des acides étendus.

Sulfate de zinc-anile, sulfate de zinc et d'aniline :

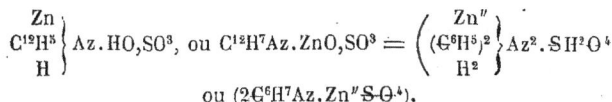

$$\left.\begin{array}{l} \text{Zn} \\ \text{C}^{12}\text{H}^5 \\ \text{H} \end{array}\right\} \text{Az.HO,SO}^3, \text{ ou } \text{C}^{12}\text{H}^7\text{Az.ZnO,SO}^3 = \left(\left.\begin{array}{l}\text{Zn}'' \\ (\text{C}^6\text{H}^5)^2 \\ \text{H}^2\end{array}\right\}\text{Az}^2.\text{S H}^2\text{O}^4\right)$$

$$\text{ou } (2\text{C}^6\text{H}^7\text{Az.Zn}''\text{S O}^4).$$

Ce sel se présente sous forme de lamelles semblables à du talc, mais il est plus soluble que le précédent.

Sels d'étain. — *Protochlorure d'étain et d'aniline, chlorhydrate de stannisanile :*

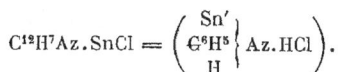

$$\text{C}^{12}\text{H}^7\text{Az.SnCl} = \left(\left.\begin{array}{l}\text{Sn}' \\ \text{C}^6\text{H}^5 \\ \text{H}\end{array}\right\}\text{Az.HCl}\right).$$

Si l'on mélange des équivalents égaux d'aniline et de protochlorure d'étain anhydre, le liquide s'échauffe et donne au bout de quelques heures une masse cristalline épaisse, blanche et un peu soluble dans l'eau froide et dans l'alcool. Les dissolutions de ce sel se décomposent lorsqu'on les chauffe. Le protochlorure d'étain hydraté ne donne pas cette combinaison.

Bichlorure d'étain et d'aniline, chlorhydrate de stannisanile :

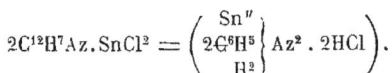

$$2\text{C}^{12}\text{H}^7\text{Az.SnCl}^2 = \left(\left.\begin{array}{l}\text{Sn}'' \\ 2\text{C}^6\text{H}^5 \\ \text{H}^2\end{array}\right\}\text{Az}^2.\text{2HCl}\right).$$

Si à du bichlorure d'étain anhydre dissous dans de la benzine on ajoute de l'aniline goutte à goutte, le mélange s'échauffe et donne naissance à une poudre cristalline blanche brillante. Ce sel n'est décomposé que lentement par l'eau froide, mais l'eau bouillante le décompose rapidement. Il est inaltérable à l'air ; lorsqu'on le fond, il se colore en rouge (avec formation de fuchsine).

Sels de mercure. — *Azotate de bioxyde de mercure et d'aniline, azotate de mercuranile :*

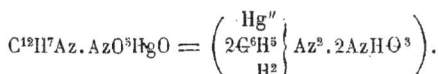

$$\text{C}^{12}\text{H}^7\text{Az.AzO}^5\text{HgO} = \left(\left.\begin{array}{l}\text{Hg}'' \\ 2\text{C}^6\text{H}^5 \\ \text{H}^2\end{array}\right\}\text{Az}^2.\text{2AzHO}^3\right).$$

On obtient ce sel en ajoutant goutte à goutte de l'aniline à une solution modérément concentrée de nitrate de mercure et en agitant après chaque addition. On fait digérer à une douce température la poudre blanche encore humide avec de l'acide azotique étendu et elle prend la forme cristalline.

On obtient aussi ce sel sous forme de belles lamelles en mélangeant une solution un peu acidulée d'azotate d'aniline avec de l'azotate de bioxyde de mercure. L'azotate de mercuranile est peu soluble dans l'eau froide ; par une longue digestion dans l'eau, il se décompose, ainsi que lorsqu'on le met en contact avec l'eau bouillante. Dans ce cas l'eau enlève de l'azotate d'aniline et il se forme de la dimercuraniline et de la trimercuraniline.

Si l'on chauffe une de ces mercuranilines, il se forme avec d'autres produits une matière colorante rouge (fuchsine) et du mercure métallique.

Produits de substitution de l'aniline.

A. Substitution des radicaux alcooliques monoatomiques à l'hydrogène du résidu de l'ammoniaque.

Comme l'ammoniaque, l'aniline peut être unie immédiatement avec les combinaisons haloïdes des radicaux alcooliques, l'iodure d'éthyle, le bromure d'éthyle, etc. Ces combinaisons peuvent être transformées au moyen de la potasse caustique, qui enlève le corps halogène, en les anilines basiques substituées qui leur correspondent.

L'aniline est une amine, les imides et les nitriles peuvent être formés par remplacement des deux atomes d'hydrogène du résidu de l'ammoniaque. L'introduction de plus de deux radicaux alcooliques conduit à la formation d'une base ammoniée. On comprend, d'après l'analogie que présente l'aniline avec les bases amines, que des anilines basiques puissent aussi se former avec des radicaux alcooliques différents, que par conséquent il peut exister, par exemple, une éthylméthylaniline, c'est-à-dire une phényléthylméthylamine. Les formules générales des bases amines de l'aniline sont :

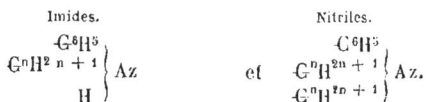

$$
\text{Imides.} \qquad\qquad \text{Nitriles.}
$$

$$
C^n H^{2\,n\,+\,1} \left. \begin{array}{c} C^6 H^5 \\ \\ H \end{array} \right\} Az
\qquad \text{et} \qquad
C^n H^{2n\,+\,1} \left. \begin{array}{c} C^6 H^5 \\ C^n H^{2n\,+\,1} \end{array} \right\} Az.
$$

Les combinaisons les plus importantes appartenant à ce groupe sont l'éthylaniline et la méthylaniline.

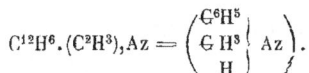

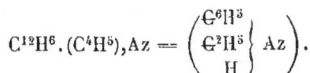

Méthylaniline:

$$C^{12}H^6.(C^2H^3),Az = \left(\begin{matrix} C^6H^5 \\ C\ H^3 \\ H \end{matrix} \right\} Az \right).$$

Si l'on met en contact à la température ordinaire de l'iodure de méthyle et de l'aniline, ces deux corps donnent lieu à une vive réaction accompagnée d'effervescence, qui fréquemment va jusqu'à faire passer le mélange au-dessus des parois du vase, et tout le contenu de ce dernier se solidifie bientôt en une masse cristalline (iodhydrate de méthylaniline), de laquelle on peut, après addition de potasse, extraire par distillation la méthylaniline.

Cette méthode est un peu coûteuse, mais elle fournit un produit pur, si l'on a employé une aniline pure.

Des procédés différents du précédent, mais qui jusqu'à présent ne paraissent pas avoir été appliqués en employant de l'aniline pure, ont été indiqués par *Girard* et *de Laire;* ils seront décrits plus loin avec détails à propos des méthodes usitées pour la préparation en grand.

La méthylaniline est un liquide transparent, oléagineux, analogue à l'aniline par son goût et par son odeur, et entrant en ébullition à 192°; elle se colore en violet au contact des hypochlorites alcalins. La méthylaniline forme des sels qui offrent beaucoup de ressemblance avec ceux de l'aniline.

Éthylaniline:

$$C^{12}H^6.(C^4H^5),Az = \left(\begin{matrix} C^6H^5 \\ C^2H^5 \\ H \end{matrix} \right\} Az \right).$$

Si l'on mélange de l'aniline et du bromure d'éthyle, les deux corps étant à l'état anhydre, et si l'on chauffe doucement dans un ballon muni d'un long tube étiré, de manière à ce que le bromure d'éthyle volatilisé puisse retomber sur l'aniline, le mélange entre en ébullition et il se solidifie dès qu'on le laisse refroidir. Les cristaux produits, qui, lorsqu'on abandonne le mélange à un long repos sans chauffer sont un peu mieux formés que lorsqu'on chauffe, ont comme le liquide lui-même une couleur jaunâtre. Le sel se trouve dans la dissolution mélangé avec de l'aniline, si celle-ci avait été employée en excès, ou avec du bromure d'éthyle, si c'était au contraire ce dernier qui avait été ajouté en excès. Si l'on ajoute de la lessive de potasse et si l'on distille, on obtient la base sous forme d'un liquide transparent, incolore, brunissant promptement à l'air et à la lumière, entrant en ébullition à 204° et ne se colorant pas en violet avec les hypochlorites alcalins. Les sels sont très-solubles dans l'eau, mais ils sont difficiles à obtenir en beaux cristaux. L'éthylaniline forme facilement des sels doubles.

Biéthylaniline:

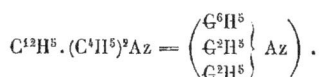

$$C^{12}H^5 . (C^4H^5)^2 Az = \begin{pmatrix} C^6H^5 \\ C^2H^5 \\ C^2H^5 \end{pmatrix} Az .$$

On l'obtient lorsque, de la manière qui a été indiquée pour la préparation de la monéthylaniline, on met cette dernière base en contact avec du bromure d'éthyle ou de l'iodure d'éthyle. A la température ordinaire il faut 4 ou 5 jours pour que les cristaux de bromhydrate de biéthylaniline se séparent. On doit recommander d'employer un excès de bromure d'éthyle. Cette base entre en ébullition à 213° et elle conserve toute sa limpidité lorsqu'on l'expose au contact de l'air.

Les procédés usités pour la préparation en grand des dérivés l'aniline, où le méthyle ou l'éthyle remplace 1 ou 2 atomes de d'hydrogène, et dans lesquels on n'emploie pas les iodures des radicaux alcooliques, ne donnent, parce qu'on se sert d'aniline ordinaire, que des préparations impures. Celles-ci sont cependant employées pour la fabrication des couleurs, aussi sera-t-il beaucoup plus convenable de nous en occuper à propos des couleurs pour la préparation desquelles on s'en sert, à propos du violet notamment.

Amylanilines. — La *monamylaniline* :

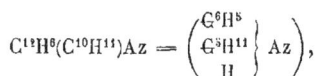

$$C^{11}H^8(C^{10}H^{11})Az = \begin{pmatrix} C^6H^5 \\ C^5H^{11} \\ H \end{pmatrix} Az ,$$

s'obtient, comme les combinaisons méthyliques et éthyliques décrites précédemment, avec le bromure d'amyle et l'aniline ; on mélange les deux substances, on laisse reposer pendant plusieurs jours, on sépare les cristaux de bromhydrate d'amylaniline, on les décompose par la potasse et l'on distille ; le produit ainsi obtenu constitue un liquide incolore, oléagineux, à odeur de roses et bouillant à 258°. Il forme avec plusieurs acides minéraux des sels bien cristallisés, difficilement solubles et à éclat gras.

Biamylaniline :

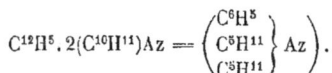

$$C^{12}H^5 . 2(C^{10}H^{11})Az = \left(\begin{matrix} C^6H^5 \\ C^5H^{11} \\ C^5H^{11} \end{matrix} \right\} Az \right).$$

Si l'on chauffe de la monamylaniline à 100° avec du bromure d'amyle, il se forme des cristaux de bromhydrate de biamylaniline, qui, distillés avec de la potasse, donnent la base. Ce dérivé bout entre 275 et 280°, et il donne également des sels difficilement solubles.

B. Substitution de radicaux acides à l'hydrogène du résidu de l'ammoniaque, anilides.

Parmi les composés de cette série, nous devons surtout nous occuper de l'*acétaniline* ou *acétanilide, acétylphénylamine :*

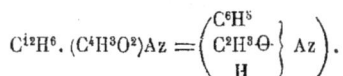

$$C^{12}H^6 . (C^4H^3O^2)Az = \left(\begin{matrix} C^6H^5 \\ C^2H^3O \\ H \end{matrix} \right\} Az \right).$$

L'acétaniline se forme lorsqu'on fait bouillir de l'acide acétique concentré avec de l'aniline, lorsqu'on fait agir du bichlorure d'acétyle sur l'aniline, et on l'obtient comme produit accessoire dans la préparation de l'aniline, d'après la méthode de *Béchamp* (voyez page 97).

Greville Williams prépare l'acétaniline de la manière suivante : il mélange de l'acide acétique concentré avec de l'aniline, il distille et il reverse sur le mélange le produit distillé, jusqu'à ce que celui-ci commence à déposer des cristaux dans le col de la cornue; il change ensuite le récipient, il maintient chaud le col de la cornue et il continue la distillation. Si l'on emploie des équivalents égaux d'acide acétique cristallisable et d'aniline, et si l'on fait bouillir pendant une heure, on obtient une quantité d'acétaniline égale au poids de l'acide acétique employé.

L'acétaniline est une masse blanche, cristalline, analogue à la paraffine, si elle a été préparée par distillation; lorsqu'elle a cristallisé dans l'eau, elle se présente sous forme de petites lamelles incolores. Son point de fusion est, d'après *Greville Williams*, à 101°;

d'après *Städeler*, à 106°,5 ; d'après *Merz* et *Weith*, à 112 ou 113°. Elle bout, d'après *Gerhardt*, à 295° ; d'après *Städeler*, elle commence à se volatiliser dès la température de 100°, et elle sublime à 200°. Elle est facilement soluble dans l'alcool, l'éther, la benzine et les huiles essentielles, elle se dissout difficilement dans l'eau froide, mais plus facilement dans l'eau bouillante. Lorsqu'on la fait bouillir avec de l'acide sulfurique étendu, elle se décompose complétement en donnant naissance à du sulfate d'aniline.

La facilité avec laquelle l'acétaniline peut être préparée et les différences qu'elle présente dans ses réactions comparativement à la toluidine, ont été mises à profit pour séparer l'aniline et la toluidine l'une de l'autre, comme cela est indiqué plus loin à propos de la toluidine.

C. Remplacement de l'hydrogène du résidu de l'ammoniaque par d'autres radicaux composés de carbone et d'hydrogène.

Nous n'avons également dans ce groupe qu'un très-petit nombre de combinaisons qui aient été l'objet d'applications pratiques.

Diphénylamine. — La *Diphénylamine* :

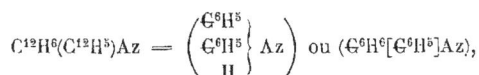

$$C^{12}H^6(C^{12}H^5)Az = \left(\begin{matrix} C^6H^5 \\ C^6H^5 \\ H \end{matrix}\right) Az \quad \text{ou} \quad (C^6H^6[C^6H^5]Az),$$

offre, sous plusieurs rapports, de l'importance pour la fabrication industrielle des couleurs.

Ce corps ne peut pas être préparé d'une manière aussi simple que les produits de substitution par remplacement de l'hydrogène dans le résidu de l'ammoniaque, par les radicaux alcooliques éthyle, méthyle, etc., ni que les anilides, l'acétaniline, etc.

Hofmann a obtenu la diphénylamine par distillation sèche du bleu d'aniline que l'on prépare avec de la fuchsine et un excès d'aniline (voyez plus loin, Bleu d'aniline). Elle se trouve dans les portions du produit distillé qui passent entre 280 et 300°. Si l'on mélange cette partie du produit de la distillation avec de l'acide chlorhydrique, il se forme du chlorure de diphénylamine solide et difficilement soluble dans l'acide chlorhydrique, qu'on lave avec de l'alcool et que l'on fait cristalliser ; les cristaux obtenus sont des aiguilles devenant bleues au contact de l'air. Si l'on mé-

lange ces cristaux avec de l'ammoniaque, la diphénylamine se précipite sous forme d'une huile incolore, qui se solidifie promptement en prenant la forme cristalline.

Ce corps est préparé d'une manière moins coûteuse par *Girard*
et *de Laire*, avec du chlorhydrate d'aniline sec et un poids double
d'aniline. Le mélange est chauffé pendant plusieurs heures à 220
ou 225° (sous une pression de 3 ou 5 atmosphères), dans une mar-
mite de Papin, et le contenu de celle-ci est ensuite épuré de la manière suivante : on fait bouillir la matière brute avec de l'acide
chlorhydrique concentré, et l'on étend ensuite avec une quantité
d'eau égale à 20 ou 30 fois le poids de l'acide chlorhydrique. L'a-
niline non altérée reste en dissolution à l'état de chlorhydrate, le
chlorhydrate de diphénylamine se décompose en présence d'une
grande quantité d'eau, comme cela arrive pour les sels de bioxyde
d'étain, c'est-à-dire que la base peut être précipitée avec une petite
quantité d'acide. Le précipité doit encore être lavé avec de l'eau
froide, et, pour le purifier complétement, on le soumet à une distillation.

Le rendement que l'on obtient n'est pas très-considérable ; il ne
dépasse pas 25 à 30 0/0 de la quantité d'aniline employée. Cela
tient à ce que l'ammoniaque produite pendant la formation de
la diphénylamine ne peut pas se dégager et réagit, alors que la diphénylamine est déjà formée, en reproduisant de l'aniline :

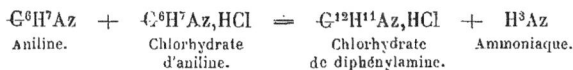

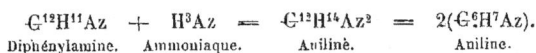

$$C^6H^7Az \quad + \quad C^6H^7Az,HCl \quad = \quad C^{12}H^{11}Az,HCl \quad + \quad H^3Az$$

Aniline.　　Chlorhydrate　　　Chlorhydrate　　Ammoniaque.
　　　　　　d'aniline.　　　　de diphénylamine.

$$C^{12}H^{11}Az \quad + \quad H^3Az \quad = \quad C^{12}H^{14}Az^2 \quad = \quad 2(C^6H^7Az).$$

Diphénylamine.　Ammoniaque.　　Aniline.　　　　Aniline.

Pour préparer la diphénylamine en grand, d'une manière plus
avantageuse, on opère dans un autoclave en fer forgé, d'une capacité de 220 à 230 litres, dont le couvercle peut être vissé solidement. Ce dernier porte une soupape de sûreté, un manomètre, un
tube fermé inférieurement pour recevoir un thermomètre, enfin
un robinet, qui peut être mis en communication avec un appareil
condensateur. Le foyer où se trouve l'appareil doit être disposé de
telle sorte que le chauffage puisse être réglé avec beaucoup de soin.

On introduit dans l'appareil 70 kilogr. de chlorhydrate d'aniline
sec et 50 kilogr. d'aniline, et l'on chauffe pendant deux heures à
200°, en laissant le robinet ouvert. On élève lentement la tempéra-

ture; lorsque le thermomètre marque 215 à 220°, on ferme le robinet et l'on continue à chauffer jusqu'à 250°. Le manomètre indique alors une pression de 10 à 15 atmosphères 1/2.

L'opération dure douze heures; pendant les six dernières heures, la température doit s'élever graduellement de 240 à 260°, tandis que la pression monte de 3 à 5 et 6 atmosphères.

On peut obtenir ainsi de 60 à 75 p. 100 de diphénylamine.

Après le refroidissement, on dissout le produit brut dans 70 kilogr. d'acide chlorhydrique chaud, et l'on verse la solution, filtrée si c'est nécessaire, dans 300 ou 400 litres d'eau, et l'on abandonne le tout au repos pendant douze heures.

Le chlorhydrate de diphénylamine est décomposé par l'eau, et la base libre se précipite, tandis que le chlorhydrate acide d'aniline reste en dissolution (dont on peut l'extraire par évaporation).

La diphénylamine ainsi obtenue est traitée à deux ou trois reprises : d'abord avec une petite quantité d'eau bouillante, puis avec une lessive de soude faible, et enfin on l'obtient tout à fait pure par redistillation ou recristallisation dans l'alcool ou le pétrole léger (ligroïne).

Si l'on chauffe exactement de la même manière de la toluidine avec du chlorhydrate de toluidine, on obtient la *ditoluylamine :*

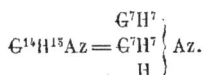

$$C^{14}H^{15}Az = C^7H^7 \left. \begin{array}{l} C^7H^7 \\ C^7H^7 \\ H \end{array} \right\} Az.$$

Enfin, si l'on fait agir de l'aniline sur un sel de toluidine ou de la toluidine sur un sel d'aniline, ou si l'aniline employée n'est pas de l'aniline pure, mais, comme c'est le cas ordinaire, un mélange d'aniline et de toluidine, on obtient la *phényltoluylamine :*

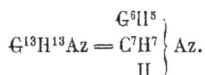

$$C^{13}H^{13}Az = C^7H^7 \left. \begin{array}{l} C^6H^5 \\ C^7H^7 \\ H \end{array} \right\} Az.$$

Et, dans le fait, la diphénylamine du commerce est, en général, un mélange de diphénylamine, de ditoluylamine et de phényltoluylamine. C'est, du reste, ce mélange que l'on doit employer pour la préparation du bleu de diphénylamine ; car avec la diphénylamine pure, on obtient par oxydation ou soustraction d'hydrogène un bleu noirâtre, tirant sur le violet; la ditoluylamine donne un bleu brun-rouge, la phényltoluylamine un violet bleuâtre ou un bleu-violet. Mais un mélange de diphénylamine et de ditoluylamine, dans la proportion de 18 : 11, qui est la meilleure, fournit facilement un beau bleu pur.

La diphénylamine a une odeur particulière, qui rappelle celle de l'essence de rose, et une saveur aromatique brûlante ; elle fond à 45° et elle bout à 310°. Elle n'a pas de réaction alcaline, elle est presque insoluble dans l'eau, mais elle se dissout facilement dans l'alcool et dans l'éther. Lorsqu'on l'arrose avec de l'acide chlorhydrique concentré, elle se solidifie, mais la masse cristalline se décompose dans l'eau et la base se sépare. La diphénylamine et ses combinaisons salines sont colorées en bleu magnifique par l'acide azotique concentré ; l'acide chlorhydrique et l'acide azotique, ajoutés goutte à goutte, donnent également lieu à une coloration bleu foncé.

Méthyldiphénylamine. — La diphénylamine traitée au-dessous de 100°, par l'iodure de méthyle, donne la *méthyldiphénylamine*. Ce corps, employé depuis quelque temps dans l'industrie pour la fabrication de matières bleues et violettes, se produit également par l'action de la méthylaniline sur le chlorhydrate d'aniline, vers 290°, ou bien encore lorsqu'on traite en vase clos, vers 250°, le chlorhydrate de diphénylamine par l'alcool méthylique.

La méthyldiphénylamine est un liquide huileux, encore liquide à 0°. Elle entre en ébullition à 290°. On peut facilement la distinguer de la diphénylamine par l'acide nitrique, la méthyldiphénylamine prend une couleur rouge, analogue à celle du permanganate de potasse, tandis que la diphénylamine devient bleue.

Sous l'influence des corps déshydrogénants, elle donne facilement des matières colorantes. On obtient, d'après *C. Bardy*, une matière bleue ou violette par l'action des agents suivants : acide arsénique, nitrates métalliques, chlorures, iodures, bromures, iode, chlorate de potasse, sesquichlorure de carbone, chloral, etc.

.D. Remplacement de l'hydrogène dans le radical

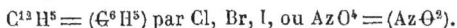

$$C^{12}H^8 = (C^6H^5) \text{ par Cl, Br, I, ou } AzO^4 = (AzO^2).$$

Ces produits de substitution offrent un intérêt général, parce qu'ils montrent la manière dont se comporte l'aniline vis-à-vis des corps halogènes, et du composé que l'on désigne sous le nom de nitrile (AzO^4). On a pu jusqu'à présent remplacer trois atomes d'hydrogène, et l'on a obtenu des combinaisons mono- bi- , ou trichlorées, mono- bi- , ou triiodées, ou mono-bi-, ou trinitrées, etc., dont la composition est représentée par les formules suivantes $(R = Cl, I, Br, AzO^4)$:

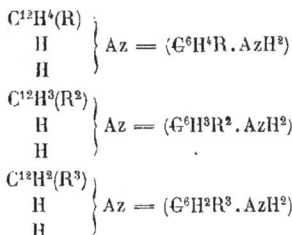

$$\left.\begin{array}{c} C^{12}H^4(R) \\ H \\ H \end{array}\right\} Az = (C^6H^4R . AzH^2)$$

$$\left.\begin{array}{c} C^{12}H^3(R^2) \\ H \\ H \end{array}\right\} Az = (C^6H^3R^2 . AzH^2)$$

$$\left.\begin{array}{c} C^{12}H^2(R^3) \\ H \\ H \end{array}\right\} Az = (C^6H^2R^3 . AzH^2)$$

On voit que l'on peut aussi imaginer des combinaisons ayant la même composition que celles qui viennent d'être indiquées, mais dans lesquelles un atome de H du résidu de l'ammoniaque est remplacé par R, par exemple $\left.\begin{array}{c} C^6H^5 \\ R \\ H \end{array}\right\} Az$. Les combinaisons isomères qui pourraient être placées dans une série de ce genre n'ont cependant pas encore été préparées.

Il existe plusieurs moyens à l'aide desquels les composés, dont il s'agit, peuvent être préparés. Le moyen le plus simple, bien qu'il ne soit pas dans tous les cas d'une exécution pratique, consiste à faire agir directement le chlore, le brome ou l'iode sur l'aniline.

Le chlore, le brome, etc., sont très-facilement absorbés par les anilides, il se forme, par exemple, par cette voie sans aucune difficulté, de la chloracétanilide. Ces anilides substituées se laissent facilement décomposer par la potasse et elles donnent les anilines substituées de notre groupe, la chloraniline, par exemple.

Nous allons indiquer d'autres méthodes, à propos de la préparation des nitranilines, qui, au point de vue industriel, sont les corps les plus intéressants de ce groupe.

Mononitranilines, $C^{12}H^6$ (AzO^4) $Az = (C^6H^4 [AzO^2] AzH^2)$. — Il existe deux modifications de cette combinaison.

Une modification (α) peut être facilement préparée avec l'acétonitranilide. Ce corps, $C^{12}H^5$ $(C^4H^3O^2)$ (AzO^4) $Az = [C^6H^4 (AzO^2).$ (C^2H^3O) $HAz]$, peut être obtenu par l'action de l'acide azotique, fumant froid sur l'acétanilide. L'acétanilide se dissout dans l'acide, et l'acétonitranilide peut en être facilement précipitée et purifiée par cristallisation. Si on chauffe cette dernière combinaison avec de l'hydrate de potasse, il se forme de la nitraniline.

L'α-nitraniline se présente sous forme de longues aiguilles jaunes, ou de lamelles rhombiques et hexagonales, qui fondent à 141° et peuvent être sublimées sans décomposition. Elle se dissout facilement dans l'alcool et dans l'éther, moins facilement dans l'eau bouillante, et presque pas dans l'eau froide.

La β-*nitraniline* ou *paranitraniline* s'obtient, d'après *Hofmann* et *Muspratt,* par réduction de la binitrobenzine, dont on traite la solution alcoolique par le sulfure d'ammonium, en évitant une élévation de température. La solution alcoolique est mélangée avec de l'ammoniaque concentrée, puis traitée par un courant d'hydrogène sulfuré, jusqu'à ce que l'acide chlorhydrique ne donne plus de précipité. Elle est ensuite additionnée d'acide chlorhydrique, puis filtrée, pour la séparer du soufre précipité; la β-nitraniline est précipitée de la dissolution par la potasse et purifiée par cristallisations répétées dans l'alcool. *Kekulé* recommande de dissoudre 1 partie de binitrobenzine dans l'alcool bouillant, d'ajouter 1 partie d'étain granulé et de faire passer un courant d'acide chlorhydrique. L'étain se dissout et il se produit une réaction très-vive. Lorsque celle-ci est terminée, on évapore à sec, on reprend le résidu par l'eau, on précipite l'étain de la dissolution par un courant de gaz hydrogène sulfuré, on filtre, on évapore un peu et l'on ajoute de la potasse au liquide concentré. On peut purifier la β-nitraniline précipitée, en la distillant dans un courant de vapeur.

La paranitraniline forme de longues aiguilles jaunes, qui sont facilement solubles dans l'alcool, l'éther et l'eau bouillante et peu solubles dans l'eau froide (1 partie se dissout dans 600 d'eau). Son point de fusion est à 108°, elle est facilement sublimable.

Les deux nitranilines sont des corps faiblement basiques, qui forment avec les acides des sels cristallisables.

Binitraniline, dinitraniline, $C^{12}H^5 (AzO^4)^2 Az = (C^6H^3 (AzO^2)^2 AzH^2)$.

D'après *Hofmann,* la meilleure méthode à employer pour la préparation de ce corps est la suivante : on chauffe de l'aniline avec de l'acide succinique, et, d'après *Laurent* et *Gerhardt,* on obtient deux produits : la *succinanilide* $(C^6H^5)^2 Az^2H^2 C^4H^4O^2$, et le *succinanile,* $C^6H^5 (C^4H^4O^2) Az.$ Le dernier, qui est soluble dans l'eau bouillante, est introduit dans un mélange d'acide sulfurique et d'acide

azotique fumant et ainsi transformé en *succinbinitranile*, $C^6H^3(Az$
$O^2)^2(C^4H^4O^2)$ Az, qui, traité par une lessive de potasse caustique,
donne la binitraniline.

La binitraniline forme de petites lamelles ou des tables dont les
faces latérales étroites offrent un reflet bleuâtre. Elle fond à 185°
en un liquide jaune, qui redevient solide par le refroidissement.
Chauffée lentement, elle se sublime. Elle est insoluble dans l'eau
froide, mais elle se dissout dans l'eau bouillante ainsi que dans
l'alcool et l'éther.

La nitraniline et la binitraniline sont importantes pou rl'industrie des couleurs, parce qu'elles conduisent à des combinaisons
colorées, qui, bien que n'étant pas encore employées, méritent cependant d'attirer l'attention, à cause de leur beauté.

Si, d'après *Gottlieb*, on fait bouillir pendant deux heures de la
binitraniline avec du sulfure d'ammonium concentré et en excès,
le liquide se colore en rouge, et à la place des cristaux jaunes de la
binitraniline, on trouve de fines aiguilles, qui ont une couleur
rouge foncé, et dont la quantité augmente par le refroidissement,
lorsque la réaction est terminée. Au moyen de l'acide oxalique ou
de l'acide chlorhydrique, on transforme en oxalate, ou en chlorhydrate, la base ainsi obtenue. Ces acides laissent le soufre précipité et la majeure partie d'un produit secondaire cristallisé, qui
est vert sale. Si, à l'aide de l'ammoniaque, on précipite la nouvelle
base de sa combinaison avec l'acide chlorhydrique, et, si on la fait
cristalliser dans l'alcool, on l'obtient à l'état de pureté. C'est la *ni-
trophénylène-diamine*, le nitrodiamidobenzol ou la nitreazophény-
lamine $(C^6H^3(AzO^2)(AzH^2)^2$. Ce corps se présente sous forme d'une
poudre de couleur brique, ou d'aiguilles rouge-orange offrant l'é-
clat de l'or, qui se dissolvent aussi bien dans l'eau que dans l'alcool
et l'éther. Les solutions sont rouge foncé. La nitrophénylène-dia-
mine peut être sublimée, lorsqu'on la chauffe lentement. Les sels,
que l'on doit faire cristalliser en présence d'un excès d'acide,
parce que sans cela la base se précipiterait, sont de beaux corps
offrant un très-vif éclat et généralement irisés.

Phénylène-diamine.

Si l'on traite la β-nitraniline d'*Hofmann* ou la binitraniline par le
fer et l'acide acétique, on obtient un corps de la composition C^6H^4
$AzH^2)^2$, la β-phénylène-diamine (diamidobenzol). C'est une subs-

tance facilement cristallisable, qui fond à 140°, qui distille et sublime à 247°; elle a des propriétés basiques et elle peut se combiner avec différents acides minéraux, pour donner des sels de phénylène-diamine. — Son isomère, la *paraphénylène-diamine*, obtenue par réduction complète de la binitrobenzine, fond à 63° et bout à 287°

TOLUIDINE, TOLUYLAMINE OU AMIDOTOLUOL.

La *toluidine* (ou l'amidotoluol, d'après *Kekulé*) a été découverte, en 1845, par *Hofmann* et *Muspratt*.

Préparation de la toluidine. — Il existe plusieurs moyens à l'aide desquels la toluidine peut être préparée : 1° réduction du nitrotoluène pur ; 2° séparation des bases dans l'aniline du commerce. Ces deux méthodes sont les plus fréquemment employées, tandis qu'une troisième, qui consiste à faire agir une lessive de potasse concentrée sur la résine jaune produite par l'action de l'acide azotique sur l'essence de térébenthine, est la moins avantageuse, aussi bien au point de vue de l'opération elle-même que du rendement.

Pour la *réduction* du nitrotoluène, on peut, pour ainsi dire, s'adresser à tous les moyens qui ont été employés pour celle de la nitrobenzine (voy. Aniline, p. 93).

Le procédé dont se sont servis *Muspratt* et *Hofmann* est le suivant : on sature d'abord de l'alcool avec du gaz ammoniac, on y dissout le nitrotoluène, et l'on fait passer dans la solution un courant d'acide sulfhydrique, jusqu'à ce que, après un long repos, l'odeur de cet acide ait complétement disparu, disparition qui est accompagnée de la formation d'un dépôt de soufre. On mélange ensuite le liquide avec de l'eau et un excès d'acide chlorhydrique et l'on agite le tout avec de l'éther, qui absorbe le nitrotoluène non décomposé. Afin d'éliminer du reste du liquide une partie de l'alcool, on le fait bouillir pendant quelque temps dans une cornue, jusqu'à ce que le liquide n'occupe plus que le tiers de son volume primitif ; cela fait, on ajoute de la potasse ou de la soude caustique et l'on continue la distillation. Il passe de l'ammoniaque et de la toluidine; celle-ci se rassemble au fond du récipient sous forme d'un liquide oléagineux.

Pour la purifier, on sature la masse avec de l'acide oxalique et l'on évapore à sec au bain-marie; on fait bouillir le mélange des oxalates avec de l'alcool absolu et l'on enlève ainsi le sel de toluidine.

En évaporant la solution, il se dépose sous forme d'aiguilles cristallines. Pour isoler la toluidine, on dissout l'oxalate dans l'eau, on mélange avec de la soude caustique, on rassemble le liquide oléagineux qui s'est séparé, on le lave avec de l'eau et on le distille, ou bien on le dissout dans l'éther et on laisse évaporer lentement celui-ci.

D'après *H. Müller*, la réduction du nitrotoluène a lieu tout aussi facilement que celle de la nitrobenzine par l'action du *fer très-divisé et de l'acide acétique*. Il purifie le produit cristallisé en le dissolvant dans l'huile de pétrole. Il s'est servi des hydrocarbures qui passent de 80 à 100°, lors de la distillation de l'huile de Birmanie ou du pétrole d'Amérique, et qui d'après lui se composent essentiellement de C^7H^{16}. La toluidine se dissout complétement dans ce liquide, tandis que les corps résineux et les bases insolubles ne s'y dissolvent pas et restent comme résidu. Par ce moyen, la toluidine a été obtenue incolore, et elle ne brunissait pas, même longtemps après son extraction.

Parmi les méthodes qui reposent sur la séparation de la toluidine de l'aniline commerciale, les suivantes doivent surtout être remarquées.

Brimmeyr se sert de la portion d'aniline commerciale qui lors de la distillation fractionnée deux fois passe entre 195 et 205°, mais qui ne doit pas contenir moins de 10 p. 100 de toluidine, il l'arrose avec la moitié de son poids d'acide oxalique préalablement dissous dans huit fois son poids d'eau bouillante, il chauffe à l'ébullition et jusqu'à complète dissolution des bases, il refroidit à 80° en agitant continuellement, et par décantation il sépare la partie liquide du corps solide qui se trouve au fond du vase et qui est de l'oxalate de toluidine. On presse ce sel entre des feuilles de papier, on l'introduit dans de l'eau ammoniacale à laquelle on a ajouté assez d'alcool pour que la dissolution soit complète, on fait bouillir, on laisse refroidir, et la toluidine se dépose sous forme de tables.

On peut aussi se servir pour la séparation des deux bases, d'après *Städeler* et *Arndt*, de la masse feuilletée qui, dans la fabrication de l'aniline, se sépare dans la portion qui a passé en dernier lieu à la distillation et qui se compose essentiellement d'acétaniline et d'acétotoluidine.

Par compression on débarrasse les cristaux de la partie huileuse et on les dissout dans l'eau bouillante ; par le refroidissement ils se déposent de nouveau et, après les avoir rassemblés, on les dessèche et on les dissout dans l'acide acétique concentré ou dans l'acide sulfurique anglais. Lorsque à la solution acide on ajoute beaucoup d'eau, l'acétaniline reste en dissolution, tandis que l'acétotoluidine se précipite. D'après *Merz* et *Weith*, on peut découvrir 2 ou 3 p. 100 d'acétotoluidine dans un mélange de ce corps avec de l'acétaniline, si l'on dissout le mélange dans 4 parties d'acide acétique cristallisable et si l'on étend la dissolution avec 80 parties d'eau : toute l'acétotoluidine est précipitée, tandis que l'acétaniline reste en dissolution. On rassemble l'acétotoluidine, on la lave et on l'introduit dans une solution alcoolique de potasse. Par l'ébullition, l'acétotoluidine se décompose en toluidine et acide acétique.

Enfin, *A. W. Hofmann* a découvert récemment une réaction qui permet de transformer l'aniline en toluidine. D'après l'habile chimiste de Berlin, on peut chauffer jusqu'à 220-230° les sels de méthylaniline (le chlorhydrate et l'iodhydrate notamment), sans qu'ils éprouvent aucun changement ; mais si l'on élève la température jusqu'à 335°, le groupe méthyle, qui faisait d'abord partie du groupement AzH^2, se reporte dans le groupe phényle C^6H^5, ou en d'autres termes la méthylaniline se transforme en toluidine :

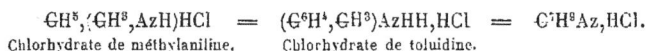

$$C^{15},(C^{15},AzH)HCl \;=\; (C^6H^4,C^{13})AzHH,HCl \;=\; C^7H^8Az,HCl.$$

Chlorhydrate de méthylaniline.   Chlorhydrate de toluidine.

Pour atteindre ce but, il n'est pas nécessaire d'opérer sur la méthylaniline pure ; si l'on mélange une molécule de chlorhydrate d'aniline et une molécule d'alcool méthylique, et si l'on chauffe ce mélange pendant plusieurs heures sous pression, à une température de 230 à 250°, on obtient une masse résineuse, jaune, transparente, d'une consistance sirupeuse, qui est en majeure partie composée de chlorhydrate de méthylaniline :

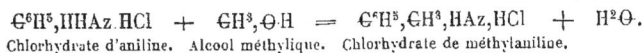

$$C^6H^5,HHAz.HCl \;+\; C^{13},OH \;=\; C^6H^5,C^{13},HAz,HCl \;+\; H^2O.$$

Chlorhydrate d'aniline.   Alcool méthylique.   Chlorhydrate de méthylaniline.

Si maintenant on chauffe pendant une journée à 350° le chlorhydrate de méthylaniline ainsi obtenu, il se transforme en un enchevêtrement de beaux cristaux de chlorhydrate de toluidine, solubles dans l'eau presque sans résidu. En ajoutant de la potasse à la solution, la base se sépare à la surface du liquide sous forme d'une huile brune, et celle-ci décantée de la solution saline et distillée dans un courant de vapeur donne un liquide incolore se solidifiant en une masse blanche et brillante, qui est la toluidine. Cette toluidine fond à 45°.

Il est à remarquer que l'iodhydrate de méthylaniline, soumis au même traitement, ne donne pas, comme le chlorhydrate, de la toluidine solide, mais bien de la toluidine liquide.

Propriétés et composition de la toluidine. — La toluidine préparée avec du nitrotoluène solide forme, lorsqu'elle a cristallisé dans de l'alcool aqueux, des lamelles incolores assez grandes, qui laissent passer la lumière et offrent une certaine ressemblance avec la naphtaline. Elle cristallise facilement. Si dans de la toluidine liquide refroidie on projette un cristal de cette substance, toute la masse se solidifie aussitôt. Elle a une odeur vineuse aromatique offrant beaucoup d'analogie avec celle de l'aniline, sa saveur est brûlante. Elle est plus pesante que l'eau, sa réaction n'est que très-faiblement alcaline. Son point de fusion est à 40°,5, d'après *Muspratt* et *Hofmann;* à 45°, d'après *Städeler* et *Arndt;* elle bout à 198°, d'après *Beilstein* et d'après *Kuhlberg* à 200°. Elle est peu soluble dans l'eau froide, un peu plus dans l'eau bouillante, mais elle se dissout facilement dans l'alcool et l'éther.

La formule de la toluidine est

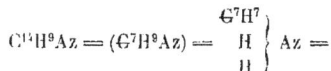

$$C^{14}H^9Az = (C^7H^9Az) = \begin{matrix} C^7H^7 \\ H \\ H \end{matrix} \Bigg\} Az =$$

toluylamine ou $C^7H^7, H^2Az =$ amidotoluol.

Combinaisons et dérivés de la toluidine.

A un petit nombre d'exceptions près, on rencontre pour la toluidine les même combinaisons salines et les mêmes dérivés que nous avons mentionnés à propos de l'aniline.

A. Sels de la toluidine.

Les sels de toluidine se distinguent des sels d'aniline par une tendance plus grande à cristalliser. Au contact de l'air ils changent facilement leur couleur en rouge pâle.

Le *sulfate de toluidine,* $C^{14}H^9Az, SO^3, HO = (2C^7H^8Az, SO^4H^2)$, forme un précipité blanc cristallin, lorsqu'on ajoute goutte à goutte de l'acide sulfurique à une solution de toluidine dans l'éther. Il est beaucoup plus facilement soluble dans l'eau que dans l'alcool; il est insoluble dans l'éther.

Le *chlorhydrate de toluidine*, $C^{14}H^9Az,ClH = (C^7H^9Az.HCl)$, se présente sous forme de lamelles blanches, qui deviennent promptement jaunâtres au contact de l'air, qui sont solubles dans l'eau et l'alcool, insolubles dans l'éther et qui peuvent être sublimées.

L'*oxalate de toluidine*, $C^{14}H^9Az, C^4H^2O^8 = (C^7H^9Az.C^2O^4H^2)$, a la forme de fines aiguilles soyeuses, insolubles dans l'éther, peu solubles dans l'eau froide, mais qui se dissolvent dans l'eau bouillante et l'alcool, et qui dans ces solutions ont une réaction acide.

B. Produits de substitution avec des radicaux alcooliques monoatomiques.

Monéthyltoluidine $C^{14}H^8(C^4H^5)Az = (C^7H^8.(C^2H^5).Az)$. Si dans un tube fermé on chauffe pendant longtemps à 100° de la toluidine et l'iodure d'éthyle, il se forme de l'iodhydrate d'éthyltoluidine, duquel on peut extraire par la potasse l'éthyltoluidine sous forme d'une huile incolore entrant en ébullition à 218°. Ce corps donne aussi bien avec l'acide sulfurique qu'avec l'acide oxalique des sels cristallisables.

On a aussi préparé une biéthyltoluidine et une triéthyltoluidine.

C. Produits de substitution avec des radicaux acides.

Acétotoluidine,

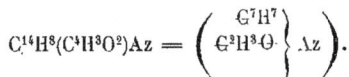

$$C^{14}H^8(C^4H^3O^2)Az = \left(\left. \begin{array}{c} C^7H^7 \\ C^2H^3O \end{array} \right\} Az \right).$$

A propos de la préparation de la toluidine il a été déjà question de cette combinaison, qui se trouve dans les dernières portions des corps qui passent à la distillation dans la préparation de l'aniline d'après la méthode de *Béchamp*.

Elle forme de longues aiguilles, et lorsqu'elle a été sublimée, elle donne des cristaux semblables à l'acide benzoïque, qui fondent à 145°,5, ou, d'après *Beilstein* et *Kuhlberg*, à 147°, et qui se dissolvent dans 1786 d'eau à 6°,5 (dans 1123 à 22°, d'après *Beilstein* et *Kuhlberg*) et qui sont facilement solubles dans l'eau bouillante, l'alcool et l'éther. L'eau la précipite de ses dissolutions dans les acides concentrés. Un mélange d'acétaniline et d'acétotoluidine dissous dans quatre parties d'acide acétique cristallisable et additionné de 80 parties d'eau laisse l'acétotoluidine se précipiter, tandis que l'acétaniline reste en dissolution.

Parmi les *produits de substitution bromés, chlorés,* etc., qui n'ont pas encore été étudiés d'une manière complète et exacte, nous devons mentionner *l'iodotoluidine*, parce que, d'après *Hofmann*, elle se distingue par la beauté et l'éclat de sa couleur. Il n'a encore été publié rien de plus précis relativement à cette combinaison :

PSEUDOTOLUIDINE.

Préparation de la pseudotoluidine. — La *pseudotoluidine* (paratoluidine), base découverte par *Rosensthiel*, peut être préparée de la manière suivante :

On refroidit au-dessous de 0° la toluidine liquide de *Coupier*, que l'on rencontre dans le commerce, et ensuite on y projette quelques gouttes d'eau. Il se sépare des cristaux de toluidine, desquels on élimine par compression la partie liquide. On traite celle-ci par l'acide oxalique, et du mélange salin ainsi obtenu on peut extraire par l'éther l'oxalate de pseudotoluidine, les sels d'aniline et de toluidine étant beaucoup plus difficilement solubles ou tout à fait insolubles dans l'éther. Si l'on reprend par l'alcool ou par l'eau le résidu de la solution éthérée, et si on fait cristalliser, on obtient le sel pur que l'on décompose avec une lessive de soude, afin de mettre l'alcaloïde en liberté. On rectifie celui-ci plusieurs fois sur la potasse. Par ce moyen on peut extraire de la toluidine liquide de *Coupier* 36 p. 100 de pseudotoluidine, et l'aniline commerciale pour rouge en fournit souvent jusqu'à 20 p. 100.

W. Körner a obtenu avec le toluène monobromé pur et cristallisé une toluidine liquide, qui, autant qu'on peut en juger d'après ce que l'on sait jusqu'à présent, présente, avec la pseudotoluidine de *Rosensthiel*, un grand nombre de propriétés communes; *Körner* transforma d'abord le toluène monobromé en mononitrobromotoluène en l'introduisant dans de l'acide azotique concentré bien refroidi, lavant le produit huileux et rectifiant celui-ci dans un courant de vapeur d'eau ; il purifia ensuite le produit par distillation fractionnée et il le réduisit avec de l'étain et de l'acide chlorhydrique. *Beilstein* et *Kuhlberg* ont obtenu le même corps en réduisant le nitrotoluène liquide.

Propriétés de la pseudotoluidine. — La pseudotoluidine est à 25°,5 un liquide incolore, d'un poids spécifique de 0,998 ; lorsqu'elle est complétement anhydre, elle bout à 198° (à 199°, d'après *Beilstein* et *Kuhlberg*). Ses sels cristallisent plus facilement que les sels correspondants d'aniline, ils sont moins solubles dans l'eau que ceux-ci et au point de vue de leur forme ils diffèrent également aussi bien des sels d'aniline que des sels de toluidine.

Avec l'acide sulfurique et le chromate de potasse elle devient bleue, avec le chlorure de chaux et l'acide chlorhydrique elle se colore en violet; avec les réactifs en usage elle ne donne pas plus de rouge que l'aniline pure; mais, en la mélangeant avec le double de son poids de toluidine, on obtient 39 p. 100 de rouge et, si on ajoute la moitié de son poids d'aniline pure, on peut préparer une quantité de matière colorante rouge égale à 50 p. 100 du poids du mélange.

A cette base correspond une combinaison acétique, la *pseudoacé-totoluidine*, qui fond à 102 ou 103°, qui bout à 290°, et qui se dissout dans 118 parties d'eau à 19°.

La *toluidine liquide*, que *Coupier*, de Paris, livre au commerce, contient, d'après *Rosensthiel*, 2 p. 100 d'aniline, 36 p. 100 de pseu-dotoluidine et 62 p. 100 de toluidine cristallisable.

XYLIDINE (AMIDOXYLÈNE).

Préparation de la xylidine. — La réduction du nitroxylène a été effectuée par *Church* en 1855, et plus tard *Deumelandt* a préparé la xylidine avec du xylène tout à fait pur. Le premier mit du nitro-xylène bouillant à 240° en contact avec de l'étain et de l'acide chlo-rhydrique. Le mélange se solidifia promptement en donnant une combinaison de chlorhydrate de xylidine avec du bichlorure d'é-tain. On peut obtenir cette combinaison sous forme d'écailles cris-tallines en la faisant recristalliser dans de l'acide chlorhydrique concentré. En la décomposant par l'hydrogène sulfuré, filtrant et évaporant le liquide, on obtient du chlorhydrate de xylidine, duquel on extrait la xylidine par distillation avec du carbonate de soude sec. Mais l'opération réussit mieux d'après la méthode de *Bé-champ;* dans cette méthode on effectue la réduction avec de la li-maille de fer et de l'acide acétique, on ajoute ensuite de la lessive de soude et l'on distille l'alcaloïde dans une chaudière de cuivre. Pour purifier la xylidine, on la transforme en chlorhydrate et on la précipite par la potasse.

Propriétés et composition de la xylidine. — La xylidine est un liquide incolore brunissant à l'air, qui est plus lourd que l'eau et dont le point d'ébullition est entre 214 et 216° (*A. W. Hofmann* et *Martius* indiquent 212°).

Sa composition est représentée par la formule

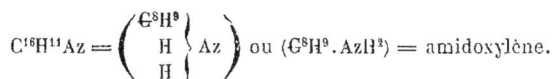

$$C^{16}H^{11}Az = \left(\begin{matrix} C^8H^9 \\ H \\ H \end{matrix} \right\} Az \right) \text{ ou } (C^8H^9.AzH^2) = \text{amidoxylène.}$$

D'après *Deumelandt*, le sulfate de xylidine n'est pas cristallisable; l'oxalate et l'azotate cristallisent en lamelles blanches soyeuses.

D'après les recherches de *A. W. Hofmann* et *Martius*, il est probable que la xylidine extraite du goudron doit être considérée comme de la diméthylphénylamine, $C^{12}H^5(C^2H^3)^2Az = C^6H^3(CH^3)^2 AzH^2$, parce que le corps isomère de celle-ci, l'éthylphénylamine, $C^{12}H^6(C^4H^5)Az = (C^6H^4(C^2H^5)AzH^2$, qui a été préparée artificiellement, offre le même point d'ébullition que la xylidine du goudron, mais est tout à fait impropre à produire une matière colorante rouge, usage pour lequel la xylidine du goudron mélangée avec de l'aniline convient tout particulièrement (voy. Rouge de xylidine d'*Hofmann*).

CUMIDINE (AMIDOCUMÈNE).

La *cumidine* prend naissance aux dépens du nitrocumène, exactement de la même manière que l'aniline aux dépens de la nitrobenzine. On transforme en oxalate la base obtenue par réduction, on fait cristalliser le sel et on le décompose avec une lessive de potasse.

Propriétés et composition de la cumidine. — La cumidine est une huile incolore lorsqu'elle est fraîchement distillée; sous l'influence du froid elle se solidifie en tables carrées. Exposée à l'air, elle devient peu à peu rouge foncé. Elle a un poids spécifique de 0,9526. Sa formule est :

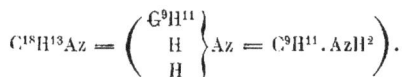

$$C^{18}H^{13}Az = \left(\begin{matrix} C^9H^{11} \\ H \\ H \end{matrix} \right\} Az = C^9H^{11}.AzH^2 \right).$$

Les sels de cumidine sont solubles dans l'alcool. Le chlorhydrate de cumidine est un sel qui cristallise en gros prismes incolores, il se dissout assez bien dans l'eau ; l'azotate et le sulfate sont moins solubles dans ce liquide.

La cumidine préparée artificiellement avec l'acide cuminique paraît être impropre à la fabrication des couleurs ; des recherches plus approfondies sont encore nécessaires pour savoir si cette cumidine est identique ou seulement isomère avec la cumidine du goudron.

ANILINE COMMERCIALE.

Fabrication en grand de l'aniline commerciale. — De toutes les méthodes mentionnées précédemment (voy. page 93) pour la transformation de la nitrobenzine en aniline (la préparation de l'aniline avec le goudron, qui est le procédé le moins avantageux, n'a jamais été employée pour la fabrication industrielle de ce corps), celle dont le principe a été indiqué par *Béchamp* fut pendant longtemps la seule reconnue dans les fabriques d'aniline comme donnant des résultats satisfaisants au point de vue pratique. C'est encore celle qui est de beaucoup la plus fréquemment employée. Parmi les nombreuses modifications que lui ont fait subir les différents fabricants, on peut en distinguer deux essentielles, qui sont connues sous les noms de procédé français et de procédé anglais. Le dernier procédé est maintenant beaucoup plus répandu que le premier.

Le *procédé français* se distingue du procédé anglais par les points suivants : 1° la réduction et la distillation sont pratiquées dans des appareils séparés ; 2° la distillation de l'aniline formée s'effectue à feu nu ; 3° on emploie une proportion d'acide acétique plus grande que dans le procédé anglais.

D'après ce procédé, on emploie pour 100 parties de nitrobenzine 60 ou 65 parties d'acide acétique du commerce et 150 parties de tournure de fer de grosseur moyenne. L'appareil à réduction est un cylindre vertical en fonte dans le couvercle duquel sont pratiquées des ouvertures pouvant être fermées hermétiquement et qui servent pour l'introduction des matériaux ; sur le couvercle est en outre adapté un tube abducteur pour le dégagement des gaz et des vapeurs. Ce tube est en communication avec un réfrigérant et s'élève verticalement afin que les vapeurs condensées puissent retomber dans l'appareil. A la partie inférieure du cylindre se trouve une porte fermant hermétiquement, par laquelle on enlève le produit de la réaction, enfin le milieu du couvercle, qui en ce point est muni d'une garniture, est traversé par un axe de fer à l'extrémité inférieure duquel se trouvent des bras horizontaux et auquel on peut par son extrémité supérieure communiquer un mouvement de rotation soit à l'aide d'un mécanisme particulier, soit à l'aide d'une manivelle mue par la main de l'homme ; cet appareil agitateur sert pour brasser la masse.

On introduit d'abord la tournure de fer et la nitrobenzine. L'acide acétique est quelquefois ajouté en une seule fois, d'autres fois on n'en ajoute d'abord que la moitié et l'autre moitié au bout de 12 heures. Au bout d'une heure il se produit une vive réaction accompagnée d'effervescence et de développement de chaleur. Lorsque ces phénomènes ont cessé, on brasse un peu la masse avec l'agitateur, et la réaction recommence. On renouvelle le brassement, dont on augmente de plus en plus l'intensité, jusqu'à ce qu'il ne se produise plus ni réaction ni échauffement. L'opération tout entière exige de 36 à 48 heures. La substance ainsi obtenue est un mélange pâteux du fer en excès avec de l'acétate de fer, de l'aniline et peut-être aussi avec une petite quantité de nitrobenzine et de produits secondaires.

Cette pâte est retirée par la porte inférieure, puis versée dans des auges de tôle, et celles-ci sont introduites dans de grandes cornues demi-cylindriques semblables aux cornues à gaz et qui sont disposées horizontalement ; en outre leur fond est garni d'une couche de briques afin d'éviter un chauffage trop fort. Le tube abducteur est fixé à la partie supérieure de la cornue et se recourbe pour venir s'adapter à un réfrigérant. Le chauffage doit être conduit très-modérément, afin que les vapeurs d'aniline ne puissent pas se décomposer contre les parois chaudes de la cornue. Le mélange d'aniline et d'eau qui distille est additionné d'une petite quantité de sel marin, qui a pour effet de faire monter à la surface l'aniline, dont la décantation est alors rendue très-facile.

Procédé anglais. — Les trois ingrédients sont mélangés dans les proportions suivantes : nitrobenzine 100, tournure de fer 200 et acide acétique 8 ou 10 (et même, d'après quelques communications qui nous ont été faites, seulement 5).

La diminution de l'acide acétique dans une proportion aussi grande repose sur cette considération, que l'aniline décompose les sels de fer et qu'ainsi elle remet constamment en liberté l'acide qui a servi précédemment. En effet, lorsque cet acide arrive au contact du fer métallique, il se dégage de l'hydrogène et celui-ci agit sur la nitrobenzine comme corps réducteur ; l'aniline formée décompose l'acétate de fer, qui est partie à l'état de sel de protoxyde, partie sous forme de sel de peroxyde ; par suite de l'action réductrice du protoxyde sur la nitrobenzine, elle précipite les bases et se combine avec l'acide acétique. L'acétate d'aniline est de nouveau décomposé en présence du fer métallique avec mise en liberté de l'aniline, et l'acide acétique agit de nouveau sur le fer, et ainsi de suite.

L'appareil en usage pour la réduction et la distillation est représenté par les figures 18 et 19. Il consiste en un cylindre vertical en fonte de 1000 à 2000 litres de capacité. Les dimensions les plus fréquentes sont 1 mètre de diamètre sur 2 mètres de hauteur. Le couvercle est fixé à l'aide de vis sur le bord saillant du cylindre ; il est muni de quelques ouvertures pour l'introduction des matériaux liquides et sur lui est en outre fixé le chapiteau ou le col e, qui sert pour le dégagement des vapeurs. Dans le milieu du couvercle se trouve une ouverture pour l'axe a, qui est dessiné à part dans la figure 19 et qui est creux. Cet axe porte supérieurement une roue dentée conique et au-dessus de celle-ci le coude b; inférieurement, tout près de l'ouverture d, se trouve l'agitateur. La roue conique de l'axe a s'engrène avec une autre roue conique perpendiculaire et celle-ci est établie sur un axe qui porte en même temps une poulie, à l'aide de laquelle l'agitateur ad peut être mis en mouvement. La partie horizontale c est en communication avec un générateur, de sorte qu'on peut faire arriver un courant de vapeur dans la portion inférieure du cylindre. Dans les parois du cylindre se trouvent encore deux ouvertures : l'une f, située vers la partie supérieure, sert pour introduire le fer, et l'autre g pour retirer le résidu. Ordinairement on introduit d'abord le fer et l'acide acétique et l'on ajoute une petite portion de la nitrobenzine, 20 kilog. environ. Il se produit une vive réaction ; aussitôt que celle-ci a cessé, on met l'agitateur en mouvement et en même temps on ouvre le robinet, afin que les vapeurs puissent pénétrer dans l'appareil. Au moyen d'un tube recourbé on fait couler le reste de la nitrobenzine contenue dans un vase placé à une certaine hauteur. Dans d'autres fabriques on introduit en même temps toute la nitrobenzine et le fer, et l'on fait couler peu à peu l'acide acétique. Dès que la vapeur arrive, la distillation de l'aniline commence. Comme au commencement il pour-

rait encore passer de la nitrobenzine non réduite, on fait en sorte,
comme dans le procédé français décrit plus haut, que les vapeurs
qui distillent d'abord puissent se condenser et retomber dans l'ap-

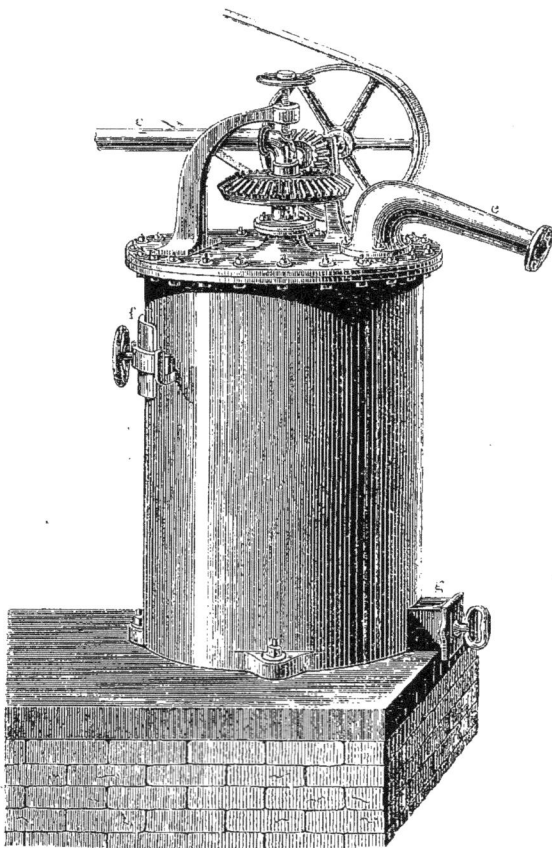

Fig. 18.

pareil, et dans ce but il devrait y avoir, indépendamment de e, un
deuxième tube de dégagement vertical, qui plus tard pourrait être
bouché (voy. plus haut la disposition indiquée par *Kremer*), ou bien
encore on dirige les vapeurs par e dans un deuxième appareil analogue, où la nitrobenzine non décomposée est soumise de nouveau à
l'action du fer et de l'acide acétique. Il ne passe cependant de la ni-

trobenzine que tout à fait au commencement et lors de la première
action des trois corps les uns sur les autres, action qui est quelquefois tumultueuse. On reconnaît par le moyen suivant, qui est
suffisamment exact, si le produit distillé contient encore de la nitrobenzine : on recueille une petite quan-
tité du liquide condensé qui s'écoule par
le tube abducteur et on le mélange avec
un peu d'acide chlorhydrique ; si le liquide reste parfaitement clair, il n'y a
plus de nitrobenzine. L'afflux de la vapeur est réglé de manière à ce que pour
1 partie d'aniline il se condense environ
14 parties d'eau. Il paraît avantageux de
ne pas séparer avec le sel marin l'aniline
contenue dans ces eaux, qui en renferment ordinairement jusqu'à un demi
p. 100 ; il est préférable de toujours se
servir de l'eau de condensation pour l'a-
limentation de la chaudière, de telle sorte
que l'aniline revient constamment dans le
cours de l'opération. Il est vrai que cette
méthode ne peut être employée que si le
générateur a seulement à fournir de l'eau
pour cette opération.

Relativement à la question de savoir si
l'aniline peut être complétement expulsée
par de la vapeur d'eau ou si l'on doit préférer une disposition
particulière pour la distillation et employer pour l'extraction sans
perte de ce produit une température plus élevée, l'opinion prédominante paraît être celle dans laquelle on considère la vapeur
(qui sert de véhicule aux vapeurs d'aniline et en même temps
comme moyen de chauffage) comme tout à fait suffisante. Dans
quelques fabriques d'aniline l'emploi de l'acide acétique a, nous
a-t-on assuré, été tout à fait supprimé et, d'après le procédé de
Brimmeyer (voy. page 99), remplacé avec succès par un peu
d'acide chlorhydrique. L'appareil décrit précédemment a été conservé. On ne sait pas si la manière dont s'effectue l'opération offre
de nombreuses divergences.

Propriétés de l'aniline commerciale. — Les propriétés de l'ani-

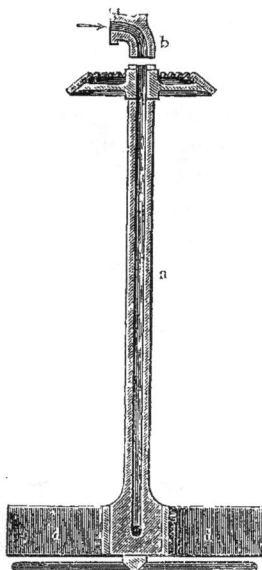

Fig. 13.

line commerciale doivent naturellement s'éloigner plus ou moins de celles de l'aniline pure.

On a dit plus haut, page 69, que, parmi les benzines du commerce, on distingue les benzines à degrés élevés et les benzines à bas degrés, les premières contenant des homologues supérieurs du benzol une proportion plus grande que les secondes. Dans l'état actuel de cette industrie, on transforme les unes comme les autres en produits nitrés, et ceux-ci en anilines. Il résulte de là que, parmi les anilines, les unes seront plus riches en dérivés amidés des homologues supérieurs du benzol, en amidotoluol, en xylidine, etc., et les autres plus pauvres en ces mêmes corps. Depuis que *Hofmann* a montré que l'aniline pure, comme nous le verrons plus loin à propos de la préparation des matières colorantes, ne convient pas pour la production du rouge (dit fuchsine), mais qu'il est nécessaire qu'elle contienne une certaine quantité de toluidine, les benzines à degrés élevés sont employées pour la fabrication des anilines que, pour les raisons indiquées, on nomme *anilines pour rouge*. Les benzines à bas degrés sont converties en anilines qui servent principalement dans la préparation du bleu et pour l'obtention de la diphénylamine. Nous avons, par conséquent, à distinguer les anilines qui contiennent peu de toluidine, de xylidine, etc., de celles qui renferment une plus grande quantité de ces bases homologues supérieures. Comme l'a montré *Rosenstiehl*, les anilines du commerce contiennent non-seulement de la toluidine, mais encore des quantités notables de pseudotoluidine. Comme la température d'ébullition de l'aniline est à 182°, celle de la toluidine et de la pseudotoluidine à 198°, et que les homologues supérieurs entrent en ébullition à une température encore plus haute, il se pourrait que les anilines bouillant à une température élevée soient les plus riches en toluidine, etc. Cependant cette hypothèse ne peut être exacte que si l'on suppose que des nitrobenzines et des nitrotoluènes n'ont point échappé à la décomposition et passé dans l'aniline, car ces corps ont des points d'ébullition compris entre 213 et 237°. Mais il peut aussi arriver, bien que cela soit plus rare, que les hydrocarbures qui altèrent la pureté de la nitrobenzine et qui n'ont pas été nitrés, ou les corps régénérés aux dépens des produits nitrés, la benzine, etc., se trouvent mélangés avec l'aniline, substances qui, toutes, devraient avoir pour effet d'abaisser un peu le point d'ébullition. On y rencontre en outre les diamines homologues, qui ont pris naissance par réduction de la binitrobenzine, du binitrotoluène, etc.

De l'acétone se trouve aussi quelquefois dans les anilines, dans celles notamment qui ont été distillées avec de la chaux. Enfin il ne faut pas oublier l'acétaniline et l'acétotoluidine, qui se forment notamment dans les cas où on a ajouté un peu plus d'acide acétique.

Une grande partie de ces impuretés peut être éliminée par *rectification*. Si l'on pratique cette opération, on doit mettre de côté tout ce qui passe au-dessous de 180°, ainsi que tout ce qui distille au-dessus de 200 à 204°, et il ne faut employer que ce qui passe entre ces limites de température. Lorsqu'on n'a affaire qu'à un mélange d'aniline et de toluidine, on remarque, d'après l'observation des frères *Depouilly*, que le thermomètre demeure une première fois stationnaire, lorsqu'il s'est élevé jusqu'à 187 ou 188°, et une seconde fois, lorsqu'il a atteint 192 ou 193°. Le produit distillé, qui passe dans le premier cas, correspond à un mélange de 2 équivalents d'aniline et 1 équivalent de toluidine, et ce qui distille dans le second cas à un mélange de 2 équivalents de toluidine et de 1 équivalent d'aniline.

Cette circonstance indique déjà qu'il doit être difficile de séparer les deux alcaloïdes de l'aniline brute par distillation fractionnée. En outre, la rectification de la nitrobenzine brute et le recueillement fractionné du produit qui passe à la distillation ne peuvent être faits sans peine ni perte ; c'est pourquoi il faut retourner aux hydrocarbures, c'est-à-dire tâcher d'obtenir de la benzine et du toluène aussi purs que possible, lorsqu'il s'agit de préparer de l'aniline et de la toluidine pures ou presque pures. Cette manière de procéder, que depuis longtemps déjà la théorie a indiquée comme tout à fait convenable pour la fabrication des couleurs de goudron, et qui maintenant est d'autant plus digne d'attention que l'on commence à reconnaître l'importance du rôle de la pseudotoluidine, est depuis quelques années mise en pratique avec succès par *Coupier*, de Passy (Paris), (voy. p. 75).

MATIÈRES COLORANTES DÉRIVÉES DE L'ANILINE ET DE SES HOMOLOGUES [1].

Matières colorantes rouges.

Historique. — La première observation d'une réaction colorée

---

[1] On pourrait dans ce chapitre, comme dans les deux précédents, établir une division

de l'aniline appartient à *Runge*, de Berlin, qui, dès 1834, indiqua
que ce corps (son kyanol, voy. p. 96) produit avec le chlorure de
chaux des colorations bleues, violettes et rouge-ponceau. *A. W.
Hofmann* a décrit, en 1843, quelques réactions observées par lui,
en faisant agir l'acide azotique sur l'aniline : produits bleus, jaunes
et rouge-écarlate. *A. Natanson* a mentionné, en 1856, la formation
d'un liquide rouge avec l'aniline chauffée à 200°, dans des tubes fermés, avec du chlorure d'élaïle. Dans une communication faite à
l'Académie des sciences de Paris, le 20 septembre 1858, et précédemment à la Société royale de Londres, *A. W. Hofmann* dit que
le bichlorure de carbone chauffé avec de l'aniline à 170 ou 180° dans
un tube fermé, fournit une série de corps qui donnent avec l'alcool
une solution rouge-cramoisi foncé. Ces observations furent mentionnées dans différents journaux de chimie et dans les traités de
Berzélius et de *Gerhardt*, fait qui est important pour se rendre un
compte exact du mérite de ceux qui se sont plus tard occupés de ce
sujet.

Le 8 avril 1859, la fabrique lyonnaise des frères *Renard* et *Franc*
prit en France un brevet pour un procédé imaginé par *Em. Verguin* pour la préparation en grand d'une matière colorante rouge
avec l'aniline. Elle se servait du bichlorure d'étain, et elle procé-
dait du reste exactement comme l'avait indiqué *Hofmann* dans la
description de ses expériences.

Le premier brevet a été bientôt suivi de cinq brevets additionnels de la même maison, brevets dans lesquels on nomme les sulfates, les nitrates, les bromures, les iodures, les fluorures et les
chlorates d'étain, de mercure et d'urane, le sesquichlorure de carbone et l'iodoforme comme substances actives pour la transformation de l'aniline en matière colorante, et qui doivent servir
aussi à indiquer que l'on s'est fait breveter pour le *produit* et que
celui-ci est toujours le même, quelle que soit la voie que l'on suive
pour la réaction, si seulement le résultat est une oxydation. Dans
les cinq brevets additionnels, on donne relativement aux réactions
et à la constitution de la matière colorante rouge (à laquelle sur

chimique, c'est-à-dire ranger les matières à traiter d'après leur composition, et en
outre séparer la préparation industrielle de la partie chimique plus scientifique. Mais
nous avons pensé qu'il était plus commode au point de vue pratique de suivre une autre
voie. Afin que l'on puisse trouver plus facilement une matière colorante donnée, nous
avons divisé les couleurs, d'après leur aspect extérieur, en rouge, violettes, etc. ; comme,
en outre, la partie des recherches scientifiques, dans le développement que nous devons
lui donner, est basée dans ce qu'elle a de plus important sur les enseignements de la
pratique, il nous a paru convenable de relier celles-ci à ceux-là.

ces entrefaites on avait donné le nom de *fuchsine* à cause de son analogie avec la couleur de la fleur du fuchsia) de nombreuses indications dont l'exactitude fut plus tard démontrée par les recherches scientifiques plus précises, ainsi par exemple, on disait que le corps (que d'autres prenaient pour un acide) contenait une base, qu'il donnait après saturation avec de l'acide chlorhydrique des sels rouges ou brun-jaune, etc., mais on lui attribuait une composition qui est erronée.

D'après cela, on ne peut pas être embarrassé pour savoir à qui doit être attribuée dans le sens scientifique la découverte de la matière colorante rouge. Si, dans le sens technique, on donne à *Verguin* le mérite d'avoir créé avec ces réactions un produit industriel répandu maintenant dans tout le monde civilisé, il faut aussi, pour être juste, dire que sous ce rapport il n'est pas sans avoir des devanciers, qui cependant n'ont pas été aussi heureux que les titulaires du brevet pour le procédé de *Verguin*, aussi bien dans les moyens qu'ils ont employés pour la préparation de la matière colorante que dans l'exploitation de la découverte. Ainsi le 1er décembre 1858 *Roquencourt* et *Dorot* prirent en France un brevet pour préparer avec l'aniline une couleur rouge tout à fait convenable pour la coloration des fleurs artificielles. Dans la description du procédé donnée dans le brevet il est dit : « Nous avons découvert et préparé cette matière colorante en faisant agir l'acide chromique sur l'aniline, mais nous faisons remarquer que cette oxydation peut être obtenue à l'aide de tous les oxydants usités en chimie. »

La plupart des chimistes qui se sont occupés de l'étude de ces réactions ont exprimé l'opinion que le phénomène de la formation de la couleur rouge consiste essentiellement en une oxydation ; cette opinion, qui n'a point été acceptée sans contradiction, repose sur la remarque que l'on a faite relativement aux sels d'étain et de mercure qui éprouvent une réduction en présence de l'aniline. A ces observations succéda toute une série de procédés pour la préparation de la fuchsine, procédés pour la plupart desquels des brevets furent pris en France ou en Angleterre. Les procédés suivants se recommandent :

Greville Williams (patente anglaise, 30 août 1859), permanganate de potasse.

Dav. Price (patente anglaise, 25 août, 1859, brevet français, 12 novembre 1859), peroxyde de plomb.

Durand (communication de *A. Schlumberger* à la Société industrielle de Mulhouse, 23 octobre 1859), 60 parties d'azotate de bioxyde de mercure pour 100 parties d'aniline.

Gerber-Keller (brevet français, 29 octobre 1859 et différents brevets additionnels), tous les sels possibles des oxydes métalliques basiques, parmi lesquels l'azotate de bioxyde de mercure est indiqué comme le moyen le plus convenable.

H. Medlock (patente anglaise, 18 janvier 1860) acide arsénique.

Ch. Lauth et *Depouilly* (patente anglaise, 24 janvier 1860), acide azotique.

Nicholson (patente anglaise, 26 janvier 1860), acide arsénique.

G. Williams (patente anglaise, janvier 1860), certaines combinaisons amyliques, par exemple l'iodure d'amyle.

Girard et *De Laire* (brevet français, 26 mai 1860), acide arsénique.

H. Caro et *J. Dale* (patente anglaise, 26 mai 1860), azotate de plomb.

Jul. Persoz (Répertoire de chimie appliquée, juillet 1860), furfurol.

R. Smith (patente anglaise, 11 août 1860), perchlorure d'antimoine.

Gingon (brevet français, 13 décembre 1860), introduction de certains gaz, comme le chlore, dans les solutions alcooliques des sels d'aniline.

Monnet et *Dury* (Moniteur scientifique, 15 janvier 1861), bichlorure de carbone. (C'est une preuve que le procédé d'*Hofmann* peut être appliqué en grand.)

Mène (Moniteur scientifique, 17 mars 1861), bioxyde d'azote suivi de l'addition d'un acide.

J. Stark (Bulletin de la Société industrielle de Mulhouse, juillet 1861), ferricyanure de potassium et un acide.

Ch. Lauth (Moniteur scientifique, 1er juillet 1861), nitrobenzine et protochlorure d'étain, acide iodique et iodure de potassium.

Laurent et *Castheloz* (brevet français, 10 décembre 1861), nitrobenzine, tournure de fer et acide chlorhydrique.

Delvaux (brevet français, 18 décembre 1861), acide chlorhydrique (des patentes additionnelles prescrivent de chauffer un sel d'aniline avec du sable, etc.).

E. Jacquemin (Mémoire pour MM. *Depouilly frères et C*ie contre MM. *Renard frères et Franc*), sulfate de peroxyde de fer.

D. Dawson (1863), acide arsénique (contenant une quantité d'eau déterminée).

Dans les années qui suivirent celles où furent faites les premières tentatives pour la fabrication de la fuchsine, il fut encore publié de nouvelles méthodes ou des modifications des anciennes, dont la plupart, comme plusieurs de celles qui viennent d'être citées, sont impossibles à mettre en pratique. Ces méthodes et d'autres encore, après avoir été mises en usage, ont été toutes abandonnées, parce qu'elles devaient malheureusement faire place à celle qui, sous un autre point de vue, éveille le plus l'attention, — l'emploi de l'*acide arsénique*. On désigne ordinairement ce procédé comme celui de *Girard* et *De Laire* ou de *Medloc*, bien que d'autres, comme *Gerber-Keller* et *Nicholson*, aient, ainsi qu'on l'a vu plus haut, indiqué en même temps, et peut-être même avant ces chimistes, l'acide arsénique comme l'oxydant le plus avantageux. Le procédé de *Girard* et *De Laire* (avec leur méthode pour la préparation du bleu d'aniline) a été acheté en France par les frères *Renard* et *Franc*, de Lyon. La grande fabrique de fuchsine de *Simpson*, *Maule* et *Nicholson*, de Londres, a acheté celui de *Medloc*. En France la fabrication de la fuchsine est monopolisée dans les mains des acquéreurs du brevet que l'on vient de nommer ou plutôt de leur successeur, la *Société de la fuchsine*, de Lyon. On ne peut employer, pour la préparation de la fuchsine, ni l'acide arsénique ni aucun autre des oxydants recommandés, sans l'assentiment des propriétaires du brevet. Dans la Grande-Bretagne au contraire cette industrie est devenue libre depuis le 14 janvier 1865, après que, à l'occasion d'un procès entre la maison *Simpson*, *Maule* et *Nicholson* et le fabricant de produits chimiques *Holliday*, d'Huddersfield, la cour suprême eut déclaré la patente de *Medloc* non valable à cause d'une indication inexacte qu'elle renfermait.

Fabrication du rouge d'aniline ordinaire (fuchsine).

Le nom de *fuchsine* est celui sous lequel le rouge d'aniline est généralement désigné dans l'industrie. Mais on se sert en même temps d'un grand nombre d'autres noms tels que : *azaléine*, *rouge de Magenta*, *rouge Solférino*, *chyraline*, *roséine*, *érythrobenzine*, *rouge d'aniline*, sans oublier ceux qui, comme *rubianile* et *harmaline*, donnent lieu à des confusions.

Les chimistes ont généralement adopté le nom de *rosaniline*, que

A. W. Hofmann a imaginé pour la base qu'il a découverte dans les différentes sortes de fuchsines. Les fuchsines du commerce doivent par suite être regardées comme des sels de rosaniline plus ou moins purs.

a. *Procédé à l'acide arsénique.*

L'acide arsénique est maintenant presque généralement employé pour la production de la fuchsine. La fabrication comprend : 1° la préparation de la fuchsine brute ; 2° l'extraction de la matière colorante formée dans la masse fondue, opération à laquelle se rattache : 3° la purification et la cristallisation du principe colorant.

Préparation de la fuchsine brute. — Les *proportions* suivant lesquelles on mélange les trois corps qui, en agissant les uns sur les autres, donnent naissance à la fuchsine, ne sont pas partout les mêmes.

Le brevet primitif de *Girard* et *De Laire* dit : on mélange 12 parties d'acide arsénique anhydre et 12 parties d'eau et lorsque la dissolution, que l'on favorise en brassant la masse, est devenue tout à fait homogène, on ajoute 18 parties d'aniline (du commerce).

D'après la patente de *Medloc*, il faut mélanger 2 parties d'aniline avec 1 partie d'acide arsénique sec (sans eau) et chauffer jusqu'au point d'ébullition (de l'aniline ?).

Dawson prend de l'acide arsénique qui contient 23 0/0 d'eau et il y ajoute un équivalent d'aniline du commerce. Il se forme de l'arséniate d'aniline blanc et cristallin, qui, mélangé avec de l'eau, est exposé à l'action de la chaleur.

Ces procédés ne se distinguent de ceux proposés plus récemment que parce que, abstraction faite des proportions suivant lesquelles les matières sont mélangées, on supprime dans les derniers l'emploi de l'acide arsénique et sa dissolution dans l'eau, et l'on se sert d'un acide arsénique sirupeux, qui se trouve maintenant sous cette forme dans le commerce.

La proportion en usage dans un grand nombre de fabriques est celle de 160 d'acide arsénique à 76° Baumé pour 100 d'aniline. Cette proportion se rapproche beaucoup de celle que l'on indique dans une autre recette, d'après laquelle on prend pour 20 parties

en poids d'acide arsénique sirupeux, 12 parties en poids d'a-
niline.

Perkin indique la proportion suivante, qui est employée dans les
fabriques anglaises : 1 partie en poids d'aniline commerciale pour
1,5 partie en poids d'acide arsénique liquide contenant 75 0/0 d'a-
cide anhydre.

Dans le rapport officiel français sur l'exposition industrielle
de 1867, *A. W. Hofmann, Girard* et *De Laire* disent que l'on
prend pour 800 kilog. d'aniline du commerce 1370 kilog. d'acide
arsénique dissous contenant 72 0/0 d'acide anhydre, ce qui correspond approximativement à 2 molécules d'aniline, 1 molécule
d'acide arsénique anhydre (As^2O^5) et 5 molécules d'eau.

Relativement à la question de savoir si l'acide arsénique est
en proportion convenable par rapport à l'aniline, nous ferons
remarquer que l'on a partout observé que l'acide est en quantité
tout à fait suffisante dans les deux recettes indiquées en dernier
lieu. *H. Schiff*, se basant sur une idée théorique, croyait avoir
trouvé qu'il était nécessaire d'augmenter cette proportion, mais
cette opinion n'est appuyée ni par la pratique, ni par la théorie de
la formation du rouge d'aniline actuellement en vigueur.

Une partie de l'aniline se soustrait toujours à la réaction, même
lorsqu'on augmente fortement la proportion de l'acide arsénique, et
c'est pour cette raison que l'appareil est disposé de manière à ce que
l'aniline, se dégageant sous forme de vapeur, puisse être condensée
et recueillie.

La quantité d'eau qui doit être ajoutée à l'acide arsénique est
déterminée par cette seule considération, que la solution ne doit
pas laisser déposer de cristaux sous l'influence d'un abaissement
de température, ce qui n'a pas lieu même pendant les froids de
l'hiver avec une solution à 72 0/0.

L'aniline à employer doit contenir une certaine quantité de toluidine pour pouvoir donner naissance à la fuchsine, comme nous le
verrons plus loin en expliquant la théorie de la formation de la rosaniline. D'après cette théorie, il faut 2 molécules de toluidine pour
1 molécule d'aniline. Mais on ne rencontre pas dans le commerce
des anilines qui renferment une aussi grande proportion de la base
de l'hydrocarbure homologue supérieur. Nous apprendrons bientôt que pendant l'opération il se dégage toujours de l'aniline, de
sorte qu'il reste sous l'influence de la réaction un résidu plus riche
en toluidine. Cependant il résulte des considérations théoriques la

nécessité d'employer pour la production du rouge une aniline bouillant à une température élevée.

L'*acide arsénique* n'est pas ordinairement préparé dans les fabriques de couleurs, mais, comme cela a lieu pour l'aniline, il est fourni par d'autres fabriques, qui maintenant le livrent ordinairement sous forme sirupeuse.

Deux procédés sont en usage dans la pratique pour la préparation de l'acide arsénique.

α. On fait agir de l'acide azotique sur de l'acide arsénieux en poudre (arsenic blanc). Il se produit un dégagement de bioxyde d'azote, qui au contact de l'oxygène atmosphérique et de l'eau est de nouveau transformé en acide azotique. Par ces réactions la voie à suivre se trouve toute tracée : avec un équivalent d'acide azotique, qui est toujours régénéré, on transformera en acide arsénique une quantité d'acide arsénieux beaucoup plus grande que celle qui correspond à un équivalent. Si l'on fait agir l'acide azotique sur l'acide arsénieux dans un ballon en verre, et si l'on conduit les gaz qui se dégagent dans de larges tubes et dans une série de ballons, qui sont disposés comme des flacons de *Woulff* et en partie remplis avec de l'eau et de l'acide arsénieux, de manière à ce que les produits gazeux puissent passer au-dessus du contenu de ces vases, dans les derniers flacons le bioxyde d'azote a presque entièrement disparu. Afin de l'absorber encore plus complétement, c'est-à-dire de le transformer en acide azotique étendu, on le fait encore passer, avant sa sortie à l'air libre, à travers une petite colonne à coke, dans laquelle arrive de l'air et de l'eau tombant goutte à goutte. On évite aussi par ce moyen d'incommoder trop fortement le voisinage par les gaz qui se dégagent. Si, d'après *E. Kopp*, on emploie un acide azotique d'un poids spécifique 1,35, on n'a pas besoin de chauffer. Mais l'acide azotique étendu transforme aussi à l'ébullition l'acide arsénieux en acide arsénique. Le contenu des flacons de *Woulff* est un mélange d'acide arsénieux, d'acide arsénique, d'acide azotique et peut-être aussi d'acide azoteux. On l'introduit successivement dans le ballon où se fait le dégagement et l'on chauffe en ajoutant de l'acide azotique. Il est évident que de cette façon on économise beaucoup d'acide azotique. L'acide arsénique formé retient toujours un peu d'acide azotique, qui ne se dégage que lorsque le liquide est amené à un degré de concentration plus grand, opération qui souvent est accompagnée d'une décomposition, parce qu'il peut encore y avoir des traces d'acide arsénieux qui ne sont oxy-

dées que lorsque la concentration est poussée plus loin. C'est pourquoi l'évaporation doit aussi être faite dans des vases fermés, munis
d'un tube de dégagement pour les gaz formés, qui peuvent être
utilisés comme précédemment. Le bioxyde d'azote peut aussi, si
l'occasion se présente, être employé dans les chambres de plomb
pour la fabrication de l'acide sulfurique.

β. Un autre moyen pour la transformation de l'acide arsénieux
en acide arsénique repose sur ce fait, observé pour la première fois
par *Bergmann*, qu'en présence de l'eau le premier acide se transforme en le second sous l'influence d'un courant de chlore. *J. Gi-*
rardin a proposé d'employer ce procédé en grand. On peut opérer
de la manière suivante: on dissout dans l'acide chlorhydrique de
l'acide arsénieux en poudre et l'on y fait passer un courant de chlore
qui est bientôt absorbé, et qui produit rapidement la transformation, ou bien on suspend l'acide arsénieux dans de l'eau et l'on
fait passer à travers le liquide un courant de chlore. Dans ce cas
l'oxydation est beaucoup plus lente, il se dégage toujours un peu
de chlore libre, qui n'a pas agi. C'est pourquoi dans le dernier
procédé on emploie une série de flacons de *Woulff*, à travers lesquels passe le chlore, de manière à ce que le gaz soit complétement absorbé avant son arrivée dans le dernier flacon. L'appareil
doit être disposé de telle sorte que le flacon qui reçoit le courant
de chlore tout à fait frais puisse être changé, et que le ballon rempli avec de l'acide arsénieux frais puisse être mis à sa place.
Ou bien les liquides doivent être changés de la manière suivante:
lorsque la réaction est terminée dans le ballon 1, on verse le contenu de 2 dans 1, celui de 3 dans 2, etc., et l'on introduit dans le
dernier ballon de l'acide arsénieux frais. On obtient dans le premier ballon un mélange d'acide arsénique hydraté et d'acide chlorhydrique. Celui-ci est éliminé par distillation, et il a presque
entièrement disparu, lorsque le liquide a été évaporé de manière
à offrir une richesse en acide arsénique anhydre égale à 72 ou
75 0/0.

Pour reconnaître si l'acide arsénique est exempt d'acide arsénieux, si par conséquent on doit arrêter le courant de chlore, le
moyen le plus simple consiste à saturer avec une lessive de soude
caustique un petit échantillon du liquide et à le mélanger ensuite
avec quelques gouttes d'une solution de bichromate de potasse. Tant
que le liquide devient vert, il contient encore de l'acide arsénieux.

On a essayé plusieurs fois d'utiliser pour la préparation de l'acide arsénique les résidus de la fabrication de la fuchsine, résidus qui se composent d'arsénite et d'arséniate de potasse ou de soude mélangés avec des matières colorantes et qui peuvent beaucoup gêner le fabricant ; mais il paraît que ce procédé a donné partout des résultats peu avantageux au point de vue économique.

La *fuchsine brute*, qui prend naissance par l'action de l'acide arsénique sur l'aniline commerciale, est toujours préparée dans des cornues de fonte.

La figure 20 représente un appareil très-employé, notamment

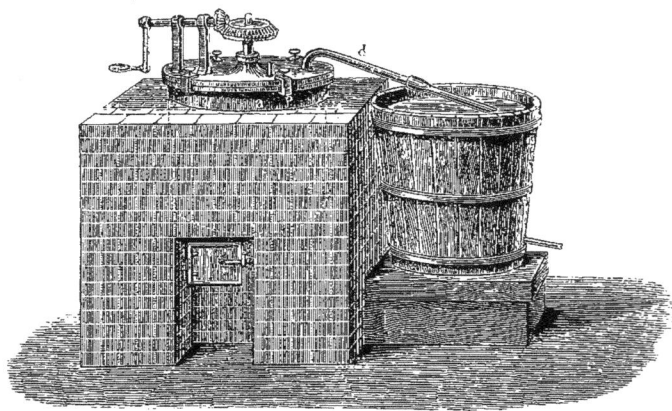

Fig. 20.

dans les fabriques qui ne travaillent pas sur une très-grande échelle.

a est une chaudière de fonte, qui est disposée dans un foyer pour y être chauffée à feu nu. Le couvercle, également en fonte, est fixé au moyen de pinces à vis sur le bord saillant de la chaudière. Les joints sont bouchés avec un lut convenablement choisi. Le milieu du couvercle est traversé par un axe en fer qui descend jusqu'au fond de la chaudière, et qui en ce point s'appuie sur une crapaudine ; l'extrémité inférieure de cet axe porte un agitateur et l'extrémité supérieure une roue dentée conique ; celle-ci s'engrène avec un pignon qui peut être mû à l'aide d'une manivelle et qui met l'agitateur en mouvement. Le couvercle est en outre muni d'une ouverture pour l'introduction d'un thermomètre, et il en porte ordinairement une seconde, afin que l'on puisse prélever de temps en temps un échantillon pour se rendre compte de la marche de la réaction. Enfin, au couvercle est adapté un tube abducteur recourbé, analogue au col d'une cornue ; ce tube est en communication avec un tube réfrigérant de la forme que l'on désire. Le diamètre d'une chaudière de ce genre est égal à environ 1 mètre ou 1^m,20, et sa profondeur est à peu près la même. Après que les matériaux ont été introduits et mélangés intimement avec l'agitateur, on chauffe doucement. La température doit être maintenue entre 160 et 180°, et il ne faut pas manquer de brasser fréquemment. Par d il passe d'abord de la vapeur d'eau, puis des vapeurs d'aniline mélangées avec de la vapeur d'eau et enfin des vapeurs d'aniline seulement. Il est convenable d'effectuer la condensation de ces vapeurs en dehors de la pièce où se trouve la chaudière, parce qu'il s'évapore toujours un peu d'aniline, qui est nuisible pour les ouvriers qui s'occupent de la chaudière. On reconnaît si l'opération est terminée soit à la quantité de l'aniline qui a distillé et qui s'est condensée, soit à l'aide de l'échantillon que l'on prélève au moyen d'une baguette de fer. L'opération exige toujours de 3 heures 1/2 à 5 heures. Le couvercle de la chaudière est soulevé, ce que l'on peut faire à l'aide d'une grue, parce qu'il est assez pesant, et la masse fondue est enlevée après son refroidissement.

Le nouvel appareil que l'on emploie depuis quelque temps dans les grandes fabriques de fuchsine offre de grands avantages sur celui qui vient d'être décrit. Il consiste en une cornue cylindrique en fer de 2,500 litres de capacité, dans le milieu de laquelle se trouve un axe vertical sur lequel sont fixés les bras de l'agitateur et qui est animé d'un mouvement de rotation continu pendant toute la durée de l'opération. L'axe est creux comme celui de l'appareil employé pour la fabrication de l'aniline (voy. fig. 18 et 19, pages 126 et 127), et le tube qu'il forme est en communication avec une chaudière à vapeur, ou bien parallèlement à l'axe se trouve un tube, qui pénètre par la partie supérieure de la cornue et descend jusqu'au fond de celle-ci. Le couvercle est muni en outre d'une ouverture avec un robinet, par laquelle on peut verser de l'eau chaude, puis d'un trou d'homme qui sert pour l'introduction de l'aniline et de l'acide, et pour nettoyer l'appareil, d'une soupape de sûreté et enfin du col destiné au dégagement des vapeurs. A la partie inférieure du cylindre est un large tube de vidange muni d'un robinet. On introduit 800 kilogr. d'aniline d'un degré élevé et 1370 kilogr. d'acide arsénique contenant 72 0/0 d'acide sec. Le col de la cornue est

adapté à un tube réfrigérant. On commence à chauffer, mais on
ne laisse jamais la température s'élever au-dessus de 190° ou 200°
tout au plus. L'opération dure de 8 à 10 heures. Il passe des vapeurs d'eau et d'aniline, qui se condensent et dont le volume peut
être mesuré. Dès que 800 litres de liquide se sont rassemblés dans
le récipient, on cesse d'alimenter le feu ; la chaleur qui existe
déjà suffit pour expulser le reste de l'aniline libre. Il passe environ
850 litres, qui renferment 440 kilogr. d'aniline et 410 kilogr. d'eau.
On sépare l'aniline de l'eau en ajoutant du sel marin. Pendant que
la cornue se refroidit, il faut continuer à brasser vivement le contenu. Lorsqu'il ne passe plus d'aniline, on fait arriver de la vapeur
d'eau, qui entraîne avec elle un peu de vapeur d'aniline. Cela fait,
on verse peu à peu de l'eau bouillante, afin de bien imbiber la
masse, ce que l'on favorise en chauffant doucement la cornue. Au
bout d'environ une heure, on ouvre les robinets d'écoulement et au
moyen d'un conduit en tôle on amène la masse encore liquide dans
les tonnes à dissolution.

Avec cet appareil, non-seulement il faut moins d'ouvriers
qu'avec l'ancien, quatre hommes pouvant faire en un jour
2000 kilogr. de masse brute fondue, mais encore on a besoin d'une
moins grande quantité de combustible. Dans l'appareil décrit en
premier lieu l'enlèvement du couvercle est nécessaire, ce qui est
déjà un travail pénible, et du vase ouvert il s'élève toujours des vapeurs d'aniline, qui sont gênantes et nuisibles à la santé.

Mais le fait principal est que dans ce nouvel appareil l'extraction
de la masse en consistance de bouillie contenue dans la chaudière
est évitée, de telle sorte que l'ouvrier n'a aucun contact avec cette
matière. Ce travail et la pulvérisation de la masse solidifiée, qui est
nécessaire avec le premier procédé, sont tout à fait insalubres, si les
ouvriers n'entretiennent pas avec le plus grand soin, à l'aide de
bains tièdes souvent répétés, la propreté de leur peau, qui sans cette
précaution devient le siège d'exanthèmes et d'ulcérations.

Dans les fabriques où l'on emploie l'ancienne méthode il est une
précaution importante qu'il ne faut pas manquer de prendre : l'appareil à pulvérisation (ordinairement construit d'après le principe
du moulin à café) doit se trouver dans un espace bien clos, de manière à ce que l'ouvrier qui fait tourner la manivelle ne soit pas
exposé à la poussière dont la formation est inévitable.

Extraction de la matière colorante de la fuchsine brute. —

Ainsi qu'il résulte de ce qui précède, l'extraction de la matière colorante contenue dans le produit, obtenu comme il a été dit précédemment, s'effectue avec de l'eau bouillante soit sur la masse solide pulvérisée, soit sur la masse réduite en consistance de bouillie.

Ce produit se compose, après l'expulsion complète de l'aniline, de la matière colorante combinée à de l'acide arsénique (arséniate de rosaniline, voy. plus loin), d'acide arsénieux et d'acide arsénique libres et d'un mélange d'éléments secondaires que l'on désigne ordinairement sous le nom de *matière résineuse*, parce que au point de vue de son aspect, de sa consistance et de la manière dont il se comporte en présence de la chaleur et des dissolvants, il offre les caractères d'une résine; nous verrons cependant plus loin qu'il ne peut en aucune façon être considéré comme une résine.

Des méthodes très-différentes ont déjà été mises en usage pour séparer de la matière colorante aussi bien les acides de l'arsenic que la masse résineuse.

En France on s'est servi pendant longtemps du procédé suivant : on faisait bouillir pendant quelques heures, à l'aide d'un courant de vapeur, la poudre de la masse fondue avec de l'acide chlorhydrique concentré ou, plus fréquemment, avec cet acide étendu dans certaines proportions. Sous l'influence de ce traitement la *résine* se sépare a l'état insoluble. La solution de la matière colorante était isolée du précipité, partie en puisant celui-ci dans le liquide, partie en filtrant ce dernier sur de la laine. Au produit filtré, renfermant du chlorhydrate de rosaniline et les acides de l'arsenic, on ajoutait une solution de carbonate de soude, qui précipitait la matière colorante sous forme de chlorhydrate de rosaniline, ordinairement encore mélangé avec une petite quantité d'arséniate de la même base .Le carbonate de soude a une double action. Il sature l'acide libre dans lequel la matière colorante était dissoute, et le sel marin formé sert en même temps comme corps précipitant, parce que les sels de rosaniline sont moins solubles dans une solution de sel marin. La matière colorante se sépare à la surface et elle peut être enlevée avec une écumoire. Le liquide contient du chlorure de sodium, l'arsénite et l'arséniate de soude et encore un peu de matière colorante non précipitée. La fuchsine ainsi obtenue doit ensuite être purifiée par dissolution dans l'eau bouillante, filtration et refroidissement. Les cristaux qui résultent de ce traitement sont encore soumis à des dissolutions et à des cristallisations répétées ayant pour but de les débarrasser d'une petite quantité de matière rouge brunâtre qui en altère la pureté.

Un autre procédé qui a été en usage en Angleterre est le suivant: on faisait bouillir la fuchsine brute seulement avec beaucoup d'eau, on filtrait le liquide bouillant pour le séparer des corps résineux et on laissait reposer pour que la séparation des cristaux pût s'effectuer ; on employait l'eau mère, qui contenait encore beaucoup de matière colorante, pour faire bouillir de nouvelle fuchsine brute, et après plusieurs opérations on précipitait de l'eau mère, au moyen d'un lait de chaux que l'on avait soin de ne pas ajouter en excès, une partie des acides arsénieux et arsénique, de telle sorte que l'on obtenait un liquide moins vénéneux, que l'on pouvait sans grand danger envoyer dans une rivière, par exemple. Lorsque le précipité calcaire contenait beaucoup de matière colorante, on pouvait extraire celle-ci en le traitant par l'acide acétique. La matière colorante cristallisée était de l'arséniate d'aniline, qui pouvait notamment être traitée ultérieurement pour violet, vert, bleu, etc., mais qui était aussi employée, bien que dans ce cas son usage ne soit pas sans dangers, pour teindre directement en rouge.

Dans plusieurs fabriques l'ébullition directe avec une solution de carbonate de soude a été aussi employée ; par ce traitement les acides libres de l'arsenic sont combinés et ils entrent en dissolution, tandis que la matière colorante et la plus grande partie des corps résineux restent non dissoutes et peuvent être séparées par ébullition avec un peu d'eau acidulée.

La méthode qui maintenant est la plus employée est la suivante. La fuchsine brute en consistance de bouillie est traitée à l'ébullition, au moyen d'un jet de vapeur, avec cinq fois son poids d'eau contenant quelquefois une toute petite quantité d'acide (3 kilog. d'acide chlorhydrique du commerce pour 1500 litres d'eau) ; l'opération dure 4 ou 5 heures. Cela fait, le liquide est filtré à travers un tissu de laine étendu sur un cadre, et on le fait ensuite couler dans de grands réservoirs de tôle, ayant chacun 8 ou 10 mètres cubes de capacité environ ; le contenu de ces vases peut être chauffé au moyen d'un courant de vapeur. La matière colorante s'y trouve à l'état de chlorhytrate, d'arséniate et d'arsénite d'aniline à côté d'un peu d'acide arsénique et d'acide arsénieux libres; les matières résineuses sont éliminées par la filtration. Pour transformer tous les sels de rosaniline en chlorhydrate, on procède de la manière suivante : dans chaque réservoir il se trouve une quantité de liquide, qui correspond à environ 1000 kilog. de fuchsine brute. Pour 10 parties en poids de cette dernière on ajoute par petites portions 12 parties en poids de sel marin et l'on maintient la solution en mouvement au moyen d'un jet de vapeur. Il se forme du chlorhydrate d'aniline et de l'arséniate et de l'arsénite de soude. Le premier est presque insoluble dans une solution de sel marin comme celle que l'on obtient en observant les proportions précédentes. Il se sépare à la surface du liquide. On laisse refroidir, on rassemble la matière colorante solide et au bout de quatre jours environ on fait couler l'eau mère dans de grands réservoirs, où se dépose la matière colorante restée en suspension. La fuchsine extraite comme il vient d'être dit est lavée avec une toute petite quantité d'eau bouillante, afin d'éliminer le sel marin et les combinaisons arsenicales qui y adhèrent, et elle peut être pour un grand nombre d'usages employée sous cette forme. Mais ordinairement on lui fait subir une purification par cristallisation. Dans ce but, on la dissout dans l'eau bouillante, on filtre la solution bouillante à travers un tissu de laine et on la laisse refroidir dans de grands vases dans lesquels sont suspendues des baguettes de laiton. Au bout de quelques jours des cristaux se sont déposés sur les baguettes et au fond des vases ; les premiers sont les plus beaux et ils sont destinés au commerce, tandis que les derniers servent pour la préparation du vert et du bleu.

Le sel marin peut aussi n'être employé que comme corps précipitant pour la fuchsine qui se trouve en solution aqueuse (arséniate de rosaniline). Si l'on mélange la solution avec du sel marin, sans faire bouillir de nouveau, il se précipite la majeure partie de la fuchsine accompagnée d'une petite quantité d'arséniate. La liqueur contient encore de la matière colorante que l'on précipite ordinairement en ajoutant une solution de carbonate de soude et qu'on livre au commerce comme une fuchsine impure (voy. Cerise).

La suppression des vapeurs d'aniline et de la poussière arsenicale si nuisibles aux ouvriers rend le nouveau procédé beaucoup moins insalubre que l'ancien ; en outre, en évitant d'employer pour le traitement de la fuchsine brute un acide concentré bouillant, on contribue également beaucoup à rendre l'opération sans danger pour ceux qui la conduisent.

Le *rendement* en fuchsine cristallisée doit être très-variable, parce que les anilines du commerce sont très-différentes et qu'il distille pendant le traitement par l'acide arsénique de grandes quantités d'aniline, parce que, en outre, l'extraction de la matière colorante de la fuchsine brute est pratiquée très-différemment : dans un cas il se forme du chlorhydrate de rosaniline, dans un autre c'est au contraire de l'arséniate qui prend naissance, et enfin parce que le soin que l'on prend lors de la purification par cristallisation, le choix des cristaux et beaucoup d'autres choses encore doivent avoir de l'influence sur la quantité du produit. La quantité de 40 0/0 du poids de l'aniline commerciale doit être regardée comme un rendement très-élevé, celle de 33 0/0 comme un rendement moyen. Le rendement de 50 0/0, que l'on a quelquefois indiqué, n'a jamais été obtenu dans la grande pratique.

Composition et propriétés du rouge d'aniline, théorie de sa formation.

Omettant toutes les opinions qui, relativement au mode de formation et à la composition de la matière rouge, se sont produites dans un temps où on ne pouvait pas encore obtenir des préparations pures, nous n'exposerons que celle qui a été développée par *A. W. Hofmann* en 1862, et dont l'exactitude a été depuis cette époque constamment reconnue. D'après cette opinion, basée sur des recherches approfondies, les matières colorantes produites par l'action des reactifs les plus différents sur l'aniline commerciale sont des sels d'une seule et même base. Cette base a été nommée *rosaniline*.

La *composition de la rosaniline* est représentée par la formule $C^{40}H^{21}Az^3O^2$ ou $C^{40}H^{19}Az^3 + 2HO = (C^{20}H^{19}Az^2, H^2O)$.

La manière la plus facile de préparer la rosaniline consiste à ajouter un excès d'ammoniaque à une solution saturée bouillante de sa combinaison acétique. Une grande partie de la base qui se trouve en dissolution est ainsi précipitée sous forme d'une poudre cristalline rouge pâle. Une autre partie reste en dissolution et se sépare sous forme de lamelles blanches dès que le liquide se refroidit. On n'obtient cependant qu'une petite quantité de ces dernières, à cause de la faible solubilité de la base dans l'eau.

La rosaniline est un peu plus soluble dans l'alcool que dans l'eau, mais elle est insoluble dans l'éther. Au contact de l'air elle se colore bientôt en rouge, sans qu'il en résulte une augmentation de poids sensible. A 100° elle n'abandonne que peu d'eau et, à partir de cette température, elle peut être chauffée jusqu'à 130° sans changer notablement de poids. A une température plus élevée elle est facilement décomposée avec dégagement de vapeurs, essentiellement formées d'aniline, et elle laisse un résidu charbonneux. La rosaniline est une base énergique, une triamine triacide ; elle peut par conséquent former trois séries de sels, dont le plus grand nombre sont cristallisables. Comme exemple nous citerons ses combinaisons avec l'acide chlorhydrique. On a :

$$C^{20}H^{19}Az^3, HCl, \text{ le chlorhydrate monacide,}$$
$$C^{20}H^{19}Az^3, 2HCl, \text{ le chlorhydrate biacide,}$$
$$C^{20}H^{19}Az^3, 3HCl, \text{ le chlorhydrate triacide.}$$

Les sels monacides sont les plus faciles à obtenir et ils sont les plus facilement cristallisables et les moins altérables. Ils ont presque tous à la lumière refléchie un reflet vert-cantharide, tandis que leurs solutions sont colorées en rouge-cramoisi foncé. Les sels combinés avec trois équivalents d'acide sont, en solution et en substance, de couleur brun-jaune et tous beaucoup plus solubles que les sels monacides. Les sels à deux équivalents d'acide sont très-difficiles à préparer.

Après que la composition de la rosaniline et de ses sels eut été établie, on dut se demander comment le corps $C^{20}H^{19}Az^3, H^2O$ peut se former aux dépens de l'aniline.

Presque aussitôt après la naissance de l'industrie de la fuchsine, les fabricants remarquèrent que, dans des expériences sur une petite échelle avec de l'aniline pure, on n'obtenait que très-peu de matière colorante. A. W. Hofmann, après s'être assuré de l'exactitude de ce fait, trouva que, pour la formation de la rosaniline, il fallait à côté de l'aniline une certaine proportion de son homologue supérieur, la toluidine. Cette observation et des considérations théoriques conduisirent à cette conclusion, qu'une molécule d'aniline et deux molécules de toluidine sont nécessaires pour la formation de la rosaniline. Le schéma suivant montre la manière dont se produit cette base :

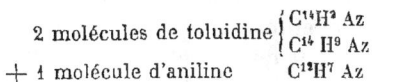

$$2 \text{ molécules de toluidine} \begin{cases} C^{14}H^2 Az \\ C^{14}H^9 Az \end{cases}$$
$$+ 1 \text{ molécule d'aniline} \quad C^{12}H^7 Az$$

sont égales à $C^{40}H^{25}Az^3$
$+ 6$ atomes d'oxygène $= C^{40}H^{23}Az^3O^6$
$= C^{40}H^{19}Az^3, 2HO + 4$ aq.
ou $(2(C^7H^9Az) + (C^6H^7Az) + O^3 = C^{20}H^{19}Az^3, H^2O + 2H^2O)$.

BOLLEY et E. KOPP, Matières colorantes.   10

Une opinion opposée à la précédente a été émise par *H. Schiff;* mais sur un grand nombre de points cette opinion n'est appuyée sur aucune observation pratique, et depuis que *A. W. Hofmann* a montré qu'elle ne pouvait être admise, il n'a été fait aucune tentative pour la soutenir. Une théorie contradictoire, qui avait été émise par *Städeler* et *Arndt*, a été plus tard essentiellement modifiée par le premier et conciliée avec la manière de voir de *Hofmann.*

On doit considérer comme une confirmation de la théorie de la formation de la rosaniline établie par *Hofmann*, les opinions basées sur l'expérience, qui, depuis que l'on connaît les vues de ce dernier, ont été émises par *Girard, de Laire* et *Chapotaut*. Nous y reviendrons plus loin à propos de l'utilisation des résidus de la fuchsine.

Coupier et *Rosensthiel* ont fait de nombreuses expériences, qui, relativement au rouge produit avec l'aniline commerciale, ne modifient que fort peu la manière de voir d'*Hofmann*, mais qui élargissent la voie pour la production en quantité suffisante d'une matière colorante rouge d'un excellent usage. L'étude de ces innovations sera mieux placée plus loin. ·

COMBINAISONS DE LA ROSANILINE.

A. Sels de rosaniline.

Le sel de rosaniline le plus connu est le *chlorhydrate de rosaniline monacide*, $C^{40}H^{19}Az^3,HCl = (C^{20}H^{19}Az^3,HCl)$. Il cristallise en tables rhomboïdales de couleur verte et à éclat métallique, il est peu soluble dans l'eau, plus facilement dans l'alcool, mais pas du tout dans l'éther. Il attire un peu l'humidité de l'air et ne perd son eau d'interposition qu'à 130°.

Le *chlorhydrate de rosaniline triacide*, $C^{40}H^{19}Az^3,3HCl = (C^{20}H^{19}Az^3,3HCl)$, s'obtient en belles aiguilles brun-jaune, lorsqu'on arrose le sel monacide avec de l'acide chlorhydrique concentré et qu'on chauffe. Si l'on met les cristaux en contact avec de l'eau, ils se dédoublent en acide chlorhydrique libre et en chlorhydrate monacide. C'est pourquoi ils doivent être lavés avec de l'acide chlorhydrique et desséchés en présence de chaux caustique, lorsqu'on veut les obtenir secs. Lorsqu'on les chauffe, ils dégagent également de l'acide chlorhydrique et il reste du chlorhydrate de rosaniline monacide.

Le *sulfate de rosaniline*, $C^{40}H^{19}Az^3, HO, SO^3 = (2C^{20}H^{19}Az^3 . H^2SO^4)$, s'obtient en dissolvant la rosaniline dans de l'acide sulfurique étendu bouillant, dans lequel il se dépose bientôt sous forme cristalline. On le purifie en le faisant recristalliser. Il a le même aspect et il se comporte de la même manière que le chlorhydrate de rosaniline.

Azotate de rosaniline. — On l'obtient en faisant agir l'azotate de bioxyde de mercure sur l'aniline commerciale, $C^{40}H^{19}Az^3, HO, AzO^5 = (C^{20}H^{19}Az^3 . HAzO^3)$ (azaleïne); il cristallise comme les précédents en prismes vert-cantharide.

Oxalate de rosaniline, $C^{40}H^{19}Az^3 . HO.C^2O^3 = (2C^{20}H^{19}Az^3 . C^2O^4 . H^2O)$. — La préparation et l'aspect de ce sel sont analogues à ceux du sulfate. A 100° il retient encore une molécule d'eau, qu'il perd à une température plus élevée, mais en éprouvant une légère décomposition. Il est très-peu soluble dans l'eau.

Acétate de rosaniline, $C^{40}H^{19}Az^3, HO, C^4H^3O^3 = (C^{20}H^{19}Az^3 . C^2 H^4O^2)$. — Il se présente sous forme de cristaux qui sont d'abord verts, mais qui avec le temps deviennent brun-rouge. C'est des sels de rosaniline celui qui est le plus soluble dans l'eau et dans l'alcool et qui forme les plus beaux cristaux. Il est difficile à faire recristalliser.

En traitant une solution d'acétate de rosaniline par le bichromate de potasse, on obtient du *chromate de rosaniline* sous forme d'un précipité rouge-brique presque insoluble, mais qui par ébullition dans l'eau devient vert et cristallin.

Le *picrate de rosaniline* forme un sel cristallisant en aiguilles rougeâtres magnifiques et qui est également presque insoluble dans l'eau.

Tannate de rosaniline. — Si l'on mélange une solution étendue et froide d'un sel de rosaniline avec une solution d'acide tannique, le tannate se sépare sous forme d'un précipité pulvérulent rouge-carmin; mais si la solution est concentrée et chaude, il se produit une masse brun-rouge semblable à de la poix. Lorsqu'on emploie un excès d'acide tannique, la solution reste colorée en rouge, probablement parce qu'elle contient un sel bi- ou triacide, qui est un peu plus soluble que le sel monacide. Le tannate de rosaniline se dissout dans l'esprit de bois, l'alcool et l'acide acétique. Les acides minéraux concentrés le dissolvent avec une couleur jaune-rouge; mais lorsqu'on le mélange avec de l'eau, il se précipite en partie, et la couleur redevient rouge. *E. Kopp* a observé que, lorsqu'on broie le tannate de rosaniline à l'état pulvérulent avec de l'acide azotique ou de l'acide chlorhydrique, on voit la nuance passer peu à peu au violet et enfin au bleu. On peut, en ajoutant très-doucement l'acide minéral, arrêter la réaction de manière à obtenir une nuance déterminée. La poudre peut être lavée avec de l'eau et dissoute dans l'esprit de bois et dans l'esprit-de-vin. La solution étendue avec de l'eau pourrait être employée en teinture.

B. Dérivés de la rosaniline.

a. Remplacement de l'hydrogène par des radicaux alcooliques monoatomiques.

Parmi ces combinaisons, observées pour la première fois par *E. Kopp* et étudiées avec soin par *A. W. Hofmann*, on connaît surtout la :

Triéthylrosaniline, $C^{40}H^{16}(C^4H^5)^3Az^3 = \overline{C}^{20}H^{16}(\overline{C}^2H^5)^3Az^3)$. — Pour la préparer, on chauffe à environ 100° pendant quelques heures un mélange d'un sel de rosaniline (le chlorhydrate par exemple), d'iodure d'éthyle et d'alcool contenu dans un tube fermé. Le produit se dissout avec une couleur violette magnifique. Les sels de cette base contiennent en général deux molécules d'acide. Si l'on chauffe encore la triéthylrosaniline avec de l'iodure d'éthyle, celui-ci se combine chimiquement et l'on obtient $C^{40}H^{16}$ $(C^4H^5)^3Az^3, C^4H^5I = (\overline{C}^{20}H^{16}(\overline{C}^2H^5)^3Az^3, \overline{C}^2H^5I)$. La triéthylrosaniline est préparée en grand et elle se trouve dans le commerce sous le nom de violet *Hofmann;* elle est aussi employée pour la préparation d'un nouveau vert. C'est pourquoi nous renvoyons aux chapitres qui traitent du *violet* et du *vert d'aniline.*

Triméthylrosaniline. — On l'obtient de la même manière que la triéthylrosaniline. Les dissolutions de cette base, qui contiennent en même temps de l'éthyle et du méthyle, offrent des couleurs plus pures et plus vives que celles de la triéthylrosaniline.

Le *pseudopropyle* et l'*allyle* ont été introduits par substitution dans la rosaniline, le premier par *Wanklyn* et le second par *Dawson;* des brevets ont été pris pour les deux produits ainsi obtenus; jusqu'à présent ces expériences n'ont donné aucun résultat important pour la fabrication des couleurs.

b. Remplacement de l'hydrogène par un nombre correspondant de molécules de phényle ou de ses homologues.

Parmi les bases appartenant à ce groupe, la mieux connue est la *triphénylrosaniline*, $C^{40}H^{16}(C^{12}H^5)^3Az^3.2HO = (C^{20}H^{16}(C^6H^5)^3Az^3.H^2O$ dont les sels fournissent des couleurs bleues, tandis que les produits de substitution formés par remplacement de un ou deux atomes d'hydrogène par un ou deux atomes de phényle, par conséquent les sels de mono- et de diphénylrosaniline donnent des couleurs violet-rouge ou violet-bleu. On obtient ces produits en chauffant un sel de rosaniline (de la fuchsine par exemple) avec de l'aniline. Ils sont aussi préparés en grand et ils seront soumis plus loin à un examen plus approfondi, à propos du violet et du bleu d'aniline.

Un produit analogue à la triphénylrosaniline, la *tritolylrosaniline*, se forme par l'action de la toluidine sur un sel de rosaniline. Comme elle constitue une matière colorante bleue, il en sera question avec plus de détails au sujet du bleu d'aniline.

c. Produits de réduction de la rosaniline.

Leucaniline. — Si dans la solution acidulée de la fuchsine (chlorhydrate de rosaniline) on introduit un morceau de zinc, ou bien si on mélange cette solution avec une dissolution de sulfure d'ammonium, le liquide se décolore en donnant naissance à une masse jaune résineuse. On broie celle-ci dans l'eau de manière à obtenir une poudre et, après avoir décanté l'eau, on dissout dans de l'acide chlorhydrique faible. En ajoutant de l'acide chlorhydrique concentré, il se produit un précipité jaune, que l'on peut purifier en le redissolvant dans l'acide chlorhydrique étendu et en le précipitant avec l'acide concentré ; ce précipité est du chlorhydrate de leucaniline. On obtient la base en dissolvant le sel dans l'eau et en mélangeant avec de l'ammoniaque.

La leucaniline est une poudre blanche qui devient rouge-rose au contact de l'air ou bien elle est en petits cristaux blanchâtres presque insolubles dans l'eau froide, très-difficilement solubles dans l'eau bouillante, facilement solubles dans l'alcool et peu solubles dans l'éther. Lorsqu'on la chauffe, elle se colore en rouge et en présence d'un oxydant elle se transforme en rosaniline.

Sa composition est représentée par la formule $C^{40}H^{21}Az^3 = C^{20}H^{21}Az^3$.

Les sels de leucaniline contiennent trois équivalents d'acide et ils sont blancs ou presque blancs.

d. Action de l'acide cyanhydrique sur la rosaniline.

Si l'on mélange la solution alcoolique d'un sel de rosaniline avec du cyanure de potassium, il se précipite une poudre cristalline blanc jaunâtre, qui, séparée par filtration, lavée à l'alcool, redissoute à chaud dans l'acide chlorhydrique étendu et ensuite de nouveau traitée par l'alcool et l'ammoniaque, fournit une combinaison pure prenant promptement la forme cristalline.

Ce composé est l'*hydrocyanrosaniline*, $C^{42}H^{20}Az^4 = C^{40}H^{19}Az^3.C^2$ $AzH = (C^{20}H^{19}Az^3.HCy)$. Bien que ce corps ait la composition du cyanhydrate de rosaniline, il se comporte cependant, non pas comme un sel, mais comme une base, et il forme des combinaisons avec plusieurs acides.

RÉSIDU RÉSINEUX DE LA FABRICATION DE LA FUCHSINE.

Chrysaniline. — *Nicholson* traita le résidu résineux, qui se produit dans la fabrication du rouge d'aniline, avec l'acide arsénique, par différents dissolvants employés les uns après les autres et il obtint ainsi une poudre fine, de couleur jaune, ressemblant beaucoup au chromate de plomb fraîchement précipité, à peine soluble dans l'eau, mais facilement soluble dans l'alcool et l'éther. Ce corps est de la *chrysaniline* dans un état de pureté non encore complet; pour l'obtenir pur, on le combine avec l'acide azotique, on fait cristalliser plusieurs fois le nitrate et enfin on précipite par l'ammoniaque. Desséché à 100°, il a offert la composition : $C^{40}H^{17}$ $Az^3 = (C^{20}H^{17}Az^3)$.

La chrysaniline forme des sels très-caractéristiques avec une ou deux molécules d'acide.

Chlorhydrate de chrysaniline biacide, $C^{40}H^{17}Az^3,2HCl = C^{20}H^{17}$ $Az^3.2HCl$).—Si l'on ajoute de l'acide chlorhydrique concentré à une dissolution de chrysaniline dans l'acide chlorhydrique étendu, il se forme un précipité rouge-écarlate composé de petites écailles; ce précipité est facilement soluble dans l'eau, il se dissout moins dans l'alcool et pas du tout dans l'éther absolu. Quelquefois le sel se précipite avec une molécule d'eau. Lorsqu'on le chauffe pendant longtemps à 160 ou 180°, il reste un résidu de sel monacide.

Azotate de chrysaniline, $C^{40}H^{17}Az^3,HO,AzO^5 = C^{20}H^{17}Az^3.H$ AzO^3). — Lorsqu'on verse une solution de chrysaniline dans une solution d'azotate de potasse, il se produit immédiatement un précipité cristallin d'azotate de chrysaniline de couleur rouge-rubis. On obtient aussi ce sel en faisant bouillir de la chrysaniline avec de l'acide azotique étendu et en laissant refroidir la dissolution. Mais lorsqu'on agite une solution du sel, préparé par ce dernier moyen, avec de l'acide azotique concentré et froid, il se précipite l'azotate de chrysaniline diacide, qui, traité par l'eau, abandonne de l'acide azotique et repasse à l'état d'azotate monacide ; l'azotate de chrysaniline monacide est si peu soluble dans l'eau que *A. W. Hofmann* pense que la chrysaniline peut être employée pour reconnaître l'acide azotique en dissolution.

On a aussi fait des *tentatives pour utiliser dans l'industrie les résidus résineux* de la préparation de la fuchsine. *Sopp*, de Lyon, a pris en France, en 1866, un brevet pour un *jaune de Lyon*, un *ponceau de Lyon* et un *brun-châtaigne de Lyon*. Il traite 100 parties de ces résidus avec 70 ou 80 parties d'acide chlorhydrique. La partie insoluble est d'abord bouillie avec de l'eau et ensuite traitée par l'acide azotique. Celui-ci laisse un résidu noir, tandis qu'il dissout une *substance jaune*, qui par le refroidissement se sépare en cristaux, ou elle prend la forme d'une pâte lorsqu'on la mélange avec de l'eau.

La solution chlorhydrique obtenue en premier lieu est mélangée avec une solution de carbonate de soude, qui donne naissance à un précipité vert foncé. Si l'on traite celui-ci par l'eau bouillante, il abandonne au liquide une petite quantité de fuchsine cristallisable. Le précipité vert lavé, puis repris par de l'ammoniaque caustique faible additionnée d'un peu de savon, fournit une *solution colorée* en *ponceau* très-vif. Si au contraire on le redissout dans l'acide chlorhydrique, il se produit un liquide violet-bleu, et ce dernier donne des couleurs qui, il est vrai, ne sont pas belles, mais qui sont très-solides et qui, appliquées sur une fibre, puis passées dans une solution de permanganate de potasse, se transforment en un beau *brun-châtaigne*.

D'après *Girard*, les résidus solides de la fuchsine sont d'abord traités pour l'extraction de la fuchsine qui y reste encore ; l'opération se pratique exactement comme s'il s'agissait d'extraire la matière colorante de la fuchsine brute; on fait bouillir les résidus avec de l'eau très-faiblement acidulée, on décante ou on filtre et l'on précipite la fuchsine par une solution de carbonate de soude. Il recommande de ne procéder à ce traitement que lorsqu'on a à sa disposition de grandes quantités de résidus.

Ce qui ne se dissout pas dans l'acide chlorhydrique étendu est traité par une solution bouillante de soude caustique étendue. Celle-ci enlève l'acide arsénieux et l'acide arsénique. La partie qui n'entre pas en dissolution dans la soude caustique se compose d'un corps analogue aux substances humiques et de *trois corps basiques*, qui peuvent être utilisés comme *matières colorantes*. Ce mélange est lavé à l'eau bouillante et desséché.

Le traitement suivant consiste à introduire le mélange dans de l'aniline et à chauffer à 100°. L'aniline dissout les autres bases, mais la substance humique n'entre pas en dissolution et elle peut être séparée par filtration.

Girard assure que dans ces derniers temps les méthodes précédentes ont été employées pour la préparation de couleurs, dont on se sert dans l'industrie. Dans ce but, on ne procède pas cependant à une purification aussi complète que celle qui est nécessaire pour reconnaître les propriétés des bases et des sels dont il sera question plus loin.

Les trois bases ont été nommées par *Girard, de Laire* et *Chapotaut : violaniline, mauvaniline, chrysotoluidine*. De leur dissolution dans l'aniline la violaniline se précipite, lorsqu'on ajoute de l'acide chlorhydrique ou de l'acide acétique jusqu'à saturation, tandis que les deux autres restent en dissolution dans l'aniline et peuvent être par filtration séparées de la première. Si maintenant on étend avec de l'eau la solution filtrée et si l'on y ajoute du sel marin, la *mauvaniline* se précipite également et elle peut être séparée par filtration. La solution contient maintenant le sel d'aniline et la chrysotoluidine. On y ajoute de la soude caustique, on introduit le tout dans une cornue et on distille l'aniline au moyen d'un courant de vapeur; la chrysotoluidine reste au fond du résidu de la cornue.

La purification des trois substances ainsi séparées, et qui sont suffisamment pures pour être employées dans l'industrie, s'effectue par redissolution et précipitation fractionnée. Les trois bases et leurs sels peuvent cependant être aussi préparés par une autre voie.

Voici d'ailleurs dans tous ses détails le procédé indiqué récemment par *Girard* et *de Laire* pour la séparation et la préparation économiques de ces diverses amines colorées. A l'aide de ce procédé, qui se distingue par sa simplicité et le peu de dépense qu'il exige, on obtient dans un état de pureté assez grande la mauvaniline, la violaniline et la chrysotoluidine. Ces trois ammoniaques forment ensemble presque la moitié du poids des résidus ; réunies, elles ne présentent aucune valeur au point de vue tinctorial ; mais lorsqu'elles ont été isolées, elles sont chacune susceptibles d'applications industrielles importantes. Nous ferons remarquer que, d'après *Girard* et *de Laire*, la chrysaniline n'est autre chose que de la chrysotoluidine.

Pour séparer les différentes matières colorantes, on traite 1000 kilogr. des résidus de fuchsine avec 12,500 litres d'eau bouillante, contenant 424 kilogr. d'acide chlorhydrique ordinaire. La violaniline reste insoluble. Au liquide filtré bouillant on ajoute 125 kilogr. d'acide chlorhydrique ; on laisse refroidir et on filtre pour séparer le précipité. On obtient ainsi 40 à 45 kilogr. de chlorhydrate de mauvaniline mélangé avec un peu de rosaniline et de matières résineuses. Nous appellerons cette matière A.

Le liquide filtré est précipité incomplétement par 625 kilogr. de sel marin ; le précipité est un mélange de mauvaniline et de sels de rosaniline ; son poids varie entre 30 et 35 kilogr. et il peut servir à la préparation de la fuchsine violette. Nous le désignerons sous le nom de matière A'.

Les eaux mères, ayant fourni ce précipité, sont alors saturées par 83 kilogr. de carbonate de soude ; le produit ainsi obtenu pèse 205 à 210 kilogr ; il est presque exclusivement composé de sels de rosaniline et de très-peu de sels de chrysotoluidine, il constitue la matière B.

En saturant de nouveau ce liquide avec 37 kilogr. 1/2 de carbonate de soude, on obtient un précipité formé surtout de chrysotoluidine, ne contenant que très-peu de sels de rosaniline ; il pèse de 37 à 40 kilogr. et il forme la matière C.

Pour épargner la main-d'œuvre, on dispose en cascades les appareils servant à la dissolution, ainsi qu'aux diverses précipitations et filtrations. Le traitement ultérieur s'effectue de la manière suivante : 100 kilogr. de matière A sèche sont mélangés avec 800 litres d'eau et 200 kilogr. d'acide chlorhydrique ordinaire ; on agite de temps en temps et on laisse reposer pendant 24 heures. La liqueur, filtrée et précipitée par le carbonate de soude, donne une substance semblable à la matière A' et qu'on peut soumettre au même traitement. Le résidu resté sur le filtre est traité successivement deux fois encore par un mélange de 500 litres d'eau, et de 500 litres d'acide chlorhydrique. Les liqueurs résultant de chacun de ces deux traitements sont précipitées par 5,000 litres d'eau froide. Le précipité recueilli est constitué par de la mauvaniline presque pure, il pèse 4 kilogr. chaque fois.

En saturant incomplétement les eaux mères par du carbonate de soude, on obtient une nouvelle quantité de mauvaniline à peu près égale à la première. La saturation des eaux mères est ensuite achevée, et on recueille encore environ 4 kilogr. de fuchsine impure.

Le résidu insoluble résultant de toutes ces opérations pèse environ 50 kilogr., et il se compose de matières jaunes et brunes. En résumé, on obtient pour 100 kilogr. de matière A :

$$
\begin{array}{ll}
\text{36 kilogr.} & \text{de la substance A' semblable à la fuchsine,} \\
\text{12 \quad —} & \text{de mauvaniline,} \\
\underline{\text{50 \quad —}} & \text{de résidu.} \\
\text{98 kilogr.} &
\end{array}
$$

Les 12 kilogr. de mauvaniline, traités par la benzine, abandonnent à celle-ci un peu de matière résineuse ; on met complétement la base en liberté par un traitement alcoolique en présence de la soude, dans un appareil à cohober. La base lavée avec de l'eau fournit avec les différents acides et entre autres l'acide acétique, des sels solubles dans l'eau, qui teignent en magnifique nuance mauve.

Le produit secondaire A', contenant encore un peu de mauvaniline et de rosaniline, est traité comme il vient d'être dit, mais on prend dans ce cas une liqueur ne contenant que 20 0/0 d'acide chlorhydrique. On peut encore le faire cristalliser et le vendre sous le nom de *fuchsine violette*, ou bien on peut l'employer directement en teinture.

Traitement du produit B, mélange de beaucoup de sels de rosaniline, et d'un peu de sels de chrysotoluidine. On dissout 100 kilogr. de fuchsine B dans 2,000 litres d'eau bouillante contenant 5 kilogr. d'acide chlorhydrique ; on filtre dans un cristallisoir, contenant 20 kilogr. d'acide chlorhydrique ordinaire. Par le refroidissement on obtient 25 à 30 kilog. de chlorhydrate de rosaniline.

Les eaux mères peuvent servir encore une fois, après quoi elles sont précipitées par 150 kilogr. de sel marin ; on obtient ainsi un précipité semblable à la substance B et qui, soumis à un traitement analogue, donne des sels de rosaniline purs.

Les eaux mères provenant de la précipitation par le sel marin sont saturées par 10 kilogr. de carbonate de soude et le produit ainsi obtenu contient la chrysotoluidine, et il est traité avec la matière C.

Traitement de la matière C, contenant beaucoup de chrysotoluidine et peu de rosaniline. — 100 kilogr. de la substance C sont dissous dans 2,500 litres d'un lait de chaux très-clair ; après trois ou quatre heures d'ébullition, on filtre dans un cristallisoir contenant de l'acide sulfurique ou mieux de l'acide chlorhydrique. Par le refroidissement on obtient un sel de rosaniline, très-bien cristallisé et connu dans le commerce sous le nom de *fuchsine jaune*, qui renferme encore une petite quantité de chrysotoluidine.

Le résidu, resté insoluble indépendamment d'un excès de chaux, se compose presque exclusivement de chrysotoluidine et d'un peu de rosaniline. Pour obtenir la chrysotoluidine pure, il faut d'abord éliminer toute la chaux ; dans ce but on fait bouillir la matière dans des vases en fonte émaillée, avec un peu d'eau et la quantité d'acide chlorhydrique exactement nécessaire pour saturer la chaux. La chrysotoluidine fond, s'agglomère et surnage le liquide ; on l'enlève au moyen d'une écumoire et on la lave deux fois à l'eau froide. Pour avoir la chrysotoluidine tout à faire pure et pour éliminer les dernières traces de rosaniline, on met à profit la solubilité du chlorhydrate de leucaniline et la facilité avec laquelle ce corps se produit. 100 kilogr. de la matière agglomérée sont dissous dans 2,000 litres d'eau bouillante rendue acide par 100 kilogr. d'acide chlorhydrique ordinaire. A cette solution on ajoute 10 kilogr. de zinc et l'on fait bouillir le mélange pendant 8 heures. La réduction est alors complète, on laisse refroidir, on filtre et l'on précipite le liquide avec 20 kilogr. de sel marin ; mais la précipitation ne s'achève que par la saturation presque complète de l'acide au moyen du carbonate de soude.

On obtient ainsi 80 kilogr. de chrysotoluidine amorphe. Ces 80 kilogr. sont dissous de nouveau dans 2,000 litres d'eau bouillante légèrement acidulée, filtrés et précipités avec 50 kilogr. de soude caustique à 12° Baumé.

La base est lavée à l'eau froide et essorée ; on la traite ensuite par 8 kilogr. d'acide sulfurique ordinaire, puis par 2,000 litres d'eau chaude et on fait bouillir pendant 2 heures.

Le liquide refroidi et filtré est précipité avec beaucoup de soin avec du carbonate de soude, et on obtient ainsi 20 kilogr. d'une matière jaune-marron. La liqueur renfermant la chrysotoluidine presque pure est ensuite précipitée par le sel marin, et elle fournit 25 kilogr. de produit. Ces deux matières sont alors pressées ; on ajoute à la chrysotoluidine une certaine quantité d'acide sulfurique, afin de la transformer en sulfate. 100 kilogr. de la matière C donnent donc 20 kilogr. de jaune-marron, qui peut servir à la teinture des peaux, etc., et 25 kilogr. de chrysotoluidine ; la différence se trouve dans les divers résidus, qui sont constitués généralement par des matières brunes.

Mauvaniline. — Cette base se forme toujours (en même temps que la rosaniline) lorsqu'on fait agir un corps oxydant sur un mélange d'aniline et de toluidine, dans lequel la première prédomine. C'est une base cristallisable, de couleur brun-jaune, mais qui devient brun foncé au contact de l'air.

Les cristaux n'abandonnent pas toute leur eau même à 120 ou 130°, et l'expulsion totale de celle-ci entraîne la décomposition de la base. La mauvaniline est soluble dans l'éther, l'alcool et la benzine, elle n'est pas soluble dans l'eau froide, mais elle se dissout un peu dans l'eau bouillante. Avec plusieurs acides elle forme des sels cristallisant bien, le chlorhydrate et l'acétate notamment se font remarquer sous ce rapport. Les sels offrent des colorations à reflet métallique comme ceux de la rosaniline, ils sont peu solubles dans l'eau froide, assez solubles dans l'eau bouillante, mais ils se dissolvent facilement surtout dans l'eau acidulée. En les soumettant à la distillation sèche, il se produit de l'aniline et de la toluidine. Les sels de mauvaniline teignent la laine et la soie en violet-bleu-mauve (d'où le nom de cette base), et ils possèdent un pouvoir colorant énergique.

La composition de la mauvaniline, lorsqu'elle est en combinaison saline, est représentée par la formule $C^{38}H^{17}Az^3 = (C^{19}H^{17}Az^3)$; à l'état libre elle contient toujours de l'eau de cristallisation, de telle sorte que la formule devient $2C^{19}H^{17}Az^3 + H^2O$.

La *formation de la mauvaniline* s'explique de la manière suivante : 2 molécules d'aniline s'unissent à une molécule de toluidine et 6 atomes d'eau sont éliminés : $2C^{12}H^7Az + C^{14}H^9Az =$

$$C^{38}H^{23}Az^3 — 6\,H = C^{38}H^{17}Az^3 = (2\ \Theta^6H^7Az + \Theta^7H^9Az — 6\,H =$$
$$\Theta^{19}H^{17}Az^3).$$ C'est par conséquent, comme la rosaniline, une triamine, et elle ne diffère de celle-là dans sa composition que parce que les molécules d'aniline et de toluidine s'unissent en proportion inverse.

La mauvaniline peut comme la rosaniline être éthylée, méthylée et phénylée. L'introduction du méthyle s'effectue comme pour la rosaniline. Si l'on met en contact de l'aniline et un sel de mauvaniline et si l'on chauffe, il se produit de la *triphénylmauvaniline*, $C^{38}H^{14}(C^{12}H^5)^3Az^3 = (\Theta^{19}H^{14}(\Theta^6H^5)^3Az^3)$, qui est une base jaune blanchâtre, cristalline, soluble dans l'éther et l'alcool, insoluble dans l'eau et dont les sels sont de belles matières colorantes bleues.

Chrysotoluidine. — La *chrysotoluidine* a pour formule $C^{42}H^{21}Az^3$; elle est formée par la réunion de trois molécules de toluidine et l'élimination de six molécules d'hydrogène, $3.C^{14}H^9Az = C^{42}H^{27}Az^3 — 6\,H = C^{42}H^{21}Az^3 = (3\ \Theta^7H^9Az — 6\,H) = \Theta^{21}H^2Az^3)$. Les sels sont, comme ceux de la mauvaniline, solubles dans l'eau bouillante, mais ils teignent la soie et la laine en jaune.

Violaniline. — La *violaniline*, $C^{36}H^{15}Az^2$, résulte de l'union de trois molécules d'aniline, qui en même temps perdent chacune deux molécules d'hydrogène. $3.C^{12}H^7Az = C^{36}H^{21}Az^3 — 6H = C^{36}H^{15}Az^3 = (3\ \Theta^6H^7Az — 6\,H = \Theta^{18}H^{15}Az^3)$. Les sels de cette base se dissolvent dans l'alcool, mais non dans l'eau; ils teignent la soie et la laine en noir-brun avec un reflet violet.

On peut aussi dans la chrysotoluidine et la violaniline remplacer trois atomes d'hydrogène par du phényle ou du toluyle et former ainsi des triamines secondaires, c'est-à-dire substituées.

D'après ce qui précède, on a observé dans la préparation de la fuchsine la production de quatre triamines différentes :
La *violaniline*, formée avec :

$$3C^{12}H^7Az — 6H = C^{36}H^{15}Az^3 = (C^{18}H^{15}Az^3);$$

La *chrysotoluidine*, formée avec :

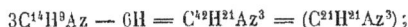

$$3C^{14}H^9Az — 6H = C^{42}H^{21}Az^3 = (C^{21}H^{21}Az^3);$$

La *mauvaniline*, formée avec :

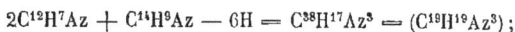

$$2C^{12}H^7Az + C^{14}H^9Az - 6H = C^{38}H^{17}Az^3 = (C^{19}H^{19}Az^3) ;$$

La *rosaniline*, formée avec :

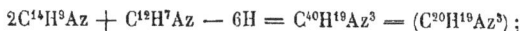

$$2C^{14}H^9Az + C^{12}H^7Az - 6H = C^{40}H^{19}Az^3 = (C^{20}H^{19}Az^3) ;$$

Cerise. — La couleur désignée sous le nom de *cerise* est une matière qui a été introduite dans le commerce par les importantes fabriques de *J. R. Geigy*, de Bâle, et de *R. Knosp*, de Stuttgard. Cette couleur ne teint pas en cramoisi aussi prononcé que la fuchsine, les nuances qu'elle donne tirent un peu plus sur le ponceau. Elle est également préparée avec les résidus de la fuchsine, et l'on se sert dans ce but du liquide obtenu en faisant bouillir la fuchsine brute avec de l'eau et en précipitant la fuchsine pure avec du sel marin ; on filtre la liqueur, on précipite par une solution de carbonate de soude ce qui reste encore en dissolution, on rassemble le précipité et on le dessèche. La composition de cette couleur n'est pas encore déterminée ; il est probable qu'elle contient de la fuchsine et des matières colorantes jaunes, qui peut-être sont formées partie de chrysaniline, partie de chrysotoluidine.

EAUX ARSENICALES PROVENANT DE LA PRÉPARATION DE LA FUCHSINE.

Quelle que soit, parmi les méthodes indiquées précédemment, celle que l'on ait suivie pour l'extraction de la matière colorante de la fuchsine brute, il se produit toujours des eaux contenant de l'acide arsénieux et de l'acide arsénique. Il arrive quelquefois, lorsque la fuchsine n'a été précipitée qu'avec le sel marin, que ces liquides sont encore fortement colorés en rouge. On peut extraire la matière colorante, quoique avec une nuance pas très-pure, en la précipitant avec une solution de carbonate de soude. Plusieurs méthodes ont été proposées pour l'*extraction de l'arsenic*, pratique qui serait justifiée par une double raison. Il semble que ce soit agir sans soin et en s'écartant complétement des principes économiques que de toujours préparer les grandes quantités d'acide arsénique nécessaires pour la fabrication de la fuchsine avec de l'acide arsénieux frais, au lieu de donner une forme convenable pour un nouvel emploi aux résidus, qui, outre quelques impuretés organiques, se composent de solutions aqueuses des deux acides de l'arsenic ; et en outre l'accumulation de ces résidus est pour le fabricant une source d'incommodités très-grandes. L'envoi de ces liquides dans les ruisseaux et les rivières a eu pour la pisciculture de très-graves inconvénients ; leur infiltration dans le sol a produit l'infection de l'eau des puits voisins, et il en est résulté des suites fâcheuses pour ceux qui ont bu cette eau dont la pureté se trouvait ainsi altérée par la présence de l'arsenic. La précipitation des acides de l'arsenic par la chaux ne donne que des résultats incomplets et elle fournit un amas de substances vénéneuses qui devient encore plus gênant. La gravité des inconvénients dont ces résidus sont la source devient plus évidente, si l'on sait que dans quelques États les règlements ordonnent de les jeter à la mer. Malgré tout cela, la revivification de l'acide arsénique n'a pas été tentée avec l'énergie et la circonspection nécessaires, ou bien il se peut que jusqu'à présent cette opération se soit montrée trop dispendieuse.

Pour les raisons précédentes nous regardons comme convenable d'indiquer quelques moyens pour l'extraction de l'acide arsénieux.

On doit considérer comme un bon moyen pour l'extraction de l'acide de l'arsenic le procédé suivant, qui est applicable lorsqu'on a affaire à une solution neutre ou alcaline, comme celle que l'on obtient lors du traitement de la fuchsine brute par l'acide chlorhydrique et sa saturation par le carbonate de soude. On évapore le liquide à une douce chaleur, jusqu'à une certaine concentration, ce que l'on peut faire dans une chaudière ouverte, sans que l'on ait à craindre la volatilisation de l'arsenic, et en employant un feu peu vif. Si l'on verse la solution concentrée dans une cornue de fonte ou dans une cornue émaillée, si l'on ajoute de l'acide sulfurique et si l'on chauffe, l'acide arsénieux se dégage avec l'acide chlorhydrique formé aux dépens du sel marin contenu dans le liquide. L'acide arsénique donne avec l'acide chlorhydrique du chlore libre, qui détruit les substances organiques avec formation d'acide arsénieux et ce dernier distille avec l'acide chlorhydrique. Le produit distillé peut être directement transformé en acide arsénique par ébullition avec de l'acide azotique.

Un autre procédé consiste à ajouter un lait de chaux au mélange liquide de sel marin, d'acide arsénieux et d'acide arsénique. Une grande partie des acides est ainsi précipitée (pas tout, parce que la présence de sels ammoniacaux tient en dissolution une portion de l'arsénite de chaux) ; l'acide arsénieux du précipité d'arséniate et

d'arsénite de chaux est ensuite transformé en acide arsénique
par addition d'acide sulfurique contenant un peu d'acide azotique,
et l'acide arsénique produit peut maintenant, avec celui qui se trouvait déjà en dissolution, être séparé par filtration du sulfate de
chaux et ensuite concentré.

Enfin, si l'on a affaire à des résidus, dans lesquels les deux acides
de l'arsenic se trouvent en majeure partie à l'état libre (c'est-à-dire
à ceux qui se produisent dans la méthode qui consiste à faire
bouillir la fuchsine brute avec de l'eau, à mélanger avec du sel marin et à saturer par l'acide chlorhydrique l'acide arsénique combiné
à la soude), on pourrait évaporer, puis griller dans un four construit comme ceux que l'on emploie pour le grillage des minerais
arsenicaux et muni de canaux de condensation et de chambres pour
recueillir l'acide arsénieux formé.

Toutes ces méthodes supposent certaines dispositions qui, quand
même elles seraient établies sur une échelle assez grande, ne pourraient peut-être pas, à cause de la masse des résidus d'arsenic qui
se produisent, donner dans la fabrique de fuchsine elle-même des
résultats aussi avantageux que ceux auxquels on arriverait dans un
établissement séparé.

b. Fabrication du rouge avec les sels du mercure.

Les inconvénients qui résultent de l'emploi de l'acide arsénieux
dans la préparation de la fuchsine auraient dû être l'occasion de
recherches plus approfondies sur les résultats fournis par d'autres
agents oxydants. On fait ordinairement à la plupart des substances
mentionnées précédemment le seul reproche de donner un rendement plus faible que l'acide arsénique. Le nitrate de mercure, le
nitrate de protoxyde notamment, donne rapidement un rouge
très-vif, comme on peut facilement s'en assurer dans des expériences
en petit. Une fabrique de Berlin, celle de *Jordan*, n'emploie,
assure-t-on, que l'azotate de protoxyde de mercure et elle obtiendrait un rouge tout aussi bien cristallisé qu'en se servant de l'arsenic. Le mercure se trouve dans la fuchsine brute en majeure
partie à l'état métallique et il peut être extrait avec une perte tout
à fait insignifiante. Les produits de la décomposition de l'acide
azotique, qui cède une portion de son oxygène, peuvent également
être en partie recueillis et employés à la régénération de l'acide
azotique. On n'a pas de détails plus précis sur le procédé de la

fabrique de *Jordan*, mais il est probable qu'il ne présente pas de difficultés particulières dans son exécution. Cet établissement livre au commerce comme rouge d'aniline exempt d'arsenic, sous le nom de *rubine*, un produit très-estimé.

c. Fabrication du rouge, d'après Coupier.

Les méthodes de *Coupier*, dont on a beaucoup parlé dans ces derniers temps, se distinguent de toutes les autres sous un double rapport. On doit tout d'abord reconnaître à ce fabricant le mérite de s'être efforcé de faire disparaître toutes les éventualités auxquelles la préparation du rouge restera soumise, tant que l'on opérera avec une matière non exactement connue, avec l'aniline commerciale, c'est-à-dire avec une aniline de composition imparfaitement déterminée. S'appuyant sur la théorie de la formation du rouge émise par *A. W. Hofmann*, il prépara dans un état de pureté aussi grand que possible les bases qui concourent à la formation de la rosaniline, afin de pouvoir faire un mélange répondant aussi complétement que possible aux indications théoriques. Cet effort, dont l'importance ne saurait être méconnue, a eu pour résultat la découverte de la base isomère de la toluidine, la pseudotoluidine (voyez page 120), et de son rôle caractéristique dans la production du rouge. Les travaux de *Coupier* conduisirent en outre à préparer sans aniline des matières colorantes rouges, que nous étudierons bientôt avec détails.

Enfin, une tentative toute récente n'ayant aucun rapport avec les perfectionnements indiqués relativement aux méthodes de préparation de la fuchsine, tentative qui a pour but la suppression de l'acide arsénique comme agent oxydant, paraît aussi devoir être couronnée d'un plein succès.

Nous parlerons d'abord des expériences ayant pour but l'examen de l'influence des trois bases, l'aniline, la toluidine et la pseudotoluidine sur la production de la matière colorante rouge.

Le professeur *Rosensthiel*, de Mulhouse, avait dès 1866 montré par des expériences que la toluidine liquide (livrée au commerce par *Coupier*) fournit avec l'acide arsénique et l'acide chlorhydrique, comme cela a lieu dans la préparation de la fuchsine, 41 0/0 de rouge cristallisé, mais que, comme on devait s'y attendre d'après la théorie d'*Hofmann*, ni l'aniline ni la toluidine cristallisée ne donnaient des produits utiles, lorsqu'on opérait sur les deux substances isolées ou sur la dernière seulement en employant de l'acide chlorhydrique, afin de produire la liquéfaction de la masse. Enfin ses expériences ont montré que de la toluidine cristallisée ne produit, avec 20 0/0 d'aniline et de l'acide arsénique, que des quantités insignifiantes de rouge, mais qu'en mélangeant :

1° 50 0/0 d'aniline pure et 50 0/0 de toluidine pure cristallisée ;
2° 75   —   25   —
.3° 25   —   75   —

et en traitant en même temps ces mélanges par l'acide arsénique et l'acide chlorhydrique, c'est-à-dire en chauffant, etc., on obtenait des quantités moyennes de fuchsine cristallisée, s'élevant avec le premier mélange à 22, 4 0/0, avec le second à 11, 1 0/0 et avec le troisième à 3, 6 0/0, et que par conséquent l'acide chlorhydrique, dans les cas notamment où le mélange renfermait plus de 25 0/0 de toluidine cristallisée, était nécessaire pour la liquéfaction de la masse et contribuait par suite à améliorer le résultat.

Par ces expériences on a été amené à conclure que l'aniline du commerce, dans laquelle se trouve, outre l'aniline, de la toluidine cristallisée, contenait aussi de la toluidine liquide, conclusion dont l'exactitude a été plus tard confirmée par l'expérience ; on fut en outre conduit à penser que le rouge préparé avec la toluidine liquide (*pseudorosaniline de Rosensthiel,* voy. page 165), était différent de celui que l'on obtient avec un mélange d'aniline et de toluidine cristallisée. L'exactitude de cette opinion semble aussi avoir été démontrée par des recherches ultérieures. Il résulte des nouvelles expériences de *Rosensthiel* qu'un mélange de 2 parties de toluidine cristallisée et de 1 partie de pseudotoluidine donne, avec l'acide arsénique, 39 0/0 de rouge cristallisé.

Si l'on soumet à l'action de l'acide arsénique, d'après le procédé en usage pour la préparation de la fuchsine, 2 parties de pseudotoluidine pure et une partie d'aniline, on obtient 50 0/0 d'un rouge très-pur et très-bien cristallisé.

Dans la réaction de l'acide arsénique sur les deux toluidines isomères, il se dégage, lors du chauffage, un alcaloïde, qui consiste essentiellement en aniline ; ce phénomène n'a pas encore été expliqué.

Il n'existe pas de descriptions spéciales des procédés employés par *Coupier* pour la préparation de ces couleurs rouges ; ils ne doivent pas probablement différer de ceux en usage dans la fabrication de la fuchsine.

La deuxième partie des innovations introduites par *Coupier*, la suppression de l'acide arsénique dans la fabrication du rouge, a été examinée et décrite avec détails par *Schützenberger* dans un rapport à la Société industrielle de Mulhouse sur la question de savoir si les méthodes étaient applicables sur une grande échelle et pouvaient être employées avec un avantage réel, question de laquelle dépendait l'adjudication d'un prix proposé par la société.

Coupier prépare différents rouges : 1° avec l'aniline pure ou presque pure fabriquée par lui et du nitrotoluène ; 2° avec l'aniline commerciale ordinaire et la nitrobenzine ordinaire ; 3° avec le nitrotoluène et la toluidine ou avec le nitroxylène et la xylidine, et dans tous les cas il se sert en même temps de fer et d'acide chlorhydrique, ou, d'après un perfectionnement plus récent, il ajoute du perchlorure de fer et de l'acide chlorhydrique. Dans les deux premiers cas on obtient un rouge identique avec la fuchsine ordinaire, et dans le dernier on a un produit auquel *Coupier* donne le nom de *rosotoluidine*, de *rouge de toluidine* ou de *rouge de xylidine*.

Il emploie, par exemple : 95 parties de nitrotoluène avec 65 parties d'acide chlorhydrique, qui sont mélangées avec 67 parties de toluidine et 7 ou 8 parties de perchlorure de fer.

Nous ferons tout d'abord les remarques suivantes : sous le nom d'*érythrobenzine*, *Laurent* et *Casthellaz* avaient obtenu dès 1861 une matière colorante rouge, qui avait pris naissance par le contact de la nitrobenzine et de la limaille de fer avec l'acide chlorhydrique (par conséquent sans l'intervention de l'aniline), mais dont la production n'avait pas paru avantageuse ; ce procédé a été essayé dans le laboratoire de l'École polytechnique de Zurich par *Bolley*, qui a trouvé qu'il était inapplicable ; l'action de l'aniline commerciale sur la nitrobenzine du commerce (sans fer ni acide chlorhydrique) a également été essayée dans le même établissement, mais on ne put la considérer que comme une réaction se manifestant par une coloration rouge et non comme moyen à employer pour produire la matière colorante ; enfin le professeur *Städeler*, de Zurich, a également obtenu une couleur rouge avec la nitrobenzine et l'aniline, mais la quantité de cette matière était encore insuffisante. Il résulte des faits précédents qu'au point de vue du rendement il serait plus avantageux d'opérer en présence du fer et de l'acide chlorhydrique. En grand l'opération se fait de la manière suivante. Dans un vase de fonte émaillée on chauffe peu à peu jusqu'à 200° un des mélanges précédents. On se rend compte de la marche de la réaction soit d'après les indications d'un thermomètre plongé dans le mélange, soit d'après la nature des vapeurs qui se dégagent, soit enfin d'après l'aspect de la masse, dont on prélève de temps en temps un échantillon. Le produit, une fois que l'opération est terminée, offre, lorsqu'il est encore chaud, la consistance d'un liquide épais, mais par le refroidissement il se prend en une masse solide cassante ayant l'aspect de la fuchsine brute. On le pulvérise, on le fait bouillir dans l'eau, au moyen d'une solution de carbonate de soude, on précipite de la dissolution la matière colorante et l'on purifie celle-ci à la manière ordinaire, comme pour la fuchsine, en la redissolvant et la faisant cristalliser.

Schützenberger assure que, si l'on tient compte du poids du corps nitré, on obtient d'une belle matière colorante rouge un rendement au moins aussi grand qu'avec l'emploi de l'acide arsénique. La nuance du produit qui se forme avec l'aniline et le nitrotoluène se rapproche beaucoup de celle de la fuchsine, tandis que celle du corps obtenu avec le nitrotoluène et la toluidine est plus violette.

Les *propriétés des différentes matières colorantes rouges*, à la production desquelles les travaux de *Coupier* et de *Rosensthiel* ont donné l'impulsion, ont été étudiées avec soin, du moins en partie, par ce dernier. Nous avons vu que des rouges peuvent être produits :

      1° Avec de l'aniline pure et de la toluidine cristallisée ;
      2°   —   et de la pseudotoluidine ;
      3° Avec de l'aniline commerciale ;
      4° Avec de la toluidine liquide.

Les deux rouges qui prennent naissance avec les mélanges 1 et 2 se montrent identiques aussi bien dans leur composition que dans la forme cristalline de leurs chlorhydrates, comme aussi sous le rapport de la solubilité de ces derniers, de leur nuance et de leur pouvoir tinctorial. Il s'agit donc de savoir s'ils doivent être considérés comme isomères ou comme des corps réellement identiques. Leur non-identité est démontrée par une réaction très-caractéristique découverte par *Rosensthiel*.

Si l'on réduit ces deux matières colorantes par l'acide iodhydrique, c'est-à-dire si l'on régénère les alcaloïdes avec lesquels elles ont été composées, il se forme avec le rouge n° 1 seulement de l'aniline et de la toluidine cristallisable, et avec le n° 2 de l'aniline et de la pseudotoluidine. D'après cela, on doit les regarder comme *isomères* et en même temps comme des *isomorphes*, puisque les chlorhydrates ont les mêmes formes cristallines. Les fuchsines du commerce doivent par conséquent être des mélanges des deux matières colorantes isomères et isomorphes. Cette hypothèse *à priori* a été trouvée exacte par *Rosensthiel* sur six sortes différentes de fuchsines ; il a obtenu par le même moyen de l'aniline, de la toluidine et de la pseudotoluidine, cette dernière en quantité prédominante [1].

Les propriétés et la composition des produits de *Coupier*, le rouge de toluidine et le rouge de xylidine, ne sont pas encore exactement connues.

Mais c'est ici le lieu de mentionner que *A. W. Hofmann*, de Berlin, a obtenu, en chauffant un mélange de xylidine pure et d'aniline pure, additionné d'un agent oxydant susceptible de former de la rosaniline, un rouge-cramoisi magnifique se rapprochant

---

[1] D'après des expériences effectuées récemment par *Rosensthiel*, la pseudotoluidine, chauffée *seule* à 170° avec de l'acide arsénique, se transformerait partiellement en un rouge non identique, mais *isomère* avec celui que fournit un mélange d'aniline et de toluidine cristallisée ; et ce corps, qui est exactement le même que celui que l'on obtient avec de l'aniline pure et de la pseudotoluidine, a été nommé *pseudorosaniline* par *Rosensthiel*. Dans cette réaction une partie de la pseudotoluidine se convertirait d'abord en aniline, et la production du rouge commencerait au moment où l'aniline formée et la portion de la pseudotoluidine non altérée sont dans les proportions qui conviennent pour que la matière colorante prenne naissance. La pseudotoluidine ainsi traitée donnerait environ 12 0/0 de rouge. (Ni l'aniline, ni la toluidine *pures*, soumises au même traitement, ne se transforment en rosaniline.)

Mais l'acide arsénique n'est pas le seul agent capable de convertir la pseudotoluidine en une matière colorante, l'air atmosphérique peut aussi produire cette transformation à la température ordinaire. On sait que les sels d'aniline et de toluidine se colorent en rouge-rose au contact de l'air. *Rosensthiel* a observé que cette couleur ne se développe qu'en présence de petites quantités de pseudotoluidine. Si les sels de toluidine sont tout à fait purs, ils ne se colorent que lentement et seulement en jaune ; les sels d'aniline se comportent de la même manière, en prenant une coloration gris verdâtre. L'air atmosphérique agit d'une façon analogue sur les bases libres. Si l'on sature avec précaution par un acide de la pseudotoluidine pure, le liquide se colore au moment où la saturation est complète en rouge-fuchsine intense. Le même phénomène se produit lorsqu'on soumet au même traitement de l'aniline ou de la toluidine contenant une petite quantité de pseudotoluidine. La coloration apparaît dans toute sa beauté surtout lorsqu'on emploie pour la saturation des bases de l'acide acétique étendu et non des acides forts comme l'acide sulfurique ou chlorhydrique ; avec ce dernier, la coloration se manifeste exactement au moment de la neutralisation, mais elle disparaît immédiatement lorsqu'on ajoute une nouvelle goutte d'acide, et elle est remplacée par une couleur jaune brunâtre. Cette propriété de la matière colorante, de passer au jaune en présence d'un excès d'acide, est caractéristique pour la fuchsine.

beaucoup de la fuchsine par l'intensité et la nuance de sa coloration ; il regarde provisoirement la composition de ce rouge comme correspondant à la formule :

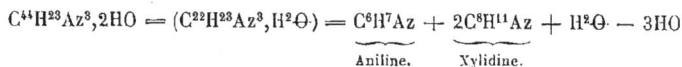

$$C^{44}H^{23}Az^3,2HO = (C^{22}H^{23}Az^3,H^2O) = \underbrace{C^6H^7Az}_{\text{Aniline.}} + \underbrace{2C^8H^{11}Az}_{\text{Xylidine.}} + H^2O - 3HO$$

Il est évident que le rouge de xylidine de *Coupier*, qui serait préparé avec de la xylidine et du nitroxylène, doit avoir une composition différente de celle du corps obtenu par *Hofmann*.

Géranosine. — La *géranosine* ou le *ponceau d'aniline* est une matière colorante dérivée de la fuchsine, qui a été préparée par *Luthringer* et pour laquelle celui-ci a pris un brevet. Pour l'obtenir, on dissout 1 kilog. de fuchsine dans 100 litres d'eau bouillante, on filtre le liquide bouillant, on laisse refroidir le liquide filtré à 45° et l'on y verse une solution étendue de peroxyde d'hydrogène, on agite bien et on laisse refroidir. Sous l'influence du peroxyde d'hydrogène la solution de fuschine vire au jaune et elle peut à la fin devenir tout à fait incolore. Lorsqu'elle ne montre plus qu'une faible coloration rouge, on la filtre, on la chauffe à 110° avec de la vapeur et on la maintient pendant quelques minutes à cette température. On laisse refroidir, on filtre et l'on peut livrer au commerce le liquide qui ne contient que 1/1000 de matière colorante, ou bien, comme il est très-étendu, on peut l'évaporer à sec dans le vide. Quelquefois aussi on précipite la matière colorante de la solution aqueuse avec du sel marin. Avec la masse sèche évaporée dans le vide on pourrait facilement préparer une solution alcoolique concentrée.

Pour obtenir le peroxyde d'hydrogène nécessaire pour la préparation de la géranosine, on introduit, d'après le brevet de *Luthringer*, 4 kilog. 1/2 de bioxyde de baryum dans 35 litres d'eau, on agite jusqu'à ce que la dissolution de la baryte soit aussi complète que possible, puis on ajoute peu à peu 11 kilogr. d'acide sulfurique anglais à 66° Baumé et l'on verse dans la fuchsine la solution encore troublée par le sulfate de baryte qui s'y trouve en partie suspendu.

Écarlate. — On peut préparer une matière analogue à la géranosine, l'*écarlate*, qui en 1869 a été brevetée au nom de *C. C. P. Ulrich.*

Pour l'obtenir, on mélange ensemble 4 parties en poids d'acétate de rosaniline et 3 parties aussi en poids d'azotate de plomb dissoutes dans la quantité d'eau bouillante nécessaire, on fait bouillir et l'on évapore à sec. La masse sèche doit être chauffée à 150 ou 200°, jusqu'à ce qu'elle soit devenue tout à fait violette. Après le refroidissement, on la fait bouillir pendant quelque temps avec de l'eau faiblement acidulée avec de l'acide sulfurique. On sature la solution acide avec un alcali et on la filtre bouillante. La matière colorante se trouve dans la dissolution. Pour l'en extraire, on ajoute du sel marin qui précipite la couleur. Le précipité est recueilli sur un filtre et desséché.

Cette écarlate fournirait par éthylation (ou méthylation) une *matière colorante rouge-rose*. Dans ce but il faut la dissoudre dans l'alcool, mélanger la solution avec de l'iodure d'éthyle (ou de méthyle) et chauffer pendant quelque temps à 150° dans un vase fermé. La nouvelle matière colorante rouge-rose doit être extraite du produit de la même manière que le violet *Hofmann* (voyez plus loin). La description du procédé laisse beaucoup à désirer ; on ne connaît pas encore parfaitement le mode de formation de cette couleur ; il en est de même pour la géranosine.

Safranine. — On désigne sous le nom de *safranine* une très-belle matière colorante préparée depuis quelque temps sur une assez grande échelle et très-employée dans la teinture sur soie ; la safranine a une couleur rouge magnifique tirant un peu sur l'écarlate.

Jusqu'à présent on n'a encore publié aucune description exacte de la fabrication de cette matière. Voici cependant quelles sont les conditions de sa préparation, il faut :

1° Employer de l'aniline lourde, qui contienne environ 30 0/0 d'aniline et 70 0/0 de toluidine (toluidine liquide et pseudotoluidine), son point d'ébullition doit être compris entre 197 et 203° ;

2° Transformer l'aniline et la toluidine, au moyen de l'acide azoteux ou des azotites, en amidoazobenzine et en amidoazotoluène ;

3° Oxyder ces combinaisons azoïques par l'acide arsénique, l'acide chromique, le bichromate de potasse, et purifier la safranine brute produite par cette réaction.

Il est presque certain que la safranine est un dérivé de la toluidine. En effet, *A. W. Hofmann* et *A. Geyger* ont montré qu'on ne peut préparer la safranine ni avec l'aniline pure, ni avec la toluidine cristallisée, ni avec un mélange de ces deux corps ; mais on obtient cette matière si l'on emploie de la toluidine liquide bouillant à 198°.

Voyons maintenant quels sont les corps qui peuvent prendre naissance lorsqu'on fait agir de l'acide azoteux sur de la toluidine et de l'aniline ; nous devons d'abord faire remarquer que l'acide azoteux ordinaire, tel qu'on le prépare généralement par l'action de l'acide azotique sur des substances organiques (amidon, sucre, résine, etc.), n'est pas de l'acide azoteux pur, il est au contraire toujours mélangé avec une quantité plus ou moins grande d'acide hypoazotique ($Az\,\Theta^2$) et de vapeurs d'acide azotique ($AzH\Theta^3$).

Si l'on fait agir cet acide azoteux sur de l'aniline, ce n'est donc qu'au commencement de la réaction qu'on pourra observer une véritable transformation des deux corps ; au bout de quelques instants il se sera formé une certaine quantité d'azotate d'aniline, et alors il faut également tenir compte de l'action de l'acide azoteux sur l'azotate d'aniline.

La même remarque s'applique à la toluidine.

Lorsqu'on fait agir de l'acide azoteux sur l'aniline, il se forme, suivant les circonstances, du diazobenzol ($\Theta^6H^4Az^2$) ou de l'azotate de diazobenzol ou d'amidoazobenzol.

On obtient très-facilement *l'azotate de diazobenzol*, $\Theta^6H^4Az^2$, $AzH\Theta^3 = \Theta^6H^5Az^2$, $Az\Theta^3$, en faisant agir l'acide azoteux sur une solution aqueuse d'azotate d'aniline :

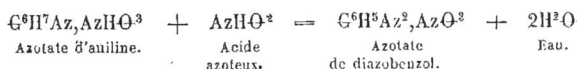

$$\Theta^6H^7Az,AzH\Theta^3 \;+\; AzH\Theta^2 \;=\; \Theta^6H^5Az^2,Az\Theta^2 \;+\; 2H^2\Theta$$

$\Theta^6H^7Az,AzH\Theta^3$	$AzH\Theta^2$	$\Theta^6H^5Az^2,Az\Theta^2$	$2H^2\Theta$
Azotate d'aniline.	Acide azoteux.	Azotate de diazobenzol.	Eau.

On peut aussi le préparer en faisant passer un courant d'acide azoteux dans une solution éthérée de diazoamidobenzol, $\Theta^{12}H^{11}Az^3$, que l'on a soin de refroidir ; le diazoamidobenzol peut être regardé comme une combinaison de diazobenzol avec l'aniline (amidobenzol) :

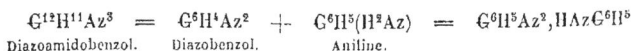

$$\Theta^{12}H^{11}Az^3 \;=\; \Theta^5H^4Az^2 \;+\; \Theta^6H^5(H^2Az) \;=\; \Theta^6H^5Az^2,HAz\Theta^6H^5$$

$\Theta^{12}H^{11}Az^3$	$\Theta^5H^4Az^2$	$\Theta^6H^5(H^2Az)$	$\Theta^6H^5Az^2,HAz\Theta^6H^5$
Diazoamidobenzol.	Diazobenzol.	Aniline.	

L'acide azotique qui accompagne l'acide azoteux dédouble le diazoamidobenzol en azotate de diazobenzol et en azotate d'aniline, et celui-ci est alors transformé, comme précédemment, en azotate de diazobenzol.

Enfin, ce dernier prend aussi naissance lorsqu'une solution refroidie de 1 partie d'aniline dans 3 parties d'alcool est traitée par l'acide azoteux, jusqu'à ce qu'une addition d'éther donne lieu à une précipitation d'aiguilles cristallines.

L'azotate de diazobenzol constitue de longues aiguilles blanches, qui sont facilement solubles dans l'eau, peu solubles dans l'alcool et insolubles dans l'éther et le benzol. Ces aiguilles détonent lorsqu'on les chauffe et elles donnent lieu à une explosion très-vive sous l'influence d'un choc, aussi doivent-elles être maniées avec beaucoup de précaution.

Le *diazobenzol* libre ($C^6H^4Az^2+H^2O$, ou peut-être $C^6H^5Az^2,HO$), qui est difficile à préparer et se présente sous forme d'une huile épaisse, jaune et d'une odeur aromatique, se décompose presque immédiatement en donnant lieu à un dégagement d'azote. Il se distingue cependant par la propriété de se combiner avec les bases aniliques, lorsqu'on le met en contact avec celles-ci, en donnant naissance à des combinaisons diazoamidées.

Si, par exemple, une combinaison du diazobenzol (avec l'acide azotique, l'acide sulfurique, le chlore, etc.) en solution aqueuse ou alcoolique réagit sur de l'aniline, il se forme du *diazoamidobenzol*, $C^{12}H^{11}Az^3$.

Si à la place de l'aniline on emploie de la toluidine, c'est du *diazobenzol-amidotoluol* qui prend naissance :

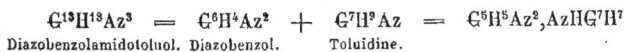

$$C^{13}H^{13}Az^3 \;=\; C^6H^4Az^2 \;+\; C^7H^9Az \;=\; C^5H^5Az^2,AzHC^7H^7$$

Diazobenzolamidotoluol. Diazobenzol.   Toluidine.

Ce corps cristallise en aiguilles minces jaunes.

La toluidine se comporte exactement comme l'aniline vis-à-vis de l'acide azoteux. Dans les mêmes conditions il se forme de l'azotate de diazotoluol également explosible, $C^7H^6Az^2,AzHO^3 = C^7H^7Az^2,AzO^3$, qui cristallise en aiguilles ou en lamelles brillantes.

L'équation suivante rend compte de sa formation :

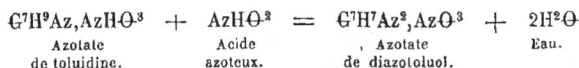

$$C^7H^9Az,AzHO^3 \;+\; AzHO^2 \;=\; C^7H^7Az^2,AzO^3 \;+\; 2H^2O$$

Azotate Acide Azotate Eau.
de toluidine. azoteux. de diazotoluol.

Lorsqu'on fait agir le diazotoluol sur l'aniline, il se forme du diazotoluolamidobenzol, qui cristallise en grosses aiguilles jaunes :

$$\underset{\text{Diazotoluol.}}{C^7H^6Az^2} + \underset{\text{Aniline.}}{C^6H^7Az} = \underset{\text{Diazotoluolamidobenzol.}}{C^{13}H^{13}Az^3} = \underset{\text{Diazotoluolamidobenzol.}}{C^7H^7Az^2,AzHC^6H^5}$$

Il est isomère avec le diazobenzol-amidotoluol.

Lorsque le diazotoluol réagit sur la toluidine, il se forme du diazo-amidotoluol, $C^{14}H^{15}Az^3$, que l'on obtient aussi en faisant passer un courant d'acide azoteux dans une solution alcoolique ou éthérée de toluidine. Il cristallise en aiguilles jaunes :

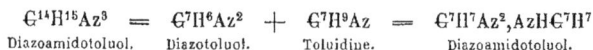

$$\underset{\text{Diazoamidotoluol.}}{C^{14}H^{15}Az^3} = \underset{\text{Diazotoluol.}}{C^7H^6Az^2} + \underset{\text{Toluidine.}}{C^7H^9Az} = \underset{\text{Diazoamidotoluol.}}{C^7H^7Az^2,AzHC^7H^7}$$

De tous ces composés c'est le *diazoamidobenzol*, $C^{12}H^{11}Az^3$, qui a été le mieux étudié.

On l'obtient lorsque, dans une solution bien refroidie de 1 partie d'aniline dans 6 ou 8 parties d'alcool, on fait passer un courant d'acide azoteux, jusqu'à ce que presque toute l'aniline ait disparu, après quoi on verse dans l'eau le liquide brun-rouge ; du diazo-midobenzol contenant de l'aniline se précipite alors sous forme d'une matière brune, huileuse, se prenant promptement en une masse cristalline.

On le prépare encore plus facilement en versant peu à peu sur du chlorydrate d'aniline neutre et sec une solution d'azotate de soude d'un poids spécifique de 1,5, refroidie à 5° et contenant 1/2 0/0 d'alcali libre, mais pas de carbonates ; il faut aussi avoir soin d'agiter continuellement. La réaction est très-vive ; les cristaux de chlorhydrate d'aniline se recouvrent d'une couche jaune de diazoamidobenzol et le tout se prend très-promptement en une masse cristalline homogène de couleur jaune-citron. On lave avec de l'eau, on presse et on fait recristalliser dans l'alcool chaud.

Le diazoamidobenzol forme des lamelles dorées qui sont insolubles dans l'eau, difficilement solubles dans l'alcool froid, plus facilement dans l'alcool bouillant, solubles dans l'éther et la benzine. Il s'altère facilement lorsqu'on le fait bouillir dans l'alcool. Cette combinaison fond à 91° en une huile jaune-rouge, qui recristallise à 50° ; elle détone assez facilement lorsqu'on la chauffe.

De toutes les décompositions qu'éprouve le diazoamidobenzol, la plus intéressante est celle qu'il subit lorsqu'on le laisse quelque temps en contact avec de l'aniline ou un sel d'aniline.

Il se transforme alors en son isomère l'amidoazobenzol :

$$\underset{\text{Diazoamidobenzol.}}{C^6H^5Az^2,AzHC^6H^5} = \underset{\text{Amidoazobenzol.}}{C^6H^5Az^2.C^6H^4H^2Az}$$

L'amidoazobenzol peut être regardé comme de l'azobenzol, $C^{12}H^{10}Az^2$, dans lequel 1H est remplacé par H^2Az :

$$C^{12}H^{11}Az^3 = \underset{\text{Amidoazobenzol.}}{C^{12}H^9(H^2Az)Az^2}$$

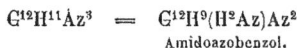

Les autres combinaisons diazoamidées éprouvent une transformation analogue, ainsi par exemple le diazoamidotoluol se change en amidoazotoluol.

L'amidoazobenzol, $C^{12}H^{11}Az^3$, nommé aussi amidodiphénylimide, se forme encore dans les circonstances suivantes.

1° Si l'on fait passer un courant d'acide azoteux dans de l'aniline dissoute dans trois fois son poids d'alcool et légèrement chauffée, le liquide devient rouge foncé; lorsque l'intensité de la coloration n'augmente plus, on ajoute un grand excès d'acide chlorhydrique modérément concentré, et le mélange se solidifie en une masse brun-rouge épaisse. On recueille celle-ci sur un filtre, on lave avec de l'alcool très-faible pour éliminer le phénol qui s'est formé (par la décomposition du diazobenzol), on épuise plusieurs fois par l'eau bouillante et du liquide filtré on précipite l'amidoazobenzol par l'ammoniaque.

2° On mélange 3 parties de stannate de soude, 1 partie d'azotate d'aniline et 10 parties d'eau, on chauffe à 100° et l'on ajoute peu à peu une lessive de soude, qui donne naissance à une vive réaction.

Dès qu'un échantillon prend une couleur rouge foncé, lorsqu'on ajoute un acide, on laisse refroidir. Si l'on ajoute ensuite une quantité d'acide chlorhydrique suffisante pour dissoudre tout l'oxyde d'étain, il se précipite une résine brun-rouge. On fait digérer aver une lessive de soude pour éliminer le phénol, on épuise avec de l'acide chlorhydrique étendu et l'on précipite le liquide filtré par l'ammoniaque.

3° On fait agir lentement des vapeurs de brome sur l'aniline; il se forme une bouillie cristalline rouge. L'acide chlorhydrique d'un poids spécifique de 1,11 enlève beaucoup d'aniline et d'aniline monobromée ; le résidu cède à l'acide chlorhydrique étendu et bouillant d'abord de l'aniline bibromée ; les autres décoctions sont colorées en rouge foncé et elles donnent par le refroidissement des aiguilles bleues de chlorhydrate d'amidoazobenzol et, lorsqu'on ajoute de l'ammoniaque, des écailles cristallines de la base libre.

L'amidoazobenzol est peu soluble dans l'eau bouillante, facilement dans l'alcool et l'éther. Dans sa solution alcoolique il cristallise en aiguilles ou en prismes rhombiques jaunes, qui fondent à 130° et se volatilisent sans décomposition à une haute température.

C'est une base monacide très-faible ; ses sels ne sont cristallisables que dans un excès d'acide et ils offrent alors une couleur rouge ou bleu-violet ; ils sont facilement et complétement décomposés par l'eau. Les solutions acides rouges teignent la soie en un rouge magnifique, mais la couleur passe au jaune lorsqu'on lave le tissu à l'eau, et les acides font reparaître la coloration rouge.

L'amidoazobenzol, chauffé avec du peroxyde de manganèse et de l'acide sulfurique, donne de la quinone ; traité par l'étain et l'acide chlorhydrique, il fournit de l'aniline et de la phénylènediamine :

$$\underset{\text{Amidoazobenzol.}}{C^{12}H^{11}Az^3} + H^4 = \underset{\text{Aniline.}}{C^6H^7Az} + \underset{\text{Phénylène-diamine.}}{C^6H^8Az^2}$$

En chauffant de l'amidoazobenzol avec du chlorhydrate d'aniline, on obtient une matière colorante bleue non encore étudiée.

Si l'on fait passer un courant d'acide azoteux dans une solution alcoolique de la base, des combinaisons diazoïques cristallisables prennent naissance.

On voit maintenant, d'après ce qui précède, quelles sont les combinaisons qui peuvent être produites par l'action de l'acide azoteux sur les anilines lourdes ; les principales sont l'amidoazobenzol, l'amidoazotoluol, etc.

Dans la pratique on a employé pendant longtemps l'azotite de plomb pour la transformation des anilines. Aujourd'hui on fait ordinairement agir directement l'acide azoteux sur celles-ci, mais alors il est nécessaire que le tube qui amène les vapeurs nitreuses plonge profondément dans l'aniline ; il est aussi convenable d'agiter fréquemment et de refroidir, si la température vient à monter trop haut. Si la réaction était trop vive ou si l'acide azoteux était en excès, il pourrait se produire une carbonisation.

Le produit de l'action de l'acide azoteux est maintenant soumis à une réaction oxydante. Comme corps oxydant, on peut employer l'acide chromique, le chromate de potasse avec l'acide sulfurique, l'acide arsénique, le bichlorure d'étain.

Le bichromate de potasse paraît jusqu'à présent avoir donné les résultats les plus avantageux. On reconnaît que l'oxydation est suffisante à l'apparition de couleurs violettes. Si on emploie de l'acide arsénique, on chauffe pendant 5 minutes, à 80 ou 120°, 2 parties d'azotite d'aniline avec 1 partie de l'acide. Le produit brut doit être maintenant soumis à un procédé de purification.

On le fait bouillir dans de l'eau contenant de la soude ou de la chaux, dans laquelle les matières colorantes violettes restent insolubles, mais où se dissout la safranine. On filtre, on sursature légèrement par l'acide chlorhydrique, et l'on transforme ainsi la safranine en chlorhydrate, que l'on peut extraire par évaporation ou en ajoutant du sel marin, l'acide chlorhydrique en excès peut être préalablement neutralisé par addition de carbonate de chaux.

Si l'on veut obtenir une safranine plus pure, on procède à une autre purification en traitant la matière colorante par de l'eau rendue alcaline avec de l'hydrate de soude.

La safranine a été étudiée dans ces derniers temps par *A. W. Hofmann* et *A. Geyger*.

Sa composition est représentée par la formule $C^{24}H^{20}Az^4$.

Sa formation aurait lieu comme celle de la rosaniline et des autres ammoniaques colorées : mais sous l'influence de l'acide azoteux 3 atomes d'hydrogène et 3 molécules de toluidine condensées seraient remplacés par un atome d'azote et 4 autres atomes d'hydrogène seraient ensuite éliminés par oxydation.

On peut par conséquent supposer que la réaction qui donne naissance à la safranine a lieu en deux phases :

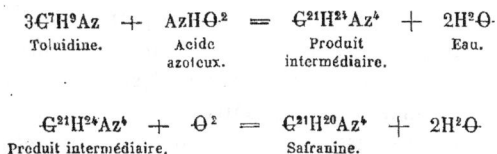

$$3C^7H^9Az \ + \ AzHO^2 \ = \ C^{21}H^{24}Az^4 \ + \ 2H^2O$$
Toluidine.   Acide azoteux.   Produit intermédiaire.   Eau.

$$C^{21}H^{24}Az^4 \ + \ O^2 \ = \ C^{21}H^{20}Az^4 \ + \ 2H^2O$$
Produit intermédiaire.   Safranine.

Si la mauvéine violette de *Perkin* possède la formule $C^{27}H^{24}Az^4$

(voyez plus loin *matières colorantes violettes*), elle pourrait être regardée comme de la safranine phénylée :

$$C^{27}H^{24}Az^4 = C^{21}H^{19}(C^6H^5)Az^4.$$

En effet, la safranine bouillie avec de l'aniline fournit une matière colorante violette, et toutes deux, la safranine et la mauvéine, donnent lieu, sous l'influence des acides concentrés, à peu près aux mêmes réactions colorées. *Perkin* avait déjà indiqué la safranine comme produit secondaire de la préparation de la mauvéine.

La safranine se rencontre dans le commerce soit sous forme solide, soit en pâte. La safranine solide étudiée par *Hofmann* et *Geyger* constituait une poudre rouge-jaune, composée principalement de chlorhydrate de safranine, mélangée avec une grande quantité de carbonate de chaux et de sel marin.

Avec le produit brut on peut assez facilement obtenir le chlorhydrate de safranine pur par extraction avec de l'eau bouillante et recristallisation. Comme cependant les sels de safranine perdent facilement leur acide, ce qui augmente leur solubilité dans l'eau, il faut avoir soin lors de la dernière cristallisation d'aciduler le liquide bouillant avec l'acide chlorhydrique.

Chlorhydrate de safranine, $C^{21}H^{20}Az^4,HCl = C^{21}H^{21}Az^4Cl$. — Il se sépare par le refroidissement de sa solution aqueuse bouillante sous forme de petits cristaux de couleur rougeâtre ; il est beaucoup plus soluble à chaud qu'à froid dans l'eau comme dans l'alcool. Les dissolutions ont une couleur orange intense et elles offrent une fluorescence caractéristique. La solution alcoolique est précipitée par l'éther, qui ne dissout pas le sel.

Safranine, $C^{21}H^{20}Az^4$. — La safranine libre ne peut pas être précipitée des solutions aqueuses du chlorhydrate au moyen des alcalis ; pour l'obtenir, il faut décomposer le sel par l'oxyde d'argent, il se forme du chlorure d'argent et la safranine est mise en liberté. Le liquide filtré a une couleur rouge-jaune foncé ; évaporé, il donne, en se refroidissant, des cristaux brun-rouge offrant beaucoup d'analogie avec le chlorhydrate, et qui, desséchés à 100°, prennent un léger éclat métallique verdâtre.

La safranine libre se dissout facilement dans l'eau et l'alcool, mais non dans l'éther. Les solutions un peu concentrées, mélangées avec de l'acide chlorhydrique et plusieurs autres acides, donnent des précipités de sels de safranine immédiatement cristallins.

Azotate de safranine, $C^{21}H^{21}Az^5O^3 = C^{21}H^{20}Az^4$, $HAzO^3$. —
On l'obtient en traitant la safranine libre par un excès d'acide azotique étendu. Il cristallise en belles aiguilles brun-rouge, très-
solubles dans l'eau bouillante, difficilement solubles dans l'eau
froide, plus facilement solubles dans l'alcool froid.

Le *bromure* et l'*iodure de safranine* sont cristallins, très-difficilement solubles dans l'eau froide, assez facilement solubles dans
l'eau bouillante.

Le *sulfate de safranine* est un sel assez soluble. Le *picrate de
safranine* est insoluble dans l'eau, l'alcool et l'éther, et il est précipité sous forme cristalline par l'acide picrique ajouté dans les
solutions des autres sels safraniques.

Tous les sels de safranine offrent la réaction suivante, qui est
caractéristique. Lorsque à leurs dissolutions on ajoute de l'acide
chlorhydrique concentré, ou mieux encore de l'acide sulfurique,
la couleur brun-rouge du liquide passe successivement au violet,
au bleu foncé, au vert foncé et enfin au vert clair. Lorsqu'on
ajoute de l'eau lentement, on voit se reproduire les mêmes phénomènes de coloration, mais en sens inverse.

Matières colorantes bleues.

Il existe toute une série de procédés pour produire, en partant
de l'aniline, des matières colorantes bleues. Un grand nombre
d'entre eux ne doivent être regardés que comme des réactions, c'est-
à-dire comme ne permettant de produire que des dissolutions
bleues d'un très-faible rendement en matière colorante solide.
D'autres offrent des difficultés dans leur exécution en grand ou bien
on n'est pas certain avec ces procédés d'obtenir une quantité déterminée de couleur et toujours la même nuance. Le nombre des
méthodes passées dans la pratique industrielle est par conséquent
proportionnellement très-petit. Si l'on jette un coup d'œil sur toutes
celles qui ont été proposées jusqu'à ce jour, il est même difficile de
les soumettre à une classification basée sur des principes chimiques.
1° On trouve des descriptions de procédés qui reposent sur l'action
des agents oxydants les plus différents sur l'aniline ou les sels d'a-
niline, ainsi, par exemple, *Béchamp* emploie un courant de chlore,
Beissenhirz l'acide chromique, *Fritsche* le chlorate de potasse et
l'acide chlorhydrique, *Kopp* l'azotate d'aniline et l'acide chlorique,
ou le perchlorure de fer, *Lauth* le peroxyde d'hydrogène, l'acide

iodique ou le chlorure de chaux, *Persoz*, *de Luynes* et *Salvétat* le bichlorure d'étain. 2° Dans une autre série de procédés on part de la rosaniline, ou de ses sels sur lesquels on fait agir des substances auxquelles on peut plutôt attribuer une action réductrice : esprit de bois (*E. Kopp*), solution de gomme laque (*Schäfer* et *Gros-Renaud*), aldéhyde (*Lauth*).

C'est à peine si, parmi ces méthodes, nous pouvons en indiquer une qui ait acquis quelque importance pratique ; nous citerons cependant celle de *Lauth*, qui a fait remarquer l'action de l'aldéhyde sur la rosaniline et dont l'observation a conduit à la découverte du vert d'aniline (voyez plus loin).

Les procédés, d'après lesquels on chauffe des sels de rosaniline avec de l'aniline, et généralement aussi avec un acide organique faible, semblent au contraire devoir donner des résultats particulièrement avantageux ; *Girard* et *de Laire*, *Monnet* et *Dury*, *Nicholson*, *Wanklyn*, *Williams*, *Gilbée*, *Schlumberger* ont décrit ces procédés, pour la plupart desquels des brevets ont été pris. A ces méthodes se rattache le procédé de *A. W. Hofmann*, qui fait agir l'un sur l'autre un sel de rosaniline et de la toluidine.

Comme nous le verrons, la production de ces bleus est basée sur l'introduction du phényle (ou du toluyle) dans la composition de la rosaniline. Nous donnerons tout d'abord la description de la préparation de ces bleus, qui doivent être placés au premier rang, et nous les désignerons sous le nom général de *bleus de rosaniline phénylés*.

Bleus de rosaniline phénylés.

1. Bleu de Lyon. — Comme nous l'avons fait pour le rouge, nous pouvons aussi diviser en plusieurs périodes la fabrication de cette couleur :

1° Préparation d'un produit brut ;

2° Lixiviation de celui-ci, et

3° Purification du bleu, c'est-à-dire séparation des matières colorantes violettes et autres qui se produisent en même temps ; enfin,

4° Préparation avec ce bleu d'une matière colorante soluble dans l'eau.

Pour la *préparation du produit brut* on se sert d'appareils offrant quelque analogie avec ceux que l'on emploie pour la fabrication de la fuchsine. On fait maintenant partout usage de chaudières de fonte bien émaillées, que l'on chauffe dans des bains d'huile ou de paraffine, et qui sont munies d'agitateurs et de tubes abducteurs pour le dégagement des vapeurs.

Chacune de ces chaudières contient de 14 à 24 litres, ordinairement 20 litres ; fréquemment plusieurs de ces vases sont placés

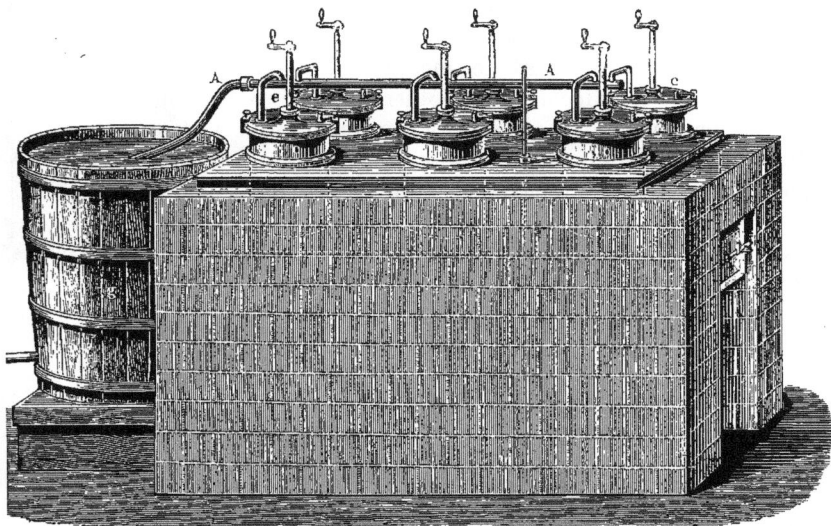

Fig. 21.

dans un même bain d'huile ou de paraffine. La figure 21 représente un appareil de ce genre. Le bain d'huile, qui dans la figure est indiqué par les lignes ponctuées, est en fonte ou en tôle forte ; son couvercle est, comme un fourneau de cuisine, muni de six trous dans lesquels on place les chaudières *e*. Le couvercle de celles-ci est fixé sur leur bord saillant au moyen de pinces à vis, de manière à ce que les vases soient fermés aussi hermétiquement que possible. Dans le milieu du couvercle pénètre, en traversant une boîte à étoupes fermant bien, une tige de fer, qui au fond du vase repose sur une petite crapaudine par son extrémité inférieure, à laquelle est fixé un agitateur, tandis que l'extrémité supérieure est munie d'une manivelle, destinée à mettre l'agitateur en mouvement. Chaque couvercle porte en outre un tube coudé, et tous ces tubes qui doivent donner issue aux vapeurs sont en communication avec le tuyau horizontal *f*, qui conduit au serpentin placé dans le réfrigérant *g*. Enfin, on trouve dans chaque couvercle une troisième ouverture *e*, qui pendant le cours de l'opération est fermée avec un bouchon de bois et qui sert pour prélever de temps en temps un échantillon du contenu des chaudières, afin que l'on puisse suivre la marche de l'opération. Dans ce but, on plonge dans les vases une baguette de bois et avec l'échantillon ainsi prélevé on humecte une assiette de porcelaine blanche, on ajoute quelques gouttes d'un mélange d'acide acétique et d'alcool, et l'on observe la nuance, qui même sur le bord ne doit être que pâle, mais non rouge foncé, ni jaune. Dans le premier cas la durée de l'action n'a pas été suffisante, dans le dernier celle-ci a été poussée trop loin. Le couvercle du bain d'huile est traversé par un thermomètre, dont l'échelle doit s'étendre jusqu'à 300° au moins. Lorsque les vases *c* ont été remplis avec le mélange qui doit donner naissance au bleu, on commence à chauffer et l'on élève peu à peu la température à 190°. Au commencement la formation du bleu marche lentement, mais plus tard elle se produit assez rapidement. On continue de chauffer jusqu'à ce qu'un échantillon prélevé sur la masse soit d'un bleu ne tirant qu'un peu sur le violet. Dans le serpentin se condensent les vapeurs d'aniline, que l'on recueille et que l'on emploie pour les autres opérations. On a observé que la paraffine employée pour le chauffage des vases s'altère au bout de quelque temps, c'est-à-dire qu'elle se transforme en une masse brune et épaisse, qui ne peut plus guère être employée pour remplacer l'huile. D'après les expériences de *Bolley* et *Tuchschmid*, cette altération a pour cause principale l'action qu'exerce l'air sur la paraffine pendant le chauffage. C'est pourquoi il est très-important de faire attention à ce que le bain de paraffine soit fermé aussi hermétiquement que possible dans les points où les chaudières traversent le couvercle.

Les proportions indiquées par les auteurs ou les preneurs des brevets pour les matières à introduire dans les vases à digestion éprouvent des variations importantes. Occupons-nous d'abord des indications primitives, que nous ferons suivre des modifications déduites de l'expérience et de la théorie, ainsi que des raisons qui ont amené ces modifications. La première observation relative à la génération d'une matière colorante bleue est celle qui a été faite par *Girard* et *de Laire* dans le laboratoire de *Pelouze*.

Il n'est pas sans intérêt de dire ici quelques mots sur l'historique de la découverte. On observa d'abord qu'en mettant en contact de l'acide arsénique et de l'aniline on obtenait, suivant les propor-tions dans lesquelles ces deux corps étaient mélangés et suivant la durée de l'action, non-seulement du rouge mais encore du violet et du bleu. Deux réactions se trouvaient par conséquent réunies en une seule : la formation du rouge, à laquelle succédait l'action de l'aniline non encore décomposée sur ce rouge (rosaniline). Ce qui prouve combien on était incertain relativement à la conduite de l'opération, c'est ce que rapportent dans leur premier brevet les chimistes *Girard* et *de Laire*, qui ont tant contribué au progrès de l'industrie des couleurs d'aniline : si, disent-ils, on élevait la proportion de l'acide à 1/4, 1/2 ou 3/4 (tandis qu'autrefois on em-ployait, pour la production du rouge, des équivalents égaux des deux substances), on obtenait une matière colorante violette, qui consistait en un mélange d'un corps bleu et d'un corps rouge. Dans l'addition qu'ils firent à leur brevet en janvier 1861, ils parlent au contraire d'augmenter la proportion de l'aniline par rapport à l'acide et cela aussi bien pour le rouge que pour le violet et le bleu. Ils prescrivent de prendre pour 1 partie en poids d'acide 1,1/2 ou 2 parties en poids d'aniline, et par conséquent, même avec la quantité la plus faible, plus de 1 équivalent de base pour 1 équi-valent d'acide.

Ce n'est que dans le nouveau brevet de janvier 1861 qu'il est question de la séparation des opérations ; il y est prescrit de mélanger du chlorhydrate (ou mieux de l'acétate) de rosaniline avec de l'ani-line et de chauffer. Le brevet pour le violet (duquel le bleu est extrait au moyen d'un autre traitement) indique qu'il faut mélan-ger 2 kilogr. de chlorhydrate de rosaniline avec 2 ou 4 kilogr. d'a-niline commerciale et chauffer le mélange pendant 4 heures dans une cornue de fer à une température de 150 ou 160°.

Le brevet de *Monnet* et *Dury* (mai 1862) prescrit de prendre pour 1 partie en poids de rosaniline (la base libre et non un sel de rosa-niline) 1 partie en poids d'acide acétique concentré et 3 parties en poids d'aniline, et de chauffer le mélange pendant 3 heures à 160 ou 170°.

En juin 1862, *Nicholson* prit en Angleterre une patente d'après laquelle on obtient du bleu en mélangeant 20 livres de rosaniline et 4 pintes d'acide acétique cristallisable (la quantité qui est exactement suffisante pour former de l'acétate de rosaniline) avec

60 livres d'aniline du commerce, et en chauffant le mélange pendant une heure un quart à une température de 150 à 188°. Quand la matière est devenue bleue, on ajoute 4 pintes d'acide acétique cristallisable et 20 pintes d'esprit de bois. Pour le traitement ultérieur nous renvoyons aux pages suivantes.

Wanklyn a employé l'acide benzoïque à la place de l'acide acétique. La patente anglaise de novembre 1862 indique un mélange de 1 partie d'arséniate de rosaniline, de 1 partie 1/2 d'aniline et de 1/4 de partie d'acide benzoïque. Les deux premiers corps doivent d'abord être mélangés puis chauffés avant l'addition de l'acide benzoïque, avec lequel on porte ensuite le tout à la température de 170°.

Gilbée prescrit le procédé suivant : on mélange 1 partie en poids de rosaniline avec 5 parties en poids d'acétate d'aniline, et l'on chauffe jusqu'à l'apparition de la coloration bleue. Le traitement ultérieur est effectué comme il est dit plus loin.

J. A. Schlumberger indique le procédé suivant : on mélange 1 partie en poids d'un sel de rosaniline (de chlorhydrate par exemple) avec 3 parties en poids d'aniline et 1 partie 1/2 également en poids d'acide acétique, et ensuite on ajoute d'un alcali fixe (de soude par exemple) une quantité suffisante pour neutraliser l'acide acétique. On chauffe ensuite le tout à 180 ou 210°, jusqu'à ce que l'on ait obtenu la nuance de bleu que l'on désire. D'après *Schlumberger*, on peut arriver au même but en employant la toluidine. On ne voit pas pourquoi on ne prend pas immédiatement de l'acétate de soude (dont la transformation en chlorure de sodium paraît dans le procédé être prise en considération) au lieu d'ajouter d'abord de l'acide acétique et ensuite de la soude.

Le mélange est maintenant ordinairement préparé avec 5 kilog. d'acétate de rosaniline et 10 kilog. d'aniline, la température du bain est maintenue à 190°, et l'opération est terminée en deux heures.

La quantité de l'aniline qui est double de celle de l'acétate de rosaniline semble un peu élevée. D'après la théorie de la formation du bleu qui sera donnée plus loin, on devrait employer pour 100 parties en poids de rosaniline, seulement 92,6 parties également en poids d'aniline. Mais ce grand excès d'aniline a été reconnu comme tout à fait avantageux. Pendant toute la durée de l'opération la masse reste fluide et par suite homogène : cette circonstance fait que dans l'intérieur de l'appareil, la température ne peut plus s'élever très-haut ; celle-ci doit se maintenir près du point d'ébullition de l'aniline. Afin de conserver pendant longtemps cet excès d'aniline dans les chaudières, plusieurs fabricants adaptent à celles-ci un col s'élevant un peu plus haut, c'est-à-dire que le tube abducteur, avant de s'incliner vers le réfrigérant, se relève un peu, disposition qui oblige l'aniline condensée dans cette partie du tube à retomber dans la chaudière. Lorsque l'opération est bien conduite, on recueille dans le récipient plus de la moitié de l'aniline employée. Nous devons ici faire encore remarquer que pour cette fabrication on doit donner la préférence à l'aniline qui bout à une température aussi basse que possible, par conséquent à celle qui contient une quantité aussi faible que possible des homologues supérieurs, et cela pour les raisons que nous développerons en parlant de la composition du bleu. C'est pourquoi les fabricants se servent volontiers de l'aniline qui se dégage dans la fabrication de la fuchsine ou dans la préparation du bleu. La masse bleue doit avoir dans la chaudière la consistance d'un liquide épais. La chaudière est retirée du bain à l'aide d'une grue, le couvercle est dévissé et le contenu est versé dans un autre vase.

Extraction de la matière colorante bleue du produit brut.

Du produit de la première opération décrite, on extrait plusieurs corps à des degrés de pureté différents ; parmi ces corps, qui sont livrés au commerce, on distingue ordinairement :

1° Le bleu direct ;

2° Le bleu purifié ;

3° Le bleu lumière, paraissant bleu à la lumière artificielle (ces trois bleus sont *insolubles* dans l'eau) ;

4° On fait ordinairement avec les précédents un bleu *soluble* dans l'eau.

Bleus directs. — Les *bleus directs* sont préparés d'après deux procédés très-simples.

Le produit brut contient toujours de l'aniline libre. On peut l'introduire dans un appareil distillatoire et y faire passer un courant de vapeur d'eau ; l'aniline est entraînée par la vapeur et elle se condense dans le récipient.

Ou bien on lave le produit brut avec de l'acide chlorhydrique étendu. Celui-là est distribué dans plusieurs vases de bois et l'on ajoute dans le premier vase de l'acide chlorhydrique à 4 ou 5 0/0

tout au plus, on brasse plusieurs fois et ensuite on soutire le liquide, on verse celui-ci dans le second vase, et s'il ne s'y est pas
complétement saturé, on le verse dans le troisième, puis dans le
quatrième, tandis que l'on ajoute de nouvel acide dans le premier
vase, et ainsi de suite, jusqu'à ce que la dissolution n'absorbe plus
d'aniline. De cette manière toute l'aniline est enlevée au produit
brut et l'acide complétement usé.

A la place de l'acide chlorhydrique étendu, on peut aussi employer de l'acide sulfurique anglais étendu avec 30 fois son volume
d'eau.

Le chlorhydrate d'aniline peut être facilement utilisé pour la préparation de l'aniline ; et, dans ce but, on y ajoute de l'eau de chaux
ou du carbonate de soude, ou bien on peut l'évaporer, le faire cristalliser et l'employer à l'état de chlorhydrate.

Bleu purifié. — Un procédé ordinairement usité pour purifier
le bleu que l'on retire de la chaudière consiste à y ajouter une
quantité d'alcool (ou d'esprit de bois, comme en Angleterre) suffisante pour que la masse soit assez fluide, et à le verser ensuite,
sous forme d'un filet mince, dans de l'acide chlorhydrique étendu.
L'aniline et la rosaniline non décomposées restent en dissolution
dans l'acide, tandis que le bleu tombe au fond. Le bleu est ensuite
rassemblé sur un filtre et lavé plusieurs fois avec de l'eau bouillante acidulée, qui enlève des matières brunâtres ainsi que le reste de
l'aniline et de la rosaniline. La dissémination du bleu dans l'alcool
sous forme de particules fines, et le grand pouvoir dissolvant des
solutions hydro-alcooliques riches en sels d'aniline pour les autres
substances étrangères, sont la cause de l'efficacité de cette méthode.

Bleu lumière. — La méthode suivante est une des plus usitées
pour la préparation de cette espèce de bleu, qui est tout à fait
exempt de reflet violet, et qui paraît bleu même à la lumière artificielle (d'où son nom).

On verse le bleu purifié, comme il a été dit plus haut, avec de
.alcool et de l'acide chlorhydrique dans une cornue de fer émaillé,
qui est munie d'un double fond, on porte à l'ébullition, ce qui
permet de retirer une partie de l'alcool, et on laisse refroidir. La
combinaison chlorhydrique du bleu est moins soluble dans l'alcool que les autres corps qui l'accompagnent, c'est pourquoi elle

se dissoudra en dernier lieu et se précipitera la première. On décante le liquide et l'on soumet encore à plusieurs traitements semblables le précipité bleu contenu dans la cornue.

Dans ces derniers temps, on a cherché, tout en conservant l'appareil, à diminuer, autant que possible, la quantité d'alcool, et même à supprimer complétement celui-ci et à le remplacer partiellement ou entièrement par de l'aniline. Celle-ci, ou plutôt son chlorhydrate, jouit également de la propriété de dissoudre les matières qui accompagnent le bleu, et ce liquide étant moins volatil que l'alcool, on peut le laisser pendant un temps plus long en contact avec les substances à purifier.

Les liquides décantés doivent être conservés avec soin, parce qu'ils renferment de l'alcool, de l'aniline, des matières colorantes rouge et violette et de l'acide benzoïque, si ce dernier acide a été employé pour la préparation du bleu. On ajoute à ces eaux du sel marin ; les matières colorantes rouge et violette se précipitent d'abord ; lorsqu'elles ont été éliminées par décantation, on ajoute un lait de chaux en excès et l'on distille. L'alcool passe d'abord, puis l'aniline, les chlorhydrates et les benzoates restent dans le résidu avec la petite quantité non précipitée des différents principes colorants.

Le procédé suivant, qui est maintenant le plus fréquemment employé, est plus simple que celui qui vient d'être décrit. On lave plusieurs fois avec de l'alcool bouillant du bleu bien purifié, et l'on fait bouillir dans de l'alcool concentré la matière colorante très-divisée qui forme le résidu. A la dissolution, on ajoute un peu d'ammoniaque caustique ; ou mieux, une solution de soude caustique dans l'alcool ; il se précipite un corps bleu basique : après le refroidissement complet de la solution alcoolique, on le sépare du liquide par filtration et, sur le filtre, on le lave plusieurs fois avec de l'eau bouillante. Maintenant, on ajoute à la base l'acide dont on veut préparer le sel, et après quelques lavages avec de l'eau le bleu est achevé.

Après avoir exposé pour ainsi dire théoriquement la préparation des bleus insolubles, c'est-à-dire des triphénylrosanilines plus ou moins pures, indiquons maintenant quelques-uns des procédés suivis dans la pratique pour préparer les bleus industriels, désignés dans le commerce sous les noms de bleus B, BB, BBB, BBBB.

1. *Bleu* B.

On chauffe pendant environ deux heures à 180° :

    2000 gramm. de rosaniline pure,
    3000   —   d'aniline distillant de 182 à 185°,
    270   --   d'acide acétique cristallisable ou d'acide benzoïque.

Les bleus préparés en présence de l'acide benzoïque, qui sont surtout employés pour la soie, sont toujours plus verts que les bleus obtenus avec l'acide acétique; ces derniers sont réservés pour la teinture de la laine.

Lorsque la masse est devenue d'un bleu pur, on la verse doucement, en agitant vivement et constamment dans un vase de fonte émaillée, contenant 10 kilogr. d'acide chlorhydrique.

On rassemble le précipité sur un filtre, on le laisse égoutter, puis on le lave avec une grande quantité d'eau bouillante, acidulée avec de l'acide chlorhydrique; ce lavage dure jusqu'à ce que le bleu se soit réduit entièrement en poudre. On filtre de nouveau et on dessèche. On obtient ainsi 3500 grammes de bleu sec B.

2. *Bleu* BB.

On prend :

    2000 gramm. de rosaniline pure,
    5000   —   d'aniline pure,
    270   —   d'acide acétique cristallisable ou d'acide benzoïque.

Le mélange est traité comme précédemment, et le produit brut est purifié de la manière suivante :

On verse la masse bouillante dans un vase de fonte émaillée qui peut être refroidi extérieurement; on ajoute 7 à 8 kilogr. d'alcool concentré, et l'on agite jusqu'à ce que le mélange soit parfaitement homogène. Le vase est ensuite placé dans un bain-marie, puis chauffé jusqu'à ce que l'alcool commence à entrer en ébullition.

On laisse un peu refroidir et, en agitant, on ajoute peu à peu 10 à 12 kilogr. d'acide chlorhydrique concentré; la masse s'échauffe par suite de la formation du chlorhydrate d'aniline et en même temps le bleu pur se sépare. Pour obtenir des produits constants, on ne doit filtrer qu'à la même température de 45 à 50°; ce bleu est lavé avec beaucoup d'eau et enfin desséché. On a ainsi environ 1320 gram. de bleu BB.

Le même bleu peut aussi être préparé avec le bleu B; dans ce but, on prend 1 partie de ce dernier et un mélange de 1,1/4 partie d'alcool concentré et de 5 parties de benzine rectifiée ; on introduit le tout dans un appareil muni d'un agitateur et d'un cohobateur, et l'on fait bouillir pendant une heure. Le bleu pur BB reste non dissous ; on le sépare du liquide par filtration dans des filtres fermés, on le lave et on le sèche.

On distille le mélange d'alcool et de benzine afin de le rendre propre à une autre opération. La matière colorante qui reste dans l'appareil distillatoire est lavée avec beaucoup d'eau, et elle constitue un bleu d'aniline de qualité inférieure.

Au lieu de la benzine et de l'alcool, on peut aussi employer un mélange d'alcool et d'aniline. Mais, dans ce cas, les matières colorantes doivent être lavées avec de l'eau acidulée.

3. *Bleus* BBB et BBBB.

Ces bleus de qualité supérieure se préparent, en général, avec le bleu BB, par purification de celui-ci.

L'opération peut être effectuée de deux manières différentes :

a. On fait bouillir pendant deux heures, dans un appareil muni d'un agitateur et d'un cohobateur, 36 kilogr. d'alcool fort avec 1 kilogr. de bleu BB. On ajoute ensuite 2 kilogr. d'une solution alcoolique de soude caustique renfermant 20 0/0 d'alcali ; la soude met la base en liberté.

La solution alcoolique est filtrée dans des vases fermés ; on emploie maintenant dans l'industrie de la fabrication des couleurs, des appareils construits spécialement pour cet usage, qui non-seulement sont munis d'agitateurs, mais encore qui permettent d'effectuer sous pression les dissolutions, les filtrations et les lavages.

Il reste sur le filtre, sous forme de base libre, une certaine quantité de bleu de qualité inférieure.

A la solution alcoolique encore chaude, on ajoute 280 grammes d'acide chlorhydrique concentré, on mélange bien et on abandonne le tout au repos pendant deux jours ; le bleu BBB se dépose sous forme cristalline, on le sépare par filtration, on le laisse égoutter et on le presse. Sec, il pèse de 600 à 690 grammes.

En répétant ce traitement une seconde fois, on obtient le bleu le plus pur BBBB.

L'eau mère, dans laquelle s'est précipité le bleu BBB, fournit encore, lorsqu'on l'étend avec de l'eau, une certaine quantité d'un bleu de qualité inférieure.

L'alcool étendu est rectifié sur de la chaux caustique.

b. On dissout au bain-marie 1 kilogr. de bleu BB dans un mélange de 1 kilogr. d'alcool et de 2 kilogr. d'aniline ; on agite jusqu'à ce que la solution soit homogène, épaisse et visqueuse, et on verse le tout dans 25 kilogr. d'alcool ; on chauffe à l'ébullition, on ajoute ensuite la solution alcoolique de soude et l'on filtre.

Il reste sur le filtre un résidu beaucoup moins abondant que dans le premier procédé, parce que l'aniline dissout beaucoup mieux le bleu que ne le fait l'alcool.

A la solution filtrée on ajoute un petit excès d'acide chlorhydrique, et le bleu de qualité supérieure est précipité.

Au bout de 48 heures, on filtre pour séparer la matière colorante, on presse celle-ci, on la lave plusieurs fois à l'eau bouillante acidulée et on la sèche. On obtient ainsi environ 800 gram. de bleu BBB. Le rendement dépend du reste en partie de la quantité de l'acide chlorhydrique ajouté.

Bleus solubles. — C'est *Nicholson* qui, le premier, a observé que du bleu bien purifié traité par l'acide sulfurique anglais éprouve un changement qui consiste essentiellement en ce que la solution sulfurique versée dans l'eau laisse précipiter une matière colorante bleue, qui est maintenant soluble dans l'eau. Nous verrons plus loin comment s'explique cette transformation.

L'auteur de la découverte de cette réaction importante décrit le procédé comme il suit, dans une patente anglaise prise en juin 1862 : On chauffe à 150°, pendant 1 heure 1/2, 1 partie en poids de bleu purifié avec 8 ou 10 parties également en poids d'acide sulfurique anglais à 66° Baumé, et l'on ajoute ensuite peu à peu une grande quantité d'eau. Il fait en outre remarquer qu'il est préférable de n'opérer que sur de petites quantités de bleu, ce qui permet d'éviter plus facilement une trop forte élévation de température.

Dans son brevet français, *Nicholson* prescrit de prendre seulement 4 parties en poids d'acide sulfurique anglais à 66° Baumé et de chauffer à 150°.

Max Vogel a fait une série d'expériences dans le but de déterminer quelles devaient être les proportions d'acide, la température et la durée du chauffage pour transformer en bleu soluble une quantité de bleu aussi grande que possible. Il trouva qu'une augmentation de l'acide et une diminution de la température (d'environ 20° plus basse que celle indiquée par *Nicholson*) exerçaient une influence très-favorable. Une quantité d'acide 8 ou 10 fois plus grande que celle du bleu (comme l'ont proposé *Bolley* et *Gilbée*) a donné de très-bons résultats, le chauffage pourrait être continué seulement pendant 1 heure 1/2 ou pendant 10 ou 15 heures à 130 ou à 140° tout au plus. L'acide sulfurique fumant (dans la proportion de 8 parties pour 1 de bleu) et un chauffage à 130° pendant 6 heures agiraient encore mieux.

Cependant on n'emploie ordinairement que 4 parties d'acide et l'on chauffe pendant 1 heure 1/2 à 150°. Si en prélevant un échantillon on trouve que la majeure partie ou la totalité du bleu est devenue soluble, on ajoute très-lentement et en agitant continuellement une quantité d'eau à peu près égale à dix fois le poids de l'acide sulfurique employé, on rassemble le précipité et on le lave avec de l'eau, jusqu'à ce que l'eau du lavage commence à devenir bleue. Le bleu modifié n'est pas soluble dans l'eau acidulée, mais il le devient aussitôt que la majeure partie de l'acide est éliminée. On peut ensuite dessécher un peu le bleu en le laissant égoutter ou en le soumettant à l'action d'un appareil centrifuge, et enfin on le mélange dans un vase de fer émaillé avec un léger excès d'ammoniaque et on fait bouillir. La combinaison se sépare alors à la surface du liquide sous forme d'un gâteau solide de couleur d'or, qu'on enlève, qu'on casse, qu'on dessèche et qu'on pulvérise. Le bleu soluble se trouve ordinairement dans le commerce sous forme d'une poudre grossière avec un reflet cuivré intense. Le bleu purifié se rencontre aussi dans le commerce sous une forme tout à fait semblable, mais quelquefois aussi en solution alcoolique.

Le bleu soluble donne avec les solutions aqueuses des alcalis des liquides presque incolores. Si l'on mélange ceux-ci avec un acide (un acide organique faible peut aussi convenir pour cet usage), ils prennent une couleur bleue très-vive et très-pure. Le bleu soluble sert dans la teinture sur laine et sur soie, mais pour cet usage il est considéré comme moins solide que le bleu insoluble dans l'eau.

Bleu soluble nouveau. — Suivant les conditions dans lesquelles on fait agir l'acide sulfurique concentré sur le bleu d'aniline, on obtient de la triphénylrosaniline mono- bi- tri- et tétrasulfurique.

Tandis que la triphénylrosaniline est, comme on le sait, une base monacide faible, la triphénylrosaniline monosulfurique offre déjà le caractère d'un acide monobasique, et les propriétés acides se développent d'autant plus que la quantité des résidus de l'acide sulfurique, HSO^3, introduits dans la molécule de la triphénylro-saniline devient elle-même plus grande.

A l'aide du procédé que l'on vient de décrire, procédé dans lequel on emploie un grand excès d'acide sulfurique et une température élevée, on obtient surtout les acides tri- et tétrasulfuriques solubles dans l'eau et leurs sels.

Mais ceux-ci ont l'inconvénient de donner sur laine et sur soie des couleurs bleues, qui sont peu solides et beaucoup plus sensibles à l'action de la lumière, du savon et des alcalis que le bleu de triphénylrosaniline insoluble dans l'eau.

Aujourd'hui on prépare presque exclusivement les acides mono- et bisulfurique, qui peuvent être obtenus avec une moindre quantité d'acide sulfurique et à une température ne dépassant pas 100°.

Les combinaisons ainsi obtenues sont, il est vrai, moins solubles que les précédentes, mais elles donnent des nuances beaucoup plus solides.

Nous donnons ici deux méthodes pour la préparation du bleu soluble nouveau.

a. Dans 3 litres d'acide sulfurique à 66° Baumé, on introduit en agitant continuellement 1 kilogr. de bleu d'aniline BB en poudre fine, et on chauffe le tout au bain-marie, jusqu'à ce qu'une goutte projetée dans l'eau produise un précipité bleu qui, débarrassé de tout l'acide, est insoluble dans l'eau pure, mais qui se dissout complétement dans une solution aqueuse concentrée d'ammoniaque ou de soude caustique.

La solution sulfurique bleue est maintenant versée dans 30 litres d'eau, puis abandonnée à elle-même pendant 24 heures ; on lave le précipité sur un filtre, on le laisse égoutter et on le presse.

Le produit est ensuite chauffé, au bain-marie ou à l'aide d'un courant de vapeur, avec une solution aqueuse de soude caustique, jusqu'à ce qu'il soit exactement saturé.

Si l'opération a bien réussi, la masse doit être colorée en jaune et non en noir. Le bleu est alors séché sur des plaques de fonte émaillée dans une étuve, puis pulvérisé et mélangé avec 20 % de cristaux de soude.

b. On mélange intimement à froid 1 kilogr. de bleu d'aniline BB finement pulvérisé avec 2 kilogr. d'acide sulfurique concentré et on laisse reposer le tout, jusqu'à ce que le bleu commence à se dissoudre.

On étend alors avec beaucoup d'eau, on lave bien, on presse et on sèche. Cette combinaison, traitée par les alcalis, fournit des sels peu solubles dans l'eau, mais qui teignent la soie en un très-beau bleu. On teint dans une solution légèrement alcaline, et on développe la couleur en passant le tissu dans un bain acidulé et enfin on lave à l'eau pure.

COMBINAISONS SULFOCONJUGUÉES DU BLEU D'ANILINE.

Triphénylrosanilines sulfuriques.

Les différents sulfacides du bleu d'aniline ont été soumis dans ces derniers temps à une étude approfondie, dont les principaux résultats sont les suivants.

Triphénylrosaniline monosulfurique. — Si l'on introduit peu à peu dans de l'acide sulfurique concentré et refroidi du chlorhydrate de triphénylrosaniline (bleu d'aniline BB), la matière colorante se dissout avec une couleur brun-rouge en dégageant des vapeurs d'acide chlorhydrique. Cette solution versée dans l'eau laisse déposer sous forme de flocons bleus le sulfate de la triphénylrosaniline inaltérée. Mais si l'on chauffe la solution de la matière colorante dans l'acide sulfurique et si on la laisse digérer pendant 5 ou 6 heures à une température de 30°, on obtient également, quand on verse la masse dans l'eau, un précipité insoluble, qui maintenant se dissout avec une couleur brun rouge dans une lessive de soude. C'est l'acide monosulfurique du bleu d'aniline, dont la formation est mise en évidence par l'équation suivante :

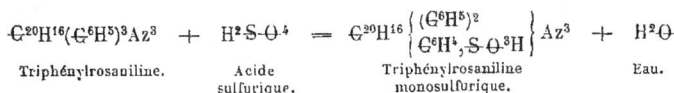

$$C^{20}H^{16}(C^6H^5)^3Az^3 \;+\; H^2SO^4 \;=\; C^{20}H^{16}\begin{Bmatrix}(C^6H^5)^2\\C^6H^4, SO^3H\end{Bmatrix}Az^3 \;+\; H^2O$$

Triphénylrosaniline.	Acide sulfurique.	Triphénylrosaniline monosulfurique.	Eau.

La triphénylrosaniline monosulfurique fraîchement précipitée est une masse volumineuse de couleur bleu foncé, qui desséchée au bain-marie fournit des grains offrant un magnifique reflet métallique. C'est un acide monobasique qui forme avec les alcalis des sels solubles dans l'eau et avec les terres et les métaux lourds des sels difficilement solubles.

Les sels alcalins de la triphénylrosaniline monosulfurique, que l'on obtient en ajoutant des alcalis caustiques à l'acide fraîchement précipité, sont difficilement solubles dans l'eau froide, ils se dissolvent assez facilement dans l'eau bouillante avec une couleur peu intense.

Le sel de soude à l'état plus ou moins pur est connu depuis longtemps déjà sous le nom de *bleu de Nicholson* ou de *bleu alcalin*. On l'obtient tout à fait pur, lorsqu'on fait digérer la triphénylrosaniline monosulfurique avec une quantité de lessive de soude insuffisante pour la saturation; la solution est ensuite filtrée et évaporée. Desséché à 100°, il constitue une masse amorphe, noir gris et soluble dans l'eau chaude avec une couleur bleue. Il offre la composition suivante :

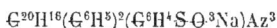

$$C^{20}H^{16}(C^6H^5)^2(C^6H^4SO^3Na)Az^3$$

On obtient le sel ammoniacal en dissolvant l'acide dans l'ammoniaque. En évaporant au bain-marie, il se dégage beaucoup d'ammoniaque, et la matière colorante s'effleurit en masses pennées, roulées sur elles-mêmes, qui pendant la dessiccation sont animées d'un mouvement assez vif, qui tient probablement à ce qu'elles éprouvent un changement de forme cristalline.

Les solutions des sels de la triphénylrosaniline monosulfurique ont une couleur peu intense, qui augmente considérablement, lorsqu'on met l'acide en liberté en acidulant la liqueur. Si l'on emploie de l'acide acétique pour produire l'acidification, la matière colorante n'éprouve à froid aucune altération, mais si l'on chauffe, elle est précipitée par l'acide acétique, comme le font à froid les acides minéraux. Les sels en solution aqueuse bouillante sont absorbés à l'état incolore par la laine, notamment lorsqu'on ajoute du borax ou du verre soluble, et la fibre les retient si solidement qu'ils ne peuvent pas être enlevés par des lavages à l'eau. Dès que l'on plonge la laine ainsi préparée dans un acide, le sel est décomposé, et la matière colorante ressort avec un éclat et une intensité remarquables. Dans ce cas, c'est par conséquent la triphénylrosaniline monosulfurique libre qui est la véritable matière colorante.

Sous l'influence des agents réducteurs la triphénylrosaniline monosulfurique se transforme facilement en la leucaniline correspondante. On obtient celle-ci, lorsqu'on fait digérer pendant 2 heures à 100° le sel de soude avec un excès de sulfure d'ammonium. De la solution alcaline l'acide chlorhydrique précipite la leucaniline sous forme d'une masse blanche floconneuse, insoluble dans l'eau et les acides, facilement soluble dans les alcalis et l'alcool; les corps oxydants la convertissent facilement en la combinaison primitive.

Triphénylrosaniline bisulfurique. — Cette combinaison s'obtient toujours en même temps que le sulfacide immédiatement supérieur, lorsqu'on fait digérer pendant 5 heures à 60° la solution du chlorhydrate de triphénylrosaniline avec six fois son poids d'acide sulfurique. Cette solution versée dans l'eau laisse précipiter la majeure partie de la matière colorante sous forme de flocons bleus, tandis que dans le liquide acide, coloré en un beau bleu, il n'en reste en dissolution qu'une quantité relativement faible. Le précipité bleu se compose presque entièrement du bisulfacide, et le liquide filtré renferme le composé trisulfacide.

Le bisulfacide, peu soluble dans l'eau, insoluble dans un liquide acide, forme avec les alcalis des sels facilement solubles, même dans l'eau froide. Le sel de soude est connu dans l'industrie sous le nom de *bleu soluble*. Les sels de cette combinaison se distinguent de ceux du monosulfoacide par leur plus grande solubilité dans l'eau, et des sels des composés supérieurs par une solubilité moindre dans le même liquide. Les sels des terres alcalines et des métaux lourds sont pour la plupart des précipités bleus difficilement solubles, que l'on obtient en ajoutant au sel de soude un sel métallique soluble correspondant à la combinaison que l'on veut préparer.

Triphénylrosaniline trisulfurique. — On obtient ce sulfacide, en précipitant par l'acide chlorhydrique ou le sel marin le liquide, duquel on a séparé par filtration la triphénylrosaniline bisulfurique. Il se présente sous forme d'un précipité floconneux, soluble dans l'eau et l'alcool, qui forme avec les alcalis des sels facilement solubles.

Triphénylrosaniline tétrasulfurique. — C'est le sulfacide le plus élevé que l'on puisse obtenir par l'action de l'acide sulfurique sur le bleu d'aniline. Il se forme, lorsqu'on fait digérer pendant quelques heures à 140° du bleu d'aniline dans 10 fois son poids d'acide sulfurique fumant. Le produit de la digestion versé dans l'eau fournit une solution bleu foncé, de laquelle on peut éliminer l'acide sulfurique par digestion avec du carbonate de plomb. Le liquide, filtré et évaporé, laisse le sel de plomb saturé du tétrasulfacide du bleu d'aniline. Ce sel peut être facilement purifié par dissolution dans un peu d'eau et précipitation par l'alcool. L'analyse du sel desséché à 100° a donné la composition suivante :

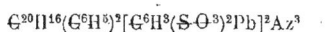

$$C^{20}H^{16}(C^6H^5)^2[C^6H^3(S O^3)^2Pb]^2Az^3$$

L'acide facilement soluble dans l'eau avec une couleur bleue donne par dessiccation au bain-marie une masse amorphe avec reflets métalliques; il forme avec les alcalis des sels facilement solubles dans l'eau, qui se dissolvent avec une couleur rouge-brun dans un excès de l'alcali. Tous les sels des métaux lourds sont aussi facilement solubles dans l'eau : le sel d'argent se décompose par l'ébullition en donnant un précipité d'argent métallique. La plupart des sels sont presque insolubles dans l'alcool, et ils sont précipités par celui-ci de leur solution aqueuse.

La soie ne prend que difficilement la matière colorante en solution alcaline ou neutre, mais la couleur est assez facilement prise par cette fibre lorsqu'elle se trouve dans une liqueur acidulée.

On obtient facilement la leucaniline de l'acide tétrasulfurique du bleu d'aniline en faisant digérer pendant 4 heures à 100° le sel de plomb avec un excès de sulfure d'ammonium. Sous le rapport de la solubilité, la leucaniline est tout à fait semblable à la combinaison normale, et au moyen des oxydants elle peut être facilement transformée en celle-ci.

Théorie de la formation et composition du bleu de rosaniline phénylé.

Lorsqu'un ou plusieurs atomes d'aniline agissent à une température convenable sur la rosaniline ou un sel de rosaniline, un ou plusieurs atomes d'hydrogène de celle-ci se déplacent, s'unissent avec l'amine ($Az H^2$) et forment de l'ammoniaque, tandis que le phényle de la phénylamine entre dans la composition de la rosaniline et donne naissance à de la rosaniline mono- ou polyphénylée. Un, deux ou trois atomes d'hydrogène peuvent ainsi être déplacés.

Les rosanilines les moins phénylées sont des corps violet-rouge ou violet-bleu, la rosaniline triphénylée est une matière colorante bleue.

La transformation est représentée par le schéma suivant :

$$C^{20}H^{19}Az^3 + C^6H^7Az = C^{20}H^{18}(C^6H^5)Az^3 + AzH^3$$
$$C^{20}H^{19}Az^3 + 2C^6H^7Az = C^{20}H^{17}(C^6H^5)^2Az^3 + 2AzH^3$$
$$C^{20}H^{19}Az^3 + 3C^6H^7Az = C^{20}H^{16}(C^6H^5)^3Az^3 + 3AzH^3$$

| Rosaniline. | Aniline. | Triphénylrosaniline. (Bleu) | Ammoniaque. |

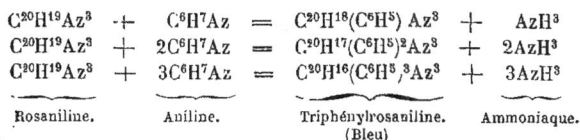

Le bleu obtenu comme il a été dit précédemment avec de la rosaniline et de l'aniline doit, d'après cela, être regardé comme un sel de triphénylrosaniline, $C^{40}H^{16}(C^{12}H^5)^3Az^3, 2HO = (C^{20}H^{16}(C^6H^5)^3 Az^3, H^2O)$, et l'on comprend que pour sa production on doive donner la préférence à une aniline aussi pure que possible, c'est-à-dire contenant le moins possible de toluidine.

On peut obtenir la *base triphénylrosaniline* en dissolvant le chlorhydrate dans de l'alcool ammoniacal et en précipitant avec de l'eau. Elle se présente sous forme d'une masse blanchâtre gr_meleuse, qui devient bleue par le lavage et la dessiccation et qui brunit sous l'influence de la chaleur. Elle peut être fondue à 100° sans perdre de son poids. Elle est soluble aussi bien dans l'alcool que dans l'éther, mais elle ne peut pas être facilement obtenue à l'état cristallin par l'évaporation de ses solutions. Elle se combine avec un équivalent d'acide pour former des sels de triphénylrosaniline.

Le sel qui est livré au commerce comme bleu d'aniline consiste essentiellement en chlorhydrate de triphénylrosaniline. C'est une poudre brun-bleu, non cristallisée, ou seulement très-peu, insoluble dans l'eau froide et dans l'eau bouillante ainsi que dans l'éther, difficilement soluble dans l'alcool. De la dissolution alcoolique saturée à l'ébullition elle se sépare sous forme de grains cristallins.

La *modification soluble* du bleu de triphénylrosaniline, que l'on obtient, comme nous l'avons vu, par un traitement à chaud avec l'acide sulfurique concentré, est regardée par *Kékulé* comme un acide sulfoconjugué correspondant à la triphénylrosaniline.

D'après *Girard*, cette combinaison aurait la composition suivante :

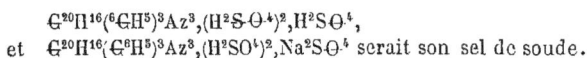

$$C^{20}H^{16}(C^6H^5)^3Az^3,(H^2SO^4)^2,H^2SO^4,$$
et $\quad C^{20}H^{16}(C^6H^5)^3Az^3,(H^2SO^4)^2,Na^2SO^4$ serait son sel de soude.

Nicholson, l'auteur de la découverte de ce corps, le compare aux acides sulfindigotiques conjugués.

Par la distillation sèche de la triphénylrosaniline on obtient de la diphénylamine.

2. Bleu de diphénylamine, nouvelle triphénylrosaniline. —

Lorsqu'on eut constaté que le bleu obtenu avec la rosaniline et l'aniline se forme par phénylation de la rosaniline, on fut conduit à l'idée de le former par une autre voie, c'est-à-dire en phénylant l'aniline, en mettant l'aniline phénylée en contact avec de l'aniline contenant de la toluidine ou avec de la toluylphénylamine et soumettant ensuite le produit à un procédé d'oxydation. La réflexion, que par cette voie on devrait arriver au même but qu'en oxydant préalablement le mélange de phénylamine et de toluylamine (l'aniline ordinaire) et en phénylant ensuite le produit, a d'abord été faite par *Girard*, qui le premier en a aussi reconnu l'exactitude par des expériences. On commence dans différentes localités à préparer en grand du bleu d'aniline d'après cette méthode.

La préparation de la diphénylamine, d'après la méthode de *Girard*, a été indiquée précédemment, page 109.

La composition de la diphénylamine est la suivante :

$$C^{12}H^6(C^{12}H^5)Az = \begin{Bmatrix} C^{12}H^5 \\ C^{12}H^5 \\ H \end{Bmatrix} Az = C^{24}H^{11}Az = (C^{13}H^{11}Az) = \begin{Bmatrix} C^6H^5 \\ C^6H^5 \\ H \end{Bmatrix} Az,$$

celle de la phényltoluylamine :

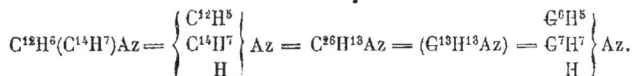

$$C^{12}H^6(C^{14}H^7)Az = \begin{Bmatrix} C^{12}H^5 \\ C^{14}H^7 \\ H \end{Bmatrix} Az = C^{26}H^{13}Az = (C^{13}H^{13}Az) = \begin{Bmatrix} C^6H^5 \\ C^7H^7 \\ H \end{Bmatrix} Az.$$

Si maintenant on met en contact deux équivalents de la dernière avec un équivalent de la première, et si on soumet le mélange à l'action d'un corps déshydrogénant, il en résulte la réaction suivante :

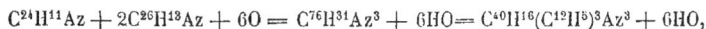

$$C^{24}H^{11}Az + 2C^{26}H^{13}Az + 6O = C^{76}H^{31}Az^3 + 6HO = C^{40}H^{16}(C^{12}H^5)^3Az^3 + 6HO,$$

ou

$$C^{12}H^{11}Az + 2C^{13}H^3Az + 3O = C^{38}H^{31}Az^3 + 3H^2O = C^{20}H^{16}(C^6H^5)^3Az^{13} + (3H^2O).$$

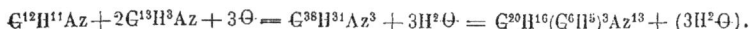

Comme on l'a déjà dit page 110, il faut employer, pour obte-

nir un bleu pur, un mélange de diphénylamine et de ditoluylamine. Comme agent oxydant (déshydrogénant) on a proposé le bichlorure de mercure. Mais le corps le plus avantageux serait le
sesquichlorure de carbone ($C^2 Cl^6$), qui pendant la réaction est
transformé en protochlorure ($C Cl^2$) et en chlore. On procède de
la manière suivante :

Dans une cornue de fonte émaillée munie d'agitateurs, on introduit
10 kilog. du mélange des bases avec 12 kilogr. de sesquichlorure de
carbone, on chauffe pendant 5 ou 6 heures à 140°, et lorsqu'on voit
apparaître un reflet verdâtre, on élève doucement la température
à 180° ; on maintient cette température pendant 2 ou 3 heures, en
ayant soin de ne pas la dépasser. Pendant toute la durée de l'opération il distille du protochlorure de carbone, $C Cl^2$, que l'on
condense par refroidissement et dont la quantité doit représenter
72 0/0 du poids du sesquichlorure employé, $C^2 Cl^6$.

On reconnaît que la réaction est terminée à l'aspect rouge
cuivré du produit, qui par le refroidissement devient solide et
cassant, et qui se dissout dans l'alcool avec une couleur bleu intense.

La matière colorante est versée encore chaude sur des plaques
de fer. Mais le bleu ainsi obtenu n'est pas encore suffisamment
pur ; il exige une purification que l'on peut effectuer de plusieurs
manières, qui sont toutes compliquées et assez coûteuses.

1. On dissout, à 100°, 1 partie de bleu dans 2 parties d'aniline. On
verse lentement la solution, en agitant constamment, dans un vase
plongé dans l'eau froide et contenant une quantité de benzine
égale à 10 fois le poids de la solution. Le bleu se précipite sous
forme d'une poudre très-fine, que l'on recueille sur un filtre de
toile, qu'on laisse égoutter et qu'on presse. On répète le même
traitement, mais sans presser, et ensuite on lave le bleu avec au
moins 5 fois son poids de benzine. L'opération doit être effectuée
de manière à ce qu'on ne perde que très-peu de benzine.

Le bleu à demi purifié est maintenant dissous dans le double
de son poids d'aniline bouillante, et on le précipite en ajoutant
4 parties d'acide chlorhydrique ou d'acide acétique.

On rassemble le précipité sur un filtre et lorsqu'il s'est égoutté
on le traite avec un peu d'eau bouillante, afin d'éliminer tout le
chlorhydrate d'aniline. Le bleu, qui maintenant est pur, est lavé
avec une grande quantité d'eau bouillante jusqu'à ce que celle-ci
ne se colore plus. Il faut avoir soin de ne pas employer d'eaux
calcaires.

2. Le bleu brut est traité à l'ébullition par une lessive de *soude*, dans un appareil permettant d'agiter constamment, et la base est ainsi rendue libre. On lave celle-ci, on la dessèche, on la pulvérise et on l'épure à chaud avec de la ligroïne bouillant de 70 à 100°, jusqu'à ce que ce liquide ne dissolve plus d'impuretés.

Le résidu bleu est maintenant débarrassé de la ligroïne et dissous dans de l'alcool concentré et bouillant. On filtre et on ajoute 10 0/0 d'acide chlorhydrique ; on filtre de nouveau pour séparer le bleu encore impur, et l'on neutralise exactement l'acide par la soude.

On distille le tout pour en extraire l'alcool, et la matière colorante pure se précipite sous forme d'une poudre cristalline. On jette celle-ci sur un filtre et on la lave avec de l'eau bouillante, jusqu'à ce que tous les sels alcalins soient éliminés.

3. Le bleu brut peut aussi être dissous dans 10 fois son poids d'acide sulfurique concentré chauffé à 30 ou 60°. Lorsque la solution est complète, on ajoute 30 parties d'eau. Une matière colorante violette reste en dissolution, tandis que la matière bleue se précipite. On filtre sur de la poudre de verre, on lave d'abord avec de l'acide sulfurique étendu, puis avec de l'eau pure, on laisse égoutter, on presse, on dessèche, et enfin on termine la purification à l'aide de la benzine, comme dans le premier procédé, ou à l'aide de la ligroïne et de l'alcool, comme dans le second.

Tous les résidus violets que l'on obtient dans ces différentes méthodes de purification sont recueillis à part. Ils contiennent une proportion considérable de diphénylamine qu'on régénère par distillation.

Tritoluylrosaniline. Bleu de toluidine. — La réaction de l'aniline sur les sels de rosaniline et surtout l'interprétation donnée par *Hofmann* relativement à cette réaction devaient donner l'idée d'essayer de remplacer l'aniline par la toluidine et de rechercher en même temps le mode d'action de celle-ci sur la rosaniline. En mai 1862, *Collin* se fit breveter en France pour un procédé au moyen duquel on obtiendrait une matière colorante bleue en chauffant pendant 5 ou 6 heures, à une température qui ne doit pas dépasser 180° et non inférieure à 150°, un mélange à parties égales d'un sel de rosaniline avec de la toluidine cristallisée, et pour avoir la matière bleue dans un parfait état de pureté, c'est-à-dire pour éliminer la toluidine et la rosaniline en excès, il suffit de la faire bouillir avec de l'acide chlorhydrique du commerce étendu de 8 ou 10 fois son poids d'eau.

En 1864, *A. W. Hofmann* annonça à l'Académie des sciences de Paris qu'en chauffant à 130 ou 150° pendant plusieurs heures un mélange d'acétate de rosaniline avec un poids double de toluidine, on obtient une masse brune à éclat métallique, dont la formation est accompagnée d'un dégagement d'ammoniaque et qui se dissout dans l'alcool avec une belle couleur bleue.

La *composition* de ce bleu de toluidine est tout à fait analogue à celle de la triphénylrosaniline, et il en est de même pour son *mode de formation*. Les trois atomes d'hydrogène, qui dans ces derniers corps sont remplacés par trois molécules de phényle, le sont ici par trois molécules de toluyle. La formule est par conséquent $C^{40}H^{16}(C^{14}H^{7})^3Az^3 = (C^{20}H^{16}(C^{7}H^{7})^3Az^3)$. Le chlorhydrate de cette base cristallise dans l'alcool en petits cristaux bleus insolubles dans l'eau.

Lorsqu'on soumet cette tritoluylrosaniline à la distallation sèche, on obtient la phényltoluylamine, corps qui correspond à la diphénylamine, car ces composés ont pour formules :

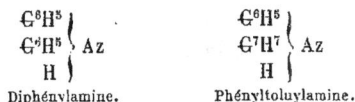

$$\left.\begin{array}{l}C^6H^5 \\ C^6H^5 \\ H\end{array}\right\} Az \qquad \left.\begin{array}{l}C^6H^5 \\ C^7H^7 \\ H\end{array}\right\} Az$$

$$\text{Diphénylamine.} \qquad \text{Phényltoluylamine.}$$

Triphénylrosotoluidine. Bleu de Coupier. — Nous avons vu précédemment que la composition de la matière colorante que l'on obtient en soumettant à l'action d'un agent déshydrogénant la toluidine liquide, c'est-à-dire un mélange de toluidine cristallisable et de pseudotoluidine, n'est pas encore exactement connue [1]. Il est cependant probable que c'est une triamine formée aux dépens de trois équivalents de toluidine avec élimination d'hydrogène et qu'on peut lui laisser le nom de rosotoluidine qui lui a été donné provisoirement.

Coupier et d'autres ont trouvé que ce rouge de toluidine traité par l'aniline donne un bleu. En admettant que la génération de ce dernier soit analogue au mode de formation du bleu ordinaire, et cela n'est pas impossible, ce bleu de *Coupier* serait une rosoto-

---

[1] Le corps qui se forme par le même traitement avec trois équivalents de toluidine cristallisée a une couleur jaune, et il a été considéré par *Girard* comme de la chrysotoluidine.

luidine phénylée. Nous nous limitons à ces considérations générales et nous nous abstenons de préjuger la composition de ce corps.

Bleu de Paris, *de Persoz, de Luynes et Salvétat.* — Ce nom peu convenable (parce qu'on a déjà donné le nom de bleu de Paris au bleu de Berlin fin) a été donné par ces chimistes à la préparation qu'ils obtinrent en 1861, en faisant agir le bichlorure d'étain anhydre sur l'aniline commerciale. Les deux corps doivent être chauffés pendant 30 heures à 180°. Malheureusement, au dire des praticiens, ce bleu ne peut pas être fabriqué en grand, et c'est précisément pour cette raison que jusqu'à présent il n'a pas été livré au commerce. Il est à croire qu'il a la même composition que le bleu de Lyon, c'est-à-dire que c'est une triphénylrosaniline, et qu'il s'est formé aux dépens de la rosaniline à laquelle le bichlorure d'étain a d'abord donné naissance, rosaniline qui par l'action ultérieure de l'aniline en excès a été convertie en bleu, c'est-à-dire phénylée.

Cependant *Perkin* a fait remarquer qu'entre ce bleu et le bleu d'aniline ordinaire, dont il a été question précédemment, il doit y avoir une différence, car le bleu de Paris est facilement soluble dans l'eau et dans ce liquide il cristallise en aiguilles bleues à reflet cuivré. C'est, d'après le même auteur, la combinaison chlorhydrique d'une base, qui par les alcalis peut être précipitée sous forme d'une poudre bleu pourpre. *Perkin* n'est pas parvenu à éclaircir la composition de ce corps.

Bleu à l'aldéhyde. — *Lauth* a observé que l'aldéhyde de l'alcool ordinaire peut transformer une solution de rosaniline en bleu.

On dissout 20 gram. de fuchsine cristallisée dans 280 centimètres cubes d'acide chlorhydrique ordinaire, on étend avec un égal volume d'eau et ensuite on mélange avec 100 centimètres cubes d'aldéhyde brute. Au bout de 24 heures, on précipite la matière colorante bleue avec une solution de carbonate de soude ajoutée en excès, on la porte sur un filtre, on la lave, on dissout dans l'alcool et l'on évapore à sec. Pour la débarrasser d'un corps résineux jaune qui y adhère encore, on la fait digérer avec du sulfure de carbone, on dessèche, on redissout dans l'alcool et l'esprit de bois étendu, on filtre et l'on dessèche.

Ce bleu se décompose dès la température de 100° ; il teint bien, mais les couleurs sont très-peu solides, de sorte qu'il n'a point été employé en teinture. Il est plus important pour la préparation du vert ; nous y reviendrons en traitant de celui-ci.

Bleu de Mulhouse. — Ce corps intéressant par son mode de production, mais dout il est tout à fait impossible de se servir dans la pratique, a été découvert à l'occasion d'expériences qu'effectuèrent *Gros-Renaud* et *Schäfer* pour fixer la fuchsine sur les tissus à l'aide d'une solution de gomme-laque.

On peut le préparer avec une décoction de 50 gram. de gomme-laque blanche et 18 gram. de cristaux de soude dans 1 litre d'eau, à laquelle on ajoute 50 centimètres cubes d'une solution de fuchsine (qui est faite avec 4 parties en poids d'eau, 4 parties en poids d'alcool et une partie également en poids de fuchsine), et ensuite on fait bouillir pendant une heure en remplaçant continuellement l'eau qui s'évapore. La solution a la couleur de l'ammoniure de cuivre.

Azurine. — On a nommé *azurine* un bleu qui a été découvert pour la première fois en 1860 par *Crace-Calvert, Ch. Lowe* et *Sam. Clift*, mais qui est tombé un peu dans l'oubli ; on y est cependant revenu récemment, depuis que *Blumer-Zweifel* a pris un brevet pour la préparation de cette matière colorante d'après un procédé modifié et perfectionné, et on l'emploie avec avantage pour imiter le bleu de cuve sur certains articles. Ce bleu se distingue du précédent parce qu'il ne peut être livré au commerce, mais qu'il doit être produit sur le tissu même.

Calvert, Lowe et *Clift* préparent d'abord un vert sur la pièce d'étoffe, couleur appelée *éméraldine* et dont nous parlerons au sujet des couleurs vertes dérivées de l'aniline. Pour rendre bleus les tissus teints, avec l'éméraldine, on les passe dans un bain de savon contenant par litre d'eau 25 gram. de savon. On obtiendra le même effet avec un bain faiblement alcalin (6 gram. de soude caustique par litre d'eau) ou avec un bain contenant par litre d'eau 6 grammes de bichromate de potasse.

Blumer-Zweifel emploie ce bleu pour l'impression des tissus. Il prépare la couleur de la manière suivante : il prend 1 litre d'eau et 100 gram. d'amidon, il ajoute au liquide bouillant 4 grammes de chlorate de potasse, 3 ou 4 gram. de sulfate de fer et 10 gram.

de sel ammoniac. Lorsque la masse est refroidie et qu'elle s'est transformée en une bouillie consistante, on ajoute 60 gram. d'un sel d'aniline, et aussitôt que celui-ci est bien dissous on emploie le mélange pour l'impression. On peut en modifiant la recette produire des nuances plus ou moins claires. Nous verrons plus loin, à propos du noir d'aniline, que la génération de ce bleu offre beaucoup d'analogie avec celle du noir et que peut-être ce dernier a une composition qui doit aussi être attribuée à l'*azurine* et à l'*émeraldine*.

Azuline. — Cette couleur a été très-employée pendant quelque temps, avant la découverte du bleu de rosaniline phénylé.

En 1862, des fabricants de couleurs *Guinon, Marnas* et *Bonnet,* de Lyon, prirent en France un brevet pour cette couleur. La découverte de l'azuline, qui aurait été faite dans le laboratoire de la fabrique que l'on vient de nommer, a été attribuée à *J. Persoz,* mais cette assertion a été contestée par *Rigoud*, de Lyon, qui revendique la découverte comme sa propriété.

L'*acide rosolique* (voyez page 54) sert comme point de départ pour la préparation de cette couleur. On chauffe pendant quelques heures à une température voisine de 180° un mélange de 5 parties en poids d'acide rosolique et de 6 ou 8 parties également en poids d'aniline. De l'aniline et un corps coloré en rouge doivent être éliminés du produit brut par les acides étendus.

L'azuline est insoluble dans l'eau, mais comme la triphénylrosaniline, elle peut être rendue soluble dans ce liquide par un traitement avec l'acide sulfurique concentré. Si on la dissout dans ce dernier et si l'on chauffe pendant quelque temps, elle n'est plus précipitée par l'eau, mais en solution étendue elle l'est par le sel marin. L'azuline est soluble dans l'alcool et dans l'éther. Elle colore en violet rouge les alcalis caustiques.

La composition de l'azuline pourrait, d'après *Willm*, être représentée par la formule $C^{24}H^{11}AzO^4$, tandis que *de Laire* avance que la proportion de l'azote contenu dans ce corps serait toujours assez petite et *variable*.

Nous devons mentionner également ici que la naphtylamine (naphtalidine) chauffée avec de l'acide rosolique donne aussi une matière colorante bleue.

Matières colorantes violettes.

Les corps colorés violets dérivés directement ou indirectement de l'aniline, peuvent être classés de la manière suivante, si l'on prend pour base leur mode de production.

a. Matières colorantes violettes phénylées, dont le mode de formation est semblable à celui des matières colorantes bleues phénylées.

b. Matières colorantes violettes éthylées ou méthylées.

c. Matières colorantes violettes produites par l'action d'agents oxydants sur l'aniline.

Dans chacun de ces trois groupes se succèdent des faits dont le mode de production ne peut être caractérisé d'une manière précise, mais qui cependant à cause de leur relation intime avec le groupe peuvent être placés dans celui-ci. Dans chaque groupe il se trouve en outre un représentant, qui dans la pratique a acquis une importance spéciale. Dans la série des violets phénylés on doit mentionner les produits intermédiaires violet-rouge ou violet-bleu qui se forment entre la rosaniline et la triphénylrosaniline. Dans le groupe des produits de substitution avec les radicaux alcooliques, le violet *Hofmann* occupe le premier rang, comme la mauvéine, ou le violet de *Perkin*, est, parmi les violets formés par oxydation, la couleur qui offre le plus d'importance.

1. *Matières colorantes violettes phénylées.*

Violet impérial rouge et violet impérial bleu. — L'appareil et les procédés en usage pour préparer ces violets sont presque entièrement semblables à ceux qui ont été indiqués pour la préparation du bleu phénylé. *Girard* et *de Laire* décrivent leur procédé de la manière suivante : le produit brut destiné à la fabrication du bleu (pour la formation duquel ils prennent parties égales de chlorhydrate de rosaniline et d'aniline commerciale et qu'ils chauffent pendant 4 heures à 150 ou 160°) est traité à l'ébullition par l'acide chlorhydrique étendu (1 partie d'acide chlorhydrique du commerce pour 9 parties d'eau), qui enlève l'aniline libre et la rosaniline. Le reste est le violet.

Ce produit serait par conséquent essentiellement formé d'un mélange d'une matière colorante violette et d'une matière colorante bleue, corps qui, comme le bleu incomplétement purifié, renferme cependant beaucoup de violet et peu de bleu.

On peut ramener à deux classes, le *violet rouge* (ou dahlia) et le *violet bleu* (ou parme), les marques nombreuses et les diverses dénominations sous lesquelles on rencontre dans le commerce les violets phénylés.

Les méthodes aujourd'hui en usage pour la fabrication de ces produits ne diffèrent de celles usitées pour la production du bleu que parce que, pour la préparation de la couleur, on emploie un peu moins d'aniline et que la durée de la réaction est moins longue. Même en prenant toutes les précautions, on n'est pas certain d'obtenir une nuance déterminée, il se produit tantôt plus de bleu, tantôt plus de rouge que l'on désire. Pour remédier à cet inconvénient on peut mélanger avec soin les nuances bleues avec les rouges, jusqu'à ce que l'on ait la nuance désirée.

Voici d'ailleurs, dans tous leurs détails, d'après *Girard* et *de Laire*, les procédés actuellement suivis pour l'obtention des deux nuances. L'appareil est une cornue en fonte émaillée chauffée au bain-marie et munie d'un agitateur, d'un cohobateur et d'un récipient.

1. *Violet rouge* (monophénylrosaniline). — On introduit dans la cornue 14 kilog. d'aniline et 10 kilogr. de sulfate ou de chlorhydrate de rosaniline. Le sel de rosaniline et l'aniline doivent être entièrement privés d'eau, le sel de rosaniline par une dessiccation à 100°, l'aniline par une rectification. On chauffe d'abord doucement, et on a soin de laisser tomber constamment l'aniline dans la cornue. Au bout d'une demi-heure environ, on interrompt la communication entre la cornue et le cohobateur. On élève la température, en ayant soin de ne pas dépasser 190°. A partir de la demi-heure on essaye toutes les cinq minutes l'opération. On plonge une baguette dans la cornue et l'on fait, sur un carreau de faïence ou sur une assiette de porcelaine, une marque, qui doit être d'un violet très-rouge, mais bien pur. Il ne faut pas perdre de vue que les traitements ultérieurs, en enlevant la rosaniline en excès, tendent à bleuir le produit et que, par suite, on doit s'arrêter lorsque celui-ci est encore au moins plus rouge de plusieurs tons que la nuance définitive à atteindre. Lorsque la teinte est jugée bonne, on retire la cornue du feu, on la laisse un instant reposer avant de procéder à la coulée et à la purification. Lorsque la matière n'est plus chaude, mais qu'elle est encore parfaitement fluide, on la verse dans de la benzine en excès par filets minces et en agitant constamment. L'aniline non altérée reste en dissolution dans la

benzine, ainsi qu'une certaine quantité de matières brunes et marron, tandis que la rosaniline et ses produits de substitution se précipitent. On recueille le précipité sur un filtre, on le sèche, on le presse et on le dissout dans l'acide chlorhydrique concentré. La solution ainsi obtenue, étendue d'une grande quantité d'eau froide, laisse précipiter la matière colorante violette, la rosaniline restant en dissolution. Le produit est encore lavé deux ou trois fois à l'eau pure, puis séché.

Les benzines ayant servi à la purification du violet sont mélangées avec une quantité d'acide chlorhydrique suffisante pour saturer exactement l'aniline qu'elles renferment. Le sel d'aniline se précipite et entraîne avec lui les matières colorantes ; on sépare le précipité par décantation et on distille la benzine acide en présence d'un alcali.

On peut aussi au lieu de couler le violet, au sortir de la cornue, dans de la benzine, le laisser tomber, en filet mince, dans un vase contenant de l'eau acidulée et du sel marin et muni d'un agitateur. Si la masse n'est pas suffisamment fluide, on peut y ajouter une petite quantité d'alcool. Le violet se précipite sous forme d'une poudre impalpable. On la recueille sur des filtres de laine, on la lave une ou deux fois à l'eau pure, pour éliminer l'acide et le sel marin en excès ; lorsque le lavage est suffisant, on laisse égoutter les filtres. Le produit est ensuite introduit dans des sacs et pressé et enfin séché à une température ne dépassant pas 40°.

2. *Violet bleu* (diphénylrosaniline). — L'opération est conduite comme celle qui doit donner le violet rouge, elle dure seulement un peu plus longtemps, de 1 heure 1/2 à 2 heures en moyenne. Il faut avoir bien soin dans le dernier quart d'heure de ne pas élever trop la température. Les matières employées et leurs proportions varient un peu ; au lieu du sulfate ou du chlorhydrate de rosaniline, on se sert de préférence de l'acétate de rosaniline. Certains fabricants emploient de la rosaniline et de l'acétate d'aniline. Sous l'influence de la chaleur, l'acétate d'aniline est décomposé par la rosaniline, l'aniline est mise en liberté et il se forme de l'acétate d'aniline. Les proportions les plus convenables sont : 10 kilogr. de sel de rosaniline et 20 kilog. d'aniline. Vers la fin de l'opération, il faut répéter fréquemment les essais, afin de ne pas dépasser la nuance voulue. Lorsque celle-ci est atteinte, on retire la cornue du feu. On laisse refroidir un peu ; pendant que la masse est encore fluide, on y verse 4 ou 5 litres d'alcool en agitant cons-

tamment. On verse ensuite le tout dans environ 400 litres d'alcool, et à la solution on ajoute de l'acide chlorhydrique. On précipite ce liquide par une solution aqueuse et saturée de sel marin. Le violet se précipite, la rosaniline non transformée et même une certaine quantité de violet-rouge restent dissoutes. La couleur précipitée est recueillie sur des filtres, lavée une ou deux fois à l'eau acide, et enfin à l'eau pure, jusqu'à ce que l'eau de lavage soit neutre ou à peu près. Si la nuance était un peu trop rouge, il faudrait laver le produit avec de l'alcool faible.

Relativement à la composition et au mode de formation de ces matières colorantes violettes nous pouvons renvoyer à ce qui a été dit page 193. Le violet rouge serait constitué pour la plus grande partie par la monophénylrosaniline et ne renfermerait que de petites quantités de rosaniline et de produits plus substitués. Le violet bleu contiendrait surtout de la diphénylrosaniline (voyez page 149).

Les autres procédés indiqués pour la préparation d'un violet, procédés qui jusqu'à présent ne paraissent pas avoir été adoptés par l'industrie, peuvent être considérés comme des modifications imparfaites du précédent.

Nicholson, par exemple, chauffe lentement de la rosaniline à 200 ou 215°, opération qui est accompagnée d'un dégagement d'ammoniaque ; il épuise le produit par l'acide acétique et il obtient une solution violette. Il est difficile d'avoir avec cette méthode un rendement satisfaisant. La formation du violet a lieu de la manière suivante : la rosaniline, qui a la propriété de se décomposer au-dessous de 200°, abandonne de l'aniline, qui agit sur le reste de la rosaniline, en le phénylant. Nous avons par conséquent dans ce cas une matière très-chère pour produire la phénylation et la température à laquelle on opère offre certains dangers.

Wise décrit un procédé qui consiste à mélanger parties égales de rosaniline et d'acide valérianique et à chauffer, jusqu'à ce qu'on ait atteint la nuance désirée. Il doit être placé au même rang que le précédent. L'acide valérianique peut agir dans le même sens que l'acide acétique (voyez bleu).

A cette catégorie appartient aussi le violet pour la préparation duquel *R. Smith* a pris une patente en Angleterre et que l'on obtient en chauffant ensemble de la rosaniline, de l'aniline et de l'acide salicylique.

On n'a pas fait attention, et avec raison, à ces deux procédés.

Les brevets de *Delvaux* (mars et octobre 1862) nous paraissent avoir une valeur encore plus douteuse; d'après le procédé qu'ils contiennent, on chauffe du chlorhydrate d'aniline à 200 ou 220° avec du sable ou à 170° avec de l'oxyde de fer ou de manganèse, on élimine avec de l'eau la matière colorante rouge qui s'est encore formée en même temps, et l'on dissout le violet dans l'alcool.

Le produit de *Girard* et *de Laire* est dans ce groupe le seul qui ait de l'importance; il est fabriqué en assez grande quantité, bien que l'on doive dire que le violet *Hofmann* lui est supérieur en vivacité et en fraîcheur et que sous le rapport de la solidité il est inférieur au violet de *Perkin*.

Combinaisons sulfoconjuguées du violet d'aniline phénylé.

La transformation remarquable qu'éprouve le bleu d'aniline (voyez page 188), lorsqu'on le traite par l'acide sulfurique concentré, a aussi été observée depuis longtemps avec le violet d'aniline; mais l'étude de la réaction n'a jamais été poursuivie, et celle-ci n'a été que rarement utilisée dans la pratique, parce que les matières colorantes qui se forment ne possèdent pas l'éclat et la belle nuance des autres couleurs d'aniline. Pour compléter l'histoire des dérivés colorés de l'aniline, il était donc utile de faire une étude approfondie des réactions qui, il est vrai, avaient déjà été nettement indiquées, et de préparer les combinaisons du violet d'aniline correspondant aux sulfacides du bleu.

On a vu que l'introduction du résidu SO^3H dans la rosaniline monophénylée et dans la rosaniline diphénylée est un peu plus difficile que dans le bleu et notamment que la préparation de l'acide tétrasulfurique offre quelques difficultés, parce que de l'acide sulfureux commence à se dégager bien avant que toute la matière colorante soit transformée en sulfacide.

La production d'un acide tétrasulfurique de la diphénylrosaniline était intéressante à observer, car elle a permis de conclure que dans la formation du composé tétrasulfurique tous les groupes phényliques du bleu d'aniline ne doivent pas être regardés comme intéressés. Les sulfacides du violet d'aniline se comportent exactement comme ceux du bleu d'aniline vis-à-vis des fibres animales, et leurs autres propriétés physiques et chimiques, sont aussi tout à fait semblables à celles des dérivés du bleu; il n'est donc pas nécessaire de donner une description spéciale de ces combinaisons.

2. *Violets méthylés et éthylés.*

a. **Violet Hofmann, éthylrosaniline, dahlia.** — C'est en 1863 que *A. W. Hofmann* fit des expériences dans le but d'obtenir des produits de substitution de la rosaniline avec les radicaux des alcools mono-atomiques, en se servant des méthodes depuis long-temps en usage dans la chimie. *E. Kopp* avait du reste dès 1861 observé la formation de ces dérivés. Le procédé de *Hofmann* fut breveté en Angleterre, le 22 mai 1864, et en France, le 11 juillet de la même année.

Dans le brevet le procédé est décrit de la manière suivante : On prend 1 partie en poids de rosaniline ou d'un sel de rosaniline, 3 parties d'iodure d'éthyle et 3 parties d'alcool concentré (à 90 °/₀) ou d'esprit de bois, et l'on chauffe ces substances dans un vase de fer ou de verre fermé et pouvant résister à la pression qui se produit à la température de 100°, à laquelle le mélange doit être maintenu pendant 3 ou 4 heures, ou jusqu'à ce que toute la rosa-niline soit convertie en une matière colorante violette. Après le refroidissement on dissout dans l'alcool, ou dans l'esprit de bois ; la solution peut être employé telle quelle pour la teinture. Afin de retirer l'iode, on fait bouillir la matière colorante avec un alcali avant ou après sa dissolution dans l'alcool, et de cette façon on obtient de l'iodure de potassium en dissolution et le corps violet à l'état insoluble. On peut laver celui-ci avec de l'eau et le redis-soudre dans un mélange d'acide chlorhydrique et d'alcool ; il se dissout aussi dans l'acide acétique étendu. A la place de l'iodure d'éthyle on peut employer les iodures de méthyle, de propyle, de capryle, d'amyle ou les bromures correspondants.

Tel est le contenu du brevet. Avant de passer à la description des modifications qu'on a fait subir depuis au procédé, nous allons donner quelques indications relativement aux substances qu'il nécessite.

La *fabrication en grand de l'iodure d'éthyle* s'effectue de la manière suivante. L'appareil consiste en une chaudière de fonte émaillée, qui peut être chauffée à l'aide d'un double fond et qui communique avec un réfrigérant, dont le serpentin est en cuivre. On introduit dans cet appareil 100 kilogr. d'iode et 60 kilogr. d'alcool, on ajoute à la masse par petites portions, et en faisant bien attention à ce qu'il ne se produise pas de réaction tumultueuse, 10 kilogr. de phosphore rouge (amorphe), et l'on abandonne le tout au repos pendant environ 48 heures. Au bout de ce temps on commence la distillation en injectant de la vapeur dans l'espace qui se trouve entre les deux fonds de la chaudière. L'iodure d'éthyle passe à 72°, aussi le serpentin doit-il être fortement refroidi. Le rendement atteint presque le chiffre indiqué par le calcul.

Depuis quelque temps on distingue dans le commerce trois violets *Hofmann*, un *violet rouge* R, un *violet bleu* B et un *violet lumière* BB.

Pour le *violet rouge* R on se sert d'un mélange de 10 kilogr. de rosaniline, de 100 litres d'alcool, de 8 kilogr. d'iodure d'éthyle ou de méthyle et de 10 kilogr. de potasse ou de soude caustique. Ce mélange est chauffé pendant 2 heures, entre 115 et 130° dans l'appareil indiqué plus loin.

Pour le *violet bleu* B on emploie un mélange contenant 10 kilogr. de rosaniline, 100 litres d'alcool, 5 kilogr. d'iodure de méthyle, 5 kilogr. d'iodure d'éthyle et 10 kilogr. de soude ou de potasse caustique.

Pour le *violet lumière* BB, on prend 10 kilogr. de rosaniline, 20 kilogr. d'iodure de méthyle, 100 litres d'alcool éthylique et 10 kilogr. de potasse.

Les solutions alcooliques d'iodure de méthyle et d'éthyle et les solutions de potasse doivent être introduites en plusieurs fois.

Ces recettes empruntées à la pratique actuelle fournissent de très-beaux produits, elles sont cependant susceptibles de nombreuses modifications qui conduiraient au même but. Les quantités employées correspondent, dans la première recette, à 1 molécule 1/2 d'iodure de méthyle pour 1 de rosaniline, dans la seconde à 2 molécules d'iodure pour 1 de rosaniline, et dans la troisième à 4 molécules d'iodure de méthyle pour 1 de rosaniline.

La différence qui existe entre l'iodure d'éthyle et l'iodure de méthyle consiste en ce que, les quantités étant égales, on obtient avec l'iodure de méthyle une nuance plus bleue et plus soluble dans l'eau qu'avec l'iodure d'éthyle. Si l'on faisait agir l'iodure de méthyle sur la rosaniline pendant un temps plus long, il se produirait un bleu vert, duquel on fait également usage depuis quelque temps et dont il sera parlé plus loin à propos des couleurs vertes.

L'*appareil* dont on se sert maintenant se distingue de l'ancien en ce qu'il est disposé pour que l'on puisse opérer seulement à la pression ordinaire. C'est une chaudière en cuivre munie d'un double fond et que l'on chauffe à la vapeur. Le tube abducteur adapté au couvercle communique d'une part avec un réfrigérant et d'autre part avec un appareil cohobateur. La communication avec ces appareils peut être interrompue au moyen de robinets. Tant que doit durer la réaction, le cohobateur seul est maintenu ouvert. L'iodure organique volatilisé et l'alcool se condensent et retombent dans la chaudière. Afin que l'on puisse observer facilement la marche de l'opération, il se trouve entre l'appareil cohobateur et la chaudière un tube de cristal à travers lequel on peut se rendre compte de la quantité des vapeurs qui s'élèvent. Lorsque la réaction est terminée, on ferme le cohobateur et l'on ouvre le robinet qui fait communiquer la chaudière avec le réfrigérant, afin de condenser et de recueillir l'alcool et l'iodure libre qui distille. Dans le couvercle de la chaudière se trouve une autre ouverture, un trou d'homme, par laquelle on peut introduire les matières brutes et retirer les produits.

Le produit, qui est de l'iodhydrate d'éthylrosaniline ou de méthylrosaniline, est purifié de la manière suivante. Après la distillation de l'alcool et de l'iodure libre, on arrose le résidu avec de l'eau bouillante, pour dissoudre et éliminer les alcalis caustiques et les iodures alcalins, et ensuite on traite le résidu avec l'acide duquel on désire préparer le sel.

La *composition et les propriétés* du produit obtenu sont les suivantes :

Il se forme d'abord la combinaison d'une nouvelle base avec l'acide iodhydrique. La base est mise en liberté au moyen d'un traitement par la potasse ou la soude caustique. Ses propriétés n'ont pas été jusqu'à présent exactement décrites. C'est de la rosaniline dans laquelle 3 atomes d'hydrogène sont remplacés par 3 molécules d'éthyle ou de méthyle, c'est par conséquent de la triéthylrosaniline ou de la triméthylrosaniline :

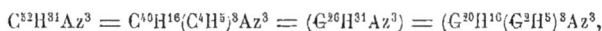

$$C^{52}H^{31}Az^3 = C^{40}H^{16}(C^4H^5)^3Az^3 = (C^{26}H^{31}Az^3) = (C^{20}H^{16}(C^2H^5)^3Az^3,$$

ou

$$C^{46}H^{25}Az^3 = C^{40}H^{16}(C^2H^3)^3Az^3 = (C^{23}H^{25}Az^3) = (C^{20}H^{16}(CH^3)^3Az^3.$$

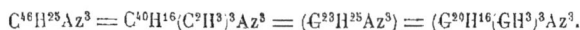

Les sels des deux bases sont tous solubles dans l'alcool, l'esprit de bois, l'acide acétique et les acides minéraux. Quelques-uns, notamment l'acétate et le chlorhydrate, sont aussi solubles dans l'eau.

Les sels de ces bases, qui jusqu'à présent ont été étudiés avec soin, offrent cette particularité, qu'ils contiennent 2 équivalents d'acide, tandis qu'on n'a encore observé que des sels de rosaniline avec 1 ou 3 équivalents d'acide.

Les combinaisons iodhydriques, produites immédiatement d'après l'ancien procédé de *Hofmann* :

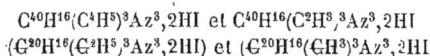

$$C^{40}H^{16}(C^4H^5)^3Az^3,2HI \text{ et } C^{40}H^{16}(C^2H^3,^3Az^3,2HI$$
$$(C^{20}H^{16}(C^2H^5,^3Az^3,2HI) \text{ et } (C^{20}H^{16}(CH^3)^3Az^3,2HI$$

sont les sels les moins solubles dans l'eau froide comme dans l'eau chaude.

On les livrait autrefois au commerce. En les traitant avec les solutions bouillantes des alcalis caustiques, on élimine l'acide iodhydrique, et il se forme de l'iodure de potassium ou de sodium. On combine ensuite la base devenue libre avec un acide dont le sel est soluble. Pour rendre solubles ces matières colorantes violettes, on se base par conséquent sur un principe tout autre que pour produire le même effet avec le bleu d'aniline.

Si l'on traite encore plusieurs fois l'éthylrosaniline libre avec de l'iodure d'éthyle, il se forme une combinaison avec cet iodure, $C^{40}H^{16}(C^4H^5)^3Az^3, C^4H^5I = (C^{20}H^{16}(C^2H^5)^3Az^3, C^2H^5I$, de l'iodéthylate de triéthylrosaniline, que l'eau précipite de sa solution alcoolique à l'état résineux et qui par le refroidissement se solidifie en une masse cristalline à éclat métallique.

Les deux bases triéthylrosaniline et triméthylrosaniline offrent beaucoup d'analogies, et il en est de même de leurs sels, quoique cependant les sels de la dernière donnent des colorations plus vives. Les sels des combinaisons qui contiennent en même temps de l'éthyle et du méthyle donneraient les teintes les plus belles.

Au violet *Hofmann* se rattachent les violets suivants :

1.° Le violet préparé d'après le brevet de *Wanklyn*. Celui-ci produit d'abord l'iodure de *pseudopropyle* en faisant agir l'acide iodhydrique sur la glycérine. Il mélange ce corps avec parties égales de rosaniline, il ajoute de l'alcool et il chauffe en vase clos à 100°. La masse obtenue est traitée avec une lessive de soude caustique, et la matière colorante violette se produit dans un état suffisant de pureté.

2° D'après *Dawson*, on obtiendrait du violet en mélangeant 2 parties d'iodure d'allyle avec une partie de rosaniline ou d'un sel de rosaniline et en chauffant le mélange dans un digesteur de *Papin*.

3° Un violet que *Perkin* a proposé et qui prend naissance lorsqu'on chauffe pendant 8 heures, à 140 ou 150°, une partie d'essence de térébenthine bromée avec une partie de rosaniline et 6 parties d'esprit de bois ou d'alcool.

4° Le violet que *H. Levinstein* produit, sous le nom de *dorothea*, avec 50 parties d'alcool à 90°, 35 parties de rosaniline et 7 parties d'éther azotique, qu'il chauffe pendant 2 ou 3 heures à 100°.

5° La matière colorante violette découverte par *Fr. Hobrecker*, de Crefeld, et que l'on obtient par l'action d'un mélange de chlorure de benzyle et d'iodure de méthyle sur la rosaniline en solution dans l'alcool méthylique. On fait digérer pendant quelque temps ce mélange au bain-marie ; il se sépare par le refroidissement de la solution violet foncé des aiguilles à éclat métallique vert. Ces cristaux sont formés par un iodure qu'on obtient complétement pur par recristallisation dans l'alcool ; ils sont presque insolubles dans l'eau, peu solubles dans l'alcool froid, un peu plus facilement dans l'alcool chaud. D'après *A. W. Hofmann*, cette matière colorante a pour formule $C^{42}H^{40}Az^3I$, et on peut la considérer comme de l'iodurométhylate de rosaniline tribenzylique :

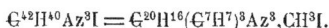

$$C^{42}H^{40}Az^3I = C^{20}H^{16}(C^7H^7)^3Az^3,CH^3I.$$

Elle prendrait naissance d'après l'équation suivante :

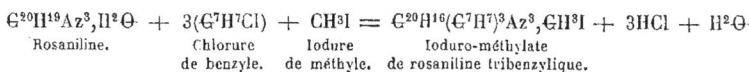

$$C^{20}H^{19}Az^3,H^2O + 3(C^7H^7Cl) + CH^3I = C^{20}H^{16}(C^7H^7)^3Az^3,CH^3I + 3HCl + H^2O$$

Rosaniline.   Chlorure   Iodure   Ioduro-méthylate
de benzyle. de méthyle. de rosaniline tribenzylique.

6° Comme nous l'avons déjà vu, page 83, *Lauth* et *Grimaux* ont obtenu une belle matière colorante en faisant agir directement le chlorure de benzyle sur la rosaniline (*violet au chlorure de benzyle*), et lorsqu'on remplace la rosaniline par le violet *Hofmann R* (monométhylrosaniline), il se forme un violet tirant sur le bleu (*violet méthylique benzylique bleu*) ; ce dernier violet se produit également quand on fait réagir le chlorure de benzyle à l'ébullition, en présence d'un alcali, sur le violet *Hofmann R*.

Il est aussi très-convenable de parler à la suite du violet *Hofmann* de l'*éthylmauvaniline* de *Girard* et de *Laire*. Il a été question précédemment de la mauvaniline (page 156). Cette base est traitée

exactement comme la rosaniline dans le procédé de préparation
du violet *Hofmann*.

Dans une cornue de verre on chauffe pendant une demi-heure
un sel de mauvaniline avec de l'alcool ou de l'esprit de bois et de
l'iodure d'éthyle (ou l'iodure d'un autre radical alcoolique) en
ayant soin de cohober pendant toute la durée de l'opération ce qui
passe à la distillation, on ajoute ensuite de la soude ou de la potasse caustique, et l'on chauffe encore pendant 3 ou 4 heures. Les
proportions indiquées par les auteurs sont : 1 kilogr. de mauvaniline, ou d'un sel de mauvaniline, 10 litres d'alcool ou d'esprit de
bois, 2 kilogr. d'iodure d'éthyle ou de méthyle et 1 kilogr. de potasse ou de soude caustique. A la fin, on distille l'alcool libre, on
lave d'abord le résidu dans la cornue avec de l'eau et on le reprend
ensuite par un acide (par l'acide chlorhydrique ou l'acide acétique),
et l'on obtient ainsi le sel correspondant d'éthylmauvaniline. Au
lieu d'une cornue de verre on peut aussi employer un appareil
comme celui dont on se sert pour le violet *Hofmann*. Les nuances
sont d'autant plus bleues que la proportion de l'iodure d'éthyle,
comparée à celle du sel de mauvaniline, est plus grande.

b. **Violet de Paris.** — Une idée, tout à fait analogue à celle
que nous avons indiquée précédemment au sujet des différents
modes de génération du bleu d'aniline, a également ouvert une
voie nouvelle pour la production des combinaisons violettes éthylées
et méthylées ; d'après cette idée, au lieu de former de la rosaniline par soustraction d'hydrogène et de phényler ensuite celle-
ci, lorsqu'il s'agit d'obtenir du bleu, on produit d'abord la phénylation de l'aniline et ensuite l'élimination de l'hydrogène, et
dans le cas qui nous occupe on commence par éthyler ou méthyler
l'aniline, puis avec un des agents ordinairement employés, par
exemple le bichlorure d'étain, on transforme l'éthylaniline ou la
méthylaniline en la triamine. La fabrique de *Poirrier* et *Chappat*,
de Paris, fut la première qui effectua sur une grande échelle la préparation des dérivés de l'aniline commerciale qui prennent naissance par substitution des radicaux alcooliques, et elle en fit des
couleurs, avec lesquelles elle se présenta en 1867. Cependant il est
juste de faire remarquer que *Greville Williams* avait signalé
dès 1860 l'amylaniline comme tout à fait convenable pour la production des couleurs et que, en 1861, *Ch. Lauth* a publié un travail
sur les dérivés colorés de la méthylaniline.

Le brevet de *Poirrier* et *Chappat* (*Bardy*, le chimiste de la fabrique, a beaucoup contribué à l'introduction du nouveau procédé) se divise en deux parties. La première partie de leur procédé comprend la préparation des dérivés éthylés, méthylés, etc., de l'aniline. On a montré, page 104, que l'on peut produire ces dérivés en mettant en contact les iodures des radicaux alcooliques et l'aniline. Mais cette méthode ne peut pas être employée dans les fabriques à cause du prix élevé de l'iode. Les titulaires du brevet se sont adressés aux méthodes qui ont été indiquées par *Berthelot* et *Juncadella* pour la préparation des amines éthylées, et ils ont essayé si elles ne pourraient pas être appliquées en grand. Leur espoir fut réalisé, et ils se firent breveter pour trois procédés basés sur ces recherches. L'un de ces procédés, qui consiste à mélanger de l'éther azotique (250 parties) avec de l'aniline du commerce (160 parties) et à chauffer, fut regardé par eux comme offrant trop de dangers, et pour cette raison il ne fut pas employé.

Ils se sont arrêtés aux mélanges suivants : 1° 50 ou 80 parties en poids d'alcool méthylique et 100 parties également en poids de chlorhydrate d'aniline ; 2° 100 parties en poids d'aniline du commerce, 160 parties en poids de chlorure d'ammonium, et 50 ou 80 parties également en poids d'alcool méthylique ou d'esprit de bois rectifié. Ces mélanges sont chauffés pendant 3 ou 4 heures à 250 ou 300° dans un digesteur de *Papin* émaillé (c'est ce qu'il y a de mieux). Le deuxième mélange attaque moins le fer, ce qu'il est important de savoir dans le cas où on ne peut pas employer un vase émaillé. La décomposition de l'alcool ordinaire et la formation de l'éthylaniline s'effectuent dans des conditions tout à fait analogues, cependant il faut en général une température un peu plus élevée que pour la méthylaniline. En chauffant plus longtemps, on peut opérer à des températures plus basses que celles qui sont indiquées.

L'iodhydrate ou le bromhydrate d'aniline permettent d'employer des températures moins élevées que le chlorhydrate d'aniline, et l'opération marche beaucoup plus uniformément. Seulement, lorsqu'on se sert de l'un ou l'autre de ces sels, on donne la préférence au procédé de *Hofmann*.

Le produit de la réaction est lavé plusieurs fois avec une lessive de soude caustique, qui décompose les sels de méthylaniline ou d'éthylaniline formés. L'huile qui se sépare est soumise à une seule distillation, et elle est suffisamment pure pour la fabrication de la matière colorante violette. Si l'on soumet au même procédé le premier produit de cette réaction, il se forme de la diméthylaniline, tandis que le produit de la première réaction est le plus souvent de la monométhylaniline.

La deuxième partie du brevet concerne la transformation de ces anilines substituées en matière colorante. Dans ce but, on mélange avec 5 ou 6 fois son poids de bichlorure d'étain anhydre, en agitant fortement, le produit obtenu qui se compose de méthylaniline et de diméthylaniline. Le mélange est d'abord chauffé à 100°, jusqu'à ce que au bout de quelques heures il soit devenu solide et dur. Lorsqu'on trouve que la réaction est terminée, ce dont on s'aperçoit facilement avec un peu d'exercice, on laisse refroidir ; le produit est la nouvelle matière colorante. Si l'on interrompt le chauffage avant que la transformation de la méthylaniline en matière colorante soit complète, on trouve dans le vase, outre les sels de protoxyde et de bioxyde d'étain, une masse noire goudronneuse. On débarrasse la couleur de toutes ces matières étrangères en faisant bouillir la masse avec de la soude caustique et en la lavant ; la base de la matière colorante reste avec une couleur foncée. On peut régénérer la couleur en ajoutant un acide quelconque.

A la place du bichlorure d'étain on peut aussi employer le bichlorure de mercure ; on a trouvé que l'acide arsénique était trop difficile à manier. On trouve dans une addition faite plus tard au brevet la recette suivante : on prend :

Sulfate de méthylaniline..........	100 parties en poids.	
Chlorate de potasse pulvérisé......	100 ou 150	—
Eau...........................	100 ou 150	—

et l'on chauffe pendant plusieurs heures à 160°.

Les réactions qui se produisent lorsqu'on se sert de cette recette sont les suivantes : le chlorate de potasse se dissout peu à peu, il se forme du sulfate de potasse par suite de la décomposition mutuelle des deux sels, l'acide chlorique se décompose et la matière colorante se produit par absorption d'oxygène, phénomène qui est accompagné d'une élimination d'hydrogène et de la combinaison de l'acide chlorhydrique formé avec la matière colorante. La couleur obtenue est très-soluble dans l'eau, même à froid.

La *composition* de cette matière colorante n'a pas encore été déterminée par l'analyse. Mais il est très-probable qu'elle a une composition analogue à celle du violet *Hofmann*, on peut du moins regarder comme possible la formation de ce dernier corps par la nouvelle voie. Le violet de Paris est très-apprécié à cause de sa pureté et de sa solubilité dans l'eau.

D'après les expériences faites autrefois par *C. Lauth* sur des matières colorantes qu'il obtint d'une manière analogue avec la méthylaniline, ces produits paraissaient devoir donner des couleurs très-intéressantes. En 1866 ce chimiste reprit ses recherches et il se fit breveter pour les perfectionnements suivants :

1° Il chauffe la méthylaniline à 120° avec la moitié de son poids d'acide chlorhydrique, jusqu'à ce que la matière colorante ait pris naissance, ou 2° à 100° avec la moitié de son poids d'azotate de cuivre, ou bien 3° il chauffe à 100° une partie d'acétate de méthylaniline avec la moitié de son poids de bioxyde de mercure. Il fait en outre remarquer qu'en chauffant plus longtemps, il se produit des nuances plus bleues. Les brevets relatifs à ces perfectionnements ont été cédés à la maison *Poirrier* et *Chappat*.

Violet de Paris benzylique. — Les violets produits par oxydation de la méthylaniline et de la diméthylaniline donnent avec le chlorure de benzyle de nouvelles couleurs violettes de plus en plus bleues.

A la suite du violet de Paris nous devons mentionner les matières colorantes obtenues récemment par *Girard* et *de Laire* par l'action des corps oxydants sur les monamines tertiaires mixtes, comme le méthyldiphénylamine, la benzyldiphénylamine, la benzylphényltoluylamine, la benzylditoluylamine. La méthyldiphénylamine (voy. page 111) donne un violet très-bleu ou plutôt un bleu violacé très-beau, la benzyldiphénylamine des matières colorantes bleues et vertes.

Pour préparer ces différentes couleurs, il suffit, d'après *Girard* et *de Laire*, d'abandonner l'une des monamines précédentes pendant 4 ou 5 jours à une température de 45 à 70°, avec un des mélanges oxydants employés dans la préparation du noir d'aniline. Sur des plateaux en cuivre superposés dans une étuve chauffée à la vapeur, on place :

3^{kil}, 000 de chlorhydrate de méthylbenzylphénylamine,
1 ,000 de sulfate de cuivre,
0 ,200 de chlorate de potasse,
20 ,000 de sable non calcaire (sable siliceux de Fontainebleau),
2 ,000 de chlorhydrate d'essence de térébenthine.

L'étuve est disposée de façon à ce que l'air puisse y circuler librement ; on y maintient toujours un excès d'humidité en y injectant un peu de vapeur, enfin on remue fréquemment le mélange. On considère l'opération comme terminée lorsque toute la masse a pris un aspect mordoré et que l'on n'aperçoit plus de corps huileux. Le produit est alors traité à deux ou trois reprises par l'eau bouillante, qui enlève les sels métalliques solubles. Afin de dissoudre la matière colorante mélangée au sable, on se sert d'alcool ou d'acide chlorhydrique fort. Lorsque le sable est bien épuré, on réunit toutes les solutions colorées et on les distille, si l'on s'est servi d'alcool, ou bien on les étend avec de l'eau et on les précipite par le sel marin, si c'est l'acide chlorhydrique que l'on a employé. La matière colorante ainsi obtenue est ensuite tranformée en base par un traitement au moyen de la soude ou de la potasse. La base lavée à l'eau est reprise par l'acide chlorhydrique ou l'acide acétique et ainsi transformée en chlorhydrate ou en acétate. Ces sels sont solubles dans l'eau et teignent en bleu-violet.

C'est exactement le même procédé, qui est employé aujourd'hui pour la fabrication du violet *Poirrier* au moyen des méthyl- et diméthylanilines.

3. *Matières colorantes violettes obtenues par l'action d'agents oxydants.*

Violet de Perkin, mauvéine, aniléine (anciennement *indisine*, *pourpre d'aniline*). — *W. H. Perkin* est le premier chimiste qui prépara en grand une matière colorante avec l'aniline et qui la livra à l'industrie pour la teinture et l'impression des tissus. Pour garantir sa découverte, il prit une patente provisoire dès le mois d'août 1856. Il se fit breveter définitivement en Angleterre et en France dans les années 1857 et 1858. La patente primitive de *Perkin* décrit de la manière suivante la préparation de cette matière colorante violette : on mélange une solution saturée froide de sulfate d'aniline du commerce avec une égale quantité d'une solution saturée froide de bichromate de potasse, dont la richesse en potasse est exactement suffisante pour donner, avec l'acide sulfurique du sel d'aniline, un sulfate neutre, et l'on abandonne le mélange à lui-même pendant 10 ou 12 heures. Au bout de ce temps on verse le tout sur un filtre, avec de l'eau on élimine le sulfate et l'on dessèche ensuite le résidu à 100°. Cette masse noire sèche est débarrassée d'une substance brune résineuse avec du naphte de houille ou de pétrole ; après l'évaporation du naphte adhérent, on dissout la masse dans l'alcool ou l'esprit de bois et l'on évapore l'excès du dissolvant.

Perkin a décrit dans ces derniers temps un autre procédé pour la purification du précipité qui se produit lorsqu'on mélange une solution saturée à froid de bichromate de potasse avec une solution également saturée à froid de sulfate d'aniline. Il indique maintenant 1 ou 2 jours pour le temps que doit durer la réaction. La poudre noire précipitée est rassemblée sur un filtre et desséchée. D'après l'ancienne méthode on perdait toujours une grande quantité de sulfate et d'alcool. L'élimination de la substance résineuse ne s'effectue plus maintenant par solution dans le naphte, on se sert dans ce but d'une solution étendue d'esprit de bois que l'on verse sur la matière. Cet esprit de bois étendu ne dissout que très-peu du corps résineux, mais il absorbe toute la matière colorante. La solution dans l'esprit de bois est soumise à l'évaporation dans un appareil distillatoire dans le but de recueillir le dissolvant. A la solution aqueuse de la matière colorante qui reste, on ajoute de la soude caustique qui précipite la couleur. On rassemble le précipité sur un filtre, on le lave un peu avec de l'eau, on le laisse égoutter, et on le livre au commerce sous forme d'une pâte ou à l'état sec.

Dans quelques fabriques les procédés que l'on emploie offrent avec la méthode donnée par *Perkin* lui-même plusieurs différences, qui du reste ne sont pas très-importantes. Ainsi *Scheurer-Kestner*, de Thann, indique de mélanger 1 kilogr. d'aniline du commerce avec 800 ou 1200 grammes d'une solution aqueuse de bichromate de potasse faite à la température ordinaire et 500 grammes d'acide sulfurique à 66° Baumé. Le corps noir précipité est d'abord lavé avec de l'eau froide, puis on le fait bouillir à plusieurs reprises avec de grandes quantités d'eau à laquelle on peut ajouter 1 ou 2 0/0 d'acide acétique. Les solutions acides de la matière colorante sont concentrées par évaporation, puis filtrées et mélangées avec de la soude caustique. Il se forme un précipité, qui, rassemblé et lavé pendant quelque temps avec de l'eau faiblement alcaline, enlève une matière colorante rougeâtre. On le lave encore avec de l'eau pure, jusqu'à ce que l'eau de lavage ne soit plus colorée. Lorsque cela a lieu, on laisse égoutter et on a la matière colorante sous forme d'une pâte. On peut la purifier plus complétement en la redissolvant dans l'eau bouillante, la précipitant avec une lessive de soude caustique et en lavant le précipité. Lorsqu'on dissout dans l'alcool ou dans l'esprit de bois la matière colorante pâteuse, et qu'on évapore ensuite le dissolvant, elle reste sous forme d'une masse solide, à éclat métallique et de couleur cuivrée.

On doit à A. *Schlumberger* une description exacte de la méthode de préparation du violet de Perkin. Il s'agit du procédé qui fut introduit dans la fabrique de couleurs de *J. Müller et C*ie (maintenant *J. Geigy et C*ie) de Bâle, et dont voici la description dans ce qu'elle a d'essentiel. On dissout 4 kilogr. d'aniline dans 2 kil. 120 d'acide sulfurique anglais et 60 litres d'eau que l'on verse dans une cuve d'environ 400 litres de capacité, on chauffe à la vapeur jusqu'à dissolution complète du sel d'aniline, on laisse refroidir et ensuite on y fait couler, sous forme d'un filet mince et en agitant continuellement, une solution refroidie de 6 kjl. 360 de bichromate de potasse dans 40 litres d'eau. La masse devient noire ; on la brasse de temps en temps pendant deux jours, puis on y verse de l'eau bouillante, jusqu'à ce que la cuve soit pleine. Au bout de quelque temps de repos, on décante le liquide, on agite plusieurs fois le précipité avec de l'eau, on le laisse reposer et ensuite on le porte sur un filtre. Sur ce filtre on le lave avec une eau acidulée avec de l'acide sulfurique et marquant 2° Baumé. Après les lavages acides, on fait 8 ou 10 macérations à l'eau froide, jusqu'à ce que celle-ci ne s'écoule plus jaune.

Le résidu peut maintenant être encore purifié de différentes manières, ce que l'on fait en le traitant par l'eau ou par l'alcool et en précipitant ensuite la matière colorante de la dissolution.

Le traitement par l'eau s'effectue de la manière suivante : le précipité est jeté dans une cuve avec de l'eau, qui est portée à l'ébullition au moyen d'un courant de vapeur, et on l'y laisse pendant 2 heures en agitant sans interruption. Au bout de ce temps on laisse reposer pendant 1 ou 2 heures, afin que le précipité puisse se déposer. On passe le liquide coloré à travers un tissu de lin double, et l'on recommence à faire bouillir 4 ou 5 fois le précipité de la même manière, jusqu'à ce que l'eau n'offre plus de coloration. Tous ces extraits aqueux sont versés dans des cuves de bois d'environ 400 litres de capacité.

On ajoute à chacun de ces liquides un litre de lessive de soude caustique avec du sel marin, parce que ce dernier hâte beaucoup la précipitation. Le précipité est maintenant porté sur un filtre où on le laisse égoutter, jusqu'à ce qu'il se soit transformé en une pâte d'une certaine consistance, puis on le lave plusieurs fois avec de

l'eau peu chaude, afin d'éliminer l'alcali. Cependant le produit
contient souvent des traces de la masse noire insoluble. Pour l'en
dépouiller, on ajoute à la pâte épaisse environ 5 0/0 de son poids
d'acide acétique, on l'introduit dans l'eau et on fait bouillir, on
filtre et on précipite une seconde fois la matière colorante avec une
lessive de soude caustique. Cette méthode exige beaucoup de temps
et de travail, l'extraction avec l'eau demande à elle seule 4 jours.

L'extraction par l'alcool est beaucoup plus rapide. Dans ce but
le produit brut de couleur noire, résultant de l'action du bichromate de potasse, est enlevé du filtre sous forme de pâte et desséché
sur des plaques métalliques, qui par leur face inférieure sont
chauffées à la vapeur.

Le produit, dont la quantité correspond à une mise en œuvre
de 12 kilogr. d'aniline, est traité dans un appareil de cuivre dans
lequel l'extraction peut être effectuée par déplacement et qui permet en outre la restitution de l'alcool. Cet appareil se compose
de deux chaudières de cuivre : l'une, qui est placée sur un plan plus
élevé que l'autre, a environ 1 mètre en hauteur et en diamètre.
A 10 centimètres au-dessus du fond se trouve un deuxième fond
en cuivre épais percé de trous, sur lequel est placée une étoffe de
laine grossière. Sur cette étoffe repose un tamis fin et sur celui-ci
un épais paillasson. Au-dessous du fond percé pénètre un tube
métallique en spirale, par lequel arrive de la vapeur, qui ne peut
pas pénétrer dans l'appareil, mais qui se dirige et se condense en
dehors de celui-ci. Dans le milieu de cette spirale, se trouve un
tube de cuivre vertical, ouvert par en haut et qui n'est distant
du fond percé que de 2 centimètres ; ce tube, après avoir traversé le fond de la chaudière supérieure, conduit dans la deuxième
chaudière qui se trouve placée plus bas. Celle-ci est à doubles parois,
et on peut la chauffer en injectant de la vapeur d'eau entre les
deux parois. Elle est munie d'une soupape de sûreté. Au-dessus du
couvercle de la chaudière supérieure se trouve un réfrigérant,
dans lequel est un serpentin, qui fait communiquer la chaudière
inférieure avec la partie supérieure de l'autre.

Dans la chaudière supérieure on introduit la poudre noire, que
l'on étend sur le paillasson, et 250 ou 300 litres d'alcool. Après
avoir placé le couvercle de manière à fermer hermétiquement le
vase, on laisse pénétrer la vapeur par le tube en spirale, l'alcool
filtre à travers le paillasson, le tissu de laine et le tamis, puis il
passe par les trous du double fond ; le liquide alcoolique se ras-

semble au-dessous de ce dernier, jusqu'à ce qu'il ait atteint la hauteur du tube vertical, par lequel il s'écoule dans la chaudière inférieure. Lorsque celle-ci est pleine, on la chauffe en injectant de la vapeur entre les deux parois. Les vapeurs alcooliques s'élèvent, elles se condensent dans l'appareil réfrigérant et elles retournent dans la chaudière supérieure. On continue à faire passer l'alcool sur la matière contenue dans ce dernier vase, tant que le liquide absorbe de la matière colorante et enfin on le distille en le recueillant dans un autre récipient. La matière colorante reste dans la chaudière; celle-là se trouve à l'état très-concentré dans de l'alcool renfermant beaucoup d'eau. On soutire le liquide épais, on le fait bouillir avec une grande quantité d'eau, qui dissout la matière colorante, on précipite par la soude caustique, on rassemble le précipité et on le lave comme il a été dit précédemment.

Schlumberger fait remarquer que quelquefois on obtient en été un peu moins de précipité noir et de matière colorante qu'en hiver, et il attribue ce fait à la difficulté qu'on a en été de refroidir suffisamment les liquides avant de les mélanger. *Schlumberger* recommande en outre d'employer une aniline ayant tout au plus une densité de 1,007.

Comme rendement moyen il indique 70 0/0 de matière colorante violette sous forme d'une pâte, qui contient 10 0/0 de matière colorante sèche.

Autres méthodes de production du violet d'aniline au moyen des agents oxydants.

Tabourin et les *frères Franc* mélangent (à la place du sulfate d'aniline) le *chlorhydrate d'aniline* avec du bichromate de potasse; du reste, leur procédé ne diffère pas essentiellement de celui de *Perkin*.

Greville Williams emploie des équivalents égaux de sulfate d'aniline et de *permanganate de potasse*.

Kay mélange ensemble 50 parties en poids d'aniline, 48 parties en poids d'acide sulfurique d'une densité de 1,85 étendues avec 14 parties d'eau et 200 parties également en poids de *peroxyde de manganèse* pulvérisé, et il élève à 100° la température du mélange. Le produit ainsi obtenu a été nommé *harmaline*.

D. Price prépare, sous les noms de *violine*, ou de *pourpre foncé*, de *purpurine* et de *roséine*, plusieurs couleurs bleues ou violet-rouge en mélangeant de l'aniline avec un excès d'acide sulfurique étendu d'eau (2 équivalents) et du peroxyde de plomb et en chauffant à 100

Guignon prétend obtenir une couleur violette en faisant passer un courant de bioxyde d'azote dans de l'aniline.

Ch. Lauth se sert de l'acide arsénique. Ce procédé ressemble complétement à celui de *Girard* et *de Laire* pour le bleu et le violet (voy. page 193).

Les procédés dans lesquels la formation de la matière colorante violette est produite par le *chlore*, sous forme d'*eau de chlore*, de *chlorure de chaux*, de *chlorure alcalin*, sont les suivants :

Bolley a montré en 1858 que par l'action de l'eau de chlore sur l'aniline on obtenait des dissolutions violettes, desquelles la matière colorante peut être précipitée, mais qui peuvent aussi être employées directement pour teindre.

Beale et *Kirkham* se firent bréveter en Angleterre, au mois de mai 1859, pour un procédé basé sur l'observation précédente.

Depouilly et *Lauth* ont fabriqué un violet d'aniline d'après un procédé breveté en France en 1860 (et qui consiste à mélanger une solution d'un sel d'aniline avec une solution de chlorure de chaux).

Smith prit en Angleterre en mars 1860 un brevet provisoire pour un violet, que l'on obtient en faisant agir de l'eau de chlore sur une solution aqueuse d'aniline saturée, et fit breveter définitivement le procédé au mois d'avril de la même année.

Coblentz fut breveté en France, le 23 mars 1860, pour un procédé d'après lequel on obtient un violet par l'action du chlorure de chaux, du chlorure de soude ou du chlorure de potasse sur l'aniline.

J. Dale et *H. Caro* prirent en Angleterre, le 26 mai 1860, une patente pour une méthode de préparation du violet d'aniline qui consiste à mélanger 1 équivalent de sulfate d'aniline ou d'un autre sel de cette base et 6 équivalents de perchlorure de cuivre ou d'un autre sel soluble de bioxyde de cuivre avec 6 ou 12 parties d'un chlorure alcalin.

G. Philipps fut breveté en France (janvier 1864) pour la préparation d'une couleur violette avec 300 parties de vitriol vert, 100 parties d'aniline et 40 parties de chlorure de chaux en solution dans l'eau.

Presque toutes ces méthodes sont incertaines et peu avantageuses au point de vue du rendement ; c'est pourquoi elles n'ont pas été adoptées dans la fabrication du violet d'aniline. Parmi les méthodes qui reposent sur l'emploi des agents oxydants, que ceux-ci soient des corps cédant directement de l'oxygène ou des substances abandonnant du chlore, il n'y a que celle de *Perkin* qui soit l'objet d'applications étendues ; des autres méthodes, celle de *Dale* et *Caro* serait la plus convenable. Le procédé proposé par *R. Smith* dans ses patentes, procédé qui consiste àproduire un violet avec du prussiate rouge de potasse et de l'aniline, et que l'on doit également ranger au nombre des méthodes par oxydation, n'a pas été non plus accueilli plus favorablement dans la fabrication des couleurs.

Composition et propriétés du violet de Perkin. — La composition et les propriétés du violet de *Perkin* ou de la mauvéine, de laquelle se rapprochent les matières colorantes violettes considérées en dernier lieu et qui sont obtenues par des procédés d'oxydation (du moins celles qui sont produites avec des substances cédant de l'oxygène), ne sont pas aussi exactement connues que celles de la rosaniline, de la triéthylrosaniline, de la triphénylrosaniline ; nous possédons cependant à ce sujet quelques indications, que nous devons notamment aux recherches de *Perkin* lui-même.

La matière colorante violette, que maintenant on rencontre à l'état cristallin, est le sel d'une base qui a reçu le nom de *mauvéine*. Le produit immédiat de l'action de la solution de chromate de potasse sur le sulfate d'aniline est du *sulfate de mauvéine*. On prépare la base en ajoutant une lessive de soude caustique à une solution bouillante d'un sel cristallisé. La couleur pourpre de la dissolution passe alors promptement au violet-bleu et au bout de quelque temps il se forme un précipité cristallin pulvérulent, qui, après avoir été lavé d'abord avec de l'alcool, puis avec de l'eau et desséché, offre une couleur noire et a l'aspect du fer oligiste.

Perkin a donné à cette base la formule $C^{54}H^{24}Az^4 = (C^{27}H^{24}Az^4)$. La mauvéine se dissout dans l'alcool avec une couleur violette, qui, lorsqu'on ajoute un acide, passe facilement au pourpre. Elle est presque insoluble dans l'éther et la benzine. C'est une base très-fixe, qui déplace l'ammoniaque de ses sels. Par la distillation sèche elle fournit un corps huileux ayant des propriétés basiques, mais qui ne paraît pas être de l'aniline.

Le *chlorhydrate de mauvéine*, $C^{54}H^{24}Az^4HCl = (C^{27}H^{24}Az^4 \cdot HCl)$, se forme directement lorsqu'on mélange la base avec de l'acide chlorhydrique et il se sépare de la solution alcoolique bouillante sous forme de petits prismes, ayant un bel éclat métallique et souvent réunis en houppes. Il est insoluble dans l'éther, peu soluble dans l'eau, assez soluble dans l'alcool.

L'*acétate de mauvéine* desséché à 100° présente la composition $C^{54}H^{24}Az^4$, $C^4H^4O^4 = (C^{27}H^{24}Az^4, C^2H^4O^2)$ et il se produit sous sa forme la plus belle lorsqu'on dissout de la mauvéine dans un mélange bouillant d'alcool et d'acide acétique et qu'on abandonne la solution au refroidissement. Il a un éclat métallique très-prononcé et une couleur verte.

Carbonate de mauvéine. — La mauvéine dissoute absorbe facilement l'acide carbonique. Le sel se forme lorsqu'on fait passer un courant d'acide carbonique à travers une solution de mauvéine dans l'alcool bouillant (où la base est en partie suspendue), et le sel se précipite par le refroidissement. Lorsqu'on le dessèche ou lorsqu'on fait bouillir ses solutions, il se décompose. Le sel produit comme on vient de le dire paraît être un mélange d'un carbonate avec un bicarbonate.

Les sels de la mauvéine sont presque tous hygroscopiques. La mauvéine paraît avoir la propriété de former des produits de substitution comme l'aniline et la rosaniline.

Lorsqu'on la chauffe avec de l'aniline, il se forme une matière colorante bleue, qui est probablement une mauvéine phénylée.

La mauvéine peut aussi être *éthylée. Perkin* lui-même s'est fait breveter pour un procédé d'éthylation de cette base. Il prend des parties égales de mauvéine et d'iodure d'éthyle, et les introduit dans un vase de verre, il chauffe à l'ébullition pendant 4 ou 5 heures et il distille l'iodure en excès. Le produit restant est dissous dans 15 ou 20 parties d'alcool bouillant et au bout de 24 heures la dissolution est filtrée. La matière colorante peut être précipitée par un alcali et ensuite redissoute au moyen d'un acide. La couleur est violette. Elle serait assez employée en Angleterre et en France ; une des plus grandes fabriques de tissus imprimés s'en servirait aussi. On ne dit pas en quoi ce violet l'emporte sur la mauvéine.

Matières colorantes vertes.

Parmi les matières colorantes vertes dérivées du goudron, le *vert à l'aldéhyde* et le *vert à l'iode* sont les plus importantes. Le point de départ du premier de ces verts est le *bleu à l'aldéhyde*, celui du second est le *violet éthylé d'Hofmann*.

Nous nous occuperons d'abord du *vert à l'aldéhyde*, puis du *vert à l'iode,* et nous dirons quelques mots du *vert de Paris* de *Poirrier, Bardy* et *Lauth.*

Vert à l'aldéhyde ou vert Usèbe. — La *préparation* de cette matière colorante se divise en deux phases : 1° la fabrication du bleu d'aniline, et 2° la transformation de celui-ci en vert. Comme la couleur se trouve en dissolution, il faut, si le vert d'aniline doit être obtenu à l'état solide, procéder à une troisième opération, à la précipitation et à la dessiccation de la substance.

Le véritable inventeur de cette matière colorante verte n'est pas *Usèbe,* fabricant à Saint-Ouen près Paris, mais un ouvrier de ce dernier du nom de *Cherpin,* qu'un hasard singulier conduisit à cette découverte. *Girard* raconte avoir entendu dire, par *Cherpin* lui-même, que, s'étant occupé de fixer sur les fibres textiles le bleu à l'aldéhyde très-instable, sans pouvoir parvenir au but désiré, il consulta un photographe, qui lui conseilla d'essayer l'agent fixateur que l'on emploie toujours en photographie, c'est-à-dire l'hyposulfite de soude. *Cherpin* suivit ce conseil et il obtint à son grand étonnement un vert magnifique, qui a été perfectionné par *Usèbe,* *Müller,* de Bâle, *Lucius,* de Francfort, et d'autres. C'est ainsi que le double sens du mot *fixation* fut la cause principale de la découverte.

Les procédés proposés pour la préparation du vert à l'aldéhyde ne diffèrent pas essentiellement les uns des autres.

Dans le premier brevet d'*Usèbe* (1862) les quantités des substances à mélanger ne sont même pas indiquées. On dit seulement de dissoudre de la rosaniline dans un acide minéral, d'ajouter lentement de l'aldéhyde après le refroidissement et d'abandonner le mélange à lui-même pendant 12 à 18 heures, jusqu'à ce que la couleur soit devenue bleue. On mélange la solution avec de l'eau acidulée afin que le bleu formé ne puisse pas se précipiter, et ensuite on ajoute très-doucement de l'hyposulfite de soude dans la liqueur qui doit toujours être maintenue avec une réaction acide. A la fin, il faut chauffer à l'ébullition, afin de seconder l'action de l'acide hyposulfureux, et filtrer le liquide bouillant pour séparer le soufre précipité (qui s'est formé par la décomposition de l'acide hyposulfureux). Le liquide ainsi obtenu est employé directement pour la teinture.

Dans le *Moniteur scientifique* de 1864, un fabricant, dont le nom n'est pas indiqué, donne les indications suivantes : On ajoute 150 gr. de sulfate de rosaniline à un mélange fait d'avance et refroidi de 3 kilogr. d'acide sulfurique anglais et de 1 kilogr. d'eau, et l'on fait dissoudre complétement le sel de rosaniline. A cette dissolution on ajoute peu à peu et en agitant continuellement 225 gram. d'aldéhyde (brute), préparée en traitant de l'alcool par du bichromate de potasse et de l'acide sulfurique ; on chauffe ensuite le tout au bain-marie, jusqu'à ce qu'une goutte prélevée avec l'agitateur et introduite dans de l'eau acidulée paraisse verte.

Maintenant on verse peu à peu cette dissolution dans 30 litres d'eau bouillante et ensuite on mélange avec 450 gram. d'hyposulfite de soude dissous dans une quantité d'eau bouillante aussi petite que possible, et l'on fait bouillir pendant quelques minutes. Le liquide devient vert et, après l'élimination du soufre précipité, il peut être employé directement pour teindre.

Un perfectionnement de la méthode précédente consiste à diminuer beaucoup l'acide sulfurique et l'aldéhyde. On recommande de prendre pour 300 gram. de sel de rosaniline 900 gram. d'un mélange de 3 parties d'acide sulfurique anglais et de 1 partie d'eau, et 450 gram. d'aldéhyde. L'aldéhyde est ajoutée très-lentement au sulfate acide de rosaniline refroidi, jusqu'à ce que la coloration bleue se soit manifestée. Ce mélange est maintenant versé dans une dissolution de 900 gram. d'hyposulfite de soude dans 60 litres d'eau bouillante ; on chauffe ensuite à l'ébullition et l'on filtre.

Une autre recette, qui est assez employée, est la suivante : On dissout 1 kilogr. de sulfate de rosaniline cristallisé dans 2 kilogr. d'acide sulfurique anglais, qui ont été étendus avec 500 gram. d'eau. Lorsque ce mélange est refroidi, on y ajoute en trois ou quatre fois une solution concentrée d'aldéhyde dans l'alcool, et l'on a soin d'agiter après chaque addition. Au bout d'une demi-heure la réaction est terminée. Le liquide est maintenant versé dans une solution de 4 kilogr. d'hyposulfite de soude dans 100 litres d'eau, et l'on fait bouillir le tout pendant 10 minutes. La solution verte est séparée par filtration d'un précipité gris-bleu.

La méthode de *Lucius* diffère un peu des précédentes. La principale modification consiste à employer l'hydrogène sulfuré et un sulfite alcalin au lieu d'ajouter directement un hyposulfite comme le font les autres chimistes. On dissout 1 partie de sulfate de rosaniline dans un mélange de 2 parties d'acide sulfurique anglais et de 2 ou 4 parties d'eau, on ajoute 4 parties d'aldéhyde et l'on chauffe le mélange à environ 50°, jusqu'à ce qu'un échantillon du liquide dissous dans 50 parties d'alcool offre une coloration bleu-vert. Lorsqu'on a obtenu cette réaction, on ajoute 300 ou 500 parties en poids d'eau saturée avec de l'hydrogène sulfuré, on élève lentement la température jusqu'à 90 ou 100°, et, lorsqu'on a atteint ce degré de chaleur, on verse 10 parties d'une solution aqueuse saturée d'acide sulfureux. On filtre ensuite le liquide pour en séparer le précipité bleu.

Le *vert à l'aldéhyde* est rendu *solide* de différentes manières.

On recommande de laisser reposer pendant 24 heures le liquide vert filtré et de filtrer de nouveau (parce que le soufre ne se sépare que peu à peu), puis d'ajouter en même temps une solution de chlorure de zinc à 52° Baumé et une solution de carbonate de soude à 17° Baumé, de filtrer encore, de laisser égoutter la masse restée sur le filtre et enfin de dessécher celle-ci à 30 ou 50°. Ce vert doit être considéré comme une laque de zinc.

On ajoute quelquefois aussi de l'acétate de soude et du tannin pour précipiter le vert à l'aldéhyde. On vend le précipité plus fréquemment sous forme d'une pâte qu'à l'état tout à fait sec. Enfin on peut de la solution verte séparer la matière colorante à l'état solide en ajoutant du sel marin ou du carbonate de soude, ou de la soude caustique, substances qui saturent l'acide libre du liquide. On laisse le précipité se déposer, on décante le liquide qui surnage, on le lave d'abord sur un filtre avec de l'eau et on le dessèche à une température qui ne doit pas dépasser 100°.

Pour *teindre et imprimer les tissus* avec le vert à l'aldéhyde sec, on le broie avec vingt fois son poids d'eau, de manière à obtenir une bouillie ténue, puis on ajoute un poids double d'acide sulfurique anglais et 50 ou 70 parties d'alcool, afin de produire une solution complète. Lorsque ce mélange doit servir pour imprimer, on l'étend peu à peu avec de l'eau faiblement acidulée avec de l'acide sulfurique.

La nature chimique du vert à l'aldéhyde n'est pas encore parfaitement connue. *Kekulé* pense que c'est probablement un dérivé éthylé de la rosaniline. *Hofmann* a analysé récemment cette substance et lui a assigné la formule : $C^{22}H^{27}Az^3S^2O$, qui indique sa composition centésimale sans rendre compte de sa constitution.

A l'état sec le vert à l'aldéhyde est une poudre amorphe, qui est incomplétement soluble dans l'alcool, insoluble dans l'eau, mais soluble dans l'eau acidulée et surtout dans un mélange d'acide sulfurique étendu et d'alcool. Comme le vert à l'aldéhyde en pâte est plus facilement soluble que celui qui est sec, on préfère le premier. On a remarqué que le vert d'aniline perd en fraîcheur en vieillissant et qu'il finit par devenir tout à fait inserviable; c'est pour cela que beaucoup de teinturiers le préparent eux-mêmes au moment de s'en servir et en proportion de leur besoin.

Comme appendice au vert à l'aldéhyde nous dirons quelques mots sur le *vert de toluidine* de *J. A. Schlumberger.* Ce vert est préparé avec le rouge de toluidine ou la rosotoluidine de *Coupier* (voyez page 163), exactement de la même manière que le vert à l'aldéhyde avec la rosaniline. On obtient un rendement satisfaisant et les propriétés du produit concordent avec celles du vert à l'aldéhyde ordinaire.

Vert Hofmann, vert à l'iode ou vert d'iodure d'éthyle. — C'est *J. Keisser*, de Lyon, qui le premier prépara une matière colorante verte avec le violet *Hofmann*, la triéthylrosaniline ou la triméthylrosaniline. Il décrit sa méthode de préparation de la manière suivante :

On prend 1 partie de violet *Hofmann* dissoute dans 3 parties d'alcool à 90 0/0, on ajoute à cette dissolution 1/2 partie ou 1 partie d'iodure d'éthyle et on chauffe pendant environ une demi-heure dans un digesteur de Papin ou dans un vase qui est muni d'un cohobateur. D'après l'opinion du titulaire du brevet, cette opération aurait pour but de préparer de la triéthylrosaniline, qui cependant se rencontre déjà formée dans le violet *Hofmann*. Mais, comme on l'a montré depuis, il se forme dans cette réaction une combinaison de triéthylrosaniline avec de l'iodure d'éthyle (voyez page 208). Lorsque l'action de l'iodure d'éthyle a duré pendant une demi-heure, on ajoute une solution de soude ou de potasse caustique et l'on chauffe encore pendant 3 ou 4 heures. Au bout de ce temps on retire la masse et on la lave avec de l'eau bouillante. Les eaux de lavage contiennent les alcalis caustiques et de l'iodure de potassium ou de sodium, et elles peuvent par conséquent être utilisées pour l'extraction de l'un ou l'autre de ces derniers corps. Le résidu est (d'après le titulaire du brevet) de la triéthylrosaniline, on le fait bouillir avec 500 ou 600 fois son poids d'eau, quantité qui est suffisante pour le dissoudre complétement. On mélange le liquide filtré bouillant avec une solution aqueuse concentrée et bouillante d'acide picrique, que l'on ajoute lentement et en agitant, jusqu'à ce qu'il ait acquis une couleur verte intense. On laisse reposer 24 heures et l'on recueille par décantation le précipité qui s'est formé pendant ce temps afin de le dessécher, et c'est ordinairement dans cet état qu'on le livre au commerce. Pour teindre avec ce vert solide, on le dissout dans l'alcool et l'on ajoute cette dissolution au bain de teinture bouillant, comme on fait avec d'autres couleurs d'aniline.

Une méthode de préparation de cette matière colorante verte, qui diffère notablement de la précédente et qui, paraît-il, est maintenant beaucoup plus employée, est décrite de la manière suivante :

Avec de l'eau bouillante on traite le violet, obtenu avec l'iodure d'éthyle ou l'iodure de méthyle, et il se dissout un corps gris-bleu. En ajoutant un peu de carbonate de soude, on précipite un peu du corps violet, et le corps verdâtre reste en dissolution. A cette dissolution on ajoute maintenant une solution aqueuse concentrée et bouillante d'acide picrique, afin de précipiter la matière colorante. Après la précipitation on laisse reposer le liquide, on décante, on lave plusieurs fois avec de l'eau froide et l'on dessèche la couleur qui reste.

Dans cette description il est question d'une matière colorante verte, qui est formée avant l'addition de l'acide picrique. Dans le procédé indiqué dans le brevet suivant, qui a été pris quelques mois après celui de *J. Keisser*, de Lyon, l'acide picrique n'est pas du tout en jeu.

J. A. Wanklyn et *A. Paraf* prirent en même temps en France et en Angleterre un brevet, qui contient les indications suivantes.

On chauffe pendant 3 ou 4 heures à 110 ou 115° parties égales de rosaniline, d'esprit de bois et d'iodure d'éthyle (ou de l'iodure d'isopropyle ou un des autres homologues); on peut se servir pour cela d'un autoclave ou d'un vase muni d'un appareil à réfrigération. Après le refroidissement on soumet le contenu du vase à l'ébullition avec 4 ou 5 fois son poids d'eau dans laquelle on a dissous 1 pour 100 de carbonate de soude. Dans ce liquide décanté se trouve un peu de la matière colorante verte ; la partie non dissoute est le violet *Hofmann*. Celui-ci est lavé plusieurs fois avec une solution aqueuse de soude caustique, afin de mettre la base organique en liberté. Le résidu est bien desséché et traité de nouveau avec parties égales d'esprit de bois et d'iodure d'éthyle, absolument de la même manière qu'avec la rosaniline. Une deuxième ébullition avec une lessive de soude à 1 0/0 produira dans le liquide une quantité beaucoup plus grande de matière colorante verte, tandis qu'une quantité beaucoup plus faible de violet *Hofmann* demeurera non dissoute. Ce résidu est de nouveau traité avec une lessive

de soude caustique, puis soumis encore une fois à l'action de l'iodure d'éthyle et de l'esprit de bois et ensuite épuisé de nouveau
avec une solution de soude de la concentration indiquée. On obtient
ainsi trois dissolutions de la matière colorante verte dans une lessive de soude faible. Ces dissolutions peuvent être concentrées et
être employées directement pour teindre en vert.

Les inventeurs ne disent pas s'ils ont préparé la matière colorante
à l'état solide et quelles sont les propriétés qu'elle possède dans cet
état. Dans ce procédé la génération de la matière colorante verte
paraît dépendre de la présence des bases libres, d'abord de la rosaniline et ensuite de la triéthylrosaniline ou de la triméthylrosaniline.

Afin d'éviter de passer autant de temps pour le traitement des
résidus peu considérables que l'on obtient d'après cette méthode,
on peut apporter à celle-ci une modification qui semble tout à fait
rationnelle et qui consiste à traiter avec le violet *Hofmann*, que
l'on obtient chaque fois comme résidu, de nouvelles quantités de
rosaniline, c'est-à-dire à chauffer le mélange de violet et de rosaniline avec des quantités d'esprit de bois et d'iodure d'éthyle déterminées par l'expérience ; en opérant ainsi, on transformerait probablement en même temps la rosaniline en violet et le violet en vert.

La méthode la mieux décrite et la plus rationnelle pour la préparation de cette matière colorante paraît être celle qui a été indiquée par *Girard* et *A. W. Hofmann*. D'après ces chimistes, on
prend 1 partie d'acétate de rosaniline, 2 parties d'iodure de méthyle pur (qui pour la formation du vert doit être préféré à l'iodure
d'éthyle) et 2 parties d'alcool méthylique bouillant de 64 à 70°, on
introduit ces substances dans un digesteur émaillé de fer ou de
fonte, pouvant supporter une pression de 25 atmosphères, et l'on
chauffe au bain-marie pendant 8 ou 10 heures à la température de
l'eau bouillante. Au bout de ce temps les matières colorantes violette et verte se sont formées et dissoutes dans l'alcool méthylique,
qui renferme en outre de l'éther méthylacétique et de l'éther méthylique libre. Les produits volatils se dégagent lorsqu'on ouvre
le vase et on les élimine complétement en continuant de chauffer.

Le résidu, qui est sous forme d'une bouillie, est versé dans une
grande quantité d'eau bouillante. Le vert se dissout complétement,
tandis que la majeure partie du violet reste non dissoute. La petite
quantité du violet dissous est précipitée avec du sel marin et un
peu de carbonate de soude. En plongeant dans le liquide un petit
écheveau de soie décreusée, on reconnaît si la nuance est d'un vert

pur ou si elle est mélangée de bleu ou de violet ; tant que ce dernier cas se présente, on continue à ajouter de la solution de carbonate de soude.

La solution refroidie est débarrassée du violet précipité par filtration sur du sable et ensuite précipitée avec une solution aqueuse froide et saturée d'acide picrique. Le picrate étant très-difficilement soluble, la matière colorante est séparée par l'acide de la grande quantité de liquide où elle se trouvait dissoute. La matière colorante sous forme de bouillie est un peu lavée et livrée dans cet état au commerce.

Vert soluble. — Le picrate du vert à l'iode n'étant pas très-soluble dans l'eau, le teinturier est toujours obligé d'employer de l'alcool pour le dissoudre. Pour éviter cet inconvénient, bien qu'on n'ait besoin que d'une petite quantité d'alcool, *Girard* et *de Laire* ont cherché à préparer une combinaison du vert soluble dans l'eau, et ils y sont parvenus en remplaçant l'acide picrique, lors de la précipitation de la matière colorante, par un sel de zinc. On peut employer le sulfate, l'acétate, ou le chlorure de zinc, et l'on obtient ainsi des combinaisons doubles de zinc et de vert à l'iode, qui se dissolvent dans l'eau et qui possèdent une nuance d'un vert moins jaune que le picrate.

Vert cristallisé. — On peut aussi obtenir le vert à l'iode à l'*état cristallisé et parfaitement pur* de la manière suivante : on le verse dans une quantité d'eau bouillante beaucoup plus grande, on ajoute une solution de sel marin et une plus grande quantité de solution de carbonate de soude pour être sûr de précipiter tout le violet, bien qu'en procédant ainsi, on sacrifie un peu de vert ; on filtre le liquide bouillant, on laisse refroidir, et un grand nombre de cristaux se séparent. On lave ceux-ci plusieurs fois avec de l'eau froide afin d'éliminer le sel marin, on les dessèche à la température ordinaire, on les dissout dans l'alcool absolu bouillant et l'on verse la dissolution dans une grande quantité d'éther anhydre ; les cristaux se séparent sous forme d'un précipité brillant, qu'on rassemble, qu'on lave avec de l'éther, qu'on dessèche en présence d'acide sulfurique et qu'on dissout dans l'alcool bouillant, et de ce liquide il se sépare des prismes vert-cantharide de vert à l'iode pur.

La *composition* du vert à l'iode desséché en présence de l'acide sulfurique est représentée par la formule $(C^{40}H^{16} (C^2H^3)^3 Az^3$, $2(C^2H^3I) 2HO = (C^{20}H^{16} (CH^3)^3Az^3, (CH^3I)^2H^2O) =$ diméthyliodhydrate de triméthylrosaniline. Lorsqu'on abandonne le vert à l'iode pendant 24 heures dans le vide, il perd 1 molécule d'eau. La combinaison anhydre n'est cependant pas facile à obtenir pure.

Le corps décrit contient une base qui forme des sels avec différents acides, parmi lesquels le picrate est le plus intéressant à cause de sa fixité, de sa beauté et de sa difficile solubilité.

Lorsqu'on mélange une solution concentrée aqueuse ou alcoolique de vert à l'iode avec une lessive de potasse ou de soude, on obtient un précipité qui se prend rapidement en masse, se dissout si on ajoute de l'eau et donne alors un liquide tout à fait incolore ne redevenant vert que par l'addition d'un acide. Le corps résineux peut être complétement débarrassé d'iode au moyen d'une lessive de soude, il devient promptement dur et cassant, et il est facile à réduire en poudre. La formule de la base du vert à l'iode est la suivante :

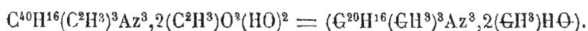

$$C^{40}H^{16}(C^2H^3)^3Az^3,2(C^2H^3)O^3(HO)^2 = (C^{20}H^{16}(CH^3)^3Az^3,2(CH^3)HO).$$

On obtient le *picrate* en précipitant la combinaison iodée avec une solution aqueuse d'acide picrique et en lavant ce précipité avec de l'eau. Celui-ci est vert foncé, presque insoluble dans l'eau, il paraît cristallin au microscope, et il ne contient pas d'iode. Il est difficilement soluble dans l'alcool absolu bouillant, et par le refroidissement il se sépare de cette dissolution sous forme de beaux prismes, qui paraissent jaune-vert par transparence. Sa composition est représentée par la formule $C^{74}H^{35}Az^9O^{28} = (C^{37}H^{35}Az^9O^{14})$ $= (C^{20}H^{16}(CH^3)^3Az^3 + 2[CH^3, C^6H^2(AzO^2)^3O])$.

Le vert à l'iode donne lieu à des décompositions très-remarquables. Lorsqu'on le chauffe à environ 130°, il se produit très-promptement le changement suivant. Le corps qui reste donne, lorsqu'on l'arrose avec de l'eau, une solution verte, et il reste des cristaux qui se dissolvent dans l'alcool avec une couleur violette. Ce passage du vert au violet est accompagné d'une perte de poids importante, 1 molécule d'iodure de méthyle et 1 molécule d'eau se séparent, et il reste un corps ayant la composition suivante : $C^{40}H^{16}(C^2H^3)^3Az^3$, $C^2H^3I = (C^{20}H^{16}(CH^3)^3Az^3, CH^3I)$.

La séparation de l'iodure de méthyle et le changement de couleur peuvent aussi avoir lieu, lorsque la matière colorante est fixée sur un tissu.

La décomposition qu'éprouve le vert à l'iode, lorsqu'on fait digérer pendant 2 ou 3 heures au bain-marie sa solution dans l'alcool méthylique contenue dans un tube fermé, est également très-remarquable. L'iodure de méthyle se répartit inégalement, il se forme, aux dépens de :

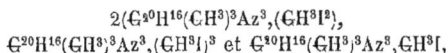

$$2(C^{20}H^{16}(CH^3)^3Az^3,(CH^3I^2),$$
$$C^{20}H^{16}(CH^3)^3Az^3,(CH^3I)^3 \text{ et } C^{20}H^{16}(CH^3)^3Az^3,CH^3I,$$

le premier corps avec 3 d'iodure de méthyle est violet-bleu et difficilement soluble, le second avec 1 d'iodure de méthyle est facilement soluble et sa dissolution est également violet-bleu.

Un produit secondaire gênant, consistant en un corps incolore, se forme souvent dans la préparation du vert à l'iode, notamment lorsqu'on ne tient pas exactement compte des conditions indiquées précédemment. Ce corps est insoluble dans l'alcool. On peut par conséquent l'éliminer en épuisant d'abord par l'alcool bouillant le produit de la réaction. Le résidu est traité avec de l'eau chaude qui laisse la substance violette, tandis que la substance incolore se dissout. Celle-ci a une composition très-compliquée :

$$C^{40}H^{16}(C^2H^3)^5Az^3,(C^2H^3I)^3,2HO = (C^{20}H^{16}(CH^3)^5Az^3,(CH^3I)^3,H^2O.$$

Elle doit être considérée comme l'iodure d'une leucaniline octométhylée. La base aurait la composition suivante :

$$C^{40}H^{16}(C^2H^3)^5Az^3(C^2H^3O,HO)^3 = C^{20}H^{16}(CH^3)^5Az^3,(CH^3,HO)^3.$$

Vert de Paris. — *A. Poirrier, C. Bardy* et *C. Lauth* préparent cette nouvelle couleur verte en faisant agir une substance oxydante sur la benzyl- ou la dibenzylaniline, la tolyl- ou la ditolylaniline, la benzyl- ou la dibenzyltoluidine, la tolyl- ou la ditolyltoluidine, ou leurs mélanges. Comme agents oxydants on peut employer le brome, l'iode et le chlore, ainsi que leurs combinaisons; mais les corps les plus convenables sont l'acide azotique faible et les combinaisons de cet acide avec le mercure, le cuivre et d'autres métaux, ainsi qu'une dissolution de chlorure d'iode dans 10 fois son poids d'eau.

Le vert à l'iode est généralement remplacé de nos jours par un vert préparé sans l'intervention de l'iode, le *vert de méthylaniline*, qu'on obtient en faisant réagir sur le violet de *Poirrier* (violet de méthylaniline) le nitrate de méthyle. La séparation des matières colorantes violette et verte s'opère par l'addition d'une solution de chlorure de zinc et saturation successive par du carbonate de soude. Il se précipite d'abord une laque zincique violette. Tout le violet étant précipité, on filtre, on concentre, et par refroidissement cristallise une combinaison double de chlorure de zinc et de chlorure de vert d'aniline.

Matières colorantes jaunes et brunes.

Plusieurs méthodes ont été proposées pour préparer des matières colorantes brunes avec l'aniline, mais il n'y a qu'un petit nombre de ces matières dont l'usage se soit répandu dans l'art de la teinture. Si l'on veut grouper ces couleurs, on trouve tout d'abord une petite série composée de corps que l'on obtient directement, ou en faisant suivre l'opération d'un traitement avec l'aniline, par l'action d'agents réducteurs sur la rosaniline ou sur les résidus et les eaux mères de la préparation de la fuchsine, qui contiennent un peu de rosaniline ; on prépare un deuxième brun en faisant agir à une haute température un sel d'aniline sur de la fuchsine sans l'intervention d'un corps réducteur ; d'après *Perkin* (au dire de *Girard*, qui ne nomme pas la source où il a puisé cette indication), un troisième brun se formerait comme produit accessoire dans la préparation de la mauvéine. Enfin nous devons mentionner que quelques-unes des matières colorantes jaunes dont il sera question plus loin peuvent être nuancées en brun, et c'est pour cette raison que nous avons réuni sous le même titre les couleurs brunes et les couleurs jaunes. Parmi les pigments bruns, nous nous occuperons surtout des deux groupes nommés en premier lieu.

Préparation du brun par l'action de corps réducteurs sur la rosaniline suivie d'un traitement par l'aniline. — Elle peut avoir lieu d'après différentes méthodes. Nous ne mentionnerons ces méthodes que pour être complet et sans leur donner une grande importance au point de vue pratique ; l'une d'elles consiste à traiter la rosaniline avec l'acide formique. *F. Wise* recommande de mélanger à la température ordinaire 1 partie de rosaniline (il ne dit pas si c'est la base ou un sel de celle-ci qu'il faut prendre) et 1 partie d'acide formique (à quel degré de concentration ?), puis de chauffer le mélange à 140 ou 210° ; celui-ci devient d'abord écarlate, puis rouge-orange et enfin jaune-orange. Si on interrompait l'opération aussitôt l'apparition du rouge-écarlate, et si après le refroidissement on ajoutait de l'aniline, en chauffant de nouveau avec celle-ci à 180 ou 210°, on obtiendrait une belle couleur brune.

D'après une autre recette, il faut encore ajouter au mélange de 1 partie de rosaniline et de 1 partie d'acide formique 1/2 partie

d'acétate de soude et chauffer le tout à 180 ou 200°. A 140° la masse
fond et devient d'abord rouge écarlate. Dès qu'elle a acquis cette
couleur, il faut cesser le chauffage, laisser refroidir, ajouter pour
1 partie en poids de la masse solidifiée 3 parties d'aniline et chauffer
de nouveau à la température indiquée plus haut, température à
laquelle on obtient la matière colorante brune.

Les bases qui sont préparées avec la fuchsine et les eaux mères
de celles-ci et des agents réducteurs, mais sans l'intervention de
l'aniline, offrent une importance plus grande. Nous nommerons
d'abord le produit que l'on obtient avec la *fuchsine ou les eaux
mères de celles-ci et le zinc.*

Durand fait bouillir des solutions aqueuses de fuchsine avec du
zinc en poudre. La fuchsine est réduite au bout de quelques minutes. Le produit de la réduction (leucaniline) est en majeure partie précipité sur le zinc et on l'en élimine par l'alcool. Après l'évaporation de l'alcool, il se présente sous forme d'une masse jaune
résinoïde. Pour préparer du brun pour l'impression, *Horace Köchlin*, de Mulhouse, a mélangé cette leucaniline avec du sulfure de
cuivre, puis il a traité les tissus comme pour la production du noir
d'aniline, et il a obtenu une belle couleur brune.

Cette matière est le point de départ de toute une série de préparations qui plus tard ont pris naissance et qui se rencontrent sous
différents noms. On a reconnu que la fuchsine pure est une matière
trop chère, et l'on a commencé à lui substituer les eaux mères. Il a
été question précédemment, à propos des matières colorantes rouges, d'un corps qui se rencontre dans le commerce sous le nom de
cerise. Si l'on traite la solution aqueuse bouillante de ce corps avec
du zinc et de l'acide sulfurique, en ayant soin d'ajouter ce dernier
peu à peu par petites portions, la rosaniline est, comme nous devons l'admettre d'après les recherches d'*Hofmann,* transformée en
leucaniline. Mais à côté de ce corps on rencontre encore d'autres
substances colorées, qui se trouvaient dans le cerise avec la fuchsine.
Au moyen d'une lessive de soude les bases peuvent être précipitées
de la solution claire de couleur brunâtre.

On rassemble le précipité brun et on le dessèche après avoir saturé la soude libre par l'acide chlorhydrique.

On peut aussi, d'après *Fayolle*, qui a décrit le premier cette modification du procédé de *Durand*, chauffer le liquide après qu'il a
subi à la température ordinaire l'action du zinc et de l'acide sulfu-

rique, le saturer avec le sel marin et précipiter ainsi les matières colorantes; la précipitation doit être complète après le refroidissement du liquide. La matière colorante obtenue de cette manière peut être employée pour teindre comme la fuchsine et elle donne des nuances jaunes, nankin, de couleur cuir et brunes, qui deviennent plus foncées lorsqu'on passe ensuite la fibre teinte dans le chromate de potasse.

On trouve dans le commerce plusieurs couleurs brunes dérivées de l'aniline, le *marron*, le *sienne*, etc., qui probablement sont produites de cette manière. Cette supposition paraît cependant contredite par une notice émanant de la fabrique *Knosp*, dans laquelle il est dit que le *marron* livré par elle au commerce doit être regardé comme le produit de l'*oxydation* des homologues supérieurs de l'aniline et de la toluidine. Cependant cette remarque semble plutôt indiquer que ces homologues supérieurs oxydés préexistent dans le liquide duquel on extrait la couleur désignée sous le nom de cerise. Voyez mauvaniline et chrysotoluidine.

Daprès *Girard* et *de Laire*, on obtient également un brun en faisant agir un *sel d'aniline* sur un *sel de rosaniline;* dans ce but on chauffe, à 240°, 4 parties en poids de chlorhydrate de rosaniline avec 1 partie également en poids d'un sel de rosaniline (sulfate, chlorhydrate, etc.), et l'on maintient le mélange en ébullition, jusqu'à ce que la masse, qui au commencement a une couleur violet-rouge qu'elle conserve pendant longtemps, devienne subitement brune. L'opération dure de 1 à 2 heures, et elle doit être continuée jusqu'à ce qu'il se produise des vapeurs jaunes, qui se condensent dans les parties froides de l'appareil. La matière colorante brune obtenue est soluble dans l'alcool, l'éther, la benzine et l'acide acétique. Elle est précipitée de ses dissolutions par les alcalis et les sels neutres, réaction qui fournit un moyen pour la purification de cette substance. Ce corps coloré a aussi reçu de *Girard* le nom de *marron;* il donne des nuances très-belles sur soie et particulièrement sur peau. D'après *Girard* et *de Laire*, le marron n'est peut-être que de la chrysotoluidine substituée impure; dans cette hypothèse, il faut admettre que le radical toluyle déplace à une certaine température le radical phényle, auquel il se substitue.

Siberg, de Glasgow, substitue à la fuchsine les matières colorantes impures précipitées des eaux mères de la préparation de la fuchsine (voyez *cerise*) et il procède comme il suit: il chauffe 1 partie de chlorhydrate d'aniline jusqu'à son point de fusion, puis il ajoute

1/2 partie du résidu coloré dont il vient d'être question et il continue de chauffer au bain de sable, jusqu'à ce que la couleur brune apparaisse. Le produit est mélangé avec une solution de 2 parties de carbonate de soude cristallisé dans 25 parties d'eau, on agite bien, on soutire le liquide et on lave plusieurs fois la matière brune. Celle-ci a une couleur brun-noir et l'aspect du goudron sec. Pour teindre, on en dissout 1 partie dans 9 parties d'alcool et on mélange la solution avec 13 parties d'eau.

Parmi les *matières colorantes jaunes*, bien que quelquefois on n'obtienne que des corps orange ou même bruns, on doit placer en première ligne les nombreux produits formés par l'action de substances cédant de l'oxygène sur l'aniline, sur ses homologues et sur quelques-uns de ses dérivés.

On a souvent remarqué qu'il se produit des corps colorés en brun lorsqu'on fait agir sur l'aniline de l'acide azoteux ou de l'acide hypoazotique. Parmi les produits résultant de cette réaction, si tant est qu'ils aient été proposés comme matières colorantes, il n'y en a que quelques-uns dont la composition soit connue. On a fait sur ce point des recherches qui sont plutôt théoriques et que nous exposerons tout d'abord parce qu'elles répandent quelque lumière sur les différents modes de préparation. *Hunt, A. W. Hofmann* et *Mathiessen* ont autrefois étudié cette réaction. *Hofmann* notamment a montré que l'action de l'acide azoteux sur l'aniline, lorsque celle-ci avait été préparée en faisant passer un courant de bioxyde d'azote dans une solution d'azotate d'aniline, avait pour résultat la formation d'un corps brun non cristallin à côté duquel se trouvait une substance cristalline, qu'il reconnut être du mononitrophénol. Le même corps résineux brun résulterait aussi de la réaction un peu différente qui se produit lorsqu'on mélange du chlorhydrate d'aniline avec de l'azotate d'argent. Mais à côté de ce corps on obtient du phénol à la place du nitrophénol. La formation du nitrophénol paraît par conséquent devoir être attribuée à l'acide azoteux libre. Si maintenant la réaction recommandée primitivement par *Piria* produit, lorsqu'on l'applique à l'aniline, outre le nitrophénol, un corps brun ayant quelquefois l'apparence d'une substance humique ou d'une résine, et si, d'après *Mathiessen*, la formation du nitrophénol précède celle du phénol, les nombreuses méthodes proposées pour la production d'un *brun d'aniline* ressemblent sous un certain rapport au procédé de préparation du

brun de phényle (voyez *phénicienne*, page 63). Il est aussi probable que quelques-uns de ces bruns ont une composition analogue,
c'est-à-dire qu'ils consistent en un produit nitré du phénol et en
un corps brun amorphe imparfaitement connu. Dans cette hypothèse, le point de départ le plus immédiat pour leur production serait certainement le phénol.

Nous trouvons dans les recherches de *C. A. Martius* et *F. Griess*
sur le *jaune d'aniline* le complément et le développement des résultats obtenus par les chimistes nommés plus haut.

Jaune d'aniline.— Vers 1864, la fabrique de couleurs d'aniline,
Simpson, Maule et Nicholson, livra au commerce sous le nom de *jaune
d'aniline* une matière colorante jaune, qui se présente sous forme d'une
poudre cristalline jaune-brun; d'après *Martius* et *Griess*, ce corps
se compose essentiellement de l'oxalate d'une base, dont la formule
est la même que celle du diazoamidobenzol : $C^{24}H^{11}Az^3 = [C^6H^5Az^2$.
$AzH (C^6H^5)]$, mais qui n'est point identique avec celui-ci et qui est
regardée comme de l'amidodiphénylimide ou comme l'amidoazo-
benzol : $C^{24}H^{11}Az^3 = (C^{12}H^9 (AzH^2) Az^2)$. Si l'on dissout le jaune d'a-
niline du commerce dans l'acide chlorhydrique, et si l'on sursature
la dissolution par l'ammoniaque, il se produit un abondant précipité jaune cristallin, qui est la base nommée.

Dans la dissolution il se trouve en outre une quantité peu considérable d'un corps résineux, qui avant le refroidissement et la
précipitation de la base peut être séparé par filtration.

Cette base, l'amidodiphénylimide, n'est que très-peu soluble
dans l'eau même à l'ébullition, mais elle se dissout abondamment
dans l'éther et dans l'alcool bouillant. Elle fond à 130° et elle redevient solide à 120°; au-dessus de 360° elle bout sans éprouver de
décomposition.

On peut préparer ce corps de la manière suivante : on dissout de
l'aniline dans trois fois son poids d'alcool et on y fait passer un
courant d'acide azoteux, jusqu'à ce que le liquide soit devenu rouge
foncé, puis on mélange celui-ci avec un grand excès d'acide chlorhydrique modérément concentré et l'on rassemble sur un filtre
la bouillie cristalline un peu épaisse qui s'est produite, on lave
avec de l'alcool très-faible, on fait bouillir plusieurs fois le résidu
avec de l'eau, on mélange la solution aqueuse avec de l'ammoniaque
et on soumet à une nouvelle cristallisation le précipité cristallin.

Des recherches de *Martius* et *Griess* il semble résulter que l'action de l'acide azoteux sur l'aniline donne, suivant le procédé employé, des produits qui sont différents de ceux obtenus par *Hofmann*, *Hunt* et *Mathiessen*.

Luthringer, *Mène* et *Max Vogel* ont proposé des méthodes pour la préparation des matières colorantes, auxquelles donne lieu l'action de l'acide azoteux sur l'aniline.

Luthringer donne de son procédé une description un peu obscure. D'après cet auteur, on introduit de l'aniline dans un vase long (?) et étroit placé dans un mélange réfrigérant où il doit être maintenu à la température de 0°. On fait ensuite passer dans le vase un courant d'acide hypoazotique (bioxyde d'azote?), que l'on produit en faisant agir de l'acide azotique sur un métal, et on laisse l'aniline pendant environ 1/4 d'heure en contact avec ce gaz, qui est absorbé avidement par la base. On chauffe maintenant le produit de cette réaction afin de chasser le gaz en excès, et ensuite on refroidit de nouveau. En même temps on fait bouillir une quantité d'acide acétique trois fois égale à celle de l'aniline employée, et l'on verse dans ce liquide bouillant le produit jaune-brun formé, ce qui lui donne plus de fixité. Une partie de cette dissolution colore 300 parties d'eau, et un tel liquide peut servir pour teindre. Mélangée avec du bleu, cette couleur formerait un *vert-lumière*, c'est-à-dire un vert qui paraît vert à la lumière artificielle.

Mène dit que l'on obtient une belle couleur jaune-brun lorsqu'on fait passer un courant d'acide azoteux dans une solution aqueuse ou alcoolique d'aniline. En ajoutant de l'acide azotique, de l'acide sulfurique ou de l'acide oxalique, la solution devient rouge, mais elle revient au brun-jaune, lorsqu'on ajoute une plus grande quantité d'eau.

Max Vogel a répété les expériences de *Mène* et il est arrivé à des résultats tout à fait analogues. Il conseille de modérer l'action de l'acide azoteux sur l'aniline (qui doit aussi être employée en solution alcoolique) en refroidissant le vase où se fait l'opération, parce que sans cela la base serait complétement décomposée, et il fait en outre remarquer qu'indépendamment de la solution brun-jaune on obtient toujours des quantités considérables d'un corps résinoïde.

A ces procédés de préparation de couleurs d'aniline brunes ou jaunes, se rattachent ceux dans lesquels on substitue à l'aniline un de ses dérivés colorés.

A. Schultz a obtenu une couleur variant du rouge grenat au brun en faisant agir de l'acide hypoazotique sur le rouge d'aniline.

L'importance de la notice publiée par ce chimiste est beaucoup accrue par l'indication qu'elle renferme relativement à un mode particulier de production de ces couleurs ; *Schultz* propose de teindre ou d'imprimer les tissus en rouge d'aniline et ensuite de les soumettre à l'action de vapeurs d'acide hypoazotique, proposition dont la mise en pratique demande de sérieuses réflexions.

Max Vogel a fait agir l'acide azoteux sur des sels de rosaniline en solutions aqueuse et alcoolique, sur le violet *Hofmann*, sur le violet ordinaire, sur le vert d'aniline (vert *Usèbe*) et enfin sur le brun d'aniline de *Girard*, et il a obtenu dans la dissolution par l'action progressive de l'acide toute une série de colorations, dont la dernière produisit un liquide jaune-rouge. Celui-ci évaporé au bain-marie donna une poudre rouge, qui offrait toujours les mêmes réactions, quelle que fût parmi les couleurs d'aniline nommées celle qui ait été employée pour la préparation. Il nomma ce corps *zinaline*.

Le produit résultant de l'action de l'acide azoteux sur un sel de rosaniline en solution alcoolique a été analysé et on lui a donné la formule $C^{40}H^{19}Az^2O^{12} = (C^{20}H^{19}Az^2O^6)$. Un atome de ce corps se formerait aux dépens de 1 atome de rosaniline et de 4 atomes d'acide azoteux avec élimination de 5 atomes d'azote, dont on peut observer un abondant dégagement pendant la préparation.

La *zinaline* fond au-dessous de 100° ; à une température plus élevée, elle dégage des vapeurs jaunes, puis elle s'enflamme en produisant une détonation et en laissant du charbon. Elle est insoluble dans l'eau froide, elle est un peu dissoute par l'eau bouillante qu'elle colore en jaune. Elle se dissout dans l'alcool, notamment à chaud, et encore mieux dans l'éther. Les acides concentrés la dissolvent avec une couleur jaune, mais elle en est précipitée lorsqu'on ajoute de l'eau. Les alcalis en solution aqueuse l'absorbent avec une couleur rougeâtre et les acides la précipitent de ces dissolutions. Dissoute dans l'alcool et mélangée avec un peu d'ammoniaque, elle peut être employée pour produire sur soie et sur laine des nuances orange très-vives. Elle peut en outre servir pour teindre en vert avec le carmin d'indigo. Son prix un peu élevé s'est opposé à la généralisation de son emploi.

La couleur suivante, qui résulte de l'action de l'acide azoteux sur la phénylène-diamine, diffère des produits précédents dont la génération a lieu lors du contact des acides azoteux et hypoazotique et de l'aniline.

Brun de phénylène. — C'est sous ce nom qu'est connue dans le commerce une matière colorante fabriquée à Manchester par la maison *Robert, Dale et Cie*.

Le brun de phénylène est le produit de l'action de l'acide azoteux sur la β-phénylène-diamine, $C^{12}H^8Az^2 = [C^6H^4(AzH^2)^2]$, cette substance qui se forme lors de la réduction du dinitroazobenzol et de la binitraniline. Avec une solution neutre d'un azotite on mélange, en l'ajoutant doucement, la solution chlorhydrique tout à fait neutre, froide et étendue de la phénylène-diamine. Une masse cristalline rouge foncé ne tarde pas à se séparer. On lave d'abord celle-ci avec de l'eau, puis on la traite par l'acide chlorhydrique concentré. Elle est d'abord dissoute, mais elle ne tarde pas à se séparer sous forme d'un coagulum goudronneux, qui est une combinaison de la matière colorante avec l'acide chlorhydrique ; on dissout ce corps dans l'eau et on mélange la solution avec de l'ammoniaque, qui précipite la couleur à l'état d'une masse brune cristalline.

Le précipité brun se compose de trois bases différentes. Mais l'une d'elles, qui est soluble dans l'eau bouillante, forme la majeure partie de la masse ; les deux autres, presque insolubles dans l'eau, se distinguent entre elles par leur différence de solubilité dans l'alcool. Si on laisse refroidir la solution aqueuse bouillante, il se sépare des cristaux mamelonnés, qui peuvent être purifiés par deux nouvelles cristallisations, l'une dans l'eau et l'autre dans l'alcool. Cette base est peu soluble dans l'eau bouillante, presque absolument insoluble dans l'eau froide, mais elle se dissout facilement dans l'alcool et dans l'éther ; et elle fond à 137° et elle se décompose à une température plus élevée en produisant une fumée jaune.

Sa composition correspond à la formule $C^{24}H^{13}Az^5 = (C^{12}H^{13}Az^5)$ et elle peut être considérée comme du triamidoazobenzol ou de la triamidodiphénylimide $(C^{12}H^7(AzH^2)^3Az^2)$. Elle est biacide, elle se dissout dans l'acide chlorhydrique étendu, et le chlorhydrate formé $(C^{12}H^7(AzH^2)^3Az^2) + 2HCl$ se précipite sous forme d'un corps brun-rouge cristallin, lorsqu'on mélange cette dissolution avec de l'acide chlorhydrique concentré.

La solution aqueuse du brun de phénylène teint la laine et la soie sans mordant. La couleur est jaune ou jaune-rouge, mais au contact de l'air ou lorsqu'on plonge le tissu dans l'acide chlorhydrique étendu, elle passe au brun-rouge foncé. La solution acétique du brun de phénylène teint également en brun-rouge, si elle est un peu concentrée, et en un brun-jaune, si elle est étendue.

On a aussi employé pour la préparation de matières colorantes jaunes et brunes des corps cédant de l'oxygène autres que les combinaisons oxygénées de l'azote. *Hugo Schiff* dit avoir obtenu une couleur jaune de la manière suivante : on mélange du stannate ou de l'antimoniate de soude avec la moitié de son poids d'aniline, on chauffe et on ajoute de l'acide chlorhydrique, jusqu'à réaction acide ; il se produit une masse épaisse, de laquelle l'alcool éthéré enlève le chlorhydrate pur. Si on mélange la solution chlorhydrique avec du carbonate de soude, il se produit un précipité jaune qu'on livre au commerce sous forme de pâte et qui, dissous dans les acides étendus, peut être employé pour teindre en jaune. Les étoffes, après avoir été imbibées avec une solution acide de ce genre, sont teintes en un jaune solide, si on les passe encore dans une solution bouillante de carbonate de soude.

Martius et *Griess* recommandent de chauffer à 100° un mélange de 3 parties de stannate de soude et de 1 partie d'azotate d'aniline dissous dans 10 parties d'eau et d'ajouter peu à peu de la soude caustique ; il se produit une vive réaction, qui doit être considérée comme terminée, dès que les acides colorent la solution en rouge foncé. En ajoutant de l'acide chlorhydrique, il se sépare un corps résinoïde, qui abandonne à l'eau bouillante acidulée avec de l'acide chlorhydrique de l'amidodiphénylimide, $C^{24}H^{11}Az^3 = (C^{12}H^9 (AzH^2)^2Az^2)$, (voyez page 234). L'élément actif du produit de cette réaction est par conséquent le même que celui qui a été obtenu au moyen de l'acide azoteux.

L'observation de la génération d'une matière colorante jaune par cette voie paraît avoir été faite pour la première fois dans la fabrique de couleurs de *J. J. Müller* (maintenant *J. R. Geigy*), de Bâle. On ne peut pas attribuer à ces couleurs amidodiphénylimidées une grande importance industrielle, parce qu'elles passent assez facilement.

Matières colorantes noires et grises.

Jusqu'à présent le noir d'aniline a été presque sans exception produit uniquement sur la fibre et plutôt par impression que par teinture ; on ne prépare pas, en effet, une matière colorante que l'on puisse se procurer dans le commerce et employer pour teindre ou pour imprimer les tissus. C'est pourquoi on trouvera dans l'histoire de sa préparation des faits appartenant à la teinture et à l'impression des tissus, et pour la même raison la constitution du noir n'est pas encore connue. Tout ce que l'on peut dire sur sa génération, c'est qu'il prend naissance par oxydation lente de l'aniline. Quelquefois les mélanges pour la production du noir sur la fibre sont faits dans les fabriques de tissus imprimés elles-mêmes, mais on les prépare aussi très-fréquemment dans les fabriques de couleurs d'aniline. Nous n'avons à nous occuper ici que de la préparation de ces mélanges; nous ne ferons qu'indiquer les résultats des expériences que l'on a faites relativement à leur application, et seulement dans les cas où la connaissance de ces résultats est nécessaire pour juger de la qualité des mélanges. Nous ferons remarquer dès à présent que le noir d'aniline n'est pour ainsi dire employé que dans l'impression sur coton. Il est par conséquent essentiel de faire attention à ce que il n'y ait dans les mélanges rien qui puisse attaquer la fibre du coton. Comme lorsqu'on mélange l'un ou l'autre des agents oxydants avec le sel d'aniline, la réaction commence ordinairement bien avant que l'impression soit terminée, au lieu de livrer à l'imprimeur le mélange tout fait, il arrive plus fréquemment qu'on lui donne deux substances non encore mélangées, qui sont mises en contact seulement quelques instants avant l'impression.

Les anilines employées pour l'impression des indiennes en noir ne sont jamais pures, et leur composition varie avec le point d'ébullition et le poids spécifique. Généralement, elles renferment : 60 à 65 0/0 de liquide bouillant entre 180 et 185° qui peut être considéré comme de l'aniline presque pure (celle-ci bouillant à 182°,5); 18 à 22 0/0 de liquide bouillant entre 185 et 192° (mélange d'aniline et de toluidine), 8 0/0 de liquide bouillant entre 192 et 198° (toluidine), enfin 4 à 6 0/0 de xylidine, de cumidine, etc.

Dans le but de déterminer quels sont les produits qui donnent le noir proprement dit, C. *Hartmann* a essayé, au point de vue de la densité et de la composition, diverses anilines du commerce ainsi que leurs composants fractionnés, et il est arrivé aux résultats suivants : L'aniline pure de *Coupier* et tous les produits passant entre 180 et 185° ont fourni un noir beau et brillant. La pseudotoluidine et les produits passant entre 185 et 192° donnent un noir tirant sur le bleu. La toluidine de *Coupier* et les produits bouillant au-dessus de 192° donnent des bruns marron sales. D'après cela, on doit donc rejeter, dans la production du noir, les produits passant au-dessus de 192°.

C. Hartmann, se basant sur ses expériences, propose d'essayer les anilines pour noir par l'un des moyens suivants : 1° l'aréomètre de Baumé ; les bonnes anilines doivent marquer de 2 à 3 1/2 degrés ; les anilines qui pèsent plus de 3 1/2 degrés Baumé contiennent encore ordinairement de la nitrobenzine ; celles qui marquent moins de 2 degrés Baumé renferment trop de toluidine, qui nuit au développement du noir et peut être une source de nombreuses difficultés dans la fabrication ; 2° la distillation fractionnée ; la quantité qui passe entre 180 et 190° donne la mesure de la richesse ; 3° la dose minime d'aniline pure de *Coupier*, qui est nécessaire pour donner du noir, étant de 400 gram., on fait des séries de couleurs avec l'aniline à essayer, afin de déterminer la dose nécessaire au développement du noir ; un calcul de proportion donne la richesse du produit.

La première tentative pour produire du noir sur coton par impression d'un sel d'aniline mélangé avec des agents oxydants et par exposition du tissu à l'air chaud et humide paraît avoir été faite par *J. Lightfoot,* d'Akrington près Manchester. Il prit, en 1863, en France et en Angleterre, des brevets, dont l'exploitation fut cédée à la fabrique de couleurs *Müller et C*[ie] (maintenant *J. R. Geigy*), de Bâle. La première recette paraît avoir été la suivante :

Chlorate de potasse...................	25 grammes.
Aniline...............................	50 —
Acide chlorhydrique..................	50 —
Solution de bichlorure de cuivre à 1,44	
de densité........................	50 —
Sel ammoniac........................	25 —
Acide acétique......................	12 —

Ce mélange doit, avant l'impression, être épaissi avec 1 litre d'empois d'amidon (7 à 9 parties d'eau pour 1 d'amidon).

D'après la deuxième recette de *Lightfoot :*

On fait un empois avec 850 gram. d'amidon de froment et 6 litres d'eau, puis on y mélange 180 gram. de sulfate de cuivre, 180 gram. de chlorate de potasse et 450 gram. de chlorhydrate d'aniline.

Enfin il donne cette troisième recette :

On fait un empois avec 2 litres 1/4 d'eau et 275 gram. de farine de froment et on dissout dans le liquide bouillant de 56 gram. de sulfate de cuivre et 56 gram. de chlorate de potasse, on laisse refroidir et ensuite on ajoute 175 gram. de chlorhydrate d'aniline cristallisé.

Les pièces d'étoffe doivent être exposées pendant 36 ou 48 heures dans une chambre humide chauffée à une température de 30° environ (chambre d'oxydation, *ageing room*); elles peuvent ensuite être passées dans un bain contenant 6 0/0 de bichromate de potasse, mais cette opération n'est pas absolument indispensable.

L'inconvénient signalé plus haut, inconvénient qui consiste en ce que les éléments constituants du mélange agissent les uns sur les autres bien avant l'impression, ce qui rend la composition imprimée inactive, se manifeste à un très-haut degré avec ces recettes; en outre, les râcles d'acier sont attaqués lors de l'impression au rouleau, et les fibres elles-mêmes sont toujours plus ou moins altérées ou brûlées.

On doit à *Cordillot*, de Mulhouse, le premier perfectionnement important introduit dans ce genre de fabrication.

Le sel de cuivre est remplacé par le ferricyanure d'ammonium, et le mélange n'est pas fait d'avance, mais ses deux éléments principaux, le sel d'aniline et l'agent oxydant, sont conservés à part, jusqu'au moment où ils doivent être employés.

On emploie :

```
 ˙. Comme épaississant :
        Amidon de froment.................   10 kilogrammes.
        Eau............................   24 litres.
        Eau de gomme à 1ᵏⁱˡ,200 par litre...   4   —
        Eau de gomme adragante à 65 gr....   6   —
 II. Comme agent oxydant :
        De l'épaississant précédent..........   17 litres.
            Dans lequel on dissout :
        Chlorate de potasse.................   900 grammes.
            Et après refroidissement on ajoute :
        Ferricyanure d'ammonium..........   2ᵏⁱˡ,600.
 III. La solution du sel d'aniline :
        De l'épaississant précédent..........   17 litres.
        Chlorhydrate d'aniline ..............   2ᵏⁱˡ,400.
        Acide tartrique.....................   500 grammes.
```

Pour imprimer, on mélange 1 partie de l'agent oxydant avec la solution du sel d'aniline.

On peut sans danger conserver séparément les mélanges dans

un lieu frais pendant une quinzaine de jours; mais, une fois qu'ils ont été mis en contact, c'est tout au plus si on peut les conserver plus de 30 heures. Après l'exposition dans la chambre d'oxydation, il faut enlever l'épaississant au moyen de lavages, passer dans un bain faible de chromate de potasse, puis dans un bain de savon également faible.

Il est incontestable que la fibre de coton est beaucoup moins affaiblie par ce noir que par celui de *Lightfoot* et que les racles ne sont pas du tout attaquées; seulement son emploi offre dans la pratique plusieurs inconvénients dont les plus grands sont les suivants : le prix de la couleur est un peu plus élevé, et l'on a observé que le noir n'est jamais aussi nourri que celui obtenu par les recettes de *Lightfoot*.

Les nuances moins intenses que celles fournies par le cuivre sont parfois verdâtres, elles ne sont pas uniformes et elles virent au rouge sous l'influence du chlore et au vert par le savon; en outre, il faut, pour développer la couleur, exposer le tissu pendant un temps plus long dans la chambre d'oxydation, qui doit aussi être chauffée plus fortement (à 40 ou 50°).

C'est pour cela que le noir de *Cordillot* n'a pas été admis partout, malgré les améliorations qui y ont été apportées par *Cam. Köchlin*, améliorations qui consistent à diminuer l'épaississant, à remplacer le ferricyanure d'ammonium par le ferricyanure de potassium et l'acide tartrique, à concentrer la dissolution et à élever à 50 ou 60° la température de la chambre d'oxydation.

C'est ici le lieu de faire remarquer que l'attaque des racles d'acier est surtout produite par le sel de cuivre dissous; mais lorsqu'il s'agit d'obtenir un noir par immersion, cet inconvénient ne pouvant exister, on peut toujours laisser dans le mélange une combinaison soluble de cuivre.

Mais le perfectionnement apporté par *Ch. Lauth* dans la préparation du noir d'aniline pour impression est celui qui a conduit aux résultats les plus avantageux ; ce chimiste a eu l'heureuse idée de remplacer le sulfate ou le chlorure de cuivre par le sulfure du même métal, que l'on prépare facilement en grand en précipitant une solution de sulfure de potassium par une solution de sulfate de cuivre.

Ch. Lauth prépare, d'une part, un mélange de 500 gram. d'amidon de froment, de 150 gram. de sulfure de cuivre et de 250 d'eau, et, d'autre part, un autre mélange composé de :

Gelée d'adragante.....................	1/2 litre.
Amidon grillé.......................	650 grammes.
Eau.................................	950 —
Chlorate de potasse.................	150 —
Sel ammoniac........,..............	50 —
Chlorhydrate d'aniline...............	400 —

On sait que le sulfure de cuivre humide s'oxyde facilement. Lorsque la combinaison de cuivre est disséminée dans l'empois d'amidon, l'oxydation n'a pas lieu assez rapidement pour que les inconvénients mentionnés, résultant de la formation de sulfate de cuivre, puissent se produire ; mais, lorsque le mélange est imprimé en couche mince, elle est cependant suffisamment rapide et complète pour donner, à la température normale des chambres d'oxydation (20 à 30°), un noir solide et bien nourri.

La méthode de *Paraf*, d'après laquelle on ajoute au mélange de l'acide fluorhydrique ou fluosilicique, qui décompose le chlorate de potasse en mettant en liberté de l'acide chlorique, fournit des nuances foncées assez bonnes, mais elle a perdu beaucoup de son importance depuis l'introduction du sulfure de cuivre.

Pour *Rosensthiel* la présence du chlorate d'ammoniaque ou du chlorate de potasse et d'un sel ammonial, aux dépens desquels il peut se former du chlorate d'ammoniaque, est tout à fait essentielle pour favoriser et faire marcher uniformément l'oxydation, et il s'est en outre assuré qu'avec tous les mélanges sans cuivre il était impossible de reproduire un noir irréprochable. Il pense que l'action favorable du cuivre repose sur la formation d'un chlorate de ce métal. Les beaux noirs intenses qui avaient été produits avec des mélanges sans cuivre donnèrent toujours, lorsqu'on les incinérait, une certaine quantité de cuivre provenant du modèle dont le métal avait été attaqué. D'après *Rosensthiel*, 1 gramme de cuivre par litre de mélange coloré doit suffire pour donner lieu à un noir intense.

L'observation faite par *Cam. Köchlin* offre aussi une certaine importance ; cet habile manufacturier a remarqué que tous les sels d'aniline ne sont pas propres pour la formation du noir et qu'il n'est possible de produire cette couleur qu'avec l'azotate et le chlorhydrate.

Le procédé proposé par *J. Higgin* diffère notablement des méthodes mentionnées. Il mélange de l'aniline (de l'huile d'aniline) avec une quantité équivalente de perchlorure de fer ou de chlorure de chrome, il se produit du chlorhydrate d'aniline et il se sépare de l'hydrate d'oxyde de chrome ou de fer, puis il ajoute au mélange, dans lequel reste l'oxyde métallique précipité, du sulfocyanure de cuivre à l'état pâteux. Si, comme le dit l'auteur de la méthode, il n'a d'autre but en ajoutant les chlorures métalliques que d'obtenir un chlorhydrate neutre d'aniline et de ne tirer aucun profit des hydroxydes précipités, cette manière de procéder doit être regardée comme une voie indirecte. Jusqu'à ce que la pratique se soit prononcée, on ne peut pas dire s'il y a avantage à substituer au sulfure de cuivre le sulfocyanure de cuivre, qui est plus cher.

Tout ce qui précède se rapporte à l'emploi du noir d'aniline dans l'impression du coton. Mais *J. Persoz* et *Ch. Lauth* ont montré comment on pourrait aussi s'en servir en teinture. Nous pouvons, sans sortir de notre sujet, donner sur ce point quelques indications sommaires. Le premier mordance la soie ou la laine dans un bain bouillant acidulé avec de l'acide sulfurique et contenant du chromate de potasse et de l'oxyde de cuivre, puis il teint dans une dissolution d'oxalate d'aniline, tandis que *Ch. Lauth* prescrit de mordancer avec le manganate ou le permanganate de potasse et de teindre dans le chlorhydrate d'aniline.

Voici, d'après une note publiée récemment dans le Bulletin de la Société chimique (20 mai 1873), en quoi consiste la méthode actuellement suivie par *Ch. Lauth*.

Pour fixer le mordant (manganèse) sur la fibre (coton, laine ou soie), on se sert de l'ancien procédé de bistre [1], qui consiste à plonger les fils recouverts d'un sel de manganèse (chlorure, acétate ou sulfate) dans de la soude caustique et à oxyder par le chlorure de chaux le protoxyde ainsi fixé. Pour avoir un noir intense, il faut mordancer en chlorure de manganèse à 40° Baumé, manœuvrer le coton pendant une heure dans ce bain, bien tordre, puis, sans laver, passer à l'ébullition dans de la soude à 12° Baumé, tenant de la chaux en suspension ; il est nécessaire d'employer une solution alcaline aussi concentrée, quoiqu'elle dissolve un peu de mordant, parce que si la fibre n'est pas immédiatement saisie et l'oxyde emprisonné, le sel de manganèse, qui est, comme on le sait, extrêmement soluble, se répand dans le bain et occasionne des pertes. Au lieu d'opérer à l'ébullition, on peut faire le passage

---

[1] Le procédé le plus simple pour fixer du manganèse sur coton, laine ou soie, consisterait à plonger ces fibres dans une dissolution de manganate et de permanganate alcalin, mais le prix de revient de ces deux produits étant relativement élevé, on est obligé d'y renoncer provisoirement.

alcalin à froid ; l'oxydation ultérieure du manganèse est plus rapide. Après la fixation de l'oxyde, on lave à grande eau et on passe en chlorure de chaux tiède, en réglant la proportion de cet agent, de manière à ce qu'il ne se trouve jamais en grand excès, ce qui pourrait altérer la fibre ; le mieux est d'ajouter le chlore peu à peu, jusqu'à ce que le bistre ait atteint toute son intensité.

Les fils chargés de bistre foncé, et bien lavés pour éliminer tout ce qui ne se serait pas combiné à la fibre sont plongés dans une dissolution acide et froide d'aniline ; la teinture se fait instantanément ; dès que le bistre se trouve en contact avec le sel d'aniline, la réaction a lieu ; le bioxyde de manganèse oxyde l'aniline, et le noir formé prend la place du composé métallique ; après une ou deux minutes, l'opération est terminée. Les proportions qu'il convient d'employer varient avec l'intensité du noir que l'on veut obtenir ; mais il importe toujours d'employer un grand excès d'acide par rapport à l'aniline ; ainsi, pour 10 ou 20 gram. d'aniline par litre, il faut prendre 60 gram. d'acide sulfurique. Pour 50 gram. d'aniline par litre, il faut 150 gram. environ d'acide sulfurique. L'acide sulfurique peut être remplacé par d'autres acides minéraux (acide chlorhydrique, acide arsénique, etc.). Au sortir du bain de teinture, le coton est bien lavé et passé dans un bain alcalin bouillant (savon ou soude) pour enlever les dernières traces d'acide et donner au noir toute sa beauté.

On peut modifier les nuances obtenues ou en augmenter l'intensité au moyen de divers agents, tels que le bichromate de potasse à 1 gram. par litre, les sels de cuivre, de chrome ou de mercure, et surtout le mélange de chlorate de potasse, sel de cuivre et sel ammoniac (1 gram. de chaque substance par litre). Ce passage est fait après le lavage qui suit la teinture et prolongé pendant une demi-heure à l'ébullition. On le fait suivre d'un lavage à l'eau et d'un bouillon au savon.

Le noir ainsi obtenu est fort beau, absolument solide, mais il décharge toujours un peu au frottement.

La nature de l'alcaloïde employé dans le bain de teinture est d'une importance capitale pour la réussite du noir, l'aniline pure donne, seule, un noir très-beau et très-intense ; la toluidine donne un gris bleuté, la méthylaniline un noir violet, la naphtylamine un brun violacé, etc. [1].

[1] D'après *Ch. Lauth,* les différences de nuances produites par l'aniline et la toluidine sont telles qu'il est permis de recommander ce procédé comme moyen de juger la

Paraf et *Javal*, de Thann, ont essayé, il y a quelques années, de teindre les tissus de coton en noir d'aniline en les passant simplement dans un bain contenant tout à la fois un sel d'aniline et du bichromate de potasse. La couleur noire apparaissait au sortir du bain, quand on opérait avec des solutions concentrées et acquérait rapidement une grande intensité. Cette méthode, bonne en théorie, rencontra en pratique de très-grandes difficultés ; avec des solutions étendues, on n'obtenait pas de noir ; avec des liqueurs concentrées, il se formait immédiatement un précipité. Pour éviter ces inconvénients, *J. Persoz* a proposé récemment d'imprégner successivement les tissus avec les deux sels (le bichromate de potasse et le sel d'aniline), en solutions séparées, et d'employer la pulvérisation des liquides, méthode si ingénieusement appliquée dans l'industrie par *Ch. Depouilly.* Mais tous les sels d'aniline ne conviennent pas pour la production d'un beau noir, d'après ce procédé ; l'acétate ne peut pas être employé, ni en général les sels à acides organiques ; les sels à acides minéraux parfaitement neutres ne donnent pas de noir ; ils doivent, pour en produire, être acides, et la production est d'autant plus rapide que la solution du sel d'aniline est plus acide, ce qui permet de régler la formation du noir. En outre il faut employer des solutions contenant au moins deux équivalents d'acide pour un de base et se tenir dans des limites convenables de concentration. On obtient les meilleurs résultats avec un mélange de bisulfate et de chlorhydrate d'aniline. Le tissu, après avoir été passé successivement dans les deux bains, doit être ensuite lavé à l'eau, puis passé dans un bain de savon à chaud.

La méthode proposée dans ces derniers temps par *Jarosson* et *Muller-Pack* pour la teinture en noir d'aniline, a pour principe, comme la plupart des procédés déjà décrits, l'imprégnation des étoffes par un sel d'aniline et une oxydation ultérieure, mais celle-ci, au lieu de se produire dans des séchoirs ou dans des étuves au contact de l'air, a lieu dans des vases clos, en chauffant un peu plus que dans les procédés jusqu'ici en usage. Pour teindre les étoffes, on prépare une solution de chlorure ferreux, ainsi composée :

valeur comparative des anilines du commerce ; dans ce but, on emploierait des tissus imprimés en deux ou trois tons de manganèse, comme on se sert de tissus préparés pour les essais de garance, et on teindrait le produit à essayer comparativement à des types connus.

Eau.............................. 10 litres.
Acide chlorhydrique............... 10 kilogrammes.
Fer.............................. 3 ——

et on ajoute la quantité d'eau nécessaire pour que le liquide marque 12° Baumé. On y plonge les matières à teindre pendant 2 heures, puis on les laisse 12 heures au contact de l'air. D'un autre côté, on prépare une solution d'un sel d'aniline contenant par 30 kilogr. de tissus à teindre :

Aniline........................... 3 kilogrammes.
Acide chlorhydrique................ 5 ——

On dissout d'autre part 2 kilogr. 100 de chlorate de potasse dans 30 litres d'eau bouillante. On mélange ces deux dissolutions, et on imbibe les fils et les tissus de façon à ce qu'ils en soient complétement imprégnés. Les matières, au sortir du bain, sont chauffées pendant trois à cinq heures, en vase clos, d'abord à une température d'environ 30°, que l'on porte peu à peu à 50°. Ce chauffage se fait dans une chaudière cylindrique close, que l'on fait baigner dans un bain-marie avec un mouvement de rotation. Au sortir de l'appareil, le noir doit être développé; on laisse alors les tissus reposer en tas pendant quelques heures. Le noir se fixe au moyen d'une dissolution de bichromate de potasse, on adoucit les matières teintes dans un bain blanc huileux.

Pour faire virer ce noir au bleu, on peut encore passer les étoffes dans l'eau légèrement acidulée par l'acide sulfurique, puis laver à l'eau, et au besoin plonger dans une solution légèrement alcaline.

Coupier a essayé de préparer le noir d'aniline sous forme d'une couleur pouvant se dissoudre et être employée pour teindre. Dans ce but il mélange 175 parties d'aniline (commerciale) avec une égale quantité de nitrobenzine, puis il ajoute 200 parties d'acide chlorhydrique, 16 parties de limaille de fer et 2 parties de cuivre finement divisé, et il chauffe le mélange pendant 6 ou 8 heures à 160 ou 200° dans un appareil distillatoire en fer émaillé. L'opération doit être regardée comme terminée, lorsqu'on remarque qu'un échantillon prélevé sur la masse peut être étiré en fil. La matière colorante noire est soluble dans les acides, l'alcool et l'esprit de bois. Pour l'utiliser en teinture, on la dissout dans l'acide sulfurique et on ajoute la dissolution au bain de teinture. Pour produire avec cette solution un noir pur, non rougeâtre (roussâtre), les fils ou tissus doivent être passés dans un bain alcalin ou dans une dissolution d'hyposulfite de soude.

Le *noir de Lucas* est également une couleur toute faite, qui peut se dissoudre et qui n'a besoin, pour arriver à son développement, que d'être faiblement oxydée. C'est une masse fluide noire, composée de chlorhydrate d'aniline et d'acétate de cuivre qui peut être employée pour la teinture et l'impression. Pour teindre, on dissout aussi complétement que possible 1 partie de noir dans 10 parties d'eau, et l'on imbibe le tissu avec la solution ainsi produite. On expose la pièce imprégnée de couleur pendant 2 ou 3 jours au contact de l'air, on la passe dans une solution faible de carbonate de soude, on lave et on fait sécher. L'oxydation est accélérée, lorsqu'on suspend le tissu dans un milieu humide chauffé à 40°. Le noir est d'un très-beau ton et il revient à très-bon marché. Pour l'impression on emploie la couleur mélangée avec de l'empois.

On rencontre depuis peu de temps dans le commerce un noir d'aniline préparé par *Heil et C*[ie], de Berlin, qui, après avoir été épaissi avec de l'albumine, comme l'outremer, le vert de *Guignet* et les autres couleurs d'application mécanique, peut être immédiatement imprimé sur coton et ensuite fixé au moyen de la vapeur. Le noir produit par cette couleur est très-solide et très-beau.

A. Müller, de Zurich, prépare également une matière colorante noire offrant beaucoup d'analogie avec le noir d'aniline de *Heil et C*[ie] et qui depuis deux ou trois ans est employé avec avantage dans l'impression des indiennes ; mais cette matière a l'inconvénient d'exiger, pour être fixée solidement, une grande quantité d'épaississant (albumine). On l'obtient de la manière suivante : on dissout dans 1/2 litre d'eau :

Chlorate de potasse.....................	20 grammes.
Sulfate de cuivre......................	30 —
Chlorure d'ammonium...................	16 —
Chlorhydrate d'aniline................	40 —

Le mélange est chauffé au bain-marie à environ 60°. Au bout de 2 ou 3 minutes la solution se boursoufle et déborde très-facilement le vase qui la renferme, en même temps qu'elle donne lieu à un dégagement de vapeurs qui ont une odeur analogue à celle du nitroforme trichloré et qui affectent désagréablement les organes respiratoires. Si au bout de quelques heures le mélange devenu épais n'est pas tout à fait noir, on chauffe encore à 60°, en ayant soin de se préserver contre l'action des gaz qui se dégagent encore en abondance. La pâte résultant de cette opération est maintenant abandonnée durant deux jours à l'air libre, puis lavée sur un filtre pendant longtemps et avec soin, jusqu'à ce qu'on ne puisse plus découvrir de sels dans le liquide filtré ; cela fait, on l'enlève du filtre, et elle se présente alors sous forme d'une masse d'un noir foncé et contenant environ 50 0/0 de matière sèche. On obtient une nuance un peu plus noir bleuâtre en employant comme dernière eau de lavage 1 litre d'eau renfermant en dissolution 20 grammes de bleu d'aniline soluble. La pâte ainsi obtenue constitue maintenant la matière colorante oxydée. Si l'on veut s'en servir immédiatement, on l'épaissit avec la quantité d'albumine nécessaire (qui doit être un peu grande), on imprime et on vaporise fortement. Lorsqu'on veut la conserver, on l'enferme dans des boîtes de ferblanc, afin de l'empêcher de se dessécher. La couleur desséchée est une poudre ténue, d'un noir intense sans éclat et, après avoir été débarrassée dans le vide de toute l'eau adhérente, elle a pour formule empirique $C^{12}H^{14}Az^2O^{11}$. La poudre sèche, mélangée avec une solution de gomme, donne une couleur aussi bonne que la meilleure encre de Chine.

On ne peut pas facilement produire une couleur *grise* avec les mélanges précédents, de la même manière qu'on obtient un gris de fer par dilution du noir, mais *Casthelaz* prépare un gris en mélangeant 10 parties en poids de violet de *Perkin* avec 11 parties d'acide sulfurique anglais et 6 parties d'aldéhyde, et en chauffant le mélange pendant 4 ou 5 heures. La matière colorante est précipitée de la solution étendue avec un alcali, puis lavée. On ne possède aucune indication sur ses propriétés, sa solubilité et son mode d'emploi ; de même nous n'avons pas connaissance que son usage se soit un peu généralisé.

CHAPITRE IV.

LA NAPHTALINE ET SES DÉRIVÉS.

La *naphtaline* a été découverte en 1820 par *Garden* dans le goudron de houille, *Faraday* l'a analysée en 1826, et peu de temps après *Laurent* a étudié ses propriétés et ses nombreux dérivés dans une série de travaux remarquables.

Elle se forme très-fréquemment dans la distillation sèche d'un grand nombre de corps organiques ou lorsqu'on fait passer les vapeurs de ceux-ci dans des tubes chauffés au rouge.

Elle se trouve en grande quantité dans les produits de distillation de la houille (on rencontre souvent des dépôts de naphtaline dans les conduites de gaz), mais elle est moins abondante dans le goudron de lignite, de boghead, d'asphalte, dans le pétrole brut, où à la place de la naphtaline on rencontre plutôt de la paraffine. C'est surtout à *Berthelot* que nous devons la connaissance des conditions nécessaires pour la formation de la naphtaline, conditions qui expliquent en même temps pourquoi on rencontre si fréquemment ce corps. Dans son beau travail (1867-1868) sur la synthèse des hydrocarbures, ce chimiste a montré que, toutes les fois que de la benzine (C^6H^6), de l'éthylène (C^2H^4), ou de l'acétylène (C^2H^2) se trouvent en contact à une température élevée, ils réagissent l'un sur l'autre et forment de la naphtaline.

Par exemple, lorsque 1 volume d'éthylène agit sur 1 volume de benzine, du styrolène et de l'hydrogène prennent naissance :

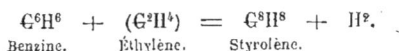

$$C^6H^6 \;+\; (C^2H^4) \;=\; C^8H^8 \;+\; H^2.$$

Benzine.   Éthylène.   Styrolène.

Mais le styrolène réagit immédiatement sur l'éthylène et forme de la naphtaline et de l'hydrogène :

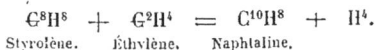

$$C^8H^8 \;+\; C^2H^4 \;=\; C^{10}H^8 \;+\; H^4.$$

Styrolène.   Éthylène.   Naphtaline.

De la naphtaline prend naissance d'une manière analogue lorsqu'on fait agir de la benzine ou du styrolène sur de l'acétylène :

$$C^6H^6 \;+\; 2(C^2H^2) \;=\; C^{10}H^8 \;+\; H^2$$

Benzine.   Acétylène.   Naphtaline.

$$C^8H^8 \;+\; C^2H^2 \;=\; C^{10}H^8 \;+\; H^2$$

Styrolène.   Acétylène.   Naphtaline.

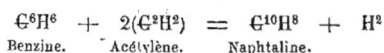

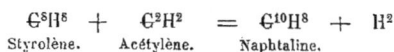

Comme dans la distillation de la houille il se forme en même temps de l'acétylène, de l'éthylène et de la benzine (voyez page 3), de la naphtaline doit aussi prendre naissance.

Ces observations ne mettent pas seulement en évidence la constitution de la naphtaline, elles expliquent aussi la manière dont ce corps se comporte vis-à-vis d'un certain nombre de réactifs.

Préparation de la naphtaline. — Dans la distillation du goudron de houille on peut facilement obtenir comme produit secondaire de grandes quantités de naphtaline (voyez page 29 et 38).

Elle est surtout facile à séparer lors du traitement des huiles légères brutes pour *naphte brut*. On distille ces huiles tant qu'il passe un produit du poids spécifique de 0,932 ; c'est ce produit qui constitue le naphte brut. L'huile restant dans la cornue, qui maintenant est très-riche en phénol et en naphtaline, est, après un refroidissement convenable, amenée à l'aide d'une pompe dans le réservoir à acide carbolique, où elle est saturée avec des lessives caustiques, comme il a été dit à propos de la préparation de l'acide phénique. L'huile dépouillée d'acide phénique est ensuite versée dans la cornue aux huiles légères et distillée avec précaution. Dès que les huiles légères sont passées et que le poids spécifique du produit distillé est à peu près égal à celui de l'eau, le contenu de la cornue est presque exclusivement composé de naphtaline.

Si maintenant on change le récipient et si l'on continue la distillation en ayant soin de mettre de l'eau très-chaude dans le réfrigérant (afin d'empêcher la naphtaline d'obstruer le tube réfrigérant en se solidifiant), le produit distillé se solidifie presque complétement en une masse cristalline tout à fait blanche constituée par de la naphtaline. La masse ainsi obtenue est malaxée, puis comprimée très-fortement, afin d'en éliminer l'huile encore adhérente ; la naphtaline assez pure résultant de ce traitement peut être obtenue tout à fait pure, et dans ce but on la lave avec un peu d'alcool ou de ligroïne, on la comprime de nouveau, on la dessèche et on la soumet à une nouvelle distillation ou on la sublime.

Vohl a fait connaître la méthode suivante pour la préparation en grand de la naphtaline :

Dans un lieu froid on laisse reposer pendant plusieurs jours les huiles contenant de la naphtaline, afin que celle-ci s'en sépare aussi complétement que possible sous forme cristalline. Les cristaux déposés sont séparés du liquide par filtration, puis turbinés et comprimés.

Cette naphtaline brute est ensuite fondue avec une petite quantité de lessive de soude, et le tout est mélangé avec soin ; l'opération est répétée, si c'est nécessaire. On fait ensuite écouler les lessives et on lave la naphtaline avec de l'eau bouillante. La naphtaline liquide est traitée de la même manière avec un peu d'acide sulfurique faible (45° B.), puis on la fait bouillir dans des vases couverts avec une lessive de soude et enfin on la lave avec de l'eau bouillante. La masse de naphtaline ainsi traitée est maintenant distillée à feu nu dans des cornues de fonte d'une capacité de 1000 à 1250 kilog. Il passe d'abord de petites quantités d'eau mélangée avec de la naphtaline ; mais à 210° la naphtaline distille sans interruption, et sous forme d'un courant si fort qu'en 20 minutes on peut obtenir aisément 50 kilogr. de naphtaline pure. Les vapeurs de naphtaline sont condensées avec de l'eau à 80°, et le récipient fermé est placé dans un bain-marie, dont la température est maintenue à 80° au moins. Le produit distillé obtenu de cette manière à l'état liquide (naphtaline pure) est versé dans des vases un peu coniques en verre, en métal ou en bois mouillé, où il ne tarde pas à se solidifier et des parois desquels il se détache facilement, par suite du retrait considérable qu'il éprouve en se refroidissant. Au sortir de ces moules la naphtaline a la même forme que le soufre en canons, et c'est dans cet état qu'elle est livrée au commerce. La distillation de la naphtaline purifiée comme il vient d'être dit ne peut pas être poussée jusqu'à siccité, car, dès que la température de la cornue s'est élevée à 230 ou 235°, il se forme un produit jaune et visqueux contenant beaucoup de particules huileuses. A ce moment on change le récipient, on distille à sec, et l'on mélange ce qui passe maintenant avec la naphtaline brute provenant d'une nouvelle opération. On peut de cette manière purifier facilement en 24 heures, le pressage compris, de 1000 à 1250 kilogr. de naphtaline. La maison *Gerhartz*, de Cologne, livre de la naphtaline (ainsi que de l'anthracène) préparée d'après la méthode de *Vohl.*

Propriétés de la naphtaline. — La naphtaline cristallise très-facilement, par sublimation ou par refroidissement de ses dissolutions saturées bouillantes, en grandes plaques blanches ou en écailles ayant fréquemment l'éclat de l'argent et d'une odeur caractéristique. Elle fond à 79° en un liquide clair comme de l'eau, qui par le refroidissement se prend en une masse rayonnée, d'un blanc brillant et souvent remplie de cavités. Elle bout à 216 ou 217°. Son poids spécifique est égal à 1,15. La naphtaline se volatilise lentement même à la température ordinaire et la vapeur de l'eau bouillante en entraîne de grandes quantités. A cause de son odeur on l'emploie pour la destruction des teignes.

Lorsqu'on l'enflamme, elle brûle avec une flamme éclairante très-fuligineuse. Elle est insoluble dans l'eau, les solutions alcalines et les acides minéraux étendus, mais elle est attaquée par les acides qui exercent une action oxydante. Elle se dissout facilement dans l'alcool, l'esprit de bois, l'éther, les huiles grasses et volatiles, dans le sulfure de carbone et un peu dans l'acide acétique concentré. La naphtaline fondue dissout l'indigo, le soufre, le phosphore, l'iode et différentes combinaisons sulfurées métalliques. Elle est facilement attaquée par le chlore, le brome, l'acide azotique, l'acide chlorique, l'eau régale, l'acide sulfurique concentré.

Lorsqu'on fait bouillir de la naphtaline avec une solution alcoolique d'acide picrique saturée à 20 ou 30°, il se dépose par le refroidissement de belles aiguilles jaunes de picrate de naphtaline parfaitement caractérisées. Dans les mêmes circonstances l'anthracène donne également de belles aiguilles, mais qui ont une couleur rouge-rubis.

Composition et constitution de la naphtaline. — La formule de la naphtaline est $C^{20}H^8 = C^{10}H^8$.

Elle peut être regardée comme de l'hydrure de naphtyle, $C^{10}H^7,H$, ($C^{10}H^7 =$ naphtyle), comme la benzine peut être considérée comme de l'hydrure de phényle, C^6H^5,H. La naphtaline appartient à la série aromatique, un grand nombre de ses réactions sont tout à fait analogues à celles de la benzine, et par suite de sa formation aux dépens du benzol et de l'éthylène avec élimination d'hydrogène, sa formule rationnelle peut être écrite $C^6H^4[C^2H^2,CH^2]$, ou bien encore d'après *Erlenmeyer* et *Graebe*, elle peut être regardée comme formée par la soudure de deux anneaux benzéniques, qui auraient deux atomes de carbone communs :

$$C^{10}H^8 = H^4C^4,C^2,C^4H^4.$$

La naphtaline est le terme principal de la série $C^nH(2^n - 12)$. Jusqu'à présent on n'a encore que peu étudié ses homologues supérieurs, comme la méthylnaphtaline, $C^{11}H^{10} = C^{10}H^7, CH^3$, et l'éthylnaphtaline, $C^{12}H^{12} = C^{10}H^7, C^2H^5$, tandis que le toluène ou toluol, qui correspond au premier dans la série du benzol, joue un rôle si important pour l'industrie des couleurs.

La formule rationnelle un peu compliquée de la naphtaline explique pourquoi le nombre des isomères dans les combinaisons dérivées de ce corps, — produits par addition et par substitution, amidodérivés, azodérivés, dérivés hydroxylés et carboxylés, sulfodérivés — est si grand et si varié.

COMBINAISONS ET DÉRIVÉS DE LA NAPHTALINE

Les dérivés chlorés et bromés si nombreux, qui sont soit des produits par addition, soit des produits par substitution, n'ont que peu ou pas d'importance au point de vue industriel.

Nous dirons seulement qu'en traitant la naphtaline à froid par un mélange d'acide chlorhydrique et de chlorate de potasse, on obtient en même temps, indépendamment d'une petite quantité de naphtalines chlorées liquides, une forte proportion de bichlorure de naphtaline ($C^{10}H^8, Cl^2$) et de bichlorure de naphtaline chlorée ($C^{10}H^7Cl, Cl^2$) cristallisés, que l'on peut séparer des produits liquides en comprimant le mélange.

Nitronaphtalines. — Des quatre degrés de substitution nitrée de la naphtaline jusqu'à présent connus, il n'y a que les deux premiers, la mononitronaphtaline et la binitronaphtaline, qui aient acquis une certaine importance industrielle.

Nitronaphtaline : $C^{20}H^7(AzO^4) = C^{10}H^7, AzO^2$ (mononitronaphtaline, nitronaphtalase de *Laurent*).

Préparation. — On arrose 1 partie de naphtaline finement pulvérisée avec 5 ou 6 parties d'acide azotique ordinaire, qui a été préalablement mélangé avec 1 partie d'acide sulfurique concentré, de temps en temps on brasse avec soin le mélange, sans le chauffer, afin qu'il ne se forme pas de grumeaux. Au bout de quelques jours toute la naphtaline est transformée en nitronaphtaline. Le produit est lavé avec de l'eau.

Lorsqu'on chauffe le mélange au bain-marie, la transformation est complète en 20 ou 30 minutes, mais alors la nitronaphtaline est toujours mélangée avec un produit secondaire, consistant en une huile rougeâtre. On laisse refroidir, on sépare par décantation l'acide en excès de la nitronaphtaline solide, on écrase celle-ci et on la comprime fortement entre des feuilles de papier à filtrer. Pour obtenir la nitronaphtaline chimiquement pure, il suffit de faire cristalliser le produit dans l'alcool.

L'acide décanté soumis à l'évaporation fournit ordinairement un peu de binitronaphtaline blanche, d'acide phtalique et d'acide nitrophtalique.

Propriétés. — La nitronaphtaline est d'un jaune de soufre, elle est insoluble dans l'eau et les alcalis ou les acides étendus, mais elle est très-soluble dans l'alcool, l'éther, la benzine et le pétrole. Dans ces dissolutions elle cristallise en aiguilles prismatiques à six faces. Elle fond à 45°. Lorsqu'on la chauffe vivement, elle détone, mais elle sublime, si on élève doucement la température. Traitée à chaud par le chlore elle donne de la naphtaline tétrachlorée, $C^{14}H^4Cl^4$; avec le brome elle fournit de la naphtaline bibromée, $C^{10}H^6Br^2$; avec les corps réducteurs, comme le sulfure d'ammonium, l'acide chlorhydrique ou l'acide acétique et le zinc, le fer ou l'étain on obtient de la naphtylamine, $C^{10}H^9Az$; l'acide azotique très-concentré la convertit en binitronaphtaline, $C^{10}H^6$, $(AzO^2)^2$, l'acide sulfurique fumant (à la température ordinaire) en acide nitrosulfo-naphtalique, $C^{10}H^7AzO^2,SO^3$; avec le sulfite d'ammoniaque elle donne naissance aux acides naphthionique, $C^{10}H^6,AzH,SO^3H$, et thionaphtamique, $C^{10}H^6,AzH^2,SO^3H$.

Les solutions alcooliques de potasse ou de soude dissolvent la nitronaphtaline avec une couleur rouge, et les liqueurs mélangées avec de l'acide sulfurique passent peu à peu au vert, au bleu, au violet et au noir.

Quand on distille à sec la nitronaphtaline avec 7 ou 8 fois son poids de chaux ou de baryte légèrement hydratée, on obtient (d'après *Laurent*) de l'ammoniaque, de la naphtaline, des huiles pyrogénées et un corps non azoté (la *napthase*, $C^{20}H^{14}O^2$), cristallisant en aiguilles jaunes, insoluble dans l'eau, l'alcool et l'éther et qui se dissout dans l'acide sulfurique concentré avec une couleur bleu-violet foncé.

Dérivés colorés de la nitronaphtaline.

Jaune de naphtaline. — Si l'on fait bouillir pendant quelque temps de la naphtaline avec de l'acide azotique assez fortement étendu, si on laisse refroidir, si l'on décante le liquide acide, si l'on fait bouillir le résidu avec de l'eau contenant 5 0/0 d'ammoniaque et si on filtre, on obtient un liquide d'un beau jaune, qui teint la laine et la soie en jaune d'or. La couleur résiste assez bien à l'action de la lumière.

La matière colorante peut être précipitée de ses dissolutions par les acides.

Le jaune de naphtaline n'a été fabriqué que pendant peu de temps, et maintenant il n'est plus employé.

Acide nitroxynaphtalique de *Dusart* et *Gelis* (jaune français, acide chryséique), $C^{20}H^8(AzO^4)O^2 = C^{20}H^8AzO^6 = (C^{10}H^8AzO^3)$.

Si l'on mélange intimement 100 parties de nitronaphtaline avec 250 parties d'hydrate de chaux sec, si l'on humecte le mélange avec 75 parties d'hydrate de potasse dissous dans aussi peu d'eau que possible et si l'on chauffe le tout pendant 10 ou 12 heures au bain d'huile à la température de 150° à l'air libre, ou mieux en présence d'un courant d'oxygène, le mélange s'oxyde et prend peu à peu une couleur jaune rougeâtre foncé. En traitant la masse par l'eau chaude et en filtrant le liquide, on obtient une solution jaune de nitroxynaphtalate de potasse, et, après avoir suffisamment concentré le liquide, on peut en précipiter par les acides forts l'acide nitroxynaphtalique, qui se dépose sous forme de beaux flocons jaunes. Ceux-ci peuvent se redissoudre dans l'eau chaude, l'alcool, l'esprit de bois et l'acide acétique.

En évaporant à cristallisation la solution acétique de l'acide nitroxynaphtalique, on peut obtenir celui-ci sous formes d'aiguilles jaunes. L'acide sec fond à 100° et n'est pas volatil. Avec les alcalis il forme des sels colorés en jaune d'or, solubles et cristallisables. Les dissolutions de ces sels ainsi que celles de l'acide colorent la laine et la soie à peu près comme l'acide picrique, seulement la nuance, au lieu d'être jaune verdâtre, est plutôt jaune d'or ou jaune rougeâtre.

Binitronaphtaline. — $C^{20}H^6Az^2O^8 = C^{20}H^6(AzO^4)^2 = [C^{10}]H^6$ $Az^2O^4 = C^{10}H^6(AzO^2)^2]$. Nitronaphtalèse de *Laurent*.

Préparation. — Dans 3 ou 4 parties d'acide azotique fumant très-concentré, ou mieux dans un mélange d'acide azotique concentré et d'acide sulfurique, on dissout 1 partie de naphtaline que l'on projette peu à peu dans le mélange, et à la fin on chauffe à l'ébullition. Lorsque la réaction est terminée, on laisse refroidir, on mélange avec beaucoup d'eau, on verse sur un filtre et on lave bien avec de l'eau chaude.

Le produit brut peut être purifié par cristallisation dans l'alcool et décomposé en trois isomères α, β et γ, qui fondent le premier à 214°, le second à 170° et le troisième à 160°, et parmi lesquels l'α-binitronaphtaline est la moins soluble dans l'alcool bouillant.

Propriétés. — La binitronaphtaline est un corps solide, plus ou moins jaunâtre, facilement soluble dans l'éther et l'acide azotique concentré, moins soluble dans l'alcool, insoluble dans l'eau ; chauffée avec précaution, elle sublime en petite quantité, elle détone lorsqu'on la chauffe vivement.

En solution aqueuse elle n'est presque pas attaquée par les alcalis caustiques, mais elle l'est fortement en solution alcoolique.

Traitée par le chlore, la binitronaphtaline donne de la naphtaline bichlorée et de la naphtaline trichlorée.

Par l'action des corps réducteurs elle est d'abord transformée en nitronaphthylamine (nitroamidonaphtaline), $C^{10}H^6 \begin{cases} AzO^2 \\ AzH^2 \end{cases}$ $= C^{10}H^8Az^2O^2$, et ensuite, si la réduction est poussée plus loin, en biamidonaphtylamine (naphtylène-diamine, seminaphtalidame, azonaphthylamine, naphtidine), $C^{10}H^6 \begin{cases} AzH^2 \\ AzH^2 \end{cases} = C^{10}H^{10}Az^2$.

Dérivés colorés de la binitronaphtaline.

La binitronaphtaline fournit une série de dérivés colorés, qui, malgré le bruit que quelques-uns ont fait lors de leur apparition, n'ont jusqu'à présent été l'objet d'aucune application industrielle sérieuse. Comme néanmoins ils offrent de l'intérêt, nous les mentionnerons brièvement.

Naphtazarine. — D'après *Roussin*, on chauffe à 200° de la binitronaphtaline avec 3 ou 4 fois son poids d'acide sulfurique concentré, on ajoute ensuite du zinc, jusqu'à ce qu'il se dégage de l'acide sulfureux, et l'on continue à chauffer (pendant environ 10 ou

12 minutes), jusqu'à ce qu'une goutte produise dans l'eau froide une coloration violet-rouge foncé. Lorsque la réaction est terminée, on fait couler avec précaution le liquide bouillant, sous forme d'un mince filet, dans 8 ou 10 volumes d'eau froide, on chauffe la solution à l'ébullition et l'on filtre.

Par le refroidissement le liquide filtré laisse déposer une gelée rouge, qui se compose d'aiguilles cristallines microscopiques. Les eaux mères sont encore fortement colorées en rouge et, après avoir été suffisamment saturées et étendues, elles peuvent être employées comme bain de teinture. La naphtazarine qui se trouve sur le filtre peut être enlevée par les alcalis ou l'esprit de bois. L'étain, le fer, le mercure, le soufre et le charbon agissent de la même manière que le zinc, et même, d'après *Persoz*, l'acide sulfurique seul peut produire la transformation, si on le fait agir à 300° sur la binitronaphtaline. *Tichborne* recommande de n'ajouter la binitronaphtaline qu'après avoir chauffé l'acide sulfurique à 200°, on évite ainsi une perte par volatilisation. — *W. L. Scott* prépare d'une manière analogue une matière colorante (patentée en Angleterre) qu'il nomme *dianthine*, mais qui doit être identique avec la naphtazarine. Pour obtenir la dianthine, on prend 10 parties d'acide sulfurique du poids spécifique de 1,75, on le chauffe jusqu'à 182° et on y ajoute 2 ou 4 parties de binitronaphtaline, et suivant les circonstances, de l'acide sulfonaphtalique ou de la naphtaline, on désoxyde le mélange avec du zinc ou de l'acide sulfureux, jusqu'à ce qu'il ait acquis une coloration rouge ou brun-rouge foncé, ce dont on s'assure en prélevant un échantillon sur la masse. Après le refroidissement, on étend le mélange avec de l'eau et l'on y ajoute une quantité d'alcali suffisante pour neutraliser une partie de l'acide, après quoi on fait bouillir le mélange pendant quelques instants sous pression. Du liquide filtré une partie de la matière colorante se sépare par le refroidissement; l'autre partie peut être extraite du précipité par l'alcool, la benzine, un liquide alcalin ou une solution d'alun. Pour produire avec la dianthine un rouge qui se rapproche plus de l'écarlate, on la soumet à l'action de l'acide azotique concentré et l'on traite ensuite le produit par l'ammoniaque en présence de l'alcool.

Liebermann a indiqué récemment la méthode suivante : on chauffe au bain de sable à 200° dans une capsule de porcelaine d'une capacité de 2 litres, 400 parties d'acide sulfurique concentré, auquel on a ajouté 40 parties d'acide fumant, et l'on projette peu à peu dans le liquide, par portions de 5 parties, 40 parties de binitronaphtaline, en ajoutant après chaque projection de celle-ci une petite quantité de zinc, dont la proportion totale doit s'élever à 10 ou 15 parties. La température ne doit pas s'élever beaucoup au-dessus de 200° et il ne faut pas qu'elle descende au-dessous de 195°.

Une vive effervescence accompagne la réaction, qui est terminée dès qu'un échantillon du liquide se dissout dans l'eau bouillante avec une couleur violette et que la solution filtrée laisse déposer, en se refroidissant, des flocons visqueux de matière colorante.

On fait bouillir avec 1000 parties d'eau, on filtre le liquide bouillant sur un filtre de papier (ou de laine). Il reste sur le filtre une grande quantité de substance noire, qui, soumise à une nouvelle ébullition, donne encore une certaine quantité de matière colorante. Du liquide filtré le pigment se sépare sous forme d'une gelée. On le lave bien, on le dessèche et on le sublime dans un grand creuset de porcelaine, opération pendant laquelle une partie de la substance est carbonisée. Lorsque la sublimation a lieu à une température peu élevée, on n'obtient que des petits cristaux rouge-brun ; mais si la température est plus haute, il se forme de longues aiguilles occupant toute la largeur du creuset et offrant un éclat métallique vert très-vif ; les cristaux se groupent fréquemment de manière à produire des formes analogues à des barbes de plume.

En réduisant ces cristaux par de la poudre de zinc chauffée au rouge, on obtient de la naphtaline.

La composition de la naphtazarine serait représentée d'après *Roussin* par la formule $C^{37}H^{18}O^5$, d'après *E. Kopp* par $C^9H^4O^4$ et d'après *Schützenberger* par $C^{10}H^4O^4$. Mais les recherches approfondies de *Liebermann* ont conduit à la formule $C^{10}H^6O^4$. La naphtazarine est par conséquent de la bioxynaphtoquinone, et elle correspond à la naphtoquinone bichlorée (voyez plus loin),

$$C^{10}H^4Cl^2 \begin{cases} O \\ O \end{cases} >,$$ dans laquelle 2 atomes de chlore sont remplacés

par 2 atomes d'hydroxyle (HO).

Si l'on écrit la formule de la naphtazarine d'une manière rationnelle, on voit nettement qu'elle est l'alizarine de la série naphtalique et qu'elle est à la naphtaline ce que l'alizarine proprement dite est à l'anthracène.

$$C^{10}H^4(OH)^2 \begin{cases} O \\ O \end{cases} > \qquad C^{11}H^6(OH)^2 \begin{cases} O \\ O \end{cases} >$$

Naphtazarine.   Alizarine.

Ces rapports expliquent la grande analogie qu'offrent la naphtazarine et l'alizarine dans leurs propriétés, analogie qui avait conduit *Roussin* à considérer la naphtazarine comme de l'alizarine véritable. Nous ferons encore remarquer que la naphtazarine ainsi que l'alizarine véritable donnent, lorsqu'on les traite par l'acide azotique, un mélange d'acide phtalique et d'acide oxalique.

Les indications suivantes, relatives aux propriétés de la naphtazarine, montrent aussi bien les analogies que les différences qu'elle présente comparée avec l'alizarine.

Après sa dessiccation la naphtazarine est peu soluble dans l'eau, mais elle se dissout dans l'alcool et l'éther avec une couleur rouge. Elle sublime entre 215 et 240°. L'acide sulfurique concentré donne à froid une solution rouge-fuchsine magnifique, de laquelle l'eau précipite des flocons rouges. La naphtazarine n'est pas décomposée même à 200° par les acides chlorhydrique et sulfurique concentrés. Elle se dissout dans les alcalis caustiques et carbonatés avec une belle couleur bleu-pourpre foncé ; les acides précipitent de cette dissolution des flocons rouge-orange. La solution ammoniacale donne avec les sels de baryte et de chaux des précipités offrant une belle couleur violet-bleu. Par ces réactions la naphtazarine ressemble à l'alizarine, mais elle s'en distingue en ce qu'elle teint en violet rougeâtre les tissus de coton mordancés à l'acétate d'alumine, et en gris ceux mordancés avec des solutions de fer ; la garance donne, comme on le sait, une couleur rouge avec le premier mordant et une couleur violette avec le second. Ces couleurs sont assez solides, car elles résistent au savonnage et à l'acide acétique concentré, elles le sont cependant moins que les couleurs de garance.

La naphtazarine est assez soluble dans l'acide sulfurique étendu, ainsi que dans l'alcool, avec lesquels elle donne une couleur rouge bleuâtre. Les laques d'étain et de zinc ont une couleur violette tirant sur le bleu ; le peroxyde de fer donne une laque brune, le protoxyde une laque brun-violet, l'oxyde de cuivre une laque rouge-brun.

On sait que l'alizarine est, au contraire, pour ainsi dire insoluble dans l'acide sulfurique étendu et qu'en solution acide elle n'offre jamais une coloration rouge ou pourpre, mais plutôt jaune rougeâtre. La solution de l'alizarine dans l'alcool est également jaune foncé et non pas rouge ou pourpre. Les laques d'alizarine ont toutes une coloration plus claire et plus pure que celles produites par la naphtazarine. Ainsi la laque plombique d'alizarine est rouge, tandis que la laque correspondante de naphtazarine est violet-bleu.

La réduction de la binitronaphtaline peut encore être produite par d'autres moyens, et l'on obtient presque toujours des dérivés colorés. Ainsi, par exemple, d'après *Carey Lea*, on réduit la binitronaphtaline en mélangeant sa dissolution avec du sulfite d'ammoniaque et en chauffant. Le liquide rouge prend alors une couleur rose foncé riche, qui est beaucoup plus belle que la couleur primitive ; *Lea* n'a pas encore isolé cette matière colorante. En solution ammoniacale alcoolisée, la binitronaphtaline donne avec le sel d'étain un beau bleu. Une toute petite quantité de binitronaphtaline dissoute dans une lessive de soude concentrée fournit avec le chlorure d'étain, lorsqu'on fait bouillir la liqueur, un liquide clair de couleur bleu noirâtre, tirant un peu sur le gris. Si l'on verse ce liquide dans une grande quantité d'eau, la couleur se change en un très-beau violet foncé. La laine ou la soie plongée un instant dans la liqueur bleue, prend une teinte noir bleuâtre ; mais si on lave la fibre avec beaucoup d'eau, la couleur se change en un beau violet. Celle-ci est avivée par le savon et par l'eau chaude, elle résiste à l'action des acides faibles et elle supporte assez bien la lumière diffuse, mais elle blanchit à la lumière solaire directe. La préparation de cette couleur ne réussit que si pour 1 partie de binitronaphtaline on emploie une grande quantité de soude et de protoxyde d'étain (100 à 200 parties). L'intensité de la couleur est si grande que quelques milligrammes de binitronaphtaline suffisent pour teindre en beau violet plusieurs litres d'eau. — D'après *Tichborne*, les sels de protoxyde de fer peuvent être employés dans le même but.

L'effet des combinaisons alcalines ayant une action réductrice a été étudié par *Troost*. Les monosulfures, les polysulfures, les sulfhydrates de sulfures, les combinaisons cyanurées et sulfocyanurées des alcalis produisent des matières colorantes rouges, violettes et bleues. Si, par exemple, on chauffe en présence de l'alcool 10 parties de binitronaphtaline avec un poids égal de sulfhydrate de sulfure de sodium (H^2S, Na^2S) ou 15 parties du sel correspondant de potassium (H^2S, K^2S), on obtient des dissolutions d'un violet magnifique, qui teignent la laine et la soie sans mordants. Malheureusement ces belles colorations sont très-peu solides. On doit éviter d'employer des sulfures alcalins contenant des hyposulfites.

D'après *Tichborne*, une solution bouillante de cyanure de potassium possède une action très-énergique ; le liquide devient rougeâtre, et il donne, lorsqu'on l'étend avec de l'eau, un précipité pulvérulent, qui après le lavage se dissout dans l'eau bouillante et dans l'alcool avec une couleur bleu foncé à nuance grisâtre. Ces dissolutions peuvent être employées en teinture. Mélangées avec la binitronaphtaline jaune, les solutions bleues donnent de belles couleurs vertes.

L'action du cyanure de potassium sur la binitronaphtaline a été aussi étudiée par *Mühlhauser*, qui est arrivé à des résultats analogues. Il a réussi, en produisant cette réaction, à préparer le sel potassique d'un acide, qu'il nomme *acide naphtocyanique* et auquel il attribue la formule $C^{28}H^{18}Az^8O^9$. Le sel de potasse correspond à la formule $C^{28}H^{17}KAz^8O^9 + H^2O$ et il forme une masse à éclat cuivré, qui est insoluble dans l'éther, mais qui se dissout dans l'eau bouillante et dans l'alcool avec une couleur bleue magnifique. Le sel d'argent et le sel de baryte sont également des masses à éclat métallique. Des sels alcalins l'acide libre est séparé sous forme d'un précipité brun foncé, qui après la dessiccation se présente sous forme d'une masse noire brillante. Celle-ci est insoluble dans l'éther, à peine soluble dans l'eau, plus facilement soluble dans l'alcool, encore plus facilement dans l'alcool amylique, avec lequel elle donne une couleur rouge foncé.

Naphtylamine. $C^{20}H^7(AzH^2) = C^{20}H^9Az = [C^{10}H^9Az]$.—La *naphtylamine* (naphtalidine, naphtalidam) se forme aux dépens de la nitronaphtaline de la même manière que l'aniline aux dépens de la nitrobenzine. Elle peut être regardée comme de la naphtaline dans laquelle 1 atome d'hydrogène a été remplacé par 1 atome d'amide, AzH^2.

Préparation. — Les méthodes de préparation de la naphtylamine sont exactement les mêmes que celles au moyen desquelles on transforme la nitrobenzine en aniline. (Voyez p. 96.)

D'après *Zinin*, on dissout 1 partie de nitronaphtaline dans 10 parties d'alcool saturé de gaz ammoniac, puis on fait passer un courant d'hydrogène sulfuré, jusqu'à ce que le liquide, qui à la fin doit être chauffé, offre une couleur vert sale et qu'il ne se dépose plus de soufre. On décompose par l'acide sulfurique, et le tout se solidifie en une bouillie cristalline. On filtre, on presse la masse solide, on fait cristalliser celle-ci dans l'alcool bouillant, et de la solution aqueuse bouillante du sel on sépare la naphtylamine par un excès d'ammoniaque ou de soude. Le liquide est d'abord laiteux

et trouble, mais au bout de quelque temps il se remplit de belles aiguilles incolores. Celles-ci sont séparées par filtration, puis lavées
avec de l'eau froide et immédiatement mises dans des vases, parce
que au contact de l'air elles se colorent rapidement en violet brunâtre.

D'après la méthode de *Béchamp*, on mélange 2 parties de nitro-
naphataline avec 3 parties de tournure de fer, et une quantité d'a-
cide acétique suffisante pour couvrir le mélange. Si au bout de
quelque temps la réaction ne se produit pas d'elle-même, on chauffe
jusqu'à la fusion de la nitronaphtaline.

Lorsque la réduction est terminée, on distille la masse ; il passe
d'abord de l'eau et l'acide acétique en excès. On change le récipient, on ajoute au résidu 1 partie 1/2 de chaux pulvérisée ou d'hydrate de soude, on mélange bien et l'on distille jusqu'à siccité.
L'huile qui passe maintenant (et qui se solidifie au bout de quelque
temps) est transformée par l'acide sulfurique en sulfate de naphtylamine ; on fait cristalliser celui-ci et comme précédemment on
sépare la base par l'ammoniaque.

D'après *Ballo*, on peut aussi, après avoir sursaturé par la soude la
masse réduite, distiller la naphtylamine au moyen de la vapeur
d'eau.

Si l'on distille à sec la masse brute réduite, sans addition de
chaux caustique, il passe encore, outre la naphtylamine, d'autres
produits secondaires, comme par exemple l'*ionnaphtaline* de *Carey
Lea*, la *phtalamine* de *Schützenberger* et *Willm* ($C^8H^9AzO^2$). (Voyez
plus loin : patente de *Clavel* pour le rouge de naphtylamine).

Roussin réduit 1 partie de nitronaphtaline avec 6 parties d'acide
chlorhydrique et de la grenaille d'étain. Le liquide bouillant coloré
en brun est mélangé avec de l'acide chlorhydrique, et par le refroidissement il se prend en une bouillie cristalline de HCl, $C^{10}H^9Az$
(sel qui est presque insoluble dans HCl), qu'on verse sur une toile,
qu'on laisse égoutter et que l'on comprime. Du chlorhydrate de
naphtylamine, qui peut être facilement purifié par distillation ou
sublimation, on extrait la base par distillation avec de la chaux
vive ; ou bien on la sépare en traitant la solution aqueuse bouillante du sel par l'ammoniaque.

Propriétés. — La naphtylamine cristallise en longues aiguilles
minces et blanches d'une odeur et d'une saveur désagréables ; elle
fond à 50°, elle bout au-dessus de 300°, elle distille sous forme
d'une huile jaunâtre, qui se solidifie au bout de quelque temps.
Elle est très-peu soluble dans l'eau, mais elle se dissout facilement

dans l'alcool, l'éther et l'aniline. Exposés à l'air, les cristaux perdent rapidement leur éclat.

La naphtylamine forme avec la plupart des acides des sels cristallisables, plus ou moins solubles dans l'eau, qui sont facilement métamorphosés par les agents oxydants et qui fournissent alors de nombreux produits colorés.

Dérivés colorés de la naphtylamine.

Naphtaméine. — Si l'on mélange un sel de naphtylamine avec du perchlorure de fer, de l'acide chromique, de l'étain ou du bichlorure de mercure, il se forme un précipité violet bleuâtre, insoluble dans l'eau, les acides étendus et les alcalis, et que *Piria* a nommé *naphtaméine*. La naphtaméine se dissout dans l'éther et l'acide acétique avec une couleur violet sale, dans l'acide sulfurique avec une couleur bleue. D'après *Kopp*, elle peut être réduite comme l'indigo et réoxydée. Sur les fibres textiles la naphtaméine produit des nuances, qui sont assez solides, mais qui n'ont ni éclat ni pureté.

Violet de naphtylamine. — Si, de la même manière que l'aniline, on traite la naphtylamine par l'acide arsénique, le bichlorure d'étain fumant, l'azotate de bioxyde de mercure (d'après *Scheurer-Kestner* et *Richard*) ou par le bioxyde de mercure (d'après *Wildes*), on obtient, suivant la température et suivant que la naphtylamine est en plus ou moins grand excès, des pigments dont la nuance varie du violet rougeâtre au bleu-violet; ces pigments sont insolubles dans l'eau, mais ils se dissolvent dans l'acide sulfurique avec une couleur vert d'herbe, dans l'alcool et l'acide acétique avec leur couleur naturelle. La laine et la soie peuvent être teintes avec ces dernières solutions, mais les nuances ainsi obtenues manquent d'éclat et de fraîcheur.

Écarlate de naphtylamine. — D'après *Hugo Schiff*, en traitant le sulfate de naphtylamine par l'eau régale, on obtient un rouge-écarlate, qui jusqu'à présent est à peu près inconnu.

Rouge de naphtylamine. — (Patente anglaise de *Clavel*, 22 juillet 1868, nº 2296.) — La naphtaline est transformée en nitronaphtaline par l'acide azotique, et celle-ci est convertie en naphtylamine par le zinc ou le fer avec le concours de l'acide acétique. On distille le produit brut pour en séparer la naphtylamine. Celle-ci passe d'abord, mais plus tard apparaît un autre produit que *Clavel* considère comme isomère de la naphtylamine et qui est recueilli à part. Cette substance prétendue isomérique (?), qui est probablement de la phtalamine, est mélangée avec de l'acide acétique et de l'azotate de soude, et le tout est chauffé à 120°. On ajoute ensuite au mélange, ou au produit résultant de la réaction, de la naphtylamine et l'on chauffe de nouveau à 120°, jusqu'à ce que l'on ait atteint la nuance rouge désirée. La préparation obtenue est d'abord lavée avec de l'eau, puis dissoute à l'ébullition dans de l'eau contenant de l'acide acétique.

De cette dissolution on peut maintenant précipiter la matière colorante en ajoutant du chlorure de sodium. Dissoute dans l'alcool ou dans d'autres dissolvants, on l'emploie pour la teinture ou pour l'impression.

Clavel conseille d'employer pour la réaction parties égales du produit isomérique (phtalamine), d'acide acétique concentré, d'azotate de soude et de naphtylamine.

Le rouge de naphtylamine est peut-être analogue à la rosaniline, mais il donnerait des nuances moins altérables au contact de l'air.

D'après *Schützenberger* et *Willm*, la composition de la phtalamine est représentée par la formule $C^8H^9AzO^2$; c'est un liquide huileux plus lourd que l'eau; elle forme des sels qui ne s'altèrent pas aussi facilement à l'air que les combinaisons correspondantes de la naphtylamine, et qui en outre sont plus facilement solubles, le sulfate principalement.

Jaune de naphtylamine (*jaune de Martius, jaune de Manchester, binitronaphtol*). — L'action de l'acide azoteux sur la naphtylamine ou ses sels est extrêmement intéressante et elle donne lieu, suivant les proportions, à différents dérivés, dont l'un, le binitronaphtol, constitue un produit coloré très-important pour l'industrie.

Si, d'après *Church* et *Perkin*, on mélange une solution aqueuse de 2 atomes de chlorhydrate de naphtylamine avec une solution aqueuse de 1 atome d'azotite de potasse contenant de l'alcali en liberté, le liquide se remplit d'un précipité d'une belle couleur rouge, qui est de l'*azodinaphtyldiamine* ($C^{20}H^{15}O^3$). Ce corps (qui porte aussi plusieurs autres noms, tels que nitrosonaphtyline, nitrosonaphtylamine, amidodinaphtylimide, amidoazonaphtaline) se produit aussi lorsqu'on fait passer un courant d'acide azoteux dans une solution chauffée de naphtylamine, ou, en même temps que du naphtol, si l'on traite celle-ci par le stannate de soude. Les équations suivantes font comprendre ces réactions :

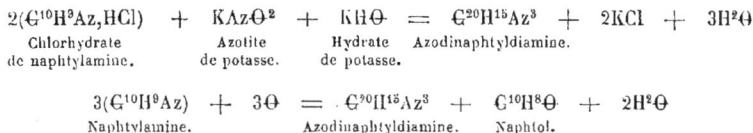

$$2(C^{10}H^9Az,HCl) \quad + \quad KAzO^2 \quad + \quad KHO \quad = \quad C^{20}H^{15}Az^3 \quad + \quad 2KCl \quad + \quad 3H^2O$$

Chlorhydrate   Azotite   Hydrate   Azodinaphtyldiamine.
de naphtylamine.   de potasse.   de potasse.

$$3(C^{10}H^9Az) \quad + \quad 3O \quad = \quad C^{20}H^{15}Az^3 \quad + \quad C^{10}H^8O \quad + \quad 2H^2O$$

Naphtylamine.   Azodinaphtyldiamine.   Naphtol.

L'azodinaphtyldiamine forme des aiguilles rouge-orange, avec un reflet métallique vert, qui sont insolubles dans l'eau, solubles dans l'alcool, l'éther et la benzine. Elle fond à 135° en un liquide rouge à éclat métallique vert. L'acide sulfurique dissout les cristaux avec une couleur verte, qui par l'addition d'un peu d'eau devient d'un bleu intense et d'un violet magnifique avec une plus grande quantité d'eau. En général les solutions de l'azodinaphtyldiamine se colorent avec la plupart des acides en violet magnifique, mais la coloration rouge-orange primitive est régénérée par les alcalis ou une grande quantité d'eau. Cette circonstance, ainsi que la coloration en brun que le corps rouge-orange prend de lui-même avec le temps sous l'influence de la lumière, se sont opposées, malgré les nombreuses tentatives de *Perkin*, à l'emploi de l'azodinaphtyldiamine comme matière colorante. *Perkin* a cependant indiqué récemment qu'il avait réussi à transformer cette substance en une couleur rouge cramoisi pur très-convenable pour la teinture de la laine et de la soie. Mais cette dernière couleur pourrait bien être très-voisine du rose de naphtaline, dont il sera question plus loin, si elle ne lui est pas identique.

Si l'on fait agir de l'acide azoteux sur une solution de naphtylamine maintenue très-froide, ou une solution faiblement alcaline d'azotite de soude sur du chlorhydrate neutre de naphtylamine cristallisé, on obtient avec l'azodinaphtyldiamine son isomère la diazoamidonaphtaline.

Diazoamidonaphtaline, $C^{20}H^{15}Az^3$. — Ce composé se présente sous forme de lamelles brun-jaune, qui fondent à 100° en donnant une résine explosive et qui, chauffées même avec les acides les plus faibles, se dédoublent immédiatement en naphtylamine, naphtol et azote :

$$\underset{\text{Diazoamidonaphtaline.}}{C^{20}H^{15}Az^3} + H^2O = \underset{\text{Naphtol.}}{C^{10}H^8O} + \underset{\text{Naphtylamine.}}{C^{10}H^9Az} + \underset{\text{Azote.}}{Az^2}$$

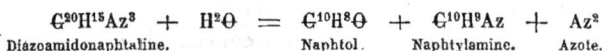

Enfin si l'on fait agir de l'acide azoteux ou de l'azotite de potasse (ou de soude) sur des solutions acides étendues de chlorhydrate ou d'azotate de naphtylamine, il se forme du chlorhydrate ou de l'azotate de diazonaphtaline ($C^{10}H^6Az^2$) :

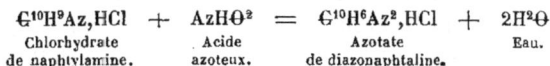

$$\underset{\substack{\text{Chlorhydrate} \\ \text{de naphtylamine.}}}{C^{10}H^9Az,HCl} + \underset{\substack{\text{Acide} \\ \text{azoteux.}}}{AzHO^2} = \underset{\substack{\text{Azotate} \\ \text{de diazonaphtaline.}}}{C^{10}H^6Az^2,HCl} + \underset{\text{Eau.}}{2H^2O}$$

La *diazonaphtaline* ne peut pas être séparée, parce qu'elle se transforme immédiatement en naphtol avec dégagement d'azote :

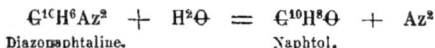

$$\underset{\text{Diazonaphtaline.}}{C^{10}H^6Az^2} + H^2O = \underset{\text{Naphtol.}}{C^{10}H^8O} + Az^2$$

Mais si l'on fait bouillir la solution d'azotate ou de chlorhydrate de diazonaphtaline avec de l'acide azotique, il se forme, à la place du naphtol, du binitronaphtol : $C^{10}H^6 (AzO^2)^2O = C^{10}H^6Az^2O^5$, et la réaction est aussi accompagnée d'un dégagement d'azote :

$$\underset{\substack{\text{Chlorhydrate} \\ \text{de diazonaphtaline.}}}{C^{10}H^6Az^2,HCl} + \underset{\substack{\text{Acide} \\ \text{azotique.}}}{2AzHO^3} = \underset{\text{Binitronaphtol.}}{C^{10}H^6Az^2O^5} + H^2O + HCl + Az$$

PRÉPARATION DU JAUNE DE MARTIUS OU DE MANCHESTER

D'après *Martius*, on verse dans une solution acide étendue de chlorhydrate de naphtylamine une solution étendue de nitrite de potassium, jusqu'à ce qu'un échantillon du mélange donne avec les alcalis un precipité rouge-cerise d'azodinaphtyldiamine ; on ajoute ensuite à la solution la quantité nécessaire de $AzHO^3$ et l'on chauffe doucement à l'ébullition. Dès la température de 50° le liquide se trouble et il commence à se produire un vif dégagement gazeux : la surface du liquide se recouvre bientôt de petits cristaux jaunes, qui forment une sorte d'écume et que, pour avoir parfaitement purs, il suffit souvent de faire cristalliser une seule fois dans l'alcool. Cependant dans la plupart des cas il vaut mieux purifier le produit en le dissolvant dans l'ammoniaque et faire cristalliser plusieurs fois le sel ammoniacal. D'après le procédé de *Darmstäd-*

ter et *Wichelhaus* (patenté en Angleterre), on prend des parties
égales de naphtaline et d'acide sulfurique concentré, que l'on chauffe
ensemble à 100°, jusqu'à ce que la majeure partie de la première
soit transformée en acide sulfonaphtalique ; on étend avec de l'eau,
on neutralise avec un alcali, on évapore, on fait fondre avec un
alcali, on dissout dans l'eau et l'on sépare le naphtol par l'acide
chlorhydrique. Au naphtol dissous dans à peu près son poids d'a-
cide sulfurique concentré, on ajoute peu à peu de l'acide azotique
étendu et l'on chauffe légèrement; la solution finit par prendre une
couleur jaune, il s'en sépare une substance jaune cristallisée, dont
on peut se servir après l'élimination de l'eau mère. D'après *Ballo*,
on arrose 1 partie de naphtylamine avec 4 ou 6 parties d'acide azotique concentré (d'un poids spécifique de 1,35) ; le mélange s'échauffe
de lui-même, souvent aussi il se dégage des vapeurs rouges ; le
produit final est une substance légère brune, qui surnage l'acide
également brun. On étend avec de l'eau et l'on chauffe à l'ébullition, et il se sépare une nouvelle quantité de matière colorante. On
filtre et on lave. Le produit dissous dans l'alcool peut être employé
immédiatement ou après avoir été transformé en sel de potasse.

Le binitronaphtol est presque insoluble dans l'eau bouillante,
mais il se dissout dans l'alcool, l'éther et la benzine, et dans ces liquides il cristallise en aiguilles fines de couleur jaune-citron.

C'est un acide assez fort et il forme avec les alcalis et les terres
alcalines des sels cristallins jaune-rouge, qui tous sont plus ou
moins solubles dans l'eau.

Le sel de chaux, dont se compose presque toujours le jaune de
Martius du commerce, s'obtient en décomposant par le chlorure de
calcium la combinaison ammoniacale du binitronaphtol qui est
très-soluble.

Il forme de belles aiguilles fines et longues de couleur jaune-
orange, $C^{10}H^5(AzO^2)^2$, $CaO + 3$ aq, qui ne se dissolvent pas facilement dans l'eau froide. Le sel anhydre a une couleur rouge foncée.

Le sel ammoniacal sert, comme on l'a déjà dit, pour purifier
l'acide brut. Le sel pur cristallise en aiguilles de couleur orange,
qui renferment 1 atome d'eau de cristallisation.

Les sels du binitronaphtol sont explosifs, aussi doivent-ils être
maniés avec précaution, lorsqu'il s'agit de les emballer, de les
expédier ou de les employer. Ordinairement ils ne sont pas complétement desséchés, mais expédiés en pâte et mélangés avec un peu
de glycérine.

Le jaune de Martius est une des matières colorantes jaunes les plus belles et les plus pures, et il teint la laine et la soie sans mordants dans toutes les nuances, du jaune citron clair au jaune d'or. Les couleurs se distinguent par leur pureté et leur éclat, ainsi que par leur reflet jaune pur, tandis que les nuances fournies par l'acide picrique sont toujours jaune-verdâtre. Les tissus teints avec le binitronaphtol peuvent être vaporisés sans inconvénient, ce qui n'a pas lieu avec l'acide picrique. Le jaune de Martius est surtout employé dans la teinture de la laine et du maroquin, ainsi que dans l'impression de la laine et des tapis. Son pouvoir tinctorial est si grand qu'avec un 1 kilogr. de la matière colorante on peut teindre 200 kilogr. de laine en un jaune intense.

Les agents réducteurs transforment le binitronaphtol en une combinaison basique, le biamidonaphtol, $C^{10}H^6(AzH^2)^2O = C^{10}H^{10}Az^2O$, qui est très-instable et qui, avec absorption d'oxygène et élimination d'eau, se convertit en biimidonaphtol, $C^{10}H^8Az^2O$, d'une belle couleur jaune foncé.

Acide naphtylpurpurique et indophane. — D'après *Hlasiwetz*, le cyanure de potassium transforme le *binitronaphtol* en *acide naphtylpurpurique*, avec production simultanée d'un corps bleu analogue à l'indigo, auquel *E. V. Sommaruga* a donné le nom d'*indophane*. Les combinaisons de l'acide naphtylpurpurique sont d'un jaune brun, avec reflets métalliques. Le sel potassique est cristallin. L'acide libre n'a pu être isolé. Les naphtylpurpurates, traités par l'acide azotique donnent un mélange des dérivés mono- et binitrés du naphtol. La potasse les décompose à chaud en acides benzoïque, phtalique et hémimellique.

Lorsqu'on traite le binitronaphtol par le cyanure de potassium en solution alcoolique, il ne se forme que l'acide naphtylpurpurique. L'indophane ne prend naissance qu'avec une solution aqueuse du cyanure alcalin. Pour préparer l'indophane, on chauffe à l'ébullition 30 gram. de binitronaphtol avec 2 litres d'eau, et l'on ajoute de l'ammoniaque jusqu'à dissolution complète, puis on verse dans le liquide une solution aqueuse, concentrée et bouillante de 45 gram. de cyanure de potassium. La réaction est achevée au bout de 10 minutes ; on recueille le précipité et on le lave à l'eau bouillante. Pour le débarrasser de la combinaison potassique qu'il renferme, on le chauffe avec de l'acide chlorhydrique faible, et on le lave de nouveau à l'eau bouillante.

L'indophane pure, $C^{22}H^{10}Az^4O^4$, est violette et possède un éclat métallique. Elle est insoluble dans les dissolvants neutres ; l'acide sulfurique concentré et l'acide acétique cristallisable chaud la dissolvent avec une coloration bleue, mais ne la laissant pas cristalliser. Elle est un peu soluble dans la naphtaline fondue. Elle n'est pas sublimable. Elle ne réduit pas les sels de fer en présence de la chaux. L'acide nitrique la transforme en un corps brun, soluble dans les alcalis, mais qui est un produit d'oxydation et non de nitrification. La potasse alcoolique la décompose en donnant un corps vert. Les combinaissons potassique, $C^{22}H^9KAz^4O^4$, et sodique, $C^{22}H^9NaAz^4O^4$, s'obtiennent en chauffant l'indophane avec les alcalis étendus ; la couleur de ces combinaisons se rapproche de celle de l'indigo. L'indophane ne diffère de l'acide naphtylpurpurique que par 2 molécules d'eau et deux groupes AzO.

Rose ou rouge de naphtaline (*rosonaphtylamine, rouge de Magdala, rouge de naphtaline d'Hofmann*). — Ce dérivé coloré de la naphtylamine, indiqué d'abord par *Schiendl*, de Vienne, et préparé en grand par *Durand* et *Clavel*, de Bâle, et par *Scheurer-Kestner*, a été étudié dans ces derniers temps par *A. W. Hofmann*, au point de vue de sa constitution, de son mode de production et de sa composition.

La théorie de sa préparation est très-simple. Si, d'après *Church* et *Perkin*, on chauffe de l'azodinaphtyldiamine avec de la naphtylamine, il se dégage de l'ammoniaque et du rouge de naphtaline prend naissance :

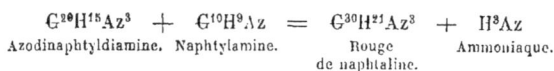

$$C^{20}H^{15}Az^3 \quad + \quad C^{10}H^9Az \quad = \quad C^{30}H^{21}Az^3 \quad + \quad H^3Az$$

Azodinaphtyldiamine. Naphtylamine.   Rouge   Ammoniaque.
                                      de naphtaline.

Le rouge de naphtaline est tout à fait analogue à la rosaniline, en ce sens que ce n'est pas la base libre, $C^{30}H^{21}Az^3$, qui constitue la matière colorante utile, mais la combinaison de cette base avec des acides.

Le rouge de naphtaline livré au commerce est la combinaison chlorhydrique (chlorhydrate de rosonaphtylamine) ; ce composé forme une poudre cristalline brune, qui est soluble dans l'eau bouillante et dans l'alcool, et presque insoluble dans l'eau froide. La matière colorante est précipitée de sa solution alcoolique par l'éther sous forme d'une poudre brune à peine cristalline.

La solution alcoolique du chlorhydrate de rosonaphtylamine

offre un dichroïsme très-caractéristique, qui permet de distinguer facilement le rouge de naphtaline de toutes les couleurs d'aniline. Si l'on verse quelques gouttes de la solution concentrée dans une éprouvette remplie d'alcool et si on regarde le liquide par réflexion, on voit des nuages rouge de feu se répandre dans toute la liqueur, et il semble qu'il se forme un précipité. Si, au contraire, on regarde ces liqueurs par transmission, on voit une solution parfaitement transparente et d'une teinte rouge rosé claire, et l'on s'aperçoit que le prétendu précipité est dû à une fluorescence, qui donne lieu à un phénomène magnifique, surtout à la lumière solaire.

Le chlorhydrate de rosonaphtylamine possède une grande fixité ; on peut le faire bouillir avec de l'ammoniaque et même avec une solution de soude caustique, sans lui enlever son chlore ; il faut le faire digérer pendant longtemps avec de l'oxyde d'argent pour mettre sa base en liberté.

Avec l'acide sulfurique concentré il dégage de l'acide chlorhydrique ; la solution prend une couleur olive, qui, lorsqu'on ajoute de l'eau, passe successivement au jaune, à l'orange et au rouge, et en même temps il peut arriver qu'une partie de la matière colorante se précipite sous forme d'une poudre violette.

Sur soie le rouge de naphtaline donne une nuance, qui est analogue à celle produite par le carthame, c'est un rose avec reflet orangé.

Au point de vue du pouvoir tinctorial, il n'est pas inférieur aux couleurs d'aniline, et il les dépasse par sa solidité plus grande. Malheureusement le rouge de naphtaline perd tout son éclat dans les nuances foncées ; aussi est-il exclusivement employé pour les teintes claires, et c'est aussi pour cela que jusqu'à présent sa consommation est restée assez restreinte.

D'après *Brandt*, il donne par impression sur laine et surtout sur coton des couleurs moins vives et moins belles que la fuchsine.

Le mode de formation du rouge de naphtaline offre de très-grandes analogies avec celui de la rosaniline :

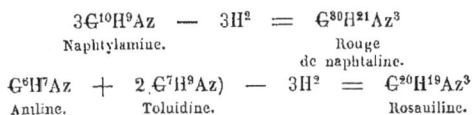

$$3C^{10}H^9Az \; - \; 3H^2 \; = \; C^{30}H^{21}Az^3$$
$$\text{Naphtylamine.} \qquad\qquad\qquad \text{Rouge} \atop \text{de naphtaline.}$$

$$C^6H^7Az \; + \; 2.C^7H^9Az) \; - \; 3H^2 \; = \; C^{20}H^{19}Az^3$$
$$\text{Aniline.} \qquad \text{Toluidine.} \qquad\qquad\qquad \text{Rosaniline.}$$

Si l'on traite le rouge de naphtaline par l'iodure d'éthyle ou l'iodure de méthyle, on obtient, comme on devait le pressentir, des dérivés cristallisés, magnifiquement colorés.

Si sur l'azodinaphtyldiamine on fait agir, au lieu de la naphtylamine, l'aniline ou la toluidine, il se forme également, d'après *Hofmann*, des pigments rouges, et de l'ammoniaque est mise en liberté; ces pigments se rapprochent encore plus de la rosaniline que le rouge de naphtaline, parce qu'ils appartiennent en même temps à la série naphtylique et à la série phénique ou toluidique.

Ces matières colorantes, dont la composition serait représentée par les formules $C^{26}H^{19}Az^3$ et $C^{27}H^{21}Az^3$, présentent, en solution alcoolique, les remarquables phénomènes de fluorescence, qui distinguent le rouge de naphtaline.

[Aux recherches de *Hofmann* sur le rouge de naphtaline se rattachent aussi les remarques suivantes, qui viennent encore augmenter le nombre des dérivés colorés de l'aniline.

Au lieu de faire agir la naphtylamine, l'aniline ou la toluidine sur l'azodinaphtyldiamine, on pourrait traiter les azodiamines des séries phénylique et toluidique par la naphtylamine, la toluidine ou l'aniline.

Martius et *Griess*, en chauffant de l'azodiphénildiamine (amidodiphénylimide) avec du chlorhydrate ou de l'azotate d'aniline, ont observé la formation d'une matière colorante bleue. On peut tenir comme presque certain que cette couleur présente avec l'aniline le même rapport que le rouge de naphtaline avec la naphtylamine, et qu'elle est identique avec la violaniline décrite par *Girard, De Laire* et *Chapoteaut* (voyez page 157). Sa formation serait tout à fait analogue à celle de naphtaline :

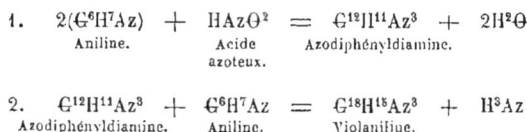

$$\text{1.} \quad 2(C^6H^7Az) \;+\; HAzO^2 \;=\; C^{12}H^{11}Az^3 \;+\; 2H^2O$$
$$\quad\text{Aniline.} \qquad\quad \text{Acide} \qquad\quad \text{Azodiphényldiamine.}$$
$$\qquad\qquad\qquad \text{azoteux.}$$

$$\text{2.} \quad C^{12}H^{11}Az^3 \;+\; C^6H^7Az \;=\; C^{18}H^{15}Az^3 \;+\; H^3Az$$
$$\quad\text{Azodiphényldiamine.} \quad \text{Aniline.} \qquad \text{Violaniline.}$$

Et dans le fait *Martius* a observé dans la deuxième phase de la transformation le dégagement d'une abondante quantité d'ammoniaque.]

D'après *Ballo*, la fuchsine (qui alors doit être employée sous forme d'acétate de rosaniline), chauffée avec de la naphtylamine ou de la naphtaline bromée, donne un *violet* très-beau, qui ne serait pas inférieur au violet d'aniline ordinaire. La solution alcoolique de ce violet, additionnée d'une petite quantité d'acide, devient bleue, puis verte, si l'on ajoute plus d'acide; si l'on sature peu à peu le liquide avec des lessives alcalines, on observe le changement de coloration inverse. Un excès d'alcali colore la solution en brun; l'eau précipite de cette dissolution la base libre, qui à l'air se dessèche rapidement en donnant une masse rouge cuivré. A l'état solide ce violet est jaune verdâtre, avec un éclat métallique intense, s'il a été préparé avec de la naphtaline bromée, et il est de couleur bronzée et a aussi un reflet métallique, s'il a été obtenu avec de la naphtylamine.

Si l'on dissout à chaud la couleur jaune verdâtre dans l'acide sulfurique, l'acide chlorhydrique ou l'acide azotique concentré, il se produit des dissolutions brun foncé, à la surface desquelles se forme bientôt une pellicule rouge cuivré à éclat métallique. Lorsqu'on ajoute de l'eau, le pigment est presque complétement précipité, mais très-fréquemment sa couleur passe alors au vert jaunâtre. Si on le sépare par filtration et si on l'épuise avec de l'alcool froid, il se produit d'abord des dissolutions colorées en violet pur, qui prennent une nuance de plus en plus bleue. Il reste sur le filtre une petite quantité d'une substance rouge cuivré, qui se dissout difficilement dans l'alcool avec lequel elle donne une couleur bleu pur.

La substance bleue paraît se former en quantité plus grande avec la fuchsine et la naphtylamine qu'avec la fuchsine et la naphtaline bromée.

La seminaphtalidam (biimidonaphtaline, azonaphtylamine), $C^{10}H^6(AzH^2)^2$, obtenue par réduction de la binitronaphtaline, $C^{10}H^6$ $(AzO^2)^2$, donne, il est vrai, de nombreuses réactions colorées, mais qui jusqu'à présent n'ont été l'objet d'aucune application industrielle.

Dérivés quinonés de la naphtaline.

Graebe a montré que la plupart des corps quinonés offrant la structure $C^mH^n\left\{{\theta \atop \theta}\right.>$ présentent des propriétés et des réactions colorées. Ce fait s'est aussi confirmé pour la naphtaline.

Naphtoquinone bichlorée. — La *naphtoquinone bichlorée* (chlorure de chloroxynaphtaline de *Laurent*), $C^{10}H^4Cl^2\left\{{\theta \atop \theta}\right.>=$

$C^{10}H^4Cl^2O^2$, s'obtient, mélangée avec une petite quantité d'autres produits secondaires, lorsque, d'après *Laurent*, on traite le bichlorure de chloronaphtaline par l'acide azotique :

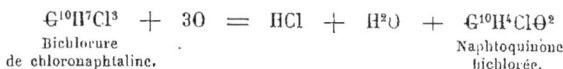

$$C^{10}H^7Cl^3 \ + \ 3O \ = \ HCl \ + \ H^2O \ + \ C^{10}H^4ClO^2$$

Bichlorure
de chloronaphtaline.   Naphtoquinone
bichlorée.

On l'obtient aussi, d'après *Graebe*, de la manière suivante : on mélange 1 partie de jaune de *Martius* du commerce (le sel de chaux du binitronaphtol), additionnée de 3 ou 4 parties de chlorate de potasse, avec de l'acide chlorhydrique étendu de son volume d'eau, on favorise la réaction en chauffant doucement, et l'on termine en ajoutant par portions du chlorate de potasse, jusqu'à ce que l'huile rouge-jaune qui a d'abord pris naissance soit transformée en cristaux jaunes. On lave ceux-ci avec de l'eau bouillante, qui dissout l'acide phtalique et l'acide phtalique chloré. On fait cristalliser le résidu dans l'alcool bouillant.

La naphtoquinone bichlorée forme des aiguilles ou des lamelles sublimables, de couleur jaune d'or, qui sont insolubles dans l'eau et peu solubles dans l'alcool et l'éther froids (propriété dont on se sert pour l'élimination des produits secondaires huileux). Elle fond à 189°. Elle se dissout dans l'acide sulfurique avec une couleur brune, l'acide azotique bouillant la transforme en acide phtalique. Traitée à l'ébullition par une solution de potasse, surtout si celle-ci est alcoolique, elle est dissoute avec une couleur rouge cramoisi et transformée en *acide chloroxynaphtalique :*

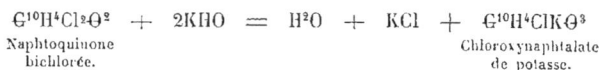

$$C^{10}H^4Cl^2O^2 \ + \ 2KHO \ = \ H^2O \ + \ KCl \ + \ C^{10}H^4ClKO^3$$

Naphtoquinone
bichlorée.   Chloroxynaphtalate
de potasse.

PRÉPARATION INDUSTRIELLE DE L'ACIDE CHLOROXYNAPHTALIQUE, D'APRÈS
P. ET C. DEPOUILLY

La naphtaline traitée à froid par le chlorate de potasse et l'acide chlorhydrique se transforme en un mélange de bichlorure de naphtaline, de bichlorure de chloronaphtaline cristallisés et de produits secondaires huileux, qui sont éliminés par pression. Le résidu comprimé est chauffé au bain-marie et oxydé par l'acide azotique. En opérant avec précaution on évite la formation de grandes quantités d'acide phtalique, de telle sorte que la majeure partie du chlorure de chloronaphtaline se convertit en naphtoquinone bichlorée, tandis que le bichlorure de naphtaline forme de l'acide phtalique et de l'acide oxalique :

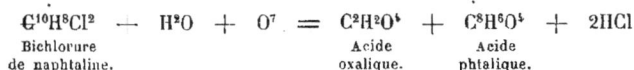

$$C^{10}H^8Cl^2 \;-\; H^2O \;+\; O^7 \;=\; C^2H^2O^4 \;+\; C^8H^5O^4 \;+\; 2HCl$$

Bichlorure   Acide   Acide
de naphtaline.   oxalique.   phtalique.

Les acides oxalique et phtalique sont éliminés par l'eau bouillante, et le dernier est ensuite transformé en acide benzoïque. (Voyez plus loin : acide phtalique.)

La naphtoquinone bichlorée insoluble dans l'eau est dissoute dans une lessive de potasse bouillante, la solution fortement colorée est filtrée, puis sursaturée avec un acide minéral, et l'acide chloroxynaphtalique impur se précipite. Celui-ci est redissous dans une lessive de potasse ou de soude et saturé exactement ; la solution neutre est mélangée avec un peu d'alun, qui précipite une substance brune altérant la pureté du produit. Du liquide filtré de nouveau on précipite au moyen d'un acide minéral l'acide chloroxynaphtalique pur sous forme d'une poudre jaune cristalline.

Propriétés de l'acide chloroxynaphtalique (chloroxynaphtoquinone), $C^{10}H^4Cl\,(OH) \begin{Bmatrix} O \\ O \end{Bmatrix} >$. — Il est peu soluble dans l'eau froide, plus soluble dans l'eau bouillante, l'alcool, l'éther, la benzine ; il fond à 200° et il sublime lorsqu'on le chauffe plus fortement. Il est dissous sans décomposition par l'acide sulfurique concentré, duquel il se précipite lorsqu'on ajoute de l'eau. Il teint en rouge intense la laine non mordancée. Ses sels possèdent presque tous une très-belle couleur.

Le sel potassique forme des aiguilles rouge-cerise ; la solution aqueuse, ainsi que celle des combinaisons sodique et ammoniacale, sont rouge foncé.

Les sels barytiques et calciques cristallisent en aiguilles jaunes solubles dans l'eau.

Les sels de plomb, d'argent, de mercure, d'alumine et de cuivre sont des précipités rouges.

Le sel d'aniline est d'un beau rouge, le sel de rosaniline est vert, mais avec l'eau il donne une solution d'un beau rouge cerise.

En réduisant l'acide chloroxynaphtalique en solution alcaline au moyen de la poudre d'étain et en faisant bouillir la liqueur pendant 15 ou 20 minutes, on obtient un liquide jaune, qui additionné d'ammoniaque et abandonné à lui-même devient vert au bout de quelque temps. Si ensuite on neutralise avec un acide minéral, il se précipite un corps floconneux brun, qui lavé et desséché se présente sous forme d'une poudre verte à reflet métallique. Ce corps est la *trioxynaphtaline monochlorée* :

$$C^{10}H^7ClO^3 = C^{10}H^4Cl(OH)^3.$$

La trioxynaphtaline monochlorée se dissout dans l'aniline bouillante avec une couleur rouge, dans l'acide sulfurique avec une couleur verte. L'eau la précipite de cette dernière solution avec une couleur violette. Elle est soluble dans l'alcool avec une couleur violette et la solution prend, lorsqu'on y ajoute de l'eau, une belle couleur bleue, qui est rougie par un acide.

La solution alcoolique ammoniacale est d'un bleu transparent, mais à la lumière réfléchie elle est aussi rouge que si elle tenait du carmin en suspension.

La trioxynaphtaline monochlorée teint la laine en violet et elle peut être fixée sur coton au moyen de l'albumine. La solution alcoolique étendue colore la soie, la laine et le coton albuminé en bleu ; lorsqu'on ajoute un acide au bain de teinture, les tissus deviennent rouges. Il résulte de là que cette substance se comporte comme le tournesol en présence des alcalis et des acides.

Il existe un acide correspondant à l'acide chloroxynaphtalique, mais plus fortement chloré, l'acide *perchloroxynaphtalique* (oxynaphtoquinone pentachlorée), $C^{10}Cl^5(OH)\begin{Bmatrix} O \\ O \end{Bmatrix} >$, qui forme avec les alcalis et les terres alcalines des sels également colorés en rouge foncé.

L'histoire de la naphtaline serait par trop incomplète, si nous passions complétement sous silence quelques-uns de ses dérivés théoriques les plus importants, bien que jusqu'à présent ils n'aient été l'objet d'aucune application industrielle.

Ces dérivés, comme, par exemple, l'acide sulfonaphtalique, les naphtols, la cyannaphtaline, les acides naphtoïques, les acides phtaliques, n'ont pas encore, il est vrai, été employés dans l'industrie, mais ils servent déjà de point de départ pour des produits industriels et dans un temps qui n'est peut-être pas éloigné ils pourront eux-mêmes constituer des produits susceptibles d'applications pratiques, aussi ne sont-ils pas sans offrir quelque intérêt pour le chimiste industriel.

Les acides sulfonaphtaliques et leurs sels.

Les sufodérivés de la naphtaline sont en correspondance parfaite avec les sulfodérivés de la benzine et ils se forment même avec une facilité plus grande que ces derniers.

Lorsqu'on chauffe de la naphtaline avec de l'acide sulfurique concentré, les acides monosulfonaphtaliques α et β et l'acide bisulfonaphtalique prennent naissance. Les quantités relatives des acides formés dépendent de la température et des proportions du mélange d'acide sulfurique et de naphtaline. Si pendant quelques heures on chauffe seulement au bain-marie, c'est-à-dire entre 90 et 110°, 5 parties de naphtaline et 4 parties d'acide sulfurique, le produit que l'on obtient se compose en majeure partie de l'acide α-monosulfonaphtalique.

Si le même mélange est chauffé pendant le même temps à 150 ou 170° le produit consiste surtout en acide β-monosulfonaphtalique.

Si enfin on chauffe pendant plusieurs heures, à 170°, 1 partie de naphtaline avec 2 parties ou 2 parties 1/2 d'acide sulfurique concentré, il se forme presque exclusivement de l'acide bisulfonaphtalique.

La méthode la plus facile et la plus économique à employer pour la préparation des acides α- et β-monosulfonaphtaliques consiste à faire cristalliser leurs sels.

Le produit encore bouillant, résultant de l'action de l'acide sulfurique sur la naphtaline, est versé dans une grande quantité d'eau. Par le refroidissement, il se sépare sous forme cristalline de la naphtaline non altérée, qui peut être séparée par filtration. La solution est ensuite neutralisée avec de la craie en poudre, puis chauffée à l'ébullition. On filtre le liquide bouillant, afin de séparer une certaine quantité de sulfate de chaux, et l'on évapore à cristallisation.

Le sel de calcium β, qui est difficilement soluble, cristallise d'abord, tandis que le sel α reste dans l'eau mère et il ne cristallise que lorsqu'on concentre plus fortement le liquide.

L'α-sulfonaphtalate de chaux $(C^{10}H^7SO^3)^2 Ca + 2H^2O$, cristallise en lamelles ou en écailles groupées en forme de houppes, qui par la dessiccation donnent une masse offrant un éclat argentin.

Il se dissout dans 16 parties 1/2 d'eau et dans 19 parties 1/2 d'alcool à 19° centigr.

Le β-sulfonaphtalate de chaux $(C^{10}H^7SO^3)^2Ca$, cristallise en lamelles anhydres et ne se dissout que dans 76 parties d'eau, ou 437 d'alcool à 19° centigr.

En se basant sur cette différence de solubilité, on voit qu'il est facile de séparer, par cristallisation, les deux sels l'un de l'autre. Les sels de l'acide β sont en général plus difficilement solubles et moins décomposables par la chaleur que ceux de l'acide α.

La séparation peut encore être effectuée au moyen des sels de plomb. L'α-sulfonaphtalate de plomb, qui se sépare en lamelles brillantes avec 3 équiv. d'eau de cristallisation est soluble dans 27 parties d'eau et dans 11 parties d'alcool à 10° centigr. Le β-sulfonaphtalate de plomb anhydre exige pour se dissoudre 115 parties d'eau et 305 d'alcool.

On peut facilement préparer tous les autres sulfonaphtalates par double décomposition des sels plombiques ou calcaires. Ils sont la plupart plus ou moins solubles dans l'eau.

L'acide α-sulfonaphtalique libre, $C^{10}H^7SO^2,HO = C^{10}H^8SO^3$, forme une masse cristalline facilement soluble et déliquescente, qui fond à 85 ou 90°, et qui commence à se décomposer dès la température de 120°.

L'acide β-sulfonaphtalique libre, $C^{10}H^8SO^3$, est une masse cristalline feuilletée, douce au toucher comme le talc, non déliquescente et qui ne se décompose que très-peu même à 200°. La manière la plus facile de préparer les acides libres consiste à décomposer les sels de plomb par l'hydrogène sulfuré.

L'acide bisulfonaphtalique, $C^{10}H^3, S^2O^6 = C^{10}H^6(SO^3H)^2$, est un acide énergique, cristallisant en petites lamelles et assez stable ; ses sels sont presque tous facilement solubles dans l'eau (moins facilement dans l'alcool) et ils supportent de hautes températures sans éprouver de décomposition. Le sel de baryte est assez difficilement soluble dans l'eau, tandis que le sel plombique se dissout très-facilement dans ce liquide.

Cyannaphtaline. — Si l'on mélange intimement 2 parties de sulfonaphtalate de potassium (ou de sodium) avec 1 partie de cyanure de potassium, et si ensuite on soumet le mélange à la distillation sèche, il distille de la *cyannaphtaline* brute, tandis que le résidu contient du sulfite de potassium.

$$C^{10}H^7SO^3K + CAzK = SO^3K^2 + C^{10}H^7,CAz$$

Sulfonaphtalate   Cyanure   Sulfite   Cyannaphtaline.
de potassium.   de potassium.   de potassium.

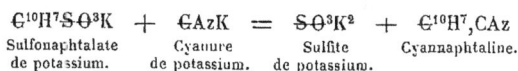

Merz et *Mülhauser*, qui ont étudié cette réaction d'une manière approfondie, conseillent de ne pas traiter de trop grandes quantités à la fois, ou bien de disposer à l'intérieur des vases distillatoires des agitateurs, à l'aide desquels on puisse obtenir un chauffage aussi uniforme que possible.

La cyannaphtaline brute est soumise à une nouvelle distillation. La majeure partie entre en ébullition vers 300°. Les premières portions, qui contiennent beaucoup de naphtaline, se solidifient rapidement; elles sont suivies du produit principal, qui est de la cyannaphtaline demeurant liquide et de couleur jaune paille avec reflet d'un vert vif; enfin il reste dans la cornue des résidus ayant un point d'ébullition élevé, se solidifiant en masse, d'un noir brillant et qui contiennent une combinaison cyanique non encore étudiée.

L'α-cyannaphtaline, $C^{10}H^7Cy$, dérivée de l'α-sulfonaphtalate de potassium, reste longtemps huileuse, mais elle finit par se solidifier. Elle est peu soluble dans l'eau, plus facilement soluble dans l'alcool, l'éther, la ligroïne; elle cristallise en lamelles ou en aiguilles brillantes, qui fondent à 37° 5, et entrent en ébullition à 297°.

La β-cyannaphtaline cristallise en écailles épaisses, incolores ou ayant l'aspect de la porcelaine, et qui fondent à 66°,5 et entrent en ébullition à 305°.

La distillation sèche d'un mélange de bisulfonaphtalate de potassium et de cyanure de potassium produit de la bicyannaphtaline :

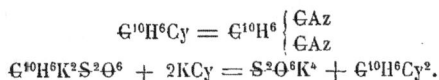

$$C^{10}H^6Cy = C^{10}H^6 \begin{cases} CAz \\ CAz \end{cases}$$
$$C^{10}H^6K^2S^2O^6 + 2KCy = S^2O^6K^4 + C^{10}H^6Cy^2.$$

La bicyannaphtaline, qui se présente sous plusieurs modifications isomériques, cristallise en aiguilles incolores, plus ou moins solubles dans l'alcool et qui fondent à 170, 181, 204, 236 et même seulement à 262°.

Lorsqu'on fait bouillir les cyannaphtalines avec des alcalis ou de l'acide chlorhydrique, elles se transforment en dérivés carboxylés correspondants de la naphtaline ou *acides naphtoï-*

ques, qui sont à la naphtaline ce qu'est l'acide benzoïque à la benzine :

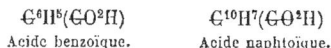

$$C^6H^5(CO^2H) \qquad\qquad C^{10}H^7(CO^2H)$$

Acide benzoïque.   Acide naphtoïque.

D'après *Merz* et *Mülhauser*, la méthode la plus avantageuse consiste à employer des solutions alcooliques et à opérer dans des vases fermés et sous pression ; on chauffe pendant 5 ou 6 heures dans un digesteur, 1 partie de cyannaphtaline et 1 partie de soude caustique avec 4 ou 5 parties d'alcool. Dans cette décomposition en vase clos il ne se forme presque pas de produits secondaires foncés, qui ont l'inconvénient d'être fortement adhérents à l'acide naphtoïque.

Lorsque tout le cyanure est décomposé, on chasse l'alcool, on dissout ce qui reste dans l'eau, et l'on filtre pour séparer ce qui a pu ne pas se dissoudre (naphtaline). Si l'on avait opéré avec de la cyannaphtaline pure, on sursature immédiatement par l'acide chlorhydrique, qui précipite l'acide naphtoïque sous forme d'une poudre cristalline blanche, que l'on sépare par filtration, qu'on lave avec de l'eau froide, que l'on presse et que l'on dessèche.

L'acide naphtoïque préparé avec de la cyannaphtaline brute a une couleur gris terne. Il ne faut pas alors précipiter immédiatement la solution alcaline ; il faut d'abord la neutraliser exactement, la faire bouillir avec du noir animal, puis la filtrer et la mélanger à froid avec une solution de permanganate de potasse. Ce dernier réagit très-lentement à froid, un peu plus rapidement lorsqu'on chauffe, et il oxyde les matières colorantes. Si maintenant on sursature par l'acide chlorhydrique le liquide filtré séparé du précipité manganique, l'acide naphtoïque se dépose sous forme d'un précipité blanc.

Pour faire cristalliser l'acide naphtoïque le mieux est d'employer l'alcool étendu ou la benzine, parce que l'eau en dissout trop peu. Les cristaux offrent un éclat nacré intense, ils forment ordinairement de longues aiguilles minces et ils ressemblent beaucoup à l'acide benzoïque.

L'acide naphtoïque α, dérivé de l'α-cyannaphtaline, fond à 160° et l'acide naphtoïque β, dérivé de la β-cyannaphtaline, à 184°. Tous les deux distillent au-dessus de 300°.

Lorsqu'on les distille avec un excès d'hydrate de baryte, ils se dédoublent en naphtaline et acide carbonique, exactement comme l'acide benzoïque se décompose en benzol et acide carbonique :

$$C^{10}H^7.CO^2H \;=\; C^{10}H^8 \;+\; CO^2$$

Acide   Naphtaline.   Acide
naphtoïque.   carbonique.

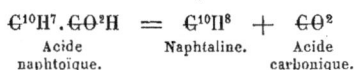

Les tentatives faites par *Girard*, ainsi que par *Mylius*, de Bâle, pour remplacer, dans la transformation de la fuchsine en bleu de rosaniline, l'acide benzoïque par l'acide naphtoïque moins cher, ont montré que ce dernier donne un bleu au moins aussi beau et aussi vif que l'acide benzoïque.

Naphtols ou alcools naphtyliques, $C^{10}H^8O = C^{10}H^7.OH$. — Si l'on fond les sels alcalins de l'acide sulfonaphtalique avec de l'hydrate de potasse ou de soude, on obtient les naphtols, qui sont à la naphtaline ce que le phénol est à la benzine :

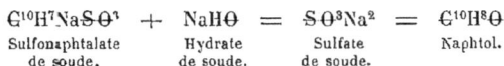

$$C^{10}H^7NaSO^3 \;+\; NaHO \;=\; SO^3Na^2 \;=\; C^{10}H^8O$$

Sulfonaphtalate   Hydrate   Sulfate   Naphtol.
de soude.   de soude.   de soude.

On fait fondre ensemble dans une capsule de fer, de cuivre ou d'argent 1 partie de sulfonaphtalate de soude sec et 1 ou 2 parties d'hydrate de soude sec, on dissout la masse dans l'eau bouillante, on laisse refroidir, on décante la solution claire et on la mélange avec de l'acide chlorhydrique. Il se dégage de l'acide sulfureux et le naphtol se précipite à l'état cristallin; on filtre, on lave un peu et on fait cristalliser dans l'eau bouillante.

Le naphtol brut peut aussi être desséché et purifié par distillation ou sublimation.

Le naphtol α sublime et cristallise en aiguilles blanches brillantes. Il fond à 94°, il est très-soluble dans l'alcool, l'éther, la benzine, il n'est pas très-soluble dans l'eau. La solution aqueuse se colore avec une dissolution de chlorure de chaux en violet intense ; lorsqu'on chauffe il se sépare des flocons brun-rouge.

Le naphtol β cristallise en lamelles brillantes, il fond à 122° ; il se colore en jaunâtre avec la solution de chlorure de chaux, et, lorsqu'on chauffe, la liqueur dépose des flocons jaunes; au point de vue de la solubilité il se comporte comme le napthol α.

La solution aqueuse des deux naphtols, mélangée avec de l'acide chlorhydrique, teint un copeau de sapin exposé à la lumière solaire d'abord en vert et ensuite en brun-rouge.

Les deux naphtols secs traités par l'acide sulfurique concentré donnent des *acides sulfonaphtoliques*. Lorsqu'on introduit l'acide sulfonaphtolique α dans de l'acide azotique, il se produit une coloration rouge, puis il se sépare du binitronaphtol ou jaune de *Martius*.

Avec l'acide sulfonaphtolique β cette réaction ne réussit pas. Mais dans ces derniers temps *Wallach* et *Wickelhaus* ont trouvé qu'en employant le procédé de nitration découvert par *Bolley* peu de temps avant sa mort (réaction de l'acide azotique sur une solution alcoolique) le naphtol β peut être transformé en binitronaphtol β. Ce dernier, $C^{10}H^5(AzO^2)^2 . OH$, cristallise en aiguilles jaunes brillantes, qui fondent à 195° (le binitronaphtol α fond à 138°), difficilement solubles dans l'eau, facilement solubles dans l'alcool et très-facilement solubles dans l'éther et le chloroforme. Les dissolutions, ainsi que celles des combinaisons salines (qui presque toutes sont difficilement solubles dans l'eau), teignent la soie et la laine en un beau jaune foncé.

L'acide phtalique et ses dérivés.

Lorsqu'on traite la naphtaline, la naphtaline chlorée, les chlorures de chloronaphtaline, les acides sulfonaphtaliques et d'autres dérivés de la naphtaline par des agents fortement oxydants, comme par exemple l'acide chromique, l'acide permanganique, l'acide azotique, des mélanges d'acide sulfurique et de chromate de potassium ou de peroxyde de manganèse, etc., il se forme toujours une quantité plus ou moins grande d'*acide phtalique* ($C^8H^6O^4$), qui ordinairement se rassemble dans les dernières eaux mères des différentes préparations et desquelles on le sépare par cristallisation.

L'acide phtalique cristallise en lamelles incolores, qui sont souvent groupées en masses hémisphériques. Il n'est pas très-soluble dans l'eau froide, mais il se dissout très-facilement dans l'alcool et dans l'éther. Il forme des sels neutres et des sels acides, qui sont presque tous solubles dans l'eau.

L'acide phtalique est à l'acide benzoïque ce que ce dernier est au benzol :

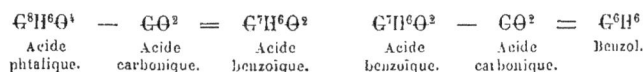

$$C^8H^6O^4 \; - \; CO^2 \; = \; C^7H^6O^2 \qquad C^7H^6O^2 \; - \; CO^2 \; = \; C^6H^6$$

| Acide phtalique. | Acide carbonique. | Acide benzoïque. | Acide benzoïque. | Acide carbonique. | Benzol. |

Si l'on chauffe de l'acide phtalique avec un excès de chaux, il distille du benzol pur. Mais, lorsqu'on opère avec beaucoup de précaution, la transformation peut s'arrêter à une période intermédiaire et l'on peut préparer de l'acide benzoïque avec l'acide phtalique.

Cette réaction a été appliquée il y a quelques années dans la fabrique de *Laurent* et *Castelhaz*, de Paris, afin d'utiliser pour la *préparation de l'acide benzoïque*, l'acide phtalique obtenu d'après le procédé de *Depouilly*, comme produit secondaire de la fabrication de l'acide chloroxynaphtalique.

On peut opérer de deux manières différentes :

1° L'acide phtalique est transformé en phtalate neutre de chaux par neutralisation avec de la chaux, 1 équiv. de phtalate de chaux sec est mélangé exactement avec 1 équiv. d'hydrate de chaux, et le mélange est chauffé avec précaution pendant quelque temps à l'abri de l'air à une température de 330 à 350°, et il se forme du carbonate et du benzoate de chaux.

Le dernier sel est épuisé par l'eau bouillante, la solution est filtrée et sursaturée par l'acide chlorhydrique, qui précipite l'acide benzoïque en beaux cristaux.

Dans les opérations sur une grande échelle, il est cependant assez difficile de maintenir exactement la température nécessaire pour la transformation complète.

2° Le deuxième procédé repose sur les réactions suivantes :

L'acide phtalique neutralisé par l'ammoniaque, puis évaporé, donne du phtalate acide d'ammoniaque, qui est très-soluble dans l'eau et qui cristallise en prismes terminés par des pyramides ou en tables hexagonales. Ce sel soumis à la distillation sèche se transforme en *phtalimide* et en eau :

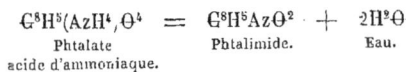

$$C^8H^5(AzH^4,O^4) = C^8H^5AzO^2 + 2H^2O$$
$$\text{Phtalate} \qquad\qquad \text{Phtalimide.} \qquad \text{Eau.}$$
$$\text{acide d'ammoniaque.}$$

La phtalimide est très-difficilement soluble dans l'eau froide, elle se dissout plus facilement dans l'eau bouillante et dans l'alcool. Elle se distingue par sa grande facilité à prendre la forme cristalline, et de la solution aqueuse bouillante elle se sépare en magnifiques aiguilles blanches longues et ténues. Distillée avec de la chaux, la phtalimide se convertit en *benzonitrile* :

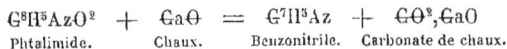

$$C^8H^5AzO^2 + CaO = C^7H^5Az + CO^2,CaO$$
$$\text{Phtalimide.} \qquad \text{Chaux.} \qquad \text{Benzonitrile.} \quad \text{Carbonate de chaux.}$$

Si maintenant on fait bouillir pendant longtemps le benzonitrile huileux, entrant en ébullition à 191°, avec une lessive de potasse ou de soude, il se change, avec dégagement d'ammoniaque, en benzoate de potasse ou de soude, de la dissolution duquel on précipite l'acide benzoïque par l'acide chlorhydrique :

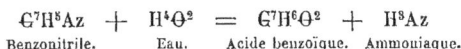

$$\mathrm{C^7H^5Az} \; + \; \mathrm{H^4O^2} \; = \; \mathrm{C^7H^6O^2} \; + \; \mathrm{H^3Az}$$

Benzonitrile. Eau. Acide benzoïque. Ammoniaque.

Comme l'acide chloroxynaphtalique n'a encore été l'objet d'aucune application pratique importante, il est tout naturel que la transformation de l'acide phtalique en acide benzoïque, dans les conditions que nous venons d'indiquer, n'ait aussi acquis aucune importance industrielle.

Nous ferons encore remarquer ici que dans l'oxydation de la naphtaline par l'acide chromique ou par l'acide sulfurique et le chromate de potasse il se forme fréquemment une belle matière colorante rouge, que *Laurent* a nommée *carminnaphte*. Cette substance, qui n'a encore été que peu étudiée, est un acide faible, presque insoluble dans l'eau, plus facilement soluble dans l'acide acétique et l'alcool ; elle donne avec les alcalis des combinaisons rouge-jaune solubles dans l'eau, et elle teint sans mordants la soie ou la laine en orange ou en rouge violet.

En jetant un coup d'œil sur les nombreuses réactions colorées de la naphtaline et de ses dérivés, on serait *à priori* très-enclin à penser que ce corps a une grande importance industrielle. Mais il n'en est rien, du moins pour le moment. A l'exception du jaune de *Martius* et du rouge de naphtaline, qui d'ailleurs ne jouent pas un grand rôle dans l'industrie, tous les autres dérivés colorés de la naphtaline sont pour ainsi dire restés sans applications et ils n'ont été employés qu'à titre d'essai.

Cela tient surtout à ce que les couleurs de naphtaline, excepté les deux pigments qui viennent d'être mentionnés, n'ont pas assez d'éclat, de pureté et de fraîcheur, ou bien à ce qu'elles ne résistent pas suffisamment à l'action de la lumière et aux influences atmosphériques, ou enfin à ce qu'elles reviennent à un prix plus élevé que les couleurs analogues d'aniline, avec lesquelles elles ont à lutter.

Cependant nous devons faire remarquer que la naphtaline n'a point encore dit son dernier mot et qu'un champ riche d'avenir est encore ouvert aux recherches. Il est vrai qu'il y a peu à attendre des dérivés proprement dits de la naphtaline, mais il n'en est pas de même des dérivés de la naphtylamine, du naphtol et de la naphtoquinone et des corps colorés plus compliqués, auxquels ils peuvent donner naissance en se combinant avec la benzine et les dérivés de l'aniline.

La naphtaline est entre le benzol et l'anthracène, et il ne serait même pas impossible que dans un temps peu éloigné, on nous annonçât la formation artificielle de couleurs de naphtaline, qui, placées entre les couleurs de garance et les couleurs d'aniline, réunissent à la pureté des premières la beauté et l'éclat des secondes.

CHAPITRE V.

L'ANTHRACÈNE ET SES DÉRIVÉS.

Tandis que l'histoire du benzol, de l'aniline et de leurs dérivés colorés peut être considérée comme presque terminée aussi bien au point de vue scientifique que pratique, tandis que le phénol et la naphtaline avec leurs dérivés n'arrivent qu'avec peine à occuper une place dans l'industrie, malgré les progrès énormes qu'a faits leur théorie depuis quelques années, nous voyons un nouveau corps, l'*anthracène*, attirer immédiatement, par une de ses transformations, l'attention générale, comme l'a fait autrefois l'aniline, et en même temps acquérir pour l'industrie une importance, qui certainement ne le cède en rien à celle de la fuschine.

Comme l'aniline, l'anthracène était connu depuis déjà long-temps, mais seulement comme substance chimique purement scientifique et même d'un médiocre intérêt, lorsque *Graebe* et *Liebermann* montrèrent par leurs beaux travaux que le principal pigment de la garance, l'alizarine, n'appartient pas à la série naphtalique, comme on l'admettait généralement, mais à la série anthracénique, et partant de ce fait ils réalisèrent, avec une grande sagacité et une intelligence profonde des réactions chimiques, la découverte si importante de la transformation de l'anthracène en alizarine. La préparation de l'alizarine artificielle ne doit donc être attribuée ni au hasard, ni à l'observation d'une réaction non prévue; elle est au contraire le résultat des progrès de la science ; elle a été pressentie, recherchée et enfin trouvée.

Nous devons aussi faire remarquer qu'il existe encore une grande différence entre la préparation de la fuchsine avec l'aniline et celle de l'alizarine artificielle avec l'anthracène. Tandis que l'aniline se transforme en fuchsine avec la plus grande facilité et dans les conditions les plus variées, la préparation de l'alizarine avec l'anthracène est extrèmement délicate et d'une exécution très-difficile.

En cette circonstance on vit encore se reproduire ce que l'on a déjà observé si souvent, lorsqu'il s'est agi de la préparation de substances, qui sont l'objet d'applications industrielles importantes :

Les procédés, d'abord extrêmement compliqués et coûteux, se sont peu à peu simplifiés et sont devenus beaucoup moins dispendieux ; l'emploi de réactifs d'un prix élevé a été supprimé, la matière brute est produite en plus grande quantité et à moins de frais, et les appareils se sont de plus en plus perfectionnés.

Cependant on ne peut pas nier que maintenant encore l'anthracène revient à un prix trop élevé et que sa transformation en alizarine doit être mise au nombre des opérations chimiques d'une exécution difficile ; c'est ce qui explique pourquoi jusqu'à présent l'alizarine artificielle n'a pas encore fait une écrasante concurrence à la garance, et par suite à l'alizarine naturelle et à la purpurine. Si l'on songe combien la garance et ses préparations sont importantes pour la teinture et l'impression des tissus, il est facile de reconnaître qu'un grand avenir est encore réservé à l'industrie de la préparation de l'alizarine artificielle.

Une courte esquisse de l'histoire de l'anthracène ne sera donc pas sans offrir quelque intérêt.

L'anthracène a été trouvé dès 1832 par *Dumas* et *Laurent* parmi les produits de la distillation du goudron de houille, qui passent à une température élevée. Ils obtinrent une substance blanche cristalline, fondant à 180°, distillant au-dessus de 300° et se solidifiant par le refroidissement en lamelles incolores contournées. En analysant ce corps ils obtinrent des nombres, qui correspondaient à la composition de la naphtaline. Et c'est pourquoi ils donnèrent à cette substance le nom de *paranaphtaline*.

Plus tard, *Laurent* changea ce nom en celui d'anthracène, et il fit en même temps connaître plusieurs de ses dérivés, dont l'un n'était évidemment autre que l'oxanthracène ou anthraquinone.

En 1857 le professeur *Fritzche* décrivit à son tour un hydrocarbure de la formule $C^{28}H^{10} = C^{14}H^{10}$, qui avait été également retiré du goudron, qui fondait à 210 ou 212° et dont il fit remarquer la grande analogie avec l'anthracène de *Laurent*.

En 1862 *Anderson* publia un grand travail sur l'anthracène et sur ses principaux dérivés, parmi lesquels il étudia surtout l'oxanthracène. Il confirma l'identité de l'hydrocarbure de *Fritzche*, $C^{14}H^{10}$, avec l'anthracène de *Laurent*.

En 1866, *Limpricht* montra que de l'anthracène se forme lorsqu'on décompose par l'eau à 180° le toluène chloré (chlorobenzyle).

Dans la même année, *Berthelot* commença ses beaux travaux sur l'influence de la chaleur sur les hydrocarbures, sur leur formation, leurs propriétés et leur constitution.

Il mit en évidence les circonstances dans lesquelles l'anthracène prend naissance, lorsqu'on fait passer à travers des tubes chauffés au rouge du toluène, ou un mélange de styrolène et de benzol ou de benzol et d'éthylène ; il décrivit l'extraction de l'anthracène du goudron de houille, sa purification, ses propriétés, et il confirma les résultats obtenus par *Anderson*.

Dans les années suivantes, *Fritzche* et *Berthelot* publièrent de nouveaux travaux qui complétaient les indications antérieures.

Jusque-là l'anthracène n'avait excité qu'un intérêt purement scientifique, mais lorsque *Graebe* et *Liebermann* découvrirent, en 1868, que l'alizarine est un dérivé de l'anthracène et qu'ils indiquèrent, pour préparer l'alizarine artificielle avec l'anthracène, un procédé, qui cependant était compliqué, dispendieux et d'une exécution difficile, l'attention générale fut attirée sur cet hydrocarbure, et à dater de ce moment l'anthracène, ses dérivés et l'alizarine artificielle furent l'objet de recherches nombreuses et de travaux approfondis plus ou moins importants.

Les procédés perfectionnés dont on se servait pour la préparation de l'alizarine avaient été jusque-là tenus assez secrets ; mais ils arrivèrent peu à peu à la connaissance du public. En Angleterre, des chimistes distingués, comme *Perkin, Roscoe, Calvert*, firent des leçons publiques sur l'industrie de l'anthracène ; *Greiff*, *Gessert* et *Schuller* décrivirent la préparation industrielle de l'anthracène ; des chimistes de Mulhouse, *MM. Youg, Bolley* et *E. Kopp* firent des expériences comparatives sur le pouvoir tinctorial de l'alizarine artificielle et de l'alizarine naturelle ; *Perkin, Böttger, Petersen, Wartha* et d'autres étudièrent les transformations et les dérivés colorés de l'anthraquinone. Mais c'est à *Graebe* et *Liebermann* que nous devons les travaux les plus complets et les plus importants aussi bien au point de vue théorique que pratique (la partie la plus importante de ces travaux a été publiée dans le septième volume supplémentaire des *Annales de chimie et de pharmacie*). Cependant l'histoire de l'anthracène ne peut pas encore être considérée comme terminée. Un grand nombre de dérivés et de réactions restent encore à étudier d'une manière plus approfondie, et le dernier mot n'a très-probablement pas encore été dit sur la préparation de l'alizarine artificielle.

Préparation et purification de l'anthracène brut.

Comme l'ont indiqué *Dumas*, *Laurent* et *Anderson*, l'anthracène se rencontre dans les derniers produits de la distillation du goudron de houille.

Le goudron de houille distillé à la manière ordinaire donne en moyenne par tonne (= 1000 kilogr. ou 900 litres) environ 13 à 14 litres d'eau ammoniacale, 29 ou 30 litres d'huiles très-légères contenant beaucoup de benzol, 90 ou 100 litres d'huiles légères, qui sont traitées pour naphte d'éclairage et qui renferment encore un peu de benzol.

Si alors on interrompt la distillation, il reste dans la chaudière une masse noire ayant encore après son refroidissement la consistance d'un liquide épais (asphalte ou brai liquide, voyez page 22) et composé des huiles lourdes et du brai sec. Si, au contraire, comme cela a lieu ordinairement, on continue la distillation, on peut encore obtenir 300 ou 312 litres d'huiles lourdes (huiles créosotées). Le résidu contenu dans la cornue est encore suffisamment fluide, pour pouvoir être soutiré bouillant, mais par le refroidissement il se prend en une masse noire, brillante et cassante, le *brai sec*, qui ne se ramollit qu'à une température élevée et qui peut être expédié pendant l'été dans des wagons découverts sans être emballé.

Dans beaucoup de cas on ne distille que jusqu'à ce qu'on ait obtenu environ 190 ou 200 litres d'huiles lourdes. Il reste alors dans la chaudière le *brai gras*, qui tient le milieu entre l'asphalte ou brai liquide et le brai sec. A la température ordinaire le brai gras est solide et dur, il n'est cependant pas aussi cassant que le brai sec, mais il est un peu flexible. Sous l'influence de la moindre élévation de température il devient mou et plastique comme de la cire, et la chaleur de l'été le rend tellement fluide qu'on ne peut l'expédier sans emballage que pendant l'hiver.

Les huiles lourdes se composent d'hydrocarbures liquides huileux, de naphtaline, de phénol, de crésylol et de produits analogues, et elles contiennent en outre plus ou moins d'anthracène.

Par suite de la solidification à froid de la naphtaline et de l'anthracène, elles ont souvent une consistance butyreuse et visqueuse; leur couleur est d'abord jaune ou vert jaunâtre, mais au contact de l'air elles prennent une coloration brune de plus en plus foncée.

La distillation des huiles lourdes peut être divisée en deux ou trois périodes, surtout lorsqu'on n'a pas l'intention de préparer de l'huile de graissage et de l'anthracène.

Les substances impropres pour le graissage, la naphtaline, le phénol, le crésylol, sont relativement les plus volatiles et elles passent en premier lieu.

L'anthracène, au contraire, ne se montre que dans la dernière période de la distillation. Les phénomènes que l'on observe dans cette distillation sont les suivants :

Le produit chaud qui passe au commencement de l'opération dépose de la naphtaline cristallisée, lorsqu'on en laisse refroidir un petit échantillon dans un vase plat.

Tant que ce phénomène se produit, on recueille l'huile séparément. Elle sert pour imprégner et conserver le bois, usage pour lequel elle est particulièrement propre à cause de sa grande richesse en phénol (acide carbolique).

Si le produit distillé reste tout à fait fluide, il est recueilli comme huile de graissage liquide dans un autre récipient.

Au bout de quelque temps, on observe que le produit distillé ne reste plus liquide en se refroidissant, mais qu'il prend la consistance d'une bouillie épaisse (ce qui tient cette fois à ce qu'il se sépare de la paraffine). On le recueille aussi à part, et à cause de sa couleur vert-jaunâtre il est vendu à un prix plus élevé sous le nom de graisse verte pour le graissage des machines (*green-grease*).

La *graisse verte*, qui contient des huiles lourdes, un peu de naphtaline et environ 20 0/0 d'anthracène, constitue pour le moment la principale matière de la préparation de l'anthracène et, d'après *J. Gessert*, d'Elberfeld, elle est traitée de la manière suivante.

On introduit d'abord la masse dans une machine centrifuge, afin de la débarrasser le plus possible de l'huile qui s'y trouve mélangée. On chauffe à environ 40° le résidu contenant encore beaucoup d'huiles, et on le soumet à l'action d'une forte presse hydraulique, dont les plateaux sont chauffés, lorsque cela est possible, comme ceux des presses à huile. La majeure partie des huiles est ainsi éliminée, et l'anthracène brut qui reste dans le tourteau renferme maintenant environ 60 0/0 d'anthracène pur. On peut aussi, pour la préparation de l'anthracène brut se servir avec avantage d'un filtre-presse : on verse la masse chauffée à 30 ou 40° dans le monte-jus et on la presse dans le filtre ; on obtient ainsi immédiatement un produit contenant environ 60 0/0 d'anthracène pur. L'emploi d'un filtre-presse doit être spécialement recommandé pour le traitement d'huiles, qui ne renferment que peu d'anthracène et qui sont trop fluides pour qu'il soit possible de les introduire dans la machine centrifuge. L'anthracène brut ainsi obtenu forme une masse verdâtre assez sèche. Pour le purifier, on le traite par de l'huile de goudron légère ou du naphte de pétrole. On fait bouillir et on laisse refroidir, ou bien on traite la masse par déplacement. L'huile légère dissout la petite quantité de naphtaline contenue dans l'anthracène brut ainsi que le reste de l'huile lourde et elle laisse l'anthracène brut imprégné de naphte. La masse est turbinée, puis introduite dans une chaudière et chauffée jusqu'à ce qu'elle entre en fusion. Les dernières portions de l'huile légère distillent, et il reste une matière blanc-verdâtre analogue à la paraffine et offrant une belle cassure cristalline ; cette matière contient environ 95 0/0 d'anthracène pur et elle fond à 205 ou 208°. En sublimant ce produit on obtient l'anthracène pur sous forme de petites lamelles blanches, qui fondent entre 210 et 213° et qui forment 0,75 à 1 0/0 du goudron de houille brut.

On a indiqué la méthode suivante pour déterminer la richesse en anthracène pur ainsi que la valeur de l'anthracène du commerce, de la graisse verte, etc. On commence par rechercher le point de fusion du produit à essayer, ce qui donne déjà un précieux renseignement pour juger de sa valeur, 5 ou 10 grammes suffisent pour l'essai, on place cette quantité entre des couches épaisses de papiers à filtrer, et l'on met le tout sous une presse dont les plaques ont été préalablement chauffées.

L'anthracène resté sur le papier est pesé, après avoir été pressé avec soin.

On le fait bouillir avec une quantité déterminée d'alcool, on laisse refroidir et on filtre ; on lave avec de l'alcool froid, on dessèche et ensuite on détermine le poids de l'anthracène pur. Pour contrôler le résultat, on procède ordinairement encore à la détermination du point de fusion du produit purifié, qui est presque toujours à 210°. Avec un peu d'exercice cette méthode donne de très-bons résultats, et elle doit être fortement recommandée pour la détermination de la valeur des matières contenant de l'anthracène.

Le sulfure de carbone a été aussi proposé pour la purification de l'anthracène, cependant ce liquide n'est pas très-convenable pour cet usage, parce que l'anthracène s'y dissout trop facilement. Il se dissout à froid dans :

100 parties d'alcool............	0,6 parties d'anthracène	
100 — de benzine..........	0,9	—
100 — de sulfure de carbone.............	1,7	—

Dans le tableau précédent on suppose que la distillation du goudron n'a été poussée que jusqu'à ce que le brai ait pris la consistance convenable pour la fabrication des briquettes. C'est à peine si alors les produits distillés contiennent des corps qui passent au-dessus de l'anthracène. Si la distillation du brai est poussée plus loin, on obtient beaucoup de substance solide et des produits renfermant de l'anthracène, mais qui contiennent en même temps des hydrocarbures supérieurs, difficiles à séparer de ce dernier et qui nuisent aux opérations ultérieures de la fabrication des matières colorantes. Cette remarque s'applique surtout au chrysène qui dans ce cas accompagne le produit et qui, à cause de sa difficile solubilité dans le sulfure de carbone, pourrait, bien que très-difficilement, être séparé de l'anthracène.

Du reste, *Gessert* est d'avis que l'on ne doit pas avoir à craindre pour le moment l'altération de la pureté de l'anthracène par du chrysène, parce que le brai constitue un des produits les plus importants de la distillation du goudron, et on le demande presque toujours sous forme de brai gras.

Cependant, d'après *Greiff*, qui traite à peu près de la même manière la masse vert sale obtenue comme dernier produit de la distillation du goudron, on obtiendrait un anthracène plus pur en employant pour sa préparation de l'asphalte ou du brai gras. Lorsqu'on chauffe le brai dans des chaudières de fer et si en même temps on fait en sorte que les vapeurs qui se dégagent n'éprouvent aucune résistance, on obtient un sublimé d'anthracène. Le mieux est d'opérer comme s'il s'agissait de sublimer du carbonate ou du chlorhydrate d'ammoniaque. L'anthracène ainsi obtenu serait plus facile à purifier que celui que l'on extrait par des huiles lourdes, mais le brai qui reste est devenu beaucoup plus dur et plus cassant et est moins facile à vendre.

Si l'on chauffe trop longtemps et trop fortement, il reste du charbon, et la pureté de l'anthracène est plus ou moins altérée par du chrysène, du pyrène et du benzérythrène.

E. Kopp a étudié d'une manière approfondie la préparation de l'anthracène avec le goudron de houille et avec le brai gras principalement. La distillation du goudron ne doit pas être poussée au delà du point où la naphtaline blanche et le phénol ont passé et où les huiles lourdes restent encore liquides, elle doit par conséquent être arrêtée lorsqu'on a obtenu environ 120 ou 150 litres d'huiles lourdes par tonne de goudron. Celles-ci ne contiennent alors que des traces d'anthracène; la majeure partie est restée dans le brai gras.

Dans ce brai gras (provenant de la fabrique de gaz de Turin) *Kopp* a trouvé des quantités assez grandes d'anthracène (de 4 à 6 0/0), de sorte que, vu le prix actuel de ce corps, on aurait certainement avantage à sacrifier le brai, pour en extraire l'anthracène et quelques autres produits. Pour atteindre un rendement aussi grand que possible, il est absolument nécessaire d'observer quelques précautions.

L'appareil distillatoire doit être plus large que profond ; la distillation ne doit pas être conduite trop rapidement.

Le tube de dégagement pour les vapeurs doit avoir de grandes dimensions; il ne doit déboucher dans la chaudière qu'à 15 ou 20 centimètres au-dessus du niveau du brai en ébullition, et il doit ensuite s'incliner immédiatement, afin que les vapeurs lourdes n'aient presque pas à monter, mais s'écoulent facilement et ne séjournent que très-peu de temps dans le tube. L'eau du réfrigérant doit être bien chaude dès le commencement de la distillation, et plus tard il faut même qu'elle soit bouillante.

En outre, l'écoulement des vapeurs doit, surtout vers la fin, être encore favorisé au moyen d'un courant de vapeur d'eau surchauffée ou de gaz.

La vapeur d'eau a sur le gaz l'avantage d'être plus facile à condenser, et par suite elle ne nuit en rien à la condensation des vapeurs des hydrocarbures lourds.

Cependant ces vapeurs se condensent avec une telle facilité qu'un courant de gaz, s'il n'est pas trop fort, n'apporte pour ainsi dire aucun obstacle à leur condensation.

Pour produire le courant de gaz, on peut employer de l'air ou encore mieux, afin d'éviter tout danger d'inflammation ou d'explosion, un mélange d'oxyde de carbone et d'azote, que l'on obtient simplement en faisant d'abord passer l'air à travers une sorte de fourneau rempli de charbon de bois ou un tube de fonte chauffé au rouge et contenant aussi du charbon.

La distillation du brai gras est conduite de la manière suivante. La chaudière de fonte (qui convient pour des opérations sur une échelle pas trop grande) est remplie avec du brai fondu en même temps qu'elle est chauffée. Aussitôt que commence la distillation proprement dite, on modère le feu, afin d'empêcher la masse de monter (ce qui cependant ne se produit pas facilement). Lorsqu'une certaine quantité d'huile a passé, on fait couler dans la chaudière un égal volume de brai fondu, afin d'y maintenir le niveau assez constant; dans ce but le couvercle bombé de la chaudière est traversé par un tube vertical, qui plonge dans le brai jusqu'à la moitié de sa hauteur et qui de l'extérieur peut être ouvert et fermé. On fait ainsi couler peu à peu dans la chaudière moitié autant de brai que celle-ci en renfermait au début.

En même temps on fait arriver la vapeur surchauffée ou le courant d'air dépouillé de son oxygène soit immédiatement au-dessus de la surface du brai en ébullition, soit dans le brai lui-même.

On entraîne ainsi mécaniquement les vapeurs d'anthracène qui se condensent partie à l'état fondu, partie sous forme d'un sublimé cristallin.

La chaudière doit être chauffée doucement, afin que le brai ne ressente pas trop fortement l'action du feu et que l'on puisse mieux observer la marche de la distillation. Il faut surtout bien faire attention à ce qu'il ne distille pas une trop grande quantité de vapeurs rouge-jaune de chrysène, de pyrène et de benzérythrène, qui rendraient très-difficile la purification ultérieure de l'anthracène.

On pourrait presque dire que vers la fin la distillation doit être plutôt une sublimation qu'une distillation véritable.

Dans la plupart des cas, le résidu contenu dans la chaudière sera encore assez fluide pour pouvoir être soutiré bouillant à la manière ordinaire.

Si par exception il était trop épais pour cela, il ne serait certainement pas difficile de disposer l'appareil de manière à ce que l'on puisse fermer le tube de dégagement et produire ensuite dans la chaudière, en y introduisant de la vapeur ou de l'air, une certaine pression (de 1/4 ou de 1/2 atmosphère), qui favoriserait beaucoup l'écoulement du brai.

Si l'on voulait chauffer le brai jusqu'à ce qu'il en résulte du coke, on ne pourrait pas se servir d'une chaudière de fer, parce qu'on éprouverait beaucoup de difficultés pour retirer le coke et surtout aussi parce que le métal de la chaudière s'userait et se détruirait très-rapidement.

Il faudrait alors employer des cornues en terre réfractaire analogues aux cornues à gaz ou encore mieux des fours à moufles, qui non-seulement coûtent moins cher que les cornues, mais encore qui permettent de traiter en une fois des quantités beaucoup plus grandes.

Ces fours consistent en une voûte reposant sur une sole au-dessous de laquelle sont établis des carneaux.

Un four de ce genre a, par exemple, 5 mètres de longueur, 2 mètres de largeur et autant en hauteur jusqu'au sommet de la voûte.

Le foyer est placé à l'une des extrémités de l'espace voûté ; les carneaux se dirigent alternativement de gauche à droite et de droite à gauche parallèlement aux côtés étroits, et ils viennent aboutir à l'autre extrémité de la voûte dans le canal qui conduit à la cheminée. L'ouverture de charge se trouve aussi à l'une des extrémités de la voûte, et elle est mûrée avant que le feu soit allumé, et après qu'on y a établi un châssis de fonte avec portes à coulisses.

Dans le milieu de la voûte du four se trouve un orifice rond, par lequel on charge le brai et qui ensuite peut être exactement fermé.

Le brai peut être introduit dans le four, soit en morceaux, soit à l'état liquide. Dans ce dernier cas on le fait fondre dans un grand réservoir en fer, qui est disposé au-dessus du four et que chauffent les gaz du foyer avant de pénétrer dans la cheminée. Si c'est nécessaire, on peut aussi opérer la fusion du brai à l'aide d'un foyer particulier.

Presque à la partie supérieure de la voûte, du côté opposé au foyer, se trouve une ouverture ronde assez grande, munie d'un tube de fer, par lequel sortent les vapeurs à condenser. Avec un tube suffisamment long l'action de l'air extérieur est suffisante pour produire le refroidissement ; en employant de l'eau d'abord chaude, et ensuite bouillante on facilite la condensation, et on peut raccourcir le tube. Un tuyau qui s'embranche sur celui-ci conduit les vapeurs non condensées et les gaz combustibles sous la grille du foyer, où ils sont brûlés.

Vers la fin de la distillation, qui est indiquée par le refroidissement des tubes condensateurs, on laisse le feu s'éteindre.

Quelque temps après on ouvre avec précaution la porte à coulisses mentionnée plus haut, après avoir enlevé une partie de la maçonnerie et fermé le tube condensateur. Les vapeurs lourdes prennent feu à l'intérieur du moufle, et elles brûlent. Le coke reste alors assez pur, mais si l'on ne prenait pas cette précaution il retiendrait encore une petite quantité de brai.

Le feu s'arrête à l'intérieur du four après la combustion des vapeurs, parce qu'il n'entre pas une quantité d'air suffisante pour que le coke puisse aussi brûler.

Bientôt après on dégage complétement l'ouverture de charge, on retire le coke encore rouge et on l'éteint avec de l'eau. Il donne un beau produit dur et poreux, qui est presque exempt de combinaisons sulfurées et de cendre, et qui sert à de nombreux usages.

Dans l'ouvrage de *Lunge* [1], sur la distillation et le traitement du goudron de houille, on trouve, page 62, la description suivante d'un four à moufle pour la carbonisation du brai; cet appareil, auquel il est facile de faire subir les modifications indiquées précédemment, peut très-bien remplir notre but.

La figure 22 montre une coupe longitudinale de deux fours acco-

Fig. 22.

lés dos à dos; par ce mode de construction, on réalise une économie de maçonnerie et de fer. La section est pratiquée dans deux plans verticaux différents. Dans les deux fours on voit une des portes de charge *a*, dans celui de droite, la grille *b* et le cendrier, dans le

---

[1] *Die Destillation des Steinkohlentheers*, etc. Brunswick, 1867.

four de gauche un carneau avec son orifice de nettoyage *c* et le
tube de fer *d* donnant issue aux vapeurs. La figure 23 représente

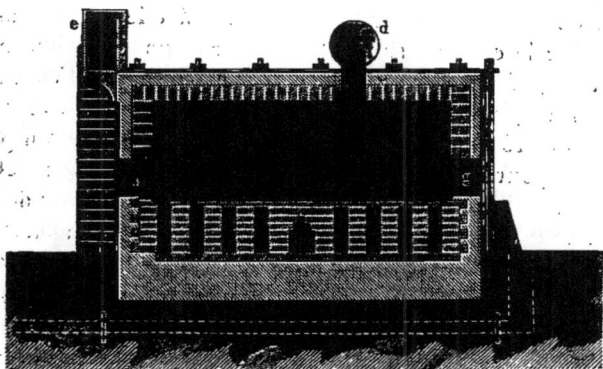

Fig. 23.

une section transversale faite perpendiculairement dans l'un des
fours de la figure 22, et elle montre les différents carneaux qui se
trouvent au-dessous de la sole ; sur cette figure on remarque, au-

Fig. 24.

dessus de la porte de charge *a*, la cheminée, l'autre porte *g* opposée à la première et dont le niveau est un peu plus bas, dans un
but que nous indiquerons plus loin. La figure 24 donne une vue de
côté des deux fours et elle montre comment ils sont complétement

enveloppés dans des plaques de fer et comment ils sont maintenus au moyen d'ancres et de tirants ; on voit en outre nettement la cheminée *e*, au-dessus des portes de charge, elle apparaît à gauche en section verticale ; par le canal descendant *h* elle est en communication avec le carneau souterrain *i* servant pour le chauffage, et elle est destinée à recevoir à une certaine période de l'opération la fumée qui s'échappe des portes de charge. La figure 25 est une vue d'une des extrémités, et elle montre l'ouverture de chauffe en *k* et les orifices pour le nettoyage des carneaux en *cc*. La figure 26 est le plan à deux hauteurs différentes, au-dessous et au-dessus de la sole des fours. On voit dans un four comment les carneaux sont disposés au-dessous de la sole ; à gauche la section a été faite un peu plus bas,

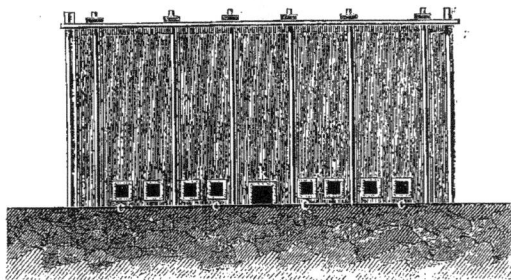

Fig. 25.

afin de montrer les orifices pour le nettoyage *cc* avec leurs obturateurs en fer. Dans tous les dessins on peut distinguer l'armature en fer, la maçonnerie en briques ordinaires et celles en briques réfractaires.

Deux tonnes de brai sont introduites dans chaque four par les portes de charge, qui sont ensuite fermées avec des plaques de fer, puis lutées comme les couvercles des cornues à gaz et fixées au moyen de vis. Comme, lorsqu'on procède au chargement, le feu se trouve allumé et que le four est encore chaud de l'opération précédente, on voit bientôt apparaître des produits volatils, qui peuvent se dégager par le tube fixé dans la voûte. De là ils sont entraînés par un tuyau de fer long de 90 pieds et exposé à l'air ; dans ce trajet ils se condensent et se rassemblent dans un réservoir où débouche le tube réfrigérant. L'huile qui apparaît en premier lieu est analogue aux dernières portions de l'huile lourde que l'on obtient en distillant le goudron dans une chaudière, mais les portions suivantes sont plus visqueuses, très-foncées, et elles ont une apparence pyrogénée. Vers la fin de la distillation, dont la durée totale est de 12 heures environ, on voit apparaître une grande quantitée de vapeurs jaunes, qui se condensent en partie en une masse visqueuse très-épaisse; quelquefois elles donnent une substance

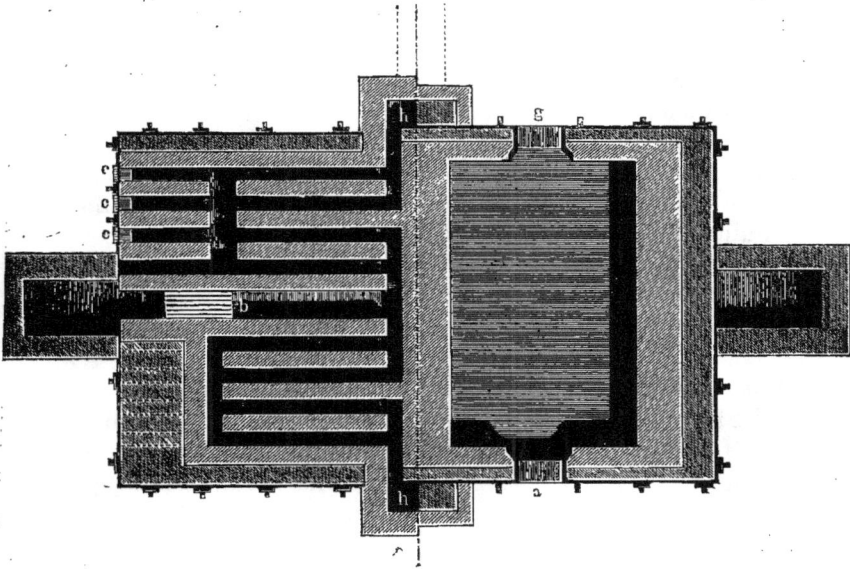

Fig. 26.

pulvérulente jaune-rouge, qui exposée à l'air devient bientôt molle et visqueuse. Cette substance semble être le chrysène ou le pyrène, mais elle a besoin d'être étudiée d'une manière plus approfondie, pour que l'on soit tout à fait fixé sur sa nature. Au bout de 12 heures tous les éléments volatils sont expulsés ; les portes sont alors enlevées, et comme elles se trouvent à des hauteurs différentes, il se produit dans le four un courant d'air, qui brûle la substance charbonneuse déposée sur la voûte et les parois du four. Lorsqu'on ouvre les portes, il en sort une fumée épaisse, qui par la cheminée *e*, visible dans le dessin, est entraînée dans le canal souterrain. Le courant d'air froid fait que la couche de coke qui se trouve sur la sole du four se partage en plusieurs morceaux, ce que favorise encore l'ouvrier au moyen d'un ringard en fer, et le coke est ensuite retiré du four lorsqu'il est encore rouge. Au contact de l'air il se refroidit immédiatement, et sa grande densité fait que la perte de combustible est très-peu importante. Il a un aspect particulier : il est rempli de petites cavités bulleuses, qui ont été produites par le dégagement du gaz de la masse pâteuse. La chaleur produite par la combustion de la substance charbonneuse, lors de l'ouverture du four, le maintient rouge et fait que pour l'opération suivante il ne faut que très-peu de combustible. Avec 100 parties de brai on obtient 25 parties d'huile de coke ou huile de brai et 50 parties de coke ; il y a une perte de 25 0/0. — A cause des difficultés qu'offre le traitement d'un anthracène contenant du chrysène, du pyrène et des hydrocarbures d'un point d'ébullition élevé, il sera toujours nécessaire de soumettre à une nouvelle distillation ou rectification les huiles obtenues par carbonisation du brai.

Comme l'anthracène, même s'il est pur, se décompose partiellement lorsqu'on le distille, la rectification doit être également faite à l'aide d'un courant de vapeur surchauffée ou d'un gaz exempt d'oxygène.

Il faut alors bien faire attention à interrompre l'opération dès que les hydrocarbures mentionnés commencent à passer. — Il ne faudrait pas chauffer au delà de 360 ou 380°, et surtout vers la fin la distillation devrait se changer en une véritable sublimation, qui donne de l'anthracène non pas liquide, mais pulvérulent et même cristallin.

Quel que soit le procédé au moyen duquel la masse brute visqueuse contenant l'anthracène ait été obtenue, il est toujours nécessaire de lui faire subir une purification.

Le procédé de *purification* repose essentiellement sur les principes suivants :

1° Laisser reposer pendant plusieurs jours dans un lieu froid les huiles lourdes ou de graissage (graisse verte), afin de donner au carbure d'hydrogène cristallin, à l'anthracène, le temps de se séparer aussi complétement que possible.

2° Filtrer la masse, afin de séparer la partie solide de la partie liquide ; un filtre-presse est ce qu'il y a de plus convenable pour cet usage. Si on filtrait simplement, ce que souvent on est absolument obligé de faire, il faudrait avant le premier pressage soumettre la masse à l'action d'une machine centrifuge.

3° Presser deux fois la masse turbinée, la première fois à froid,

la seconde fois en chauffant à 34 ou 40° ou même à 50°. Cette opération doit être faite avec beaucoup de soin, et il est important de
faire subir à la masse, à l'aide d'une presse hydraulique très-
puissante, une compression aussi complète et aussi énergique que
possible. Les huiles obtenues par le pressage à chaud laissent souvent déposer encore un peu d'anthracène, lorsqu'on les abandonne
dans un lieu froid. Après le pressage la masse doit être complètement sèche, facile à pulvériser et à tamiser.

4° Laver la poudre finement divisée avec de la benzine, du naphte
de pétrole léger, de la ligroïne, etc. On ne devra employer pour
le lavage que des hydrocarbures très-légers et entrant en ébullition
à une basse température (ne dépassant pas 100°). On doit éviter de
se servir d'hydrocarbures d'un point d'ébullition élevé ; non-seulement parce qu'ils sont difficiles à éliminer par distillation, mais
encore et surtout parce que, même à froid, ils dissolvent d'autant
plus d'anthracène qu'ils bouillent à une plus haute température.

Les benzines et les naphtes légers et les plus volatils dissolvent
facilement les huiles liquides, la naphtaline, le phénol, etc., sans
dissoudre en même temps des quantités notables d'anthracène. Si
l'on avait effectué le lavage avec les huiles bouillantes (ce qui souvent est avantageux), l'anthracène dissous sous l'influence de la
chaleur se séparerait par le refroidissement de la benzine ou du
naphte de pétrole.

5° Turbiner ou presser avec soin l'anthracène lavé, qu'enfin on
dessèche au bain-marie, puis que l'on broie et qu'on livre au
commerce.

Le procédé de *Gessert*, mentionné précédemment, est tout à fait
conforme aux règles indiquées ; ce procédé convient non-seulement
pour la graisse verte, mais encore pour les autres matières brutes,
comme par exemple les dépôts et les précipités, qui se forment peu
à peu dans les réservoirs et les citernes, où on conserve pendant longtemps les huiles lourdes.

En suivant exactement ces règles il n'est pas difficile d'obtenir
des anthracènes commerciaux, qui contiennent de 70 à 75 et même
80 0/0 d'anthracène chimiquement pur.

Malheureusement les anthracènes bruts du commerce, surtout
ceux d'origine anglaise, ont jusqu'à présent une richesse beaucoup
plus faible, qui très-souvent s'élève à peine à 50 0/0.

Préparation de l'anthracène pur.

Si l'anthracène est très-impur, il faut d'abord le distiller. Ce qui distille au-dessous de 330° contient peu d'anthracène. Celui-ci se trouve surtout dans les produits condensés qui passent entre 340 et 380°.

On soumet ces produits à une seconde distillation; lorsque le thermomètre plongé dans le liquide bouillant marque 340 ou 350°; on arrête l'opération : la masse noirâtre qui reste dans la cornue ou dans la chaudière est maintenant presque entièrement formée par de l'anthracène.

Pour le purifier encore plus on peut se servir du procédé indiqué par *Schuler*.

La cornue ou la chaudière est mise en communication avec une grande cloche de verre tubulée ou un vase de terre analogue, dont l'ouverture est fermée au moyen d'une toile métallique fine. On chauffe l'anthracène avec précaution, jusqu'à ce qu'il commence à entrer en ébullition, et au moyen d'un soufflet ou de tout autre moyen mécanique, on fait passer dans la cornue un courant d'air énergique. En très-peu de temps l'anthracène est presque complétement expulsé de la cornue à l'état pur et sec. Il se condense dans la cloche sous forme d'une masse faiblement jaunâtre semblable à de la neige, dont la poudre subit avec une facilité toute particulière l'action des corps oxydants. L'anthracène déjà assez épuré ainsi obtenu est traité maintenant à l'ébullition avec du pétrole fraîchement distillé (et entrant en ébullition entre 120 et 150°). La solution décantée bouillante ou, mieux encore, filtrée se prend par le refroidissement en une masse cristalline, qu'on laisse égoutter et que l'on comprime fortement.

La masse pressée presque sèche est traitée plusieurs fois de la même manière.

On obtient ainsi un produit, qui traité par le réactif de *Fritzche* (dissolution de binitroanthraquinone dans la benzine ou l'alcool) donne de belles lamelles rhomboïdales offrant une couleur bleue tirant plus ou moins sur le violet.

On fait encore cristalliser 2 ou 3 fois cet anthracène presque pur dans l'alcool, où il donne alors avec le réactif de *Fritzche* les lamelles rhomboïdales caractéristiques offrant une coloration rouge-rose tirant légèrement sur le violet.

Cependant l'anthracène pur possède encore ordinairement une couleur jaúne clair, qui lui est très-fortement adhérente et qu'il est difficile de lui enlever par cristallisation.

On peut toutefois y parvenir par deux méthodes :

La première consiste à sublimer le produit à une température aussi basse que possible et à le laver ensuite avec de l'éther, qui dissout la substance jaune encore adhérente.

D'après la deuxième, on blanchit une solution d'anthracène dans la benzine bouillante en l'exposant à la chaleur solaire directe.

Dans le dernier cas l'anthracène se sépare par le refroidissement en cristaux incolores, qui offrent une fluorescence bleue magnifique.

Mais lorsqu'on emploie la deuxième méthode, il arrive souvent que l'anthracène se trouve mélangé avec un peu de paranthracène. Pour les usages industriels la purification de l'anthracène n'a pas besoin d'être poussée aussi loin ; cependant tout fabricant désirera être en possession d'un échantillon du produit pur, soit pour s'en servir comme type afin de se rendre compte du degré de pureté des anthracènes employés par lui, soit aussi pour étudier les réactions nécessaires pour l'industrie et les dérivés anthracéniques.

Propriétés de l'anthracène pur, $C^{28}H^{10} = C^{14}H^{10}$.

L'anthracène pur cristallise en lamelles blanches brillantes, ayant la forme de tables rhomboïdales, dont deux angles sont souvent tronqués, ce qui les fait ressembler à des lames hexagonales. Elles offrent une belle fluorescence violet-bleu. Le point de fusion de l'anthracène ou plutôt son point de solidification est à 210 ou 213°. Son point d'ébullition est un peu au-dessus de 360°, bien qu'il commence à se vaporiser à l'air au-dessous de son point de fusion. Les vapeurs répandent une odeur désagréable, qui irrite les organes respiratoires.

L'anthracène est difficilement soluble dans l'alcool et dans l'éther ; la benzine en dissout d'assez grandes quantités à l'ébullition, mais moins à froid. Il est moins soluble dans la ligroïne que dans la benzine.

A la température ordinaire l'alcool dissout 0,6 0/0 d'anthracène, la benzine 0,9 0/0, le sulfure de carbone 1,7 0/0.

Il est insoluble dans l'eau et dans les solutions aqueuses des alcalis.

Avec l'acide picrique, l'anthracène forme une combinaison très-caractéristique, qui cristallise en belles aiguilles rouge-rubis. Pour obtenir ce composé on procède de la manière suivante :

On prépare d'abord une solution saturée à 20 ou 30° cent. d'acide picrique dans de l'alcool ou de la benzine. On fait bouillir cette solution avec un léger excès d'anthracène, on filtre et on laisse refroidir. Des aiguilles rouges ne tardent pas à se déposer.

On voit aussi la coloration rouge se montrer partout où la liqueur s'évapore, sur les bords des vases, sur les extrémités des agitateurs, etc.

Le picrate d'anthracène est décomposé par un excès du dissolvant (alcool ou benzine), la couleur rouge se change subitement en la coloration jaune ordinaire de l'acide picrique libre.

Chauffé avec une solution de binitroanthraquinone dans l'alcool ou la benzine, l'anthracène pur donne des lamelles rhomboïdales violet-rougeâtre.

L'anthracène se dissout avec une couleur verdâtre dans l'acide sulfurique fumant légèrement chauffé. La solution est précipitée par l'eau et elle contient un acide sulfanthracénique.

L'acide sulfurique ordinaire se comporte à peu près de la même manière. La coloration verdâtre semble être produite par des traces d'acide azoteux, parce que l'acide sulfurique pur dissout l'anthracène avec une couleur jaune et lorsqu'on ajoute la moindre trace d'acide azotique on voit apparaître immédiatement une coloration gris-violet intense. L'acide azotique fumant attaque l'anthracène avec une grande vivacité, et la réaction est accompagnée d'un sifflement ; il se forme en même temps des produits cristallisables oxydés et nitrés (anthraquinone, nitroanthraquinone, etc.).

Le chlore et le brome donnent avec l'anthracène des dérivés par substitution, et il se dégage de l'acide chlorhydrique et de l'acide bromhydrique.

Chauffé au bain-marie avec de l'iode, l'anthracène donne naissance à une substance insoluble brune ; lorsqu'on chauffe plus fortement, la masse charbonne et il se dégage de l'acide iodhydrique.

L'anthracène donne avec le potassium des combinaisons noires, analogues aux combinaisons potassiques de la naphtaline et du cumène.

DÉRIVÉS DE L'ANTHRACÈNE.

Par l'action des corps réducteurs, comme par exemple l'acide iodhydrique concentré ou l'amalgame de sodium, on peut préparer deux combinaisons de l'anthracène avec l'hydrogène.

Le *bihydrure d'anthracène*, $C^{14}H^{12} = C^{14}H^{10}H^2$, cristallise en petites tables incolores monoclines, qui offrent fréquemment l'apparence de la naphtaline ; il fond à 106°, il sublime dès cette température en aiguilles brillantes et il distille à 305° sans se décomposer. Il est insoluble dans l'eau, mais il est dissous en grande proportion par l'alcool, l'éther et la benzine.

Lorsqu'on traite l'hydrure par les agents oxydants, ainsi que par le chlore, le brome, il est d'abord converti en anthracène et ensuite en dérivés anthracéniques oxydés ou substitués.

Le bihydrure d'anthracène chauffé à 200 ou 220° avec de l'acide iodhydrique dans des tubes fermés se transforme en hexahydrure d'anthracène.

L'*hexahydrure d'anthracène*, $C^{14}H^{16} = C^{14}H^{10}H^6$, ressemble beaucoup au bihydrure par ses propriétés physiques.

Lorsqu'on fait passer les deux hydrures d'anthracène à travers des tubes de porcelaine chauffés au rouge, ils se dédoublent en anthracène et en hydrogène.

On obtient les dérivés chlorés de l'anthracène en faisant agir directement le chlore sur l'hydrocarbure.

A la température ordinaire ou à 100°, ainsi que lorsqu'on fait passer un courant de chlore à travers de la benzine, qui tient en suspension 2/3 de son poids d'anthracène, il se forme du bichloranthracène (anthracène bichloré).

Le *bichloranthracène*, $C^{14}H^8Cl^2$, cristallise en lamelles jaunes, facilement solubles dans la benzine, difficilement solubles dans l'alcool et dans l'éther, qui fondent à 205° et qui donnent avec l'acide picrique une combinaison cristallisant en aiguilles rouge-clair.

La solution alcoolique offre une fluorescence bleue magnifique. Les corps oxydants transforment le bichloranthracène en anthraquinone.

A 170° ou 180° il se forme une combinaison de bichloranthracène avec le chlore, qui est probablement le *tétrachlorure de bichloranthracène*, $C^{14}H^8Cl^2,Cl^4$.

Cette combinaison, difficile à purifier, donne, lorsqu'on la traite avec une solution alcoolique de potasse, le *tétrachloranthracène* (anthracène tétrachloré), $C^{14}H^6Cl^4$, qui cristallise dans la benzine en aiguilles étoilées de couleur jaune d'or, qui sont peu solubles dans l'alcool et qui fondent à 220°. L'acide azotique transforme le tétrachloranthracène en bichlorantraquinone.

D'après *Anderson*, il existe encore un *bichlorure d'anthracène*, $C^{14}H^{10}Cl^2$, qui cristallise en aiguilles étoilées, facilement solubles dans l'alcool, et un *monochloranthracène* (anthracène monochloré), $C^{14}H^9Cl$, qui cristallise en petites lames dures.

Les dérivés bromés de l'anthracène, surtout le *tétrabroman-thracène* (anthracène tétrabromé), $C^{14}H^6Br^4$, offrent plus d'intérêt pour l'industrie, parce qu'ils ont servi de point de départ à la première méthode de préparation de l'alizarine artificielle.

On obtient le *bibromanthracène* (anthracène bibromé), $C^{14}H^8Br^2$, en faisant agir le brome sur l'anthracène dissous dans le sulfure de carbone. Le bibromanthracène difficilement soluble se sépare bientôt en majeure partie, et on le purifie en le pressant et en le faisant ensuite cristalliser dans le toluène ou le xylène.

Il forme de belles aiguilles jaune d'or, très-difficilement solubles dans l'alcool et l'éther, peu solubles dans la benzine et qui à 221° fondent et subliment sans se décomposer. Il donne également avec l'acide picrique une combinaison cristallisant en aiguilles rouges.

Le bibromanthracène est transformé en anthracène lorsqu'on le traite par une solution alcoolique de potasse ou bien lorsqu'on le chauffe au rouge avec de la chaux caustique ou de la chaux sodée.

Les oxydants (acide azotique, acide chromique) le convertissent en anthraquinone :

$$C^{14}H^8Br^2 \ + \ O^2 \ = \ C^{14}H^8O^2 \ + \ Br^2.$$

$\qquad$ Bibromanthracène. $\qquad\qquad$ Anthraquinone.

Si l'on expose à la température ordinaire le bibromanthracène en couches minces à l'action des vapeurs de brome, celui-ci est absorbé et il se forme du *tétrabromure de bibromanthracène*, $C^{14}H^8Br^2$, $Br^4 = C^{14}H^8Br^6$. On lave celui-ci avec de l'éther froid et on le fait cristalliser dans la benzine bouillante ; il se présente alors sous forme de tables dures, épaisses, incolores, insolubles dans l'eau, peu solubles dans l'éther et dans l'alcool, qui fondent entre 170 et 180°, qui perdent ensuite du brome et de l'acide bromhydrique (à 200°) et se transforment en tribromanthracène.

Le *tribromanthracène*, $C^{14}H^7Br^3 = C^{14}H^8Br^6 — BrH — Br^2$, cristallise en aiguilles jaunes, qui fondent à 169°, qui sont difficilement solubles dans l'alcool, mais facilement solubles dans la benzine.

Il est transformé en bromanthraquinone par l'acide azotique et l'acide chromique.

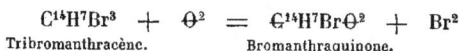

$$C^{14}H^7Br^3 \quad + \quad O^2 \quad = \quad C^{14}H^7BrO^2 \quad + \quad Br^2$$
Tribromanthracène.   Bromanthraquinone.

Le tribromanthracène exposé aux vapeurs de brome absorbe celles-ci et donne un produit par addition, qui est très-probablement le tétrabromure de tribromanthracène.

Le tétrabromure de bibromanthracène, $C^{14}H^8Br^6$, traité par une solution alcoolique de potasse, se transforme, en augmentant beaucoup de volume, en *tétrabromanthracène* jaune, $C^{14}H^6Br^4$:

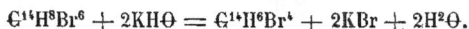

$$C^{14}H^8Br^6 + 2KHO = C^{14}H^6Br^4 + 2KBr + 2H^2O.$$

Ce composé est très-difficilement soluble dans l'alcool et dans l'éther, il n'est pas non plus très-soluble dans la benzine, et le mieux est de le faire cristalliser dans des hydrocarbures d'un point d'ébullition élevé. Il fond à 254° et il est converti en bibromanthraquinone par l'acide azotique et l'acide chromique. Sur 1 partie de tétrabromanthracène on fait agir à 100° environ 5 parties d'acide azotique, d'un poids spécifique de 1, 3, jusqu'à ce qu'il ne se dégage plus de vapeurs de brome. Lorsque la majeure partie de l'acide azotique a été vaporisée, on lave le résidu et on le fait cristalliser dans la benzine.

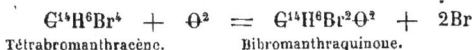

$$C^{14}H^6Br^4 \quad + \quad O^2 \quad = \quad C^{14}H^6Br^2O^2 \quad + \quad 2Br$$
Tétrabromanthracène.   Bibromanthraquinone.

ACTION DES CORPS OXYDANTS SUR L'ANTHRACÈNE.

Anthraquinone, $C^{14}H^8O^2$. — L'action des oxydants est assez compliquée, surtout lorsqu'on n'opère pas avec de l'anthracène chimiquement pur ; il se forme facilement des produits secondaires résineux, qui font que les produits principaux sont difficiles à obtenir purs. Si l'on emploie l'acide azotique comme agent oxydant, on obtient non-seulement des combinaisons simplement oxydées, mais encore et en même temps des produits de substitution nitrés aussi bien de l'anthracène que des combinaisons oxydées, et même lorsque l'oxydation a lieu sous l'influence de l'acide sulfurique, on peut en outre avoir affaire à des acides sulfanthracéniques, qui peuvent se transformer en sulfodérivés oxydés.

Le produit principal de l'oxydation de l'anthracène est l'*anthraquinone*, $C^{14}H^8O^2$, qui est identique avec l'oxanthracène d'*Anderson*.

Anderson a obtenu l'anthraquinone en faisant bouillir l'anthracène pendant quelques jours avec de l'acide azotique d'un poids spécifique de 1, 2. Il se dégage des vapeurs nitreuses et l'on obtient une masse résineuse rouge-jaune, qui par le refroidissement devient dure et granuleuse. En lavant cette masse avec de l'eau et en la purifiant par cristallisation dans la benzine ou l'alcool, on obtient de longues aiguilles soyeuses de couleur jaune rougeâtre clair, sans odeur ni saveur, insolubles dans l'eau, peu solubles dans l'alcool, un peu plus solubles dans la benzine, et qui chauffées se subliment sans décomposition en belles aiguilles plus longues que les premières.

Anderson conseille, pour purifier ce corps, de le sublimer. On fait bouillir l'anthracène dans une cornue avec l'acide azotique, jusqu'à ce que la réaction soit terminée, on expulse l'acide azotique par distillation, et l'on continue de chauffer jusqu'à ce que l'anthraquinone sublime ; tous les autres produits secondaires sont détruits par la distillation sèche. Mais il faut bien faire attention à ne pas employer de l'acide azotique concentré, parce que autrement il pourrait se former de grandes quantités de produits nitrés qui lors de la distillation sèche prendraient feu, sans toutefois faire explosion, mais brûleraient en produisant une incandescence assez vive et en détruisant toute la masse.

D'après *Graebe* et *Liebermann*, l'acide chromique et le bichromate de potasse sont les meilleurs oxydants de l'anthracène.

Pour préparer de petites quantités d'anthraquinone, on dissout de l'anthracène dans de l'acide acétique cristallisable bouillant et l'on ajoute de l'acide chromique, également dissous dans l'acide acétique cristallisable, jusqu'à ce que la réduction soit complète. Il se sépare des aiguilles d'anthraquinone ; l'anthraquinone en dissolution est précipitée par une addition d'eau. Le meilleur moyen pour purifier la masse lavée et desséchée consiste à sublimer l'anthraquinone.

Pour préparer de grandes quantités d'anthraquinone on se sert du bichromate de potasse, soit seul, soit avec l'acide sulfurique.

Si l'on veut seulement transformer la potasse du bichromate en sulfate acide de potasse, on ajoute à 147 parties de 2 Cr^2O^3, K^2O 100 parties d'acide sulfurique à 66° Baumé :

$$Cr^2O^6K^2O + 2SO^4H^2 = CrO^3,CrO^3H^2O + 2(SO^4,KH).$$

Dans ce cas l'oxyde de chrome qui se forme se combine avec l'acide acétique en passant à l'état d'acétate de chrome.

Si l'on veut au contraire, afin d'économiser l'acide acétique, transformer également l'oxyde de chrome en sulfate de chrome, on ajoute à 147 parties de bichromate, 250 parties d'acide sulfurique concentré :

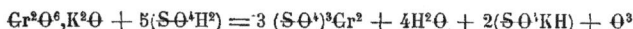

$$Cr^2O^6,K^2O + 5(SO^4H^2) = 3(SO^4)^3Cr^2 + 4H^2O + 2(SO^4KH) + O^3$$

On dissout l'anthracène dans l'acide acétique bouillant et l'on ajoute le double de son poids de bichromate de potasse (avec ou sans acide sulfurique). La réduction de l'acide chromique commence immédiatement et le mélange s'échauffe ; dès que la réaction se ralentit, on l'active en chauffant au bain-marie, jusqu'à ce que la dissolution soit devenue vert-foncé. On étend avec de l'eau et l'on soumet à la distillation la masse séparée, bien lavée et desséchée.

L'anthraquinone sublime, et il reste une grande quantité de charbon riche en chrome.

On a encore indiqué les méthodes suivantes pour la préparation de l'anthraquinone.

1 partie d'anthracène, 2 parties 1/2 de bichromate de potasse et 10 ou 15 parties d'acide acétique concentré sont chauffées à 100° dans un vase de verre ou de porcelaine, jusqu'à ce que presque tout le sel de chrome soit dissous et que le liquide ait pris une couleur vert pur. L'acide acétique non employé dans la réaction est retiré par distillation et l'on enlève avec de l'eau l'acétate de chrome condensé dans le résidu.

De la masse insoluble desséchée on retire l'anthraquinone pure par sublimation dans une cornue de verre ou de fer. Au lieu de l'acide acétique on peut aussi employer de l'acide sulfurique qui a été étendu avec 1 ou 2 parties d'eau.

D'après un autre procédé, on chauffe à 100 ou 120° dans des cornues de verre ou des vases de porcelaine 1 partie d'anthracène avec 10 parties d'acide acétique concentré et l'on ajoute peu à peu de l'acide azotique d'un poids spécifique de 1, 3, jusqu'à ce que la réaction tumultueuse soit passée. Lorsqu'on a éliminé l'acide acétique par distillation, on purifie le résidu par sublimation.

Propriétés de l'anthraquinone, $C^{14}H^8O^2$.

La couleur de l'anthraquinone varie, suivant la méthode employée pour sa préparation, du jaune rougeâtre au jaune blanc.

Plus les cristaux sont gros, plus ordinairement la couleur est foncée. L'anthraquinone dissoute dans l'acide sulfurique concentré et précipitée par l'eau est presque incolore. Elle fond à 273°. L'anthraquinone est un corps très-stable, qui résiste énergiquement surtout aux agents oxydants.

Elle se dissout sans altération dans l'acide azotique bouillant d'un poids spécifique de 1, 4, et elle se précipite par le refroidissement de la liqueur.

Cependant, d'après *Böttger*, l'anthraquinone est transformée en binitroanthraquinone par un mélange d'acide sulfurique fumant et d'acide azotique. La binitroanthraquinone a pour formule $C^{14}H^6$ $(AzO^2)^2O^2 = C^{14} H^6 Az^2O^6$.

L'acide sulfurique dissout, même à froid, l'anthraquinone avec une coloration jaune rougeâtre ; lorsqu'on chauffe, celle-ci devient rouge foncé; mais si on ajoute de l'eau, la majeure partie de l'anthraquinone se précipite inaltérée.

Si cependant on chauffe fortement et pendant longtemps, les acides monosulfanthraquinonique et bisulfanthraquinonique, le dernier principalement, prennent naissance ; l'acide bisulfanthraquinonique a pour formule :

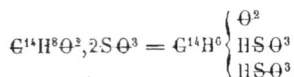

$$C^{14}H^8O^2, 2SO^3 = C^{14}H^6 \begin{cases} O^2 \\ HSO^3 \\ HSO^3 \end{cases}$$

L'anthraquinone est insoluble dans les lessives caustiques et elle résiste pendant longtemps à leur action, même à une température assez élevée.

Mais si l'on chauffe à 250° dans une capsule d'argent de l'anthraquinone et de la potasse, la masse devient bientôt bleue, comme si elle contenait de l'alizarine, et lorsqu'on ajoute de l'eau au produit fondu refroidi, la solution se décolore et il se sépare des flocons jaunâtres, qui sont de l'anthraquinone inaltérée.

Toutefois, si l'action de l'hydrate de potasse se prolonge longtemps, l'anthraquinone est plus fortement attaquée; lorsqu'on étend avec de l'eau, il se sépare bien encore de l'anthraquinone intacte, mais une addition d'acide chlorhydrique à la solution filtrée produit un abondant précipité incolore, qui est entraîné par la vapeur d'eau et qui ne laisse qu'une trace d'une matière colorante brunâtre, laquelle est probablement de l'alizarine. L'abondant précipité incolore et cristallin est de l'acide benzoïque. Si l'on élève encore la température du mélange fondu d'anthraquinone et de potasse, on remarque qu'à un certain moment il se recouvre d'une pellicule à reflets verts. Si alors on verse le mélange dans l'eau, il communique à celle-ci une belle couleur rouge cerise. En filtrant rapidement on remarque que le liquide filtré rouge se décolore assez promptement en déposant des flocons blancs d'anthraquinone. Si l'on fait tomber goutte à goutte la solution alcaline rouge dans un acide, on obtient un précipité amorphe de couleur jaune-citron, qui au contact de l'air devient bientôt blanc et qui est alors de l'anthraquinone. Le corps jaune est probablement de l'*anthrahydroquinone*, $C^{14}H^8 \begin{cases} OH \\ OH \end{cases} = C^{14}H^{10}O^2 = C^{14}H^8O^2, H^2$,

ou plutôt de l'*anthraquinone hydrone*, $\left(C^{14}H^8 \begin{cases} O \\ OH \end{cases} \right) = (C^{14}H^9O^2)$

$= C^{14}H^8O^2 + C^{14}H O^2$. La formation de ce corps s'explique par la réduction que fait éprouver à l'anthraquinone l'hydrogène qui se dégage pendant la fusion avec l'hydrate de potasse.

Si l'on chauffe encore plus le mélange d'anthraquinone et de potasse, il se produit un vif dégagement d'hydrogène, et l'anthraquinone éprouve une décomposition plus profonde, dont les produits n'ont pas encore été étudiés avec soin.

En chauffant une solution alcoolique d'anthraquinone avec de la potasse caustique solide, la solution devient jaune et il se forme deux couches; l'inférieure est de la potasse caustique, la supérieure la solution alcoolique d'anthraquinone. En continuant de chauffer, la couche supérieure devient de plus en plus foncée, enfin, lorsqu'il ne reste plus qu'un peu d'alcool, elle est tout à fait noir-brun et alors les deux couches se mélangent, pendant qu'il se produit un vif dégagement gazeux; la masse devient d'un beau vert, puis bleu foncé et en chauffant encore on voit apparaître la couleur violette caractéristique de l'alizarate de potasse.

Si maintenant on laisse refroidir, si l'on dissout dans l'eau et si l'on précipite la solution violet-pourpre avec de l'acide sulfurique, on peut, d'après *Wartha*, en extraire avec de l'éther l'alizarine avec toutes ses propriétés.

Dans ce traitement il n'y a cependant qu'une partie de l'anthraquinone qui soit attaquée, et on ne peut transformer complétement celle-ci en alizarine qu'en répétant plusieurs fois la même opération.

Lorsqu'on effectue l'opération en ajoutant du protochlorure d'étain ou, ce qui revient au même, en employant la combinaison de la potasse avec le protoxyde d'étain, la couche alcoolique supérieure se colore rapidement en rouge de sang, et elle contient alors l'anthrahydroquinone ou l'anthraquinone hydrone déjà décrite.

Si l'on chauffe au rouge de l'anthraquinone avec la poudre de zinc, elle repasse par réduction à l'état d'anthracène :

$$C^{14}H^8O^2 + H^2 + 2Zn = C^{14}H^{10} + 2ZnO.$$

L'hydrate d'oxyde de zinc mélangé avec la poudre de zinc fournit l'hydrogène. La même réduction se produit aussi par voie humide, lorsqu'on traite l'anthraquinone par le zinc en poudre et l'acide chlorhydrique.

Les dérivés chlorés et bromés de l'anthracène oxydés par l'acide chromique ou l'acide azotique se transforment en dérivés chlorés et bromés de l'anthraquinone.

La *bibromanthraquinone*, $C^{14}H^6Br^2O^2$, peut être obtenue par l'action directe du brome sur l'anthraquinone ou par oxydation du tétrabromanthracène à l'aide de l'acide azotique ou de l'acide chromique et de l'acide acétique cristallisable ; elle cristallise en aiguilles d'un jaune clair et elle peut être sublimée en aiguilles sans éprouver de décomposition.

Elle est très-peu soluble dans l'alcool, davantage dans la benzine et le chloroforme. Fondue avec de l'hydrate de potasse, à une température de 250 à 270°, elle se convertit en alizarate de potasse, dont la formation est indiquée par la coloration violet-foncé de la masse fondue. Si l'on dissout celle-ci dans l'eau, l'alizarine s'en précipite, lorsqu'on sursature la liqueur par l'acide chlorhydrique ou l'acide sulfurique :

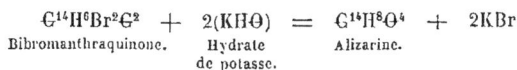

$$C^{14}H^6Br^2O^2 + 2(KHO) = C^{14}H^8O^4 + 2KBr$$

| Bibromanthraquinone. | Hydrate de potasse. | Alizarine. |

Cette réaction est importante pour l'industriel, parce qu'elle forme la base du premier de tous les procédés imaginés pour la préparation de l'alizarine artificielle.

La *monobromanthraquinone*, $C^{14}H^7BrO^2$, se prépare par oxydation du tribromanthracène.

Elle cristallise en aiguilles jaune clair, elle fond à 187°, elle peut être sublimée ; elle est peu soluble dans l'alcool et dans la benzine froide, assez facilement dans la benzine bouillante. Fondue avec de l'hydrate de potasse, elle se transforme d'abord en oxyanthraquinone et enfin en alizarine :

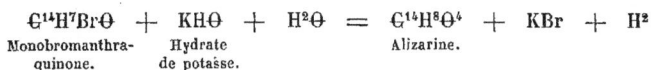

$$C^{14}H^7BrO + KHO + H^2O = C^{14}H^8O^4 + KBr + H^2$$

Monobromanthra-   Hydrate   Alizarine.
quinone.   de potasse.

La *bichloranthraquinone*, $C^{14}H^6Cl^2O^2$, s'obtient d'une manière semblable à la bibromanthraquinone par oxydation du tétrachloranthracène et elle ressemble tout à fait au composé bromé correspondant dans ses propriétés et ses réactions.

COMBINAISONS NITRÉES DE L'ANTHRACÈNE ET DE SES DÉRIVÉS

En faisant agir directement l'acide azotique, étendu ou concentré, on n'a encore obtenu à l'état pur aucun dérivé nitré de l'anthracène, parce que l'hydrocarbure s'oxyde beaucoup trop facilement et qu'il se transforme en anthraquinone, qui elle-même se convertit alors plus ou moins en nitroanthraquinone. *Bolley* a cependant montré que, lorsqu'on fait agir l'acide azotique en présence de l'alcool, il se forme du *mononitroanthracène*, $C^{14}H^9(AzO^2)$.

Si l'on chauffe au bain-marie avec de l'acide azotique de l'anthracène dissous dans l'alcool, ou bien si on abandonne le mélange pendant quelques heures à la lumière solaire directe, le liquide se colore en rouge, et le mononitroanthracène se sépare peu à peu sous forme d'un corps cristallin rouge, qui est difficilement soluble dans l'alcool et le benzol bouillants et insoluble à froid dans ces deux dissolvants.

Le corps se sublime en aiguilles rouges, qui ressemblent d'une manière frappante à l'alizarine sublimée ; dans une solution alcoolique bouillante il cristallise en aiguilles groupées en étoile.

Si l'on chauffe ce produit nitré avec du zinc et une lessive de potasse, le liquide se colore d'abord en rouge-foncé, puis en jaune, et en le traitant par l'alcool et en le précipitant par l'eau et l'acide chlorhydrique on peut en extraire un corps, qui est insoluble dans l'eau, facilement soluble dans l'alcool et la benzine et qui par sublimation peut être obtenu cristallisé en lamelles incolores.

Ces lamelles sont sans doute un amidodérivé de l'anthracène.

A côté du mononitroanthracène il se produit en même temps, surtout lorsqu'on emploie un excès d'acide azotique, un corps assez facilement soluble dans l'alcool et le benzol bouillants, qui se sublime en lamelles incolores et qui pourrait bien être le *binitroanthracène*, $C^{14}H^8 (AzO^2)^2 = C^{14}H^8Az^2O^4$.

Parmi les nitroanthraquinones, la *binitroanthraquinone*, $C^{14}H^6 (Az^2O^4)O^2 = C^{14}H^6 (AzO^2)^2O^2$), a été seule isolée et étudiée avec soin.

Il existe probablement plusieurs modifications isomériques de cette combinaison, elle a du moins été obtenue de différentes manières et décrite avec des propriétés différentes.

Anderson a obtenu une binitroanthraquinone sous forme d'une poudre cristalline rouge, en faisant bouillir pendant plusieurs jours de l'anthracène d'abord avec de l'acide azotique ordinaire, puis avec de l'acide fumant, et en traitant plusieurs fois le produit jaune résineux par de petites quantités d'alcool bouillant.

Le réactif de *Fritzche*, qui est le moyen le plus sûr pour reconnaître la pureté de l'anthracène, avec lequel il forme des lamelles rhomboïdales violet-rougeâtre, est également une binitroanthraquinone, $C^{14}H^6Az^2O^6 = C^{14}H^6(AzO^2)^2O^2$; on le prépare à l'aide d'un procédé assez long en faisant agir de l'acide azotique très-étendu sur l'anthracène. Nous ne donnerons ici que les indications les plus nécessaires, sans entrer dans le détail des opérations.

Dans un ballon on étend 500 centim. cubes d'acide azotique, d'un poids spécifique de 1,38 à 1,40, avec 2500 centim. cubes d'eau, on chauffe le mélange à 90°, puis on y ajoute 10 ou 15 grammes d'anthracène en poudre fine, en agitant fortement le tout sans interruption.

Le liquide devient de plus en plus foncé, il se dégage des vapeurs nitreuses, et l'anthracène se transforme en une masse floconneuse. En agitant fréquemment, on chauffe maintenant à l'ébullition, jusqu'à ce que le dégagement des vapeurs rouges ait cessé, puis on filtre rapidement. Il reste sur le filtre un corps volumineux de couleur jaune paille, consistant en un amas d'aiguilles et de lamelles microscopiques, qui sont formées d'anthraquinone et du réactif.

Pour séparer celui-ci, on dissout à l'ébullition 1 gram. du corps dans 1 litre d'alcool à 95 0/0 et on laisse refroidir à environ 25° la dissolution, filtrée, si c'est nécessaire. Le réactif presque pur cristallise alors en lamelles microscopiques faiblement rougeâtres, qui sont des tables quadrangulaires. On filtre rapidement, parce que le liquide alcoolique abandonné à lui-même pourrait encore déposer un peu d'anthraquinone, qui se mélangerait avec le réactif pur ou la binitroanthraquinone.

On obtient la binitroanthraquinone en plus grande quantité et plus facilement en mélangeant, d'après *Böttger*, 1 partie d'anthraquinone avec environ 16 parties d'un mélange à parties égales d'acide sulfurique concentré et d'acide azotique fumant, et en chauffant ensuite le tout en agitant continuellement; on peut laisser monter la température jusqu'à celle de l'ébullition.

Lorsque la solution est devenue claire, on la verse sous forme d'un mince filet dans une grande quantité d'eau, et la *binitroanthraquinone* pure se dépose en flocons volumineux blanc-jaunâtre, que l'on sépare par filtration, qu'on lave et qu'on dessèche.

En sublimant le produit avec beaucoup de précaution à 260°, on peut l'obtenir en cristaux microscopiques penniformes et qui sont des prismes monoclines avec facettes terminales biseautées.

La binitroanthraquinone est presque insoluble dans l'eau, à peine soluble dans l'éther, très-difficilement soluble dans l'alcool et la benzine, un peu plus soluble dans le chloroforme, elle se dépose de ce dernier liquide en petits cristaux grenus, d'un jaune pâle. Soumise à l'action de la chaleur, elle brunit, se ramollit, s'agglomère vers 250° et sublime à une température plus élevée. Lorsqu'on la chauffe brusquement dans une flamme, elle brûle assez tranquillement sans qu'il se sépare une trop grande quantité de charbon. Elle n'est pas attaquée par les lessives caustiques, mais lorsqu'on la fond avec de l'hydrate de potasse elle se transforme en une substance humique, et souvent il se forme aussi dans cette réaction une petite quantité d'alizarine.

Dérivés de la binitroanthraquinone.

Orange d'anthracène. — Si l'on traite la binitroanthraquinone par des corps réducteurs, le stannite de soude, le sulfure d'ammonium, le sulfure de sodium, elle se transforme en une matière colorante, l'*orange d'anthracène de Böttger* ; le procédé de *Böttger* est le suivant. On prépare d'abord l'agent réducteur, le stannite de soude, et dans ce but, on mélange avec une lessive de soude modérément concentrée une solution saturée et claire de proto-chlorure d'étain ($SnCl^2$), sel d'étain, qui doit contenir aussi peu que possible d'acide chlorhydrique libre et que sous forme d'un filet mince on verse dans la lessive en agitant continuellement, jusqu'à ce qu'il se produise dans la liqueur un trouble, résultant de la séparation de l'hydrate de protoxyde d'étain, qui ne se dissout plus.

On abandonne le tout au repos et l'on décante, on filtre le liquide clair. Avec celui-ci on arrose la binitroanthraquinone lavée et encore humide. Il se forme immédiatement un liquide coloré en un vert émeraude foncé magnifique, et, si l'on fait bouillir la liqueur sans interruption, l'orange d'anthracène se sépare au bout d'un temps très-court sous forme d'une poudre floconneuse abondante et d'un rouge cinabre. Si on humecte le pigment avec de l'eau, si on le dessèche et si on le soumet à la sublimation au bain de sable dans un creuset de porcelaine, on le voit entrer en fusion à environ 235° et dès cette température, et encore mieux à 260°, il sublime en cristaux aiguillés penniformes, d'un rouge grenat magnifique, qui, au microscope, se présentent sous formes de rhombes allongés et rectangulaires et à reflets métalliques verdâtres.

L'orange d'anthracène n'est autre chose que la *diamidoanthraquinone,* $C^{14}H^{10}Az^2O^2 = C^{14}H^6(AzH^2)^2O^2$.

Les meilleurs dissolvants sont : l'éther acétique, l'acétone, le chloroforme, l'aldéhyde, l'éther, l'alcool, l'esprit de bois, la benzine, l'hydrate d'oxyde d'amyle. Il est un peu soluble dans le sulfure de carbone, insoluble dans le pétrole, le naphte ou la ligroïne.

A la température ordinaire, l'acide sulfurique à 66° Baumé le dissout avec une grande facilité, sans le décomposer (même si l'on fait bouillir), et il se forme un liquide jaune brunâtre, duquel il se sépare en une masse floconneuse d'un très-beau rouge, lorsqu'on ajoute une grande quantité d'eau.

Il se dissout aussi à la température ordinaire, sans se décomposer, dans l'acide azotique d'un poids spécifique de 1,2. Mais si on le traite à chaud pendant quelque temps avec une solution d'azotate de bioxyde de mercure, il se transforme en une poudre colorée en violet foncé, qui se dissout dans l'éther avec la même couleur.

L'orange d'anthracène n'est pas attaqué par une solution de potasse ou de soude. Il devient très-électrique lorsqu'on le broie.

Si au lieu de chauffer le liquide coloré en vert émeraude, que l'on obtient au commencement de la préparation du rouge d'anthracène, on le verse immédiatement dans de l'acide sulfurique étendu, il se produit un précipité floconneux rouge-brunâtre, qui, séparé par filtration, lavé et desséché, puis dissous dans l'alcool, laisse, après l'élimination de l'alcool, une matière colorante brune, et celle-ci dissoute dans l'éther acétique ou l'alcool donne un liquide rouge pourpre foncé.

Si l'on traite l'orange d'anthracène en solution alcoolique par de l'acide nitreux, il se dépose des flocons jaunâtres, qui ne sont autre chose que de l'anthraquinone régénérée.

Si l'on emploie une solution dans l'éther ordinaire ou dans l'éther acétique, l'acide nitreux précipite immédiatement une poudre ténue, d'un brun violacé, qui, d'après *Böttger* et *Petersen*, a pour formule $C^{14}H^8Az^4O^4$, et qui est assez facilement soluble non-seulement dans l'alcool, mais même dans l'eau, avec une couleur violet rouge-foncé magnifique. En la chauffant (à 68°) elle se décompose subitement avec légère détonation et dépôt abondant d'un charbon volumineux.

Si l'on dissout l'orange d'anthracène dans le chloroforme et si l'on soumet cette dissolution à l'action de l'acide azoteux, il se précipite un corps brun, presque insoluble dans l'eau, mais s'y altérant lentement en produisant un faible dégagement de gaz, en partie soluble dans l'alcool, avec coloration brun clair et auquel on a attribué la formule $C^{14}H^6Az^6O^6$. Chauffée, cette substance détone plus fortement que la précédente.

Böttger et *Petersen*, en faisant passer un fort courant d'acide nitreux dans une solution d'orange d'anthracène dans l'acide acétique, croient avoir obtenu le corps $C^{14}H^6Az^6O^8$ sous forme d'une poudre brune, résineuse, qui déjà, lors du broyage, détonait violemment.

Si, d'après *Auerbach*, on fait bouillir pendant longtemps de la binitroanthraquinone avec de l'aniline, celle-ci se colore en rouge-brun foncé, et le tout se dissout dans l'eau chaude avec la même couleur. Si à la place de l'eau on emploie de l'acide chlorhydrique, le liquide se colore d'abord en jaune sale, puis en rouge, et en même temps il se forme des flocons résineux noirs, qui se dissolvent dans le sulfure de carbone avec une magnifique couleur rouge de fuchsine. Cette couleur ne peut être enlevée au sulfure de carbone ni par l'eau pure, ni par l'eau acidulée.

Si l'on traite la solution sulfocarbonique par l'alcool, celui-ci se colore également en beau rouge, et il s'y précipite une poudre jaune lorsqu'on ajoute du carbonate de soude.

Auerbach a aussi observé que la binitroanthraquinone réagit énergiquement sur le cyanure de potassium, et il se forme, suivant les circonstances, des combinaisons brun-violet ou rouge-orange.

Si, d'après *Böttger* et *Petersen*, on dissout de la binitroanthraquinone dans 16 ou 18 parties d'acide sulfurique concentré et si on chauffe, on remarque que vers 200° il commence à se produire un dégagement assez abondant d'acide sulfureux ; en même temps la couleur du liquide vire du jaune brun au brun rouge foncé. La réaction devient de plus en plus vive, aussi faut-il cesser de chauffer pendant quelque temps ; lorsqu'elle s'est calmée on chauffe de nouveau avec beaucoup de précaution, jusqu'à ce que le dégagement d'acide sulfureux ait entièrement cessé.

La masse un peu refroidie, versée dans l'eau froide, laisse déposer des flocons rouge-brun foncé, qui séparés par filtration et lavés se dissolvent dans les solutions alcalines étendues avec une couleur violet-bleu foncé, et qui en sont précipités par un acide.

Enfin, on purifie le corps en le dissolvant et en le faisant cristalliser dans l'alcool. On l'obtient ainsi en petits grains agglomérés d'un violet foncé ou en croûtes brillantes d'un brun violacé à reflets métalliques.

Il peut être considéré comme de *l'alizarine biimidée*, $C^{14}H^8Az^2O^4$ $= C^{14}H^6(AzH)^2O^4$.

Ce nouveau pigment est peu soluble dans l'eau, à laquelle il communique une couleur fleur de pêcher ; il se dissout facilement dans l'alcool, l'éther, le chloroforme, l'éther acétique, la glycérine, un peu plus difficilement dans la benzine, en donnant des solutions d'un rouge-violet magnifique.

Il se sépare de ces solutions soit en grains cristallisés violet-rougeâtre, soit en croûtes à reflets de scarabés dorés. L'acide acétique le dissout avec une teinte rouge fuchsine, l'acide sulfurique avec une couleur rouge hyacinthe, et les alcalis avec une coloration bleu violacé. Il teint le coton en violet, même sans mordants. Sous l'influence des agents réducteurs la matière colorante passe d'abord au rouge, puis au brun.

Lorsqu'on chauffe le corps, il fond en un liquide violet rougeâtre, puis apparaissent des vapeurs rouge-violacé, d'une odeur spéciale, analogues à celles de l'indigo. Mais une petite partie seulement se sublime en croûtes cristallines d'un violet rougeâtre ; la majeure partie se carbonise.

Sous l'influence de la potasse caustique en fusion, il se dégage de l'ammoniaque. La masse fondue reste longtemps colorée en bleu-violet, mais elle ne paraît pas renfermer de l'alizarine.

ACTION DE L'ACIDE SULFURIQUE SUR L'ANTHRACÈNE ET SES DÉRIVÉS.

Les sulfodérivés de l'anthracène ont une très-grande importance au point de vue industriel, parce qu'ils constituent, du moins pour le moment actuel, la base de la fabrication de l'alizarine artificielle.

Malheureusement leur histoire offre encore de très-nombreuses lacunes, qui, il faut l'espérer, ne tarderont pas à être comblées.

Acides sulfanthracéniques. — L'anthracène tout à fait pur se dissout à une douce chaleur, et même à froid, dans l'acide sulfurique cencentré pur, auquel il communique une couleur jaune. Mais si l'hydrocarbure est tant soit peu impur, ou si l'acide sulfurique contient des traces d'acide azoteux, la solution a une coloration vert foncé, tirant plus ou moins sur le noir gris.

Si l'on chauffe plus fortement, il se dégage beaucoup de vapeurs sulfureuses. Si l'on ne prend pas un grand excès d'acide sufurique (le mieux est d'employer l'acide fumant), environ 2 parties 1/2 à 3 parties pour 1 partie d'anthracène, si l'on ne chauffe que doucement et pas trop longtemps, il se forme surtout de l'acide *monosulfantkracénique*, $C^{14}H^{10}$, $SO^3 = C^{14}H^9$, SO^3,H.

Si l'on prend un grand excès d'acide sulfurique, par exemple, 4 parties pour 1 partie d'anthracène, si l'on chauffe pendant 2 heures au bain-marie, puis pendant 1/2 heure ou 1 heure à 150°, il se forme de l'acide *bisulfanthracénique*, $C^{14}H^{10}$, $2SO^3 = C^{14}H^8(SO^3H)^2$.

On reconnaît que l'acide sulfanthracénique a pris naissance, lorsqu'un échantillon de la solution sulfurique versé dans une grande quantité d'eau s'y dissout complétement, sans qu'il se produise un précipité notable d'anthracène.

Pour obtenir l'acide sulfanthracénique dans un état de pureté suffisant, on verse le liquide acide contenant de l'acide sulfurique en excès dans une quantité d'eau assez grande, on filtre la solution aqueuse pour séparer ce qui ne s'est pas dissous, et on la traite à chaud par le carbonate de chaux, de baryte ou de plomb, afin de séparer l'acide sulfurique à l'état de sulfate difficilement soluble ou insoluble, et que l'acide sulfoconjugué reste seul dans le liquide.

En évaporant celui-ci on obtient ordinairement l'acide sulfanthracénique sous forme d'une masse gommeuse, acide et de couleur plus ou moins foncée.

On n'a encore aucune connaissance relativement aux propriétés de l'acide monosulfanthracénique et de ses combinaisons salines.

On peut dire presque la même chose de l'acide bisulfanthracénique, bien que l'acide brut soit préparé en grandes quantités.

On sait seulement que sous l'influence des réactifs oxydants (comme l'acide chromique, le chromate de potasse, l'acide azotique, l'azotate de bioxyde de mercure, le peroxyde de manganèse), dont l'action est favorisée par l'acide sulfurique en excès non séparé, il se transforme facilement en acide bisulfanthraquinonique. L'acide monosulfanthracénique donne dans les mêmes circonstances de l'acide monosulfanthraquinonique.

Acides sulfochloranthracénique et sulfobromanthracénique.

Acide bisulfobichloranthracénique. — $C^{14}H^8Cl^2$, $2SO^3$ ou $C^{14}H^6Cl^2\begin{cases} HSO^3 \\ HSO^3 \end{cases}$. — Si à du bichloranthracène, qui peut être obtenu en longues aiguilles jaunes, brillantes et fondant à 209°, on ajoute environ cinq fois son poids d'acide sulfurique fumant, et si l'on chauffe doucement pendant très-peu de temps au bain-marie, le bichloranthracène se dissout avec une coloration verte. Si l'on verse dans l'eau la solution verte refroidie, la coloration verte passe au jaune. Avec le carbonate de baryte on précipite tout l'acide sulfurique libre, on filtre et on évapore.

Si la concentration a été poussée assez loin, le liquide en se refroidissant laisse déposer l'acide bisulfobichloroanthracénique en aiguilles rouge-jaunâtre.

Cet acide est facilement soluble dans l'eau et il offre une fluorescence bleue magnifique, bien que la solution soit jaune-orange.

C'est un acide bibasique, qui forme par conséquent deux séries de sels.

Le *sel neutre de sodium*, $C^{14}H^6Cl^2(SO^3Na)^2$, est facilement soluble et il donne des petits cristaux jaune-orange.

Desséché à 150°, ce sel est anhydre.

Le *sel barytique*, $C^{14}H^6Cl^2(SO^3)^2Ba$, est jaune, peu soluble dans l'eau et il peut être obtenu, sous forme d'un précipité cristallin, par double décomposition du sel de sodium avec le chlorure de baryum.

Le *sel de strontium*, $(C^{14}H^6Cl^2 (SO^3)^2Sr$, forme des croûtes cristallinés assez peu solubles dans l'eau.

Le *sel de calcium* est jaune et facilement soluble.

L'acide bisulfobichloranthracénique est converti avec la plus grande facilité par les agents oxydants en acide bisulfanthraquinonique. L'acide sulfurique lui-même peut agir comme corps oxydant. En effet, si lors de la préparation de l'acide, après la production de la coloration verte, on continue à chauffer, celle-ci disparaît subitement, et elle est remplacée par une teinte rouge fuchsine. Si à ce moment on ajoute de l'eau, une certaine quantité de bichloranthracène est encore précipitée, non altérée. Mais, en continuant à chauffer, la teinte rouge disparaît à son tour; il se dégage de l'acide chlorhydrique et de l'acide sulfureux, et l'on a maintenant de l'acide bisulfanthraquinonique en dissolution.

Les équations suivantes représentent ces réactions :

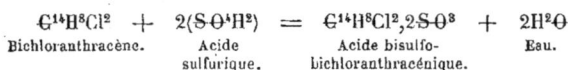

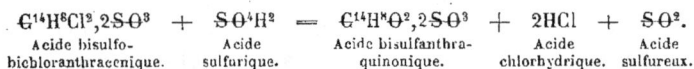

$$C^{14}H^8Cl^2 + 2(SO^4H^2) = C^{14}H^8Cl^2,2SO^3 + 2H^2O$$

Bichloranthracène. Acide sulfurique. Acide bisulfo-bichloranthracénique. Eau.

$$C^{14}H^8Cl^2,2SO^3 + SO^4H^2 = C^{14}H^xO^2,2SO^3 + 2HCl + SO^2.$$

Acide bisulfo-bichloranthracénique. Acide sulfurique. Acide bisulfanthra-quinonique. Acide chlorhydrique. Acide sulfureux.

En présence de l'acide chromique, du peroxyde de manganèse, de l'acide azotique, cette transformation est beaucoup plus rapide.

Acide bisulfobibromanthracénique, $C^{14}H^8Br^2,2SO^3 = C^{14}H^6Br^2 \begin{cases} HSO^3 \\ HSO^3 \end{cases}$. — Cet acide se forme de la même manière que le précédent, il possède les mêmes propriétés, et ses sels ressemblent également à ceux de l'acide bisulfobichloranthracénique.

Le *sel de sodium*, $C^{14}H^6Br^2 (SO^3Na)^2$, cristallise en aiguilles microscopiques jaune-rougeâtre, très-solubles dans l'eau.

Le *sel barytique*, obtenu par double décomposition, est un précipité jaune, cristallin, très-peu soluble dans l'eau.

L'acide bisulfobibromanthracénique, chauffé fortement avec de l'acide sulfurique, avec ou sans addition d'agents oxydants, se transforme aussi très-facilement en acide bisulfanthraquinonique.

Acides sulfanthraquinoniques.

L'anthraquinone, $C^{14}H^8O^2$, traitée par l'acide sulfurique concentré donne également, suivant les proportions de l'anthraquinone et de l'acide, la température et la durée du chauffage, deux sulfacides, l'acide monosulfanthraquinonique et l'acide bisulfanthraquinonique.

Acide monosulfanthraquinonique. — Pour préparer l'*acide monosulfanthraquinonique*, $C^{14}H^8O^2$, $SO^3 = C^{14}H^7O^2$, SO^3H, on dissout, à 100°, 1 partie d'anthraquinone dans 2 ou 3 parties d'acide sulfurique concentré, puis on chauffe la dissolution à 250 ou 260°, jusqu'à ce qu'un échantillon dissous dans l'eau ne laisse plus déposer d'anthraquinone.

Par le refroidissement le liquide se prend en une masse solide, parce que l'acide monosulfanthraquinonique, de même que l'acide bisulfanthraquinonique, est difficilement soluble dans un excès d'acide sulfurique; pour cette raison, il est préférable de verser avec précaution et en un filet mince la solution acide encore chaude dans de l'eau tiède. On sature avec un lait de chaux ou de la craie en poudre, afin de précipiter l'excès d'acide sulfurique à l'état de sulfate de chaux; la solution filtrée contient du monosulfanthraquinonate de chaux. On extrait ce sel par concentration et on le purifie par cristallisation.

L'acide sulfurique peut en séparer l'acide à l'état de liberté. Si l'on n'opère que sur de petites quantités, il est plus convenable de préparer, au lieu du sel de chaux, le sel de baryte, bien que celui-ci ne soit pas très-soluble même dans l'eau chaude; en procédant ainsi, l'acide pur peut être plus facilement préparé à l'état libre.

On obtient également l'acide monosulfanthraquinonique en oxydant l'acide monosulfanthracénique, ainsi que les acides monosulfobichloranthracénique et bibromanthracénique.

L'*acide monosulfanthraquinonique* pur cristallise en lamelles jaunes; il est extrêmement soluble dans l'eau bouillante, facilement soluble dans l'eau froide et dans l'alcool, insoluble dans l'éther. L'addition d'un peu d'acide sulfurique ou chlorhydrique produit dans la solution aqueuse concentrée un précipité cristallin d'acide monosulfanthraquinonique, qui est moins soluble dans ce liquide acide que dans l'eau pure.

Le *monosulfanthraquinonate de baryte*, $[C^{14}H^7O^2SO^3]^2Ba + H^2O$, est très-peu soluble dans l'eau froide, un peu plus dans l'eau bouillante, et il cristallise en lamelles jaunes.

Le sel de chaux correspondant est également jaune et notablement plus soluble que le sel barytique. L'eau bouillante n'en dissout pas beaucoup plus que l'eau froide.

Le sel de soude, obtenu par double décomposition des sels précédents à l'aide du carbonate de soude, est très-soluble dans l'eau bouillante, beaucoup moins dans l'eau froide ; les solutions sont jaune-rougeâtre. Les petits cristaux du sel sont d'un jaune pur.

Le *monosulfanthraquinonate de soude*, $C^{14}H^7O^2$, SO^3Na, fondu avec de l'hydrate de potasse ou de soude, fournit des dérivés très-intéressants et très-importants.

Si l'hydrate alcalin n'est pas employé en trop grand excès et si l'on évite une température trop élevée, on obtient un produit rouge, qui se dissout dans l'eau avec une couleur rouge-orange, et les acides sulfurique ou chlorhydrique étendus précipitent de cette dissolution des flocons volumineux, qui sont de la *monoxyanthraquinone (acide anthraflavique)* :

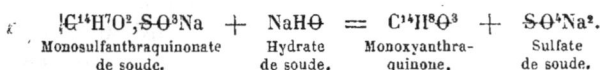

$$C^{14}H^7O^2,SO^3Na \; + \; NaHO \; = \; C^{14}H^8O^3 \; + \; SO^4Na^2.$$

| Monosulfanthraquinonate de soude. | Hydrate de soude. | Monoxyanthra- quinone. | Sulfate de soude. |

Mais si l'on emploie un excès d'hydrate alcalin, et si l'on chauffe plus fortement et plus longtemps, la couleur de la masse passe peu à peu du rouge au violet foncé, et, en dissolvant celle-ci dans l'eau et sursaturant par un acide, il se précipite des flocons rouge-orange, qui ne sont autre chose que de la *bioxyanthraquinone* ou *alizarine* :

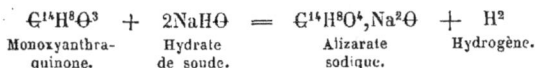

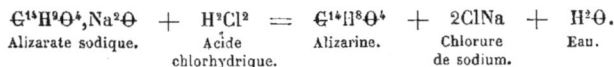

$$C^{14}H^8O^3 \; + \; 2NaHO \; = \; C^{14}H^8O^4,Na^2O \; + \; H^2$$

| Monoxyanthra- quinone. | Hydrate de soude. | Alizarate sodique. | Hydrogène. |

$$C^{14}H^9O^4,Na^2O \; + \; H^2Cl^2 \; = \; C^{14}H^8O^4 \; + \; 2ClNa \; + \; H^2O.$$

| Alizarate sodique. | Acide chlorhydrique. | Alizarine. | Chlorure de sodium. | Eau. |

Les deux réactions s'opèrent presque toujours simultanément, de telle sorte que la monoxyanthraquinone est presque constamment mélangée de plus ou moins d'alizarine.

La monoxyanthraquinone s'obtient également en faisant fondre la monobromanthraquinone avec de la potasse caustique :

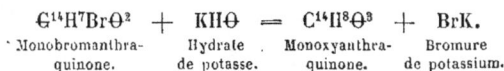

$$C^{14}H^7BrO^2 \; + \; KHO \; = \; C^{14}H^8O^3 \; + \; BrK.$$

| Monobromanthra- quinone. | Hydrate de potasse. | Monoxyanthra- quinone. | Bromure de potassium. |

Mais, évidemment, encore ici, il est difficile d'éviter qu'il ne se forme de l'alizarine par une oxydation ultérieure.

Pour séparer la monoxyanthraquinone de l'alizarine, on transforme les deux corps en combinaisons barytiques ou calcaires.

Les combinaisons de l'alizarine (laques de baryte ou de chaux) sont à peu près insolubles dans l'eau, tandis que celles de la monoxyanthraquinone y sont plus ou moins solubles, surtout à chaud. Après avoir filtré la solution, on la précipite par l'acide chlorhydrique. Pour rendre la séparation de l'alizarine parfaite, on répète cette opération. La monoxyanthraquinone ainsi obtenue est enfin lavée, desséchée et purifiée par sublimation ou cristallisation dans l'alcool.

Elle sublime en lamelles d'un jaune citron et cristallise dans l'alcool ou dans l'éther en fines aiguilles jaunes. Elle est à peine soluble dans l'eau froide, elle se dissout un peu dans l'eau bouillante, mais assez facilement dans l'alcool et dans l'éther. Elle se dissout aussi dans l'acide sulfurique avec une couleur brun-rouge, mais elle en est précipitée inaltérée par l'eau. La monoxyanthraquinone ne teint pas le calicot mordancé. A l'égard des métaux elle se comporte comme un acide monobasique faible. Ses combinaisons alcalines se dissolvent facilement dans l'eau avec une couleur jaune rougeâtre.

Le sel de baryte se dépose de sa solution aqueuse saturée à l'ébullition en aiguilles jaunes microscopiques. Il n'est pas très-soluble dans l'eau, cependant plus à chaud qu'à froid, il est insoluble dans l'alcool.

Les conditions de la formation de la monoxyanthraquinone expliquent pourquoi on doit souvent rencontrer ce corps dans l'alizarine artificielle du commerce, surtout dans celle qui se dissout dans les lessives caustiques de potasse ou de soude, non pas avec une teinte violet bleuâtre, mais une coloration violet rougeâtre.

Schunck, de Manchester, ayant examiné une pareille alizarine artificielle en isola le principe colorant jaune mélangé à l'alizarine proprement dite, et il lui donna le nom d'*acide anthraflavique*, en lui assignant la formule $C^{13}H^{10}O^4$.

Mais il ne peut exister le moindre doute que cette formule ne soit erronée et que l'acide anthraflavique et la monoxyanthraquinone ne soient une seule et même substance.

Acide bisulfanthraquinonique. — L'*acide bisulfanthraquinonique*, $C^{14}H^8O^2$, $2SO^3 = C^{14}H^6O^2 \begin{cases} SO^3H \\ SO^3H \end{cases}$, s'obtient en dissolvant 1 partie d'anthraquinone dans 3 ou 5 parties d'acide sulfurique très-concentré et chauffant assez longtemps le mélange à 270 ou 290°. Par le refrodissement la solution se prend en une masse presque solide, l'acide bisulfanthraquinonique étant très-peu soluble dans l'acide sulfurique.

Pour préparer l'acide pur, on procède comme pour l'acide monosulfanthraquinonique ; on dissout la masse dans l'eau bouillante, on sature par le carbonate de baryte, on filtre pour séparer le sulfate barytique et l'on évapore à cristallisation la solution de bisulfanthraquinonate de baryte. Le sel purifié est redissous dans l'eau et ensuite précipité par la quantité d'acide sulfurique exactement nécessaire pour former du sulfate de baryte.

L'acide bisulfanthraquinonique se forme également par oxydation des acides bisulfobichloranthracénique et bisulfobibromanthracénique, à l'aide de l'acide chromique, de l'acide azotique et des autres corps oxydants, ou même si on les chauffe simplement avec un excès d'acide sulfurique.

Pour obtenir de grandes quantités de cet acide, qui alors est impur, on procède le plus ordinairement par oxydation de l'acide bisulfanthracénique brut :

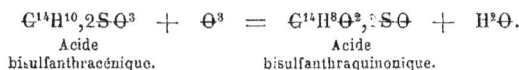

$$\mathrm{C^{14}H^{10},2SO^3} \;+\; O^3 \;=\; \mathrm{C^{14}H^8O^2,2SO} \;+\; H^2O.$$

Acide
bisulfanthracénique.   Acide
bisulfanthraquinonique.

Comme agent oxydant on peut employer l'acide chromique, le chromate de potasse, le peroxyde de manganèse, l'acide azotique, l'azotate de bioxyde de mercure, etc.

L'acide bisulfanthraquinonique brut ainsi obtenu est transformé en sel calcaire par saturation avec un lait de chaux, et la majeure partie des éléments étrangers est ainsi éliminée.

En décomposant le sel de chaux encore impur à l'aide du sulfate ou du carbonate de soude, on obtient le bisulfanthraquinonate de soude employé dans l'industrie.

L'acide bisulfanthraquinonique pur est plus soluble dans l'eau que le monosulfacide, il cristallise en aiguilles jaunes. Les sels sont également plus solubles que les sels correspondants du monosulfacide ; à l'état solide ils sont jaunes, en dissolution ils sont d'un jaune un peu orangé. La nuance orangée est plus prononcée pour les sels alcalins que pour ceux des autres bases.

Le *bisulfanthraquinonate barytique*, $\mathrm{C^{14}H^6O^2Ba}$, $2SO^3$, est peu soluble dans l'eau froide, plus dans l'eau chaude, et il se sépare de la solution en petits cristaux jaunes.

Le sel plombique, $C^{14}H^6O^2Pb, 2SO^3$, se présente sous forme de croûtes jaunes, qui sont peu solubles dans l'eau froide, mais assez solubles dans l'eau bouillante.

Si l'on fond le sel de potasse ou de soude avec de la potasse ou de la soude caustique, il se convertit en alizarine, qui forme avec l'alcali une combinaison soluble dans l'eau et qui peut être précipitée de la solution en flocons jaune orange, par une addition d'acide chlorhydrique ou sulfurique.

Mais on observe aussi dans cette réaction, comme cela a lieu pour l'acide monosulfanthraquinonique, la formation d'un corps intermédiaire; en effet, l'acide bisulfanthraquinonique, $C^{14}H^6O^2\begin{cases}SO^3H \\ SO^3H\end{cases}$, ne perd d'abord qu'un seul de ses résidus SO^3H, en l'échangeant contre de l'hydroxyle HO.

Il se forme ainsi le composé :

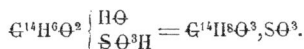

$$C^{14}H^6O^2\begin{cases}HO \\ SO^3H\end{cases} = C^{14}H^8O^3, SO^3.$$

Il a reçu de *Perkin*, qui l'a découvert, le nom d'*acide sulfoxyanthraquinonique*.

Cet acide, sous l'influence de l'hydrate de potasse en fusion, échange son second résidu SO^3H contre de l'hydroxyle HO, et il se transforme enfin en alizarine :

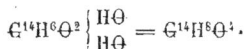

$$C^{14}H^6O^2\begin{cases}HO \\ HO\end{cases} = C^{14}H^8O^4.$$

Ces réactions successives se laissent apercevoir très-facilement dans le cours de l'opération, par les changements successifs de coloration.

En fondant le bisulfanthraquinonate de potasse avec de la potasse caustique, on remarque que la teinte rouge orangé primitive passe peu à peu au bleu foncé.

A ce moment le sulfoxyanthraquinonate de potasse (qui est bleu) se trouve formé :

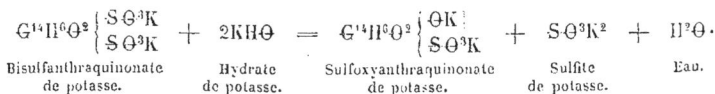

$$C^{14}H^6O^2\begin{cases}SO^3K \\ SO^3K\end{cases} + 2KHO = C^{14}H^6O^2\begin{cases}OK \\ SO^3K\end{cases} + SO^3K^2 + H^2O.$$

| Bisulfanthraquinonate de potasse. | Hydrate de potasse. | Sulfoxyanthraquinonate de potasse. | Sulfite de potasse. | Eau. |

En continuant à chauffer on voit la coloration bleue de la masse

se changer en une couleur violet foncé, qui est celle de l'alizarate potassique :

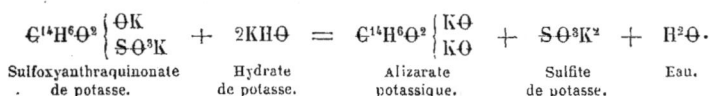

$$C^{14}H^6O^2\begin{Bmatrix}OK\\SO^3K\end{Bmatrix} + 2KHO = C^{14}H^6O^2\begin{Bmatrix}KO\\KO\end{Bmatrix} + SO^3K^2 + H^2O.$$

| Sulfoxyanthraquinonate de potasse. | Hydrate de potasse. | Alizarate potassique. | Sulfite de potasse. | Eau. |

L'alizarate potassique décomposé par l'acide chlorhydrique donne
du chlorure de potassium et de l'alizarine :

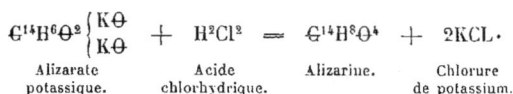

$$C^{14}H^6O^2\begin{Bmatrix}KO\\KO\end{Bmatrix} + H^2Cl^2 = C^{14}H^8O^4 + 2KCL.$$

| Alizarate potassique. | Acide chlorhydrique. | Alizarine. | Chlorure de potassium. |

Pour préparer l'*acide sulfoxyanthraquinonique* pur, on procède
de la manière suivante :

On chauffe le mélange de bisulfoxyanthraquinonate de potasse
et de 2 ou 3 parties de potasse caustique, jusqu'à ce que la masse
fondue commence à passer du bleu au violet, c'est-à-dire jusqu'à
ce qu'il se soit formé un peu d'alizarine, afin d'être sûr que tout
l'acide bisulfanthraquinonique est décomposé. Sans cela, la préparation de l'acide sulfoxyanthraquinonique pur serait rendue très-
difficile.

Après avoir dissous la masse dans l'eau, on sursature par l'acide
chlorhydrique, qui précipite l'alizarine, tandis que l'acide sulfoxyanthraquinonique soluble dans l'eau reste en dissolution.

On sépare l'alizarine par filtration et l'on ajoute du chlorure de
baryum au liquide filtré. On chauffe à l'ébullition, on filtre de
nouveau (afin de séparer le sulfate barytique et les autres corps insolubles) et on laisse refroidir. Si les liquides sont concentrés, il
se précipite des cristaux d'un sel de baryte jaune peu soluble. Dans
le cas contraire, on concentre les liqueurs au bain-marie.

Le sel barytique, qui est du sulfoxyanthraquinonate de baryte,
est purifié par recristallisation, le sel pur est dissous dans l'eau, et
on précipite exactement la baryte à l'état de sulfate avec de l'acide
sulfurique étendu.

On évapore au bain-marie la solution filtrée et on laisse cristalliser l'acide sulfoxyanthraquinonique pur qui se dépose en petits
cristaux jaunes, facilement solubles dans l'eau et l'alcool, insolubles dans l'éther.

L'acide est bibasique, et il forme deux séries de sels, des sels neutres, dans lesquels deux H sont remplacés par le métal et qui ont une couleur bleue, des sels acides où l'hydrogène de SO^3H est seul remplacé par le métal et qui sont d'une teinte jaune orange.

Ainsi, par exemple, le sel de potasse bleu a pour formule :

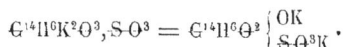

$$C^{14}H^6K^2O^3, SO^3 = C^{14}H^6O^2 \begin{cases} OK \\ SO^3K \end{cases}.$$

En ajoutant à la solution aqueuse bleue un peu d'acide chlorhydrique, la nuance bleue disparaît, et la teinte devient orange, par suite de la formation du sel de potasse acide, dont la formule est :

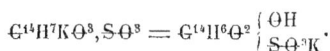

$$C^{14}H^7KO^3, SO^3 = C^{14}H^6O^2 \begin{cases} OH \\ SO^3K \end{cases}.$$

En ajoutant un excès d'acide chlorhydrique, la couleur orange passe au jaune, l'acide lui-même étant mis en liberté :

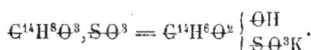

$$C^{14}H^8O^3, SO^3 = C^{14}H^6O^2 \begin{cases} OH \\ SO^3K \end{cases}.$$

Le sel de baryte jaune, dont la préparation vient d'être décrite, est le sel acide, $(C^{14}H^7O^3, SO^3)^2 Ba = [C^{14}H^6O^2, OH, SO^3]^2 Ba$; il est assez facilement soluble, avec une couleur orange, dans l'eau bouillante, beaucoup moins soluble dans l'eau froide et encore moins soluble dans l'acide chlorhydrique étendu.

Si à la solution aqueuse de ce sel on ajoute de l'eau de baryte, il se forme un précipité bleu insoluble qui est le sel barytique neutre ayant pour formule :

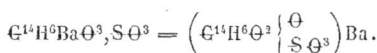

$$C^{14}H^6BaO^3, SO^3 = \left(C^{14}H^6O^2 \begin{cases} O \\ SO^3 \end{cases} \right) Ba.$$

Si l'on traite le précipité bleu par l'acide chlorhydrique, la couleur bleue disparaît; l'acide chlorhydrique s'empare de la moitié de la baryte et régénère le sulfoxyanthraquinonate acide de baryte jaune orange et soluble dans l'eau.

Alizarine.

$$\left(C^{14}H^8O^4 = C^{14}H^6O^2 \begin{cases} HO \\ HO \end{cases}. \right)$$

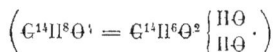

De tous les dérivés de l'anthracène ou de l'anthraquinone, l'*alizarine* est sans contredit la combinaison la plus importante et la plus intéressante.

L'alizarine se trouve dans les racines sèches de certaines plantes de la famille des rubiacées, et elle constitue le principal pigment de la garance [1].

La constitution et la formule de l'alizarine ayant été déterminées de la manière la plus exacte par les recherches récentes, il n'est pas inutile de mentionner ici quelques-unes des anciennes hypothèses relatives à son existence et à sa formation dans la racine de garance.

Dans la racine fraîche de garance on ne rencontre ni alizarine ni purpurine, mais il s'y trouve quelques glucosides, qui sous l'influence de l'eau et d'un ferment contenu dans la plante se dédoublent avec la plus grande facilité en sucre fermentescible et en alizarine ou en purpurine.

Le glucoside, qui en se dissolvant donne naissance à l'alizarine, est la *rubiane* ou *l'acide rubérythrique*.

L'autre glucoside, qui produit la *purpurine* (voyez page 348), est encore tout à fait inconnu, et nous ne possédons encore aucune indication sur ses propriétés et sa composition. On sait seulement que le glucoside de la purpurine est bien plus altérable et plus instable que celui de l'alizarine ou l'acide rubérythrique.

Et en effet, lorsque, d'après le procédé imaginé par *E. Kopp* pour la préparation de l'alizarine verte et de la purpurine, on épuise la racine fraîche de garance avec une solution aqueuse d'acide sulfureux, la présence de cet acide empêche le ferment d'agir sur les glucosides de la garance, et ceux-ci se dissolvent inaltérés.

Mais dans cette dissolution les acides minéraux ont toujours la propriété de produire le dédoublement des glucosides.

Si l'on abandonne pendant longtemps à elle-même la solution sulfureuse contenant les glucosides, de manière à ce que le contact de l'air transforme une partie de l'acide sulfureux en acide sulfurique, ou bien si l'on ajoute à la solution 2 ou 3 0/0 d'acide sulfurique ou d'acide chlorhydrique, et, si l'on chauffe doucement (à 30 ou 35°), le dédoublement du glucoside de la purpurine a lieu immédiatement, et de la purpurine se précipite (avec de la pseudopurpurine).

Mais dans ces circonstances l'acide rubérythrique n'éprouve aucune altération. Après la séparation de la purpurine, le liquide

---

[1] Voyez *R. Wagner*, Nouveau traité de chimie industrielle, traduit de l'allemand par le docteur *L. Gautier*, Paris 1873 (t. II, p. 447).

peut être conservé très-longtemps, sans qu'il se dépose une trace d'alizarine.

Lorsqu'on n'a pas ajouté d'acide sulfurique et que toute la purpurine s'est séparée du liquide abandonné à un long repos (dans lequel cas elle se dépose toujours sous forme d'un précipité lourd, demi-cristallin et de couleur rouge cinabre), l'eau mère peut même être concentrée à l'état sirupeux à une douce chaleur, sans qu'il se dépose de l'alizarine. La solution rouge-jaune ne prend que peu à peu une coloration vert-foncé.

Elle peut être conservée ainsi pendant des années. Si on l'étend avec de l'eau, tout se dissout en donnant un liquide vert clair. Si maintenant on ajoute 3 ou 4 0/0 d'acide sulfurique et si l'on chauffe à l'ébullition pendant 2 ou 3 heures, l'acide rubérythrique (et en même temps l'acide rubichlorique) se dédouble, et il se précipite de l'alizarine colorée en vert-noirâtre par de la chlorrubine. Afin de rendre compte de la formation de l'alizarine, la formule de l'acide rubérythrique doit être modifiée de la manière suivante.

A la place de la formule de *Rochleder*, $C^{36}H^{40}O^{20}$, ou de celle de *Strecker*, $C^{16}H^{18}O^{9}$, *Graebe* et *Liebermann* ont proposé pour cet acide la formule $C^{26}H^{28}O^{14}$.

Le dédoublement de l'acide rubérythrique en alizarine et en sucre serait maintenant représenté par l'équation suivante :

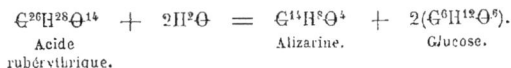

$$C^{26}H^{28}O^{14} \ + \ 2H^2O \ = \ C^{14}H^8O^4 \ + \ 2(C^6H^{12}O^6).$$

Acide rubérythrique.   Alizarine.   Glucose.

Si l'on démontre pour la purpurine l'exactitude de la formule $C^{14}H^8O^5 = C^{14}H^5O^2 (3HO)$, le glucoside de la purpurine devrait, d'après l'analogie, posséder la formule $C^{26}H^{28}O^{15}$, et la décomposition serait représentée par l'équation suivante :

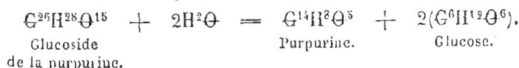

$$C^{26}H^{28}O^{15} \ + \ 2H^2O \ = \ C^{14}H^2O^5 \ + \ 2(C^6H^{12}O^6).$$

Glucoside de la purpurine.   Purpurine.   Glucose.

Il ne serait cependant pas impossible que la formule du glucoside de la purpurine fût plus simple et représentée par $C^{20}H^{18}O^{10}$; la décomposition se produirait alors d'après l'équation :

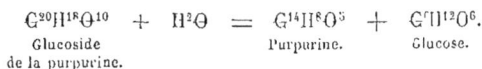

$$C^{20}H^{18}O^{10} \ + \ H^2O \ = \ C^{14}H^8O^5 \ + \ C^6H^{12}O^6.$$

Glucoside de la purpurine.   Purpurine.   Glucose.

L'identité de l'alizarine artificielle avec celle de la garance a été combattue pendant longtemps; mais les recherches de *Schunk*, de *Perkin*, de *Bolley*, de *E. Kopp* et d'autres ont mis en évidence l'exactitude de cette identité.

Préparation de l'alizarine artificielle.

L'histoire des méthodes de préparation de l'*alizarine artificielle* nous montre de la manière la plus évidente comment les réactions, tout d'abord difficiles et coûteuses, se sont peu à peu simplifiées et comment on est arrivé graduellement à se servir de réactifs peu chers, sans nuire aucunement à la qualité et à la pureté du produit.

Nous n'indiquerons que brièvement les premiers procédés patentés, parce qu'ils sont maintenant abandonnés et qu'ils n'offrent qu'un intérêt historique.

1. La première méthode indiquée par *Graebe* et *Liebermann* est la suivante (patente anglaise du 18 novembre et brevet français du 14 décembre 1868) :

L'anthracène purifié ($C^{14}H^{10}$) est d'abord transformé en anthraquinone ($C^{14}H^8O^2$), au moyen de l'un des procédés suivants.

a. Une partie d'anthracène est traitée par 2 parties de bichromate de potasse et d'acide sulfurique, avec ou sans le concours de l'acide acétique concentré, ou

b. L'anthracène est oxydé à l'aide du bichromate de potasse, les deux corps étant dissous dans l'acétique cristallisable, ou bien

c. L'anthracène est oxydé à l'aide de l'acide azotique de concentration moyenne, avec le concours de l'acide acétique concentré.

L'anthraquinone ainsi obtenue est purifiée et ensuite convertie en bibromanthraquinone, $C^{14}H^6Br^2O^2$; dans ce but, on chauffe pendant quelques heures à 80-130°, dans des vases fermés, 1 molécule d'anthraquinone avec 4 molécules de brome :

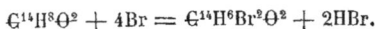

$$C^{14}H^8O^2 + 4Br = C^{14}H^6Br^2O^2 + 2HBr.$$

La bibromathraquinone est enfin chauffée en vases clos à 180-260° avec une solution concentrée d'hydrate de potasse ou de soude, afin de substituer aux 2 molécules de brome 2 molécules d'hydroxyle (HO) et de donner ainsi naissance à l'alizarine :

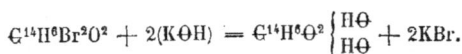

$$C^{14}H^6Br^2O^2 + 2(KOH) = C^{14}H^6O^2 \begin{cases} HO \\ HO \end{cases} + 2KBr.$$

Le mélange prend peu à peu une teinte d'abord bleue, puis violet bleu, qui devient de plus en plus intense. Lorsque la coloration n'augmente plus, on laisse refroidir, on dissout la masse dans l'eau, on filtre et l'on sursature par l'acide sulfurique ou chlorhydrique ; l'alizarine se précipite alors en flocons jaunes, qu'on purifie en les lavant avec de l'eau.

2. Une modification de cette méthode consiste à supprimer la préparation de l'anthraquinone pure. On procède alors de la manière suivante :

L'anthracène ($C^{14}H^{10}$) est immédiatement traité par un excès de brome et il se transforme en tétrabromure de bibromanthracène, $C^{14}H^8Br^6 = C^{14}H^8Br^2, Br^4$.

Cette combinaison, chauffée avec une lessive alcoolique de potasse, se convertit en tétrabromanthracène jaune, $C^{14}H^6Br^4$:

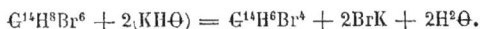

$$C^{14}H^8Br^6 + 2(KHO) = C^{14}H^6Br^4 + 2BrK + 2H^2O.$$

Le tétrabromanthracène, chauffé à 100° avec 5 fois son poids d'acide azotique un peu étendu, perd du brome et se change en bibromanthraquinone :

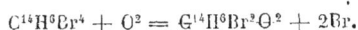

$$C^{14}H^6Br^4 + O^2 = C^{14}H^6Br^2O^2 + 2Br.$$

La bibromanthraquinone ainsi obtenue est, comme on l'a indiqué plus haut, transformée en alizarine à l'aide de l'hydrate de potasse.

Graebe et *Liebermann* indiquaient en même temps que dans toutes ces réactions le brome pouvait être remplacé par le chlore.

3. Le 29 mai 1869, *Broenner* et *Gutzkow* prirent (en France) un brevet pour la méthode suivante.

L'anthracène est traité avec 2 fois son poids d'acide azotique (poids spécifique 1,3 à 1,5) et ainsi transformé en anthraquinone, qui est ensuite purifiée.

Pour convertir l'anthraquinone en alizarine et en purpurine (qui toutes les deux prendraient en même temps naissance), on la chauffe avec une quantité suffisante d'acide sulfurique et on ajoute ensuite la quantité requise d'azotate de bioxyde de mercure.

Le produit de la réaction est dissous dans un hydrate alcalin, puis filtré et mélangé avec un excès d'acide. Le précipité contient de l'alizarine et de la purpurine en proportions variables.

De cette description, d'ailleurs inexacte et incomplète, il ressort ce fait important, que *Broenner* et *Gutzkow* ont substitué au brome l'acide sulfurique, dont l'introduction dans la fabrication de l'alizarine a eu des résultats d'une si grande importance, et qu'ils ont ainsi mis en pratique les découvertes théoriques de *Dusart*, *Wurtz* et *Kekulé*, qui étaient déjà connues des chimistes depuis quelques années.

Nous pensons que le brevet de *Broenner* et *Gutzkow* pourrait bien être interprété de la manière suivante, qui fera ressortir le procédé véritablement suivi et que la description obscure et incomplète donnée par les inventeurs, peut-être avec intention, rendait méconnaissable.

L'anthracène est transformé en majeure partie en anthraquinone au moyen de l'acide azotique étendu. Le produit, chauffé avec de l'acide sulfurique concentré, est converti en acide bisulfanthraquinonique.

Comme celui-ci pourrait en même temps contenir encore de l'acide bisulfanthracénique (à cause de l'oxydation incomplète de l'anthracène), l'azotate de bioxyde de mercure (s'il est certain qu'il ait été employé) servait pour convertir l'acide bisulfanthracénique en acide bisulfanthraquinonique. L'acide bisulfanthraquinonique était ensuite sursaturé avec un excès d'hydrate alcalin, le mélange de bisulfanthraquinonate de soude avec l'hydrate de soude ou de potasse en excès était évaporé à siccité et fondu (opération importante, qui dans la description donnée par le brevet est complètement passée sous silence), la masse fondue était dissoute dans l'eau, et l'alizarine en était précipitée par les acides.

4. A peu près vers le même temps *Graebe* et *Liebermann* d'un côté et *Perkin* de l'autre avaient également essayé le traitement de l'anthracène par l'acide sulfurique et ils l'avaient appliqué à la préparation de l'alizarine (la patente anglaise de *Graebe*, *Liebermann* et *Caro* est datée du 25 juin 1869, celle de *Perkin* n'a été prise que le lendemain, mais trop tard). Il paraît cependant que *Perkin* avait étudié à fond cette réaction importante avant *Graebe* et *Liebermann*. Il indiquait de traiter l'anthraquinone, $C^{14}H^8O^2$, à une haute température par l'acide sulfurique très-concentré, afin de la transformer en acide bisulfanthraquinonique, $C^{14}H^6O^2 \begin{cases} SO^3H \\ SO^3H \end{cases}$.

Par fusion avec de l'hydrate de soude les deux résidus SO^3H de cet acide étaient ensuite remplacés par deux hydroxyles, HO, et l'alizarine était ainsi formée :

$$C^{14}H^6O^2\left\{\begin{matrix}HO\\HO\end{matrix}\right. = C^{14}H^8O^4.$$

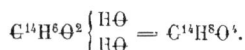

A cette occasion *Perkin* indiqua qu'il se formait en même temps un produit intermédiaire entre l'acide bisulfanthraquinonique et l'alizarine, l'acide sulfoxyanthraquinonique, $C^{14}H^6O^2\left\{\begin{matrix}SO^3H\\HO\end{matrix}\right.$ = $C^{14}H^8O^3, SO^3$, qui communique à la masse alcaline fondue la coloration bleue que l'on observe au début de la réaction (voyez page 328).

5. *Graebe*, *Liebermann* et *Caro* simplifièrent encore davantage les méthodes de fabrication en proposant dans leur patente anglaise, ainsi que dans leurs brevets français du 3 novembre 1869 et du 19 janvier 1870, de supprimer la préparation de l'anthraquinone, et dans ce but de transformer immédiatement l'anthracène en acide bisulfanthracénique et de convertir ce dernier en acide bisulfanthraquinonique à l'aide des réactifs oxydants. On a ainsi un double avantage, d'abord l'oxydation de l'acide bisulfanthracénique est beaucoup plus rapide, plus facile et plus complète que la conversion de l'anthracène en anthraquinone, dans laquelle il est presque impossible d'éviter, si l'on n'emploie pas des réactifs très-coûteux, la formation de produits secondaires visqueux et inutiles, et ensuite on peut se servir pour l'oxydation de substances oxydantes très-peu chères.

On trouve dans les brevets mentionnés la description suivante de la fabrication de l'alizarine artificielle.

a. Fabrication de l'alizarine par préparation de l'acide bisulfanthraquinonique avec l'anthraquinone.

On mélange 1 partie d'anthraquinone avec environ 3 parties d'acide sulfurique concentré (poids spécifique 1,848) et dans un vase inattaquable par l'acide sulfurique on chauffe le mélange à environ 260°, jusqu'à ce qu'un échantillon versé dans l'eau s'y dissolve complétement, ou qu'il ne dépose que des traces d'anthraquinone non attaquée.

On laisse refroidir et l'on étend avec de l'eau. Pour éliminer l'acide sulfurique en excès, on neutralise complétement avec de la craie; il se précipite du sulfate de chaux, qu'on sépare en filtrant et exprimant fortement la masse; le bisulfanthraquinonate de chaux reste en dissolution. (Comme ce sel n'est pas très-soluble dans l'eau froide, il est convenable d'effectuer ces opérations à la température de l'eau bouillante.)

La solution bouillante du sel de chaux est maintenant mélangée jusqu'à réaction alcaline avec une solution également bouillante de carbonate de soude ou de potasse, et le mélange est chauffé à l'ébullition, jusqu'à ce que le carbonate de chaux devienne lourd et grenu et se dépose. La solution de bisulfanthraquinonate de soude ou de potasse, clarifiée par décantation et filtration, est évaporée à siccité.

A 3 parties du sel sec on ajoute maintenant 2 ou 3 parties d'hydrate de soude ou de potasse solide et un peu d'eau, afin de favoriser la fusion de l'hydrate alcalin et de faciliter le mélange intime avec le sel.

Le mélange est ensuite chauffé à environ 180 ou 260°, dans un vase de fer ou de cuivre, pendant 1 heure ou plutôt jusqu'à ce que la masse ait pris une couleur violet-bleu foncé et qu'un échantillon dissous dans l'eau et mélangé avec de l'acide sulfurique étendu produise un abondant précipité jaune-brun.

Lorsque par un chauffage suffisamment prolongé et soutenu on a atteint ce point, on laisse refroidir et on dissout la masse dans l'eau bouillante. Si la solution colorée en violet-bleu intense renferme un résidu insoluble, on la décante bien, on la filtre à travers une toile et l'on sursature la liqueur claire avec de l'acide sulfurique ou de l'acide chlorhydrique étendu. Il se dégage de l'acide sulfureux et de l'acide carbonique, et en même temps de l'alizarine se précipite en gros flocons denses de couleur jaune-brunâtre. Après le refroidissement, on rassemble ceux-ci sur un filtre, et on les lave bien avec de l'eau froide.

L'alizarine ainsi préparée peut maintenant servir à tous les usages, auxquels on a jusqu'à présent employé les préparations de garance.

b. Fabrication de l'alizarine par préparation de l'acide bisulfanthraquinonique avec l'anthracène.

Dans un vase approprié on mélange 1 partie d'anthracène avec 4 parties d'acide sulfurique concentré et l'on chauffe d'abord à 100° pendant environ 3 heures; on élève ensuite la température à 150° (et même au-dessus), et l'on maintient ce degré au moins pendant une autre heure. La masse refroidie est étendue avec trois

BOLLEY et E. KOPP. Matières colorantes.   22 fois son poids d'eau. (Si dans cette opération un peu d'anthracène non dissous venait à se déposer, il faudrait évidemment le recueillir, le laver, le dessécher et s'en servir pour une autre opération. Les eaux de lavage sont employées, à la place de l'eau pure, pour étendre l'acide sulfanthracénique brut.)

La solution fortement acide, qui est de couleur très-foncée, contient de l'acide bisulfanthracénique, $C^{14}H^8 \begin{cases} SO^3H \\ SO^3H \end{cases}$, et beaucoup d'acide sulfurique libre. On la chauffe à l'ébullition, et en même temps on y ajoute une quantité de peroxyde de manganèse en poudre fine, représentant 3 ou 4 fois le poids de l'anthracène employé.

On entretient l'ébullition, jusqu'à ce que l'acide bisulfanthracénique se soit transformé en acide bisulfanthraquinonique, $C^{14}H^6O^2 \begin{cases} SO^3H \\ SO^3H \end{cases}$, sous l'influence de l'oxygène du peroxyde de manganèse.

Il se forme en même temps du sulfate de protoxyde de manganèse. L'opération peut très-bien s'effectuer dans des vases de fonte émaillée. Pour être certain d'une oxydation complète, on concentre fortement la liqueur par évaporation, le peroxyde de manganèse abandonnant plus facilement son oxygène en présence d'acide sulfurique un peu concentré. On peut même évaporer jusqu'à siccité, mais alors il faudra prendre des précautions, d'un côté pour ne pas altérer le produit et, de l'autre, pour ne pas détériorer les vases dans lesquels on opère.

On dissout maintenant la masse obtenue dans l'eau bouillante, et l'on y ajoute un lait de chaux étendu, jusqu'à ce que le liquide offre une réaction alcaline ; la chaux décompose les sels de manganèse, il se sépare du protoxyde de manganèse insoluble et en même temps il se forme du sulfate de chaux presque insoluble et du bisulfanthraquinonate de chaux, qui reste en dissolution.

Par filtration et expression on sépare toute la partie insoluble et l'on obtient une solution claire de bisulfanthraquinonate de chaux, qu'on décompose par le carbonate de soude ou de potasse, afin de le transformer en la combinaison correspondante de soude ou de potasse.

On filtre la liqueur, on évapore à siccité et comme précédemment on transforme le résidu en alizarine par fusion avec un hydrate alcalin.

la place du peroxyde de manganèse, on peut aussi employer
l'oxydation de l'acide bisulfanthraquinonique le peroxyde de
l'acide chromique, l'acide azotique. Si le réactif oxydant
soluble dans l'eau, comme par exemple l'acide chromique, il
avoir soin de détruire l'acide en excès, avant d'ajouter le lait
de chaux. Dans ce but, la solution, qui contient, après la réaction
du sulfate de chrome, de l'acide bisulfanthraquinonique
excès d'acide chromique, est traitée par un courant d'acide
azoteux, jusqu'à ce que tout l'acide chromique soit converti en
sel de chrome. Lorsqu'on ajoute le lait de chaux, l'acide sulfu-
et l'oxyde de chrome sont tous deux précipités.

l'on s'est servi de l'acide azotique comme agent oxydant, le
mélange d'acide sulfurique et d'acide bisulfanthraquinonique, qui
contient l'excès d'acide azotique, doit être suffisamment évaporé
seulement pour que tout l'acide azotique soit éliminé, mais
pour que l'acide sulfurique lui-même se concentre assez
commencer à émettre des vapeurs. On laisse refroidir et on
avec de l'eau, avant d'ajouter le lait de chaux.

Enfin *Dale* et *Schorlemmer* se sont faits breveter pour un pro-
(patente anglaise du 24 janvier 1870), qui, s'il réussit dans la
fabrication en grand, sera une nouvelle simplification de la préparation de l'alizarine artificielle.

opèrent de la manière suivante :

fait bouillir pendant quelque temps 1 partie d'anthracène
4 ou 10 parties d'acide sulfurique concentré. (La température
par conséquent beaucoup plus élevée que celle qu'indiquent
Grœbe et *Liebermann* dans leurs brevets.) On étend ensuite avec de
et on neutralise la solution avec du carbonate de chaux, de
soude ou de potasse; on élimine les sulfates formés, soit
filtration (lorsqu'on emploie de la craie ou du carbonate de
soude), soit par cristallisation.

la solution des bisulfanthracénates ainsi obtenue on ajoute de
potasse ou de la soude caustique et en même temps une petite
quantité de salpêtre ou de chlorate de potasse, qui doit être égale
au poids de l'anthracène employé.

évapore le tout à sec et l'on chauffe entre 180 et 260°, jusqu'à
apparition d'une couleur violet-bleu. Dans cette opération le salpêtre ou le chlorate de potasse transforme d'abord l'acide bisulfanthracénique en acide sulfanthraquinonique, et ce dernier est
converti en alizarine par l'hydrate alcalin en excès.

De la masse fondue on extrait l'alizarine comme à l'ordinaire par précipitation avec un acide minéral.

Il est indispensable d'observer très-exactement la proportion indiquée pour le salpêtre ou le chlorate de potasse, car on doit toujours avoir à craindre que l'alizarine déjà formée ne vienne à être complétement brûlée et détruite par le sel oxydant non employé.

D'un autre côté, la non-transformation en acide bisulfanthraquinonique d'une certaine quantité d'acide bisulfanthracénique entraîne avec elle une perte notable de substance.

Quel que soit le procédé que l'on suive, il est évident que la fusion avec l'hydrate alcalin est une des opérations les plus importantes, et qu'elle doit en conséquence être conduite avec le plus grand soin.

Si l'on chauffe trop fort, l'alizarine peut se décomposer en donnant naissance à de l'acide benzoïque et à d'autres produits ; et en outre sous l'influence de l'hydrogène naissant, de l'anthraquinone et même de l'anthracène peuvent être régénérés, aux dépens d'une partie de l'acide bisulfanthraquinonique.

Si l'on ne chauffe pas assez fort ou assez longtemps, la réaction est incomplète ; à la place de l'alizarine, il se forme de l'acide sulfoxyanthraquinonique, $C^{14}H^6O^2 \begin{cases} SO^3H \\ OH \end{cases}$, qui est la cause de la nuance bleu-pur de la masse fondue et qui par suite de sa solubilité dans l'eau reste en dissolution dans l'eau mère de l'alizarine, lors de la sursaturation subséquente avec des acides minéraux.

Dans des circonstances non encore exactement déterminées (peut-être lorsqu'il n'y a pas assez d'hydrate alcalin en excès) 1 partie de l'acide bisulfanthraquinonique peut être convertie en acide monosulfanthraquinonique, et alors il se forme de l'oxyanthraquinone, qui a des propriétés colorantes peu développées et qui est précipitée avec l'alizarine proprement dite, dont elle altère la pureté.

Évidemment, cette oxyanthraquinone (acide anthraflavique de *Schunck*) prend immédiatement naissance, lorsque dans le traitement de l'anthracène par l'acide sulfurique il ne s'est transformé qu'une portion de l'hydrocarbure en bisulfacide (parce que l'acide sulfurique est en quantité trop faible ou que la température est trop basse), l'autre portion ne se convertissant qu'en acide monosulfanthracénique.

Lors de la fusion avec l'hydrate de potasse, on doit donc procéder avec l'exactitude et les soins les plus grands.

Lorsque la coloration bleue de la masse commence à passer au violet bleuâtre, on prend de temps en temps un échantillon, on le dissout dans un peu d'eau, on ajoute quelques gouttes d'acide sulfurique et l'on observe s'il se dépose d'abondants flocons d'alizarine.

S'il ne se forme que peu de flocons et si le liquide reste coloré en rouge-brun, il contient encore beaucoup d'acide sulfoxyanthraquinonique ; il faut alors chauffer plus longtemps ou plus fortement.

Pour distinguer le précipité de sulfoxyanthraquinone du précipité d'alizarine, on peut se baser sur la solubilité de celle-ci dans l'éther. Le liquide trouble sursaturé avec un acide est agité dans un tube à réaction avec son volume d'éther, qui dissout toute l'alizarine, tandis que la sulfoxyanthraquinone reste non dissoute dans le liquide aqueux. En tout cas, il faut beaucoup d'attention et d'expérience pour bien conduire la fusion et pour atteindre exactement le point où la formation de l'alizarine est parvenue à son maximum.

La fabrication de l'alizarine est déjà devenue une branche importante de l'industrie, bien que sa découverte soit encore de date toute récente.

Il existe actuellement, tant en Allemagne qu'en Angleterre, quatre fabriques principales. Nous devons citer en première ligne la fabrique allemande de *Gessert* et *Cie*, à Elberfeld, et celle de *Meister*, *Lucius* et *Cie*, à Höchst.

Les frères *Gessert* avaient déjà produit, jusqu'au mois d'octobre 1871, l'énorme quantité de 34,000 kilogr. d'alizarine artificielle en pâte, contenant environ 1/20 de substance sèche et représentant une valeur de 600,000 francs.

Le prix du kilogramme de l'alizarine en pâte est de 17 fr. 50 à 18 fr. 50, et par suite celui de 1 kilogramme d'alizarine artificielle sèche est de 175 à 185 francs.

Comparons maintenant cette production avec celle qui serait nécessaire pour remplacer par l'alizarine artificielle la production et la consommation totale de la garance naturelle et de ses préparations.

Dans une leçon publique faite en Angleterre, le professeur *Roscoë* a évalué la production totale de la garance à 47,500,000 kilogr par année, quantité qui représente une valeur de 54,000,000 de francs. D'après cela, 100 kilogr. de garance vaudraient 113 fr. 60.

Mais cette évaluation moyenne est certainement trop élevée, à moins qu'on y comprenne non-seulement la racine, mais encore tous les dérivés industriels de la garance, comme la garancine, les fleurs de garance, les extraits de garance.

Le calcul peut être établi sur une autre base. On admet ordinairement, et cela avec assez de probabilité, que la France produit autant de garance que tous les autres pays ensemble.

D'une statistique sur la production de la garance à Avignon et dans la France méridionale pendant ces dix dernières années, il résulte que ces contrées produisent annuellement une moyenne de 22,815,000 kilogr. de racine de garance.

Si à ce chiffre on ajoute 1,000,000 de kilogr., qui représentent la production de l'Alsace, il s'ensuit que la production annuelle de la France s'élève à 23,815,000 kilogr.

Ce nombre doublé (47,630,000 kilogr.) représente par conséquent la production totale de tous les pays.

Il est en parfait accord avec celui qui a été indiqué par *Roscoë*. Mais le prix moyen de la garance proprement dite ne doit être évalué qu'à 82 ou 86 francs les 100 kilogr.

Dans la garance il y a environ 1,5 0/0 de matières colorantes pures, 0,75 0/0 d'alizarine et 0,75 0/0 de purpurine. Mais un grand nombre de sortes de garance, surtout celles qui renferment de la chaux, contiennent plus d'alizarine que de purpurine, de sorte qu'en moyenne on peut admettre qu'il y a 1 0/0 d'alizarine dans la garance.

Pour remplacer complétement l'alizarine de la garance et la purpurine par l'alizarine artificielle, on devrait produire artificiellement 704,450 kilogr. d'alizarine sèche ou 7,044,500 kilogr. d'alizarine en pâte.

Si l'on voulait ne remplacer que l'alizarine proprement dite, il faudrait 367,200 kilog. d'alizarine sèche ou 2,720,000 kilogr. de pâte d'alizarine.

Théoriquement, on a besoin pour la production de l'alizarine sèche du même poids d'anthracène pur.

Mais la pratique est encore loin d'en être arrivée là, et comme dans les opérations il se forme non-seulement de l'alizarine, mais encore une série de produits secondaires, il ne faut pas s'attendre à voir le rendement pratique se rapprocher beaucoup du rendement théorique. Mais on obtiendra toujours une quantité d'alizarine égale à 50 ou 60 du poids de l'anthracène pur.

Pour fabriquer 367,200 kilogr. d'alizarine, il faudrait par conséquent de 700,000 à 740,000 kilogr. d'anthracène.

Cette quantité n'est pas tellement grande pour qu'elle ne puisse pas être retirée du goudron de houille.

Il est vrai que jusqu'à présent on ne produit encore que peu d'anthracène. La production de l'Angleterre en anthracène brut, contenant environ 30 0/0 de substance pure, ne s'est élevée en 1871 qu'à environ 300,000 à 400,000 kilogr. (par conséquent à 90,000 à 120,000 kilogr. d'anthracène pur). Mais comme le prix de l'anthracène brut a monté de 500-750 francs, les 1,000 kilogr. à 1,250-1,500 francs, la production ne tardera certainement pas à augmenter, et (d'après une communication du docteur *Gessert*) l'Angleterre seule aurait produit en 1872 environ 1,500,000-1,800,000 kilogr. d'anthracène brut.

La production de l'anthracène brut devenant plus grande, on peut prévoir avec une presque certitude qu'on lui fera aussi subir une purification plus parfaite ; on livrera aux fabricants d'alizarine une matière d'un rendement plus avantageux et, d'un autre côté, les procédés de transformation deviendront plus simples, plus parfaits et moins coûteux. Il est vrai qu'il ne faut pas s'attendre (et c'est à peine si l'on peut y compter) à voir promptement l'alizarine artificielle remplacer et supplanter la garance et ses principaux dérivés industriels, la garancine et la fleur de garance. Mais elle est déjà devenue un concurrent important et dangereux pour les extraits préparés avec la racine de garance. La pureté relative de l'alizarine artificielle favorise son emploi dans la teinture en rouge turc et pour la préparation des articles vapeur solides et bon teint, dont la fabrication prendra par suite un développement de plus en plus grand, surtout lorsque les alizarines artificielles pourront être préparées sous des modifications répondant aux différents besoins.

Propriétés de l'alizarine artificielle.

L'alizarine artificielle, telle qu'elle est précipitée directement par les acides de la solution de la masse fondue, est rarement suffisamment pure pour pouvoir être livrée au commerce immédiatement après le lavage.

Il est vrai que le lavage entraîne les acides en excès, la majeure

partie des sels alcalins solubles et un peu d'acide sulfoxyanthraquinonique ; mais il reste dans l'alizarine de l'oxyanthraquinone
avec un peu d'anthraquinone, et le produit, après qu'il s'est égoutté
complétement, se présente sous forme d'une pâte peu épaisse, qui
avec le temps se rétracte peu à peu et prend une consistance plus
grande, phénomène qui est accompagné de la séparation d'un liquide aqueux, assez fluide et surnageant la masse pâteuse. Si l'on
abandonne à lui-même pendant longtemps un vase contenant de
l'alizarine en pâte parfaitement homogène et renfermant, par
exemple, 10 0/0 de substance sèche, la richesse en matière colorante s'abaisse promptement au-dessous de 10 0/0 dans les couches supérieures, tandis que les couches inférieures deviennent
proportionnellement plus riches, et alors des volumes égaux de la
pâte peuvent, suivant l'origine de celle-ci, représenter des quantités très-différentes d'alizarine artificielle.

On devrait donc, avant d'employer la matière colorante, brasser
avec soin le contenu du vase, afin de mélanger intimement le
tout, mais l'opération est ennuyeuse et entraîne une perte de
temps.

Pour faire disparaître cet inconvénient, on traite l'alizarine
brute de la manière suivante.

Dans le but de purifier la substance, on la redissout dans une
lessive de soude étendue. Celle-ci doit contenir aussi peu d'alumine
que possible. Une lessive de soude renfermant de l'alumine dissout,
il est vrai, tout d'abord complétement l'alizarine en donnant une
solution claire, mais au bout de quelque temps il se forme un précipité rouge-brun foncé consistant en une laque alumineuse d'a-
lizarine, qui est peu soluble même dans un excès de soude et qui
est difficilement décomposée, surtout à froid, par les acides
étendus.

On laisse reposer pendant quelque temps la solution alcaline
d'alizarine, afin que la partie non dissoute puisse se déposer.

On décante ensuite la solution claire, on filtre pour séparer le
résidu, et maintenant on précipite l'alizarine par un petit excès
d'acide sulfurique étendu.

On obtient un produit plus pur en mélangeant la solution claire
d'alizarate sodique avec du chlorure de calcium, qui donne une
laque d'alizarine (laque calcaire) sous forme d'un précipité volumineux. On filtre, pour séparer celui-ci, on lave bien avec de
l'eau chaude, qui entraîne la combinaison plus soluble de l'oxyan-

thraquinone avec la chaux, et ensuite on décompose par l'acide chlorhydrique étendu. Il se forme du chlorure de calcium, facilement soluble, et l'alizarine est mise en liberté.

On jette sur un filtre de toile l'alizarine obtenue par l'un ou l'autre de ces procédés, et on lave, jusqu'à ce que le liquide qui s'écoule n'offre plus de réaction acide.

On laisse bien égoutter et l'on introduit ensuite la masse assez consistante dans des tambours de cuivre fermés, qui sont mobiles autour de leur axe et qui renferment un certain nombre de billes de pierre ou de cuivre. Sous l'influence des secousses et du battage produits par la rotation de l'appareil pulvérisateur et le mouvement des billes, la masse perd sa consistance pâteuse ; elle est devenue fluide, et l'alizarine s'y trouve si finement divisée, qu'elle a perdu toute tendance à se déposer.

L'alizarine artificielle, qui se présente maintenant sous forme d'une pâte assez fluide, neutre et d'une couleur jaune tirant plus ou moins sur le brunâtre, suivant sa pureté, est livrée dans cet état au commerce et expédiée dans des vases de verre, dans des caisses de zinc ou dans des barils étanches.

Lorsqu'on conserve l'alizarine dans des boîtes de zinc soudées, il faut surtout bien faire attention à ce qu'elle soit parfaitement lavée et qu'elle ne renferme pas la moindre trace d'acide libre.

Dans le cas contraire, la matière colorante réagit peu à peu sur le zinc ; il se dégage de l'hydrogène, qui écarte les parois du vase, par suite de la pression qu'il exerce à l'intérieur de celui-ci. Si avec un instrument pointu on fait un petit trou dans la paroi supérieure, on entend et on sent le gaz se dégager avec une grande tension.

Mais en même temps, la pâte d'alizarine a perdu son aspect ordinaire ; elle est devenue plus consistante, et dans le voisinage des parois métalliques la couleur brun-jaune est devenue rouge-brun sale, évidemment par suite de la formation d'une certaine quantité de laque zincique d'alizarine.

Comme l'alizarine a des propriétés légèrement acides et qu'elle forme avec les bases des combinaisons assez stables, il ne serait pas impossible qu'avec le temps, la pâte d'alizarine, même si elle ne contient pas d'acide libre, réagît sur le zinc si facilement oxydable et donnât lieu à une décomposition d'eau. S'il en était ainsi, on devrait éviter de se servir de vases de zinc, non-seulement à cause du danger de les voir éclater, mais encore parce que s'il vient à se former une laque d'alizarine, il en résulte nécessairement une perte de matière colorante disponible.

Les pâtes d'alizarine artificielle, qui se trouvent dans le commerce, contiennent ordinairement 10 0/0 et même très-souvent 15 0/0 d'alizarine sèche.

La fabrication a déjà fait de tels progrès, qu'aujourd'hui les fabricants peuvent fournir des variétés d'alizarine répondant aux différents besoins. *Gessert*, d'Elberfeld, livre, par exemple, de l'*alizarine à reflet jaune* ou *purpurine artificielle* (voyez page 348, *isopurpurine*), et de l'*alizarine à reflet bleuâtre*.

L'alizarine à reflet jaune est surtout employée pour la teinture en rouge et pour l'impression. Comme la matière colorante offre une grande pureté, les teintes qu'elle fournit sont aussi immédiament pures, et elles n'ont besoin que d'un léger passage au savon pour offrir un éclat, qui surpasse de beaucoup celui des couleurs de garance et de garancine.

L'alizarine à reflet bleuâtre est employée pour les violets et les lilas, et elle remplace avec avantage la fleur de garance et la pincoffine.

L'alizarine artificielle commence aussi à être employée dans la teinture des fils et des tissus en rouge d'Andrinople, parce que avec cette matière les frais d'avivage se réduisent considérablement, et qu'après un court passage dans un bain de savon léger, la couleur est devenue brillante et pure.

Naturellement sa fixité ne laisse rien à désirer.

La forme pâteuse est sans contredit la plus convenable et la plus avantageuse pour les différents usages auxquels on emploie l'alizarine artificielle, parce que la matière colorante s'y trouve divisée aussi finement que possible et qu'elle peut couvrir des surfaces aussi grandes que possible, et par suite être utilisée de la manière la plus profitable.

Des essais de teinture effectués avec de l'alizarine desséchée et une quantité correspondante de pâte, qui contenait exactement la même proportion d'alizarine sèche, ont montré que le produit desséché donnait un rendement notablement plus faible. Rien n'est du reste plus facile que de préparer avec la pâte de l'alizarine sèche ; il suffit de dessécher celle-là au bain-marie dans une capsule de porcelaine ou de fonte émaillée.

L'alizarine ainsi desséchée peut maintenant être sublimée, et la meilleure manière d'opérer consiste à introduire la substance dans un creuset de porcelaine assez spacieux, dont le fond s'adapte exactement dans l'ouverture arrondie d'une plaque métallique assez grande et qui est chauffée au moyen d'une petite flamme de gaz.

Il est également convenable de placer sur l'alizarine à sublimer, dans l'intérieur du creuset, une toile métallique circulaire, qui empêche les cristaux d'alizarine sublimée de retomber sur le fond du creuset où se fait sentir l'action de la chaleur.

En procédant avec précaution, on peut sublimer sans altération la majeure partie de l'alizarine, et la manière dont se fait la sublimation donne même de précieux renseignements sur la qualité et la pureté du produit. Plus celui-ci est pur, moins il reste de résidu charbonneux sur le fond du creuset. L'alizarine chimiquement pure sublime presque sans résidu. En incinérant le résidu charbonneux, il est facile de se rendre compte de la quantité et de la nature des éléments minéraux (oxyde de fer, alumine, sels alcalins et alcalino-terreux), qui étaient contenus dans l'alizarine essayée.

Mais les cristaux sublimés déposés sur les parois du creuset, qui souvent remplissent toute la capacité de celui-ci, permettent aussi de reconnaître facilement les différentes substances volatiles qui accompagnent l'alizarine.

Non-seulement l'anthraquinone, l'oxyanthraquinone et l'alizarine donnent des sublimés d'un aspect différent, mais encore ils ne se subliment pas au même moment. L'anthraquinone sublime d'abord, puis vient l'oxyanthraquinone et enfin l'alizarine.

On peut fréquemment reconnaître dans les couches cristallines supérieures les belles aiguilles blanches ou légèrement jaunâtres de l'anthraquinone. On est aussi renseigné de la manière la plus certaine sur leur nature, si l'on en prend quelques-unes avec précaution à l'aide d'une pince, et si on les met ensuite en contact avec une goutte de lessive de soude étendue, qui ne les dissout ni ne les colore.

Au-dessous de l'anthraquinone on peut rencontrer un amas de petites aiguilles soyeuses d'un jaune foncé ou de couleur orange, qui peuvent être de l'oxyanthraquinone ou de l'acide anthraflavique.

Ces aiguilles se dissolvent dans une lessive de soude étendue avec une couleur orange foncé.

A cette occasion nous ferons remarquer que, d'après les récentes recherches de *Perkin*, l'acide anthraflavique ne possède pas la composition de l'oxyanthraquinone, $C^{14}H^8O^3$, mais qu'il est plutôt représenté par la formule $C^{14}H^8O^4$ et qu'il est, par suite, isomère avec l'alizarine proprement dite.

Au-dessous des cristaux jaunes de l'oxyanthraquinone ou de l'acide anthraflavique, on trouve enfin les magnifiques aiguilles rouge foncé ou orange de l'alizarine, qui composent la presque totalité du sublimé et qui avec une lessive de soude étendue donnent immédiatement une belle solution violet bleu.

Il résulte de ce qui précède, que la sublimation de l'alizarine artificielle préalablement bien desséchée peut être d'un précieux secours pour juger de la pureté et de la valeur de ce produit.

La pâte d'alizarine dissoute directement dans une lessive de soude donnera, suivant la nature de la matière colorante, une solution plus ou moins violet rouge ou violet bleu. Si la liqueur offre cette dernière coloration, cela indique que la quantité de l'alizarine l'emporte sur celle des autres matières; on ne doit cependant tirer de ce fait aucune conclusion relativement au rendement ou à la qualité du produit.

Pour être exactement fixé sur ces points, il faut effectuer des expériences comparatives de teinture en observant exactement les précautions requises.

Isopurpurine, C^{14} H^8 O^5. — Cet isomère de la purpurine [1] a

---

[1] *Purpurine.* — La purpurine (voy. p. 331) a été découverte dans la racine de garance par *Colin* et *Robiquet* (1828); *Persoz* et *Gaultier de Claubry* l'ont décrite sous le nom de matière colorante rose; *Runge*, sous celui de pourpre de garance; *Debus* l'a appelée acide oxyalizarique. Sa composition est représentée par la formule $C^{14}H^8O^5$. De même que l'alizarine, elle doit être considérée comme une quinone : c'est de l'oxyalizarine ou de la trioxyanthraquinone $C^{14}H^5(HO)^3 O^2$.

La purpurine offre une couleur beaucoup plus rouge que l'alizarine. Elle sublime à 250°, en se décomposant en partie et en laissant un charbon brillant. La purpurine sublimée cristallise dans l'alcool en belles aiguilles rouges, peu orangées, qui ont souvent un centimètre de longueur; si la substance n'a pas été sublimée, elle ne cristallise qu'en aiguilles très-petites. Elle est un peu plus soluble dans l'eau que l'alizarine. Elle ne se dissout pas facilement dans l'éther, l'alcool, la benzine, la glycérine, l'acide sulfurique concentré et l'acide acétique. L'acide azotique l'oxyde en la transformant en acide phtalique et acide oxalique. Chauffée avec de la poudre de zinc, elle donne peu d'anthracène. Les alcalis la dissolvent avec une couleur rouge pourpre. On obtient le sel de soude, facilement cristallisable, en mélangeant une solution alcoolique de soude avec une solution alcoolique de purpurine et ajoutant un peu d'éther. La combinaison se sépare sous forme de belles aiguilles. Les carbonates alcalins dissolvent la purpurine avec une couleur rouge. Elle est beaucoup plus soluble que l'alizarine dans une solution d'alun, et par le refroidissement elle ne se sépare pas d'une solution très-concentrée. La laque d'alumine de la purpurine, bouillie avec une solution d'hydrate de soude, cède la purpurine à ce liquide.

La purpurine donne sur les tissus mordancés à l'alumine les différentes teintes rouges, qui sont avivées par le savon; le coton préparé au mordant huileux pour rouge turc est teint en rouge brun par la purpurine; la nuance passe au rouge vif sous l'influence du savon et du carbonate de soude.

été trouvé récemment par *Auerbach* dans le produit préparé par *Gessert frères* (d'Elberfeld) sous le nom d'*alizarine à reflet jaune* (voy. page 346), ou aussi sous celui de *purpurine artificielle,* à cause de la propriété qu'elle possède de donner, soit par teinture sur toile mordancée en alumine, soit par couleurs vapeur, des teintes semblables à celles produites par la purpurine naturelle de la garance.

L'alizarine à reflet jaune ou purpurine artificielle se présente sous forme d'une pâte homogène un peu liquide, renfermant 15 0/0 de matière sèche et se dissolvant dans les alcalis caustiques dilués, en donnant une solution d'une magnifique teinte rouge violacé.

Pour extraire l'*isopurpurine* de ce produit, on le dissout dans l'ammoniaque, on mélange la solution avec de l'hydrate de baryte, et l'on fait bouillir avec de l'eau le précipité formé tant que le liquide filtré est coloré en rouge. De ce dernier on précipite l'isopurpurine par un acide, on filtre, on lave et on répète le même traitement. Si l'on précipite l'isopurpurine par l'acide sulfurique, on peut l'isoler en traitant par l'alcool, où elle se dissout très-facilement, le précipité composé de sulfate de baryte et d'isopurpurine.

L'isopurpurine préparée de cette manière, purifiée plusieurs fois par l'hydrate de baryte et cristallisée dans l'alcool, offre la même composition que la purpurine de la garance, $C^{14} H^8 O^5$.

L'isopurpurine est rouge orange, et elle présente toutes les propriétés de l'alizarine proprement dite, mais elle se dissout dans l'hydrate de soude avec une couleur plus violet rouge. Elle est *facilement soluble dans l'alcool,* assez soluble dans l'eau bouillante, et par le refroidissement elle se sépare de ce dernier liquide. Elle ne fond pas encore à 360°, mais commence à sublimer à cette température. Sa solution dans les alcalis caustiques est d'un rouge violacé ; elle se dissout dans l'ammoniaque avec une coloration rouge brunâtre. Sa solution dans les carbonates alcalins est également rouge, mais avec une nuance brunâtre très-prononcée. Elle ne se dissout que fort peu dans une solution saturée et bouillante d'alun. La liqueur prend une teinte jaune rougeâtre, mais sans présenter à un haut degré cette belle fluorescence rouge, qui distingue les solutions semblables de purpurine. Par le refroidissement, la matière colorante dissoute se sépare presque complétement. La laque barytique, d'un rouge violacé, est facilement soluble dans l'eau bouillante. La laque calcaire, qui présente une coloration semblable y est au contraire très-peu soluble.

Une solution alcoolique d'isopurpurine présente au spectroscope, dans l'orange et le vert et faiblement aussi dans le jaune, des raies d'absorption. Si le liquide est trop concentré, et par conséquent trop coloré, tout le spectre disparaît, à l'exception du rouge.

Sur coton mordancé l'isopurpurine donne des teintes semblables à celles de la purpurine ; les rouges et les roses virent à l'écarlate ; le violet est brunâtre, les puces et les noirs bien nourris. Les couleurs résistent convenablement au savon bouillant.

L'isopurpurine se différencie de la purpurine par un assez grand nombre de ses réactions, elle ne lui est donc pas identique.

Anthrapurpurine, C^{14} H^8 O^5. — *W. H. Perkin* a donné le nom d'*anthrapurpurine* à un autre isomère de la purpurine, qu'il a découvert dans l'alizarine artificielle brute et dont il a décrit tout récemment les propriétés dans un mémoire lu devant la Société chimique de Londres.

Pour isoler cette substance, *Perkin* indique le procédé suivant : on dissout l'alizarine brute dans une solution étendue de carbonate de soude, et on agite la liqueur avec de l'alumine fraîchement précipitée ; l'alizarine se combine avec l'alumine en donnant naissance à une laque, tandis que l'anthrapurpurine reste en dissolution. On filtre pour séparer la laque d'alizarine ; on chauffe le liquide filtré jusqu'à l'ébullition et on le mélange avec de l'acide chlorhydrique. La matière colorante ainsi précipitée est recueillie sur un filtre, lavée et séchée.

L'anthrapurpurine résultant de ce traitement est très-impure, elle est associée à une substance qui donne par un mordant d'alumine une couleur orange, à de l'acide anthraflavique, etc. Les impuretés peuvent être enlevées en grande partie par des ébullitions répétées avec de l'alcool, l'anthrapurpurine n'étant que peu soluble dans ce liquide. Mais, pour obtenir un produit tout à fait pur, le traitement par l'alcool n'est pas suffisant, le meilleur moyen à employer consiste à faire digérer la substance avec une solution alcoolique de soude bouillante, à recueillir sur un filtre le composé de soude peu soluble qui se forme et à le laver plusieurs fois avec une solution alcoolique de soude étendue. Ce composé est ensuite dissous dans l'eau, bouilli, et la matière colorante est précipitée par le chlorure de baryum. La combinaison barytique, de couleur pourpre, ainsi obtenue, est recueillie sur un filtre, lavée plusieurs fois à l'eau chaude, et ensuite décomposée par ébullition avec du carbonate de soude. La solution pourprée qu'on obtient est filtrée, et l'anthrapurpurine est précipitée par l'acide chlorhydrique ; elle est recueillie sur un filtre, bien lavée à l'eau et séchée, et finalement cristallisée deux fois dans l'acide acétique glacial, d'où elle se sépare en aiguilles orange.

Soumise à l'action de la chaleur, l'anthrapurpurine se liquéfie et dégage ensuite des vapeurs de couleur orange, qui se condensent en lamelles ou en aiguilles d'un jaune rougeâtre, mais la plus grande partie de la substance est carbonisée. Elle se *dissout difficilement dans l'alcool* ou dans l'éther, mais assez bien dans l'acide acétique glacial ; elle se dépose par l'ébullition de sa solution acétique en fines aiguilles de position verticale formant des groupes qui affectent la forme de petits champignons. Les cristaux ne peuvent être bien vus qu'au microscope. L'anthrapurpurine est très-légèrement soluble dans l'eau, et l'éther la précipite de ses solutions aqueuses. Les solutions des hydrates de potasse et de soude dissolvent l'anthrapurpurine en donnant des liquides colorés en un beau violet, qui passe au bleu sous l'influence de la chaleur. L'anthrapurpurine se dissout aussi dans les solutions des carbonates alcalins, qui acquièrent une couleur pourpre rougeâtre. Bouillie avec de l'alun, l'anthrapurpurine ne donne aucune réaction spéciale, tandis que son isomère, la purpurine, fournit une solution de couleur d'œillet, qui est fluorescente. Toutefois, elle se dissout à un certain degré dans le sulfate d'alumine basique, et la solution, de couleur orange-œillet, n'est pas fluorescente. Chauffée avec de la poudre de zinc, elle dégage de petites quantités d'un hydrocarbure qui a le même point de fusion et les mêmes propriétés que l'anthracène.

L'anthrapurpurine chauffée sous pression avec de l'acide acétique anhydre en excès, à une température de 150 à 160°, pendant quatre ou cinq heures, se dissout entièrement, et la solution, en se refroidissant, laisse déposer sous forme cristalline un dérivé triacétylique, la *triacétylanthrapurpurine*, $C^{14}H^5 (C^2H^3O)^3 O^5$. La triacétylanthrapurpurine fond à 220-222° ; elle est très-soluble dans l'alcool, assez soluble dans l'acide acétique glacial. Elle cristallise dans ce dernier dissolvant en belles écailles brillantes d'un jaune pâle. Les alcalis en régénèrent à chaud l'anthrapurpurine.

Traitée à l'ébullition par le chlorure de benzoyle, l'anthrapurpurine donne une *tribenzoyle-anthrapurpurine*, $C^{14}H^5 (C^7H^5O)^3 O^5$, fusible à 183-185°.

Il résulte de la formation de ces deux dérivés, que l'anthrapurpurine (ou trioxyanthraquinone) peut être regardée comme de l'anthraquinone, dans laquelle 3 atomes d'hydrogène sont remplacés par 3 molécules HO.

Lorsqu'on chauffe une solution ammoniacale d'anthrapurpurine à 100° pendant plusieurs heures dans un tube scellé, sa couleur pourpre se change en bleu d'indigo. Si l'on acidifie cette solution par l'acide chlorhydrique, la matière se sépare sous forme d'un précipité pourpre foncé, soluble dans l'ammoniaque avec une couleur bleue, et dans les alcalis caustiques, qu'il colore en pourpre rouge. Il teint les mordants d'alumine en pourpre et les mordants faibles de fer en bleu d'indigo. Ce produit est probablement isomère avec la purpurine ou purpuramide de *Stenhouse*.

Les affinités de l'anthrapurpurine pour les mordants sont à peu près les mêmes que celles de l'alizarine. L'une et l'autre donnent des couleurs analogues, par exemple le rouge avec l'alumine, le pourpre et le noir avec les mordants de fer. Il y a cependant des différences considérables dans les nuances des couleurs, les rouges de l'anthrapurpurine sont beaucoup plus purs et moins bleus que ceux de l'alizarine ; ses pourpres sont plus bleus et ses noirs plus intenses ; de part et d'autre, les couleurs résistent également bien au savon et à la lumière. L'anthrapurpurine donne, comme rouge d'Andrinople, une nuance écarlate très-brillante et très-solide.

Comme l'isopurpurine, l'anthrapurpurine présente la même composition que la purpurine : $C^{14}H^8O^5$; mais les propriétés sont différentes. Ainsi l'anthrapurpurine donne un spectre d'absorption différent de celui de la purpurine, ses solutions dans l'alun ne sont pas fluorescentes. Sa solution dans les alcalis n'est pas rouge, mais violette, tout en présentant des bandes d'absorption moins marquées que l'alizarine. La solution ammoniacale est d'un rouge poupre et n'est pas précipitée par l'aluminate de potasse. L'anthrapurpurine est donc différente et de la purpurine et de l'alizarine, et elle se distingue de l'isopurpurine, avec laquelle elle présente certaines analogies, par sa difficile solubilité dans l'alcool, qui dissout au contraire facilement l'isopurpurine.

Ces trois substances, la purpurine, l'isopurpurine et l'anthrapurpurine, bien que présentant la même composition, ne peuvent pas être considérées comme identiques. Mais le fait de la production artificielle de deux matières colorantes ayant la même composition et plusieurs des propriétés tinctoriales de la purpurine, n'en est pas moins très-important au point de vue de la pratique et extrêmement intéressant sous celui de la théorie.

Appendice. — Nous terminerons l'histoire de l'anthracène et de ses dérivés par l'indication d'un certain nombre de recettes relatives à l'application de l'alizarine artificielle (alizarine proprement dite et purpurine artificielle) à l'impression des tissus [1]. Ces recettes donnent en grand de très-bons résultats.

Les procédés de teinture sont du reste tout à fait semblables à ceux dans lesquels on fait usage de garance, de garancine ou de fleur de garance. Il faut seulement avoir soin de diminuer la force des mordants et éviter l'emploi d'une eau calcaire. Ce dernier point est très-important. Les matières colorantes pures, alizarine, de même que purpurine, ont une telle affinité pour la chaux qu'elles s'emparent de celle qui se trouve dans le bain de teinture, surtout si la chaux y est à l'état de bicarbonate. Il en résulte de véritables laques calcaires, nageant dans le bain, qui n'abandonnent plus la couleur aux autres mordants fixés sur l'étoffe, et il en résulte une perte réelle de matière colorante.

Commençons d'abord par donner la préparation des mordants et des épaississants employés dans les compositions de couleurs vapeur.

Épaississant pour rouge n° 1.

6 kilogrammes amidon de céréales.
20 litres d'eau.
4 — acide acétique à 6° Baumé.
10 — mucilage de gomme adragante (renfermant 60 grammes par litre).
1500 grammes d'huile d'olives, qui doit être incorporée de la manière la plus parfaite dans l'empois. On remue jusqu'à complet refroidissement.

Épaississant pour rouge n° 2.

6 kilogrammes amidon des céréales.
17 litres d'eau.

---

[1] A la place de l'alizarine et de la purpurine artificielles on peut employer l'alizarine et la purpurine de la garance, en leur donnant également la forme de pâte, d'une teneur bien définie et connue en matière colorante. Ainsi préparée, l'alizarine jaune et la purpurine de *Schaaff* et *Lauth*, de Strasbourg, ne le cèdent en rien aux dérivés de l'anthracène et se prêtent tout aussi bien à la préparation de couleurs vapeur.

17 litres d'acide acétique à 6° Baumé.
1500 grammes d'huile d'olives.

Épaississant pour violet.

5 kilogrammes amidon des céréales.
18 litres d'eau.
 9   — de mucilage de gomme adragante (60 grammes par litre).
 3   — d'acide acétique à 6° Baumé.
1000 grammes d'huile d'olives.

Mordant d'azotate d'alumine.

10 kilogrammes d'azotate de plomb.
10   —   d'alun.
20 litres d'eau bouillante.

Laisser bien déposer le sulfate de plomb et décanter la liqueur claire.

L'azotate d'alumine, employé à la place de l'acétate, fait virer le rouge un peu plus à l'écarlate. Mais il exige l'emploi d'un peu plus d'acétate de chaux qu'il n'en faudrait avec l'acétate d'alumine.

Mordant d'acétate d'alumine.

On commence par dissoudre 34 kilogr. d'alun dans 400 litres d'eau, et l'on précipite la liqueur en y versant une solution de 31 kilogr. de cristaux de soude dans 400 litres d'eau. Le précipité, qui n'est point de l'hydrate d'alumine, mais du sous-sulfate d'alumine, est lavé trois fois par décantation. On le jette ensuite sur un filtre, on laisse égoutter et l'on presse. 15 kilogr. de la pâte d'alumine ainsi obtenue sont introduits et divisés dans 6 litres d'acide acétique à 8° Baumé ; on chauffe à 32°, jusqu'à dissolution complète, puis on filtre et l'on étend avec de l'eau, si l'on a besoin d'une solution d'un degré Baumé moins élevé.

En thèse générale, pour 100 de pâte d'alizarine (à 15 0/0 de matière sèche), on emploie 30 0/0 du poids de la pâte en solution d'acétate d'alumine, marquant 12° Baumé. Si la pâte est à 10 0/0 d'alizarine sèche, on n'y ajoute naturellement que 20 0/0 de son poids du même mordant d'alumine.

Mordant d'acétate de chaux.

La solution d'acétate de chaux, à 16° Baumé, renferme environ 25 0/0 du sel.

Pour une pâte d'alizarine bien lavée, non acide, si elle est à 15 0/0 d'alizarine sèche, on emploie en moyenne 15 0/0 de son poids de mordant d'acétate de chaux ; pour une pâte à 10 0/0 de matière sèche, on ne prend que 10 0/0 de son poids de solution d'acétate de chaux à 16° Baumé.

Il sera cependant toujours prudent de déterminer expérimentalement les meilleures proportions d'acétate de chaux à ajouter à une pâte d'alizarine donnée.

Recettes pour les couleurs vapeur.

1° *Couleur vapeur pour fonds rouges.*

800 grammes de pâte d'alizarine à 15 0/0 (1200 grammes de pâte à 10 0/0).
- 1 litre d'acide acétique à 6° B.
2 litres d'eau.
200 grammes d'huile d'olives.
200   —   d'acétate de chaux à 10° B.
500   —   d'amidon des céréales.

Cuire le tout, remuer la couleur épaissie jusqu'à refroidissement et y incorporer ensuite :

200 grammes d'acétate d'alumine.

2° *Couleur vapeur pour article mille fleurs.*

2600 grammes de pâte d'alizarine à 15 0/0 (4000 grammes de pâte à 10 0/0).
10 litres d'épaississant pour rouge.
300 grammes d'azotate d'alumine à 15° B.
600   — - d'acétate d'alumine à 12° B.
400   —   d'acétate de chaux à 16° B.

3° *Couleur vapeur pour rouge très-foncé.*

3300 grammes de pâte d'alizarine à 15 0/0 (5000 grammes de pâte à 10 0/0).
10 litres d'épaississant pour rouge.
400 grammes d'azotate d'alumine à 15° B.
600   —   d'acétate d'alumine à 12° B.
500   —   d'acétate de chaux à 16° B.

4° Couleur vapeur rouge sans huile d'olives.

2800 grammes de pâte d'alizarine à 15 0/0 (4200 grammes de pâte à 10 0/0).
4800   —   d'acide acétique à 8° B.
1800   —   de farine.
2400   —   d'eau.

Cuire en empois, remuer jusqu'à refroidissement, puis incorporer :

487 grammes d'acétate de chaux à 16° B.
1000   —   d'azotate d'alumine à 15° B.
1500   —   d'hyposulfite de chaux à 90° B.

5° Couleur vapeur rouge et rose.

1600 grammes de pâte d'alizarine à 15 0/0 (2500 grammes de pâte à 10 0/0).
  8 litres d'épaississant pour rouge.
500 grammes d'acétate d'alumine à 12° B.
250   —   d'acétate de chaux à 16° B.

Pour rose, on incorpore à la couleur 2 à 3 fois son poids d'épaississant pour rouge.

Lorsqu'il s'agit de recouvrir au rouleau un dessin rouge foncé d'une couleur rouge plus claire, il faut auparavant vaporiser le rouge foncé pendant 1 heure. Après l'impression de la première couleur, on vaporise de nouveau pendant 1 heure, puis on suspend la toile à l'étendage. Après 24 heures d'étendage, on passe les pièces dans l'un ou l'autre des deux bains suivants :

a.	*b.*
1000 litres d'eau.	1000 litres d'eau.
30 kilogrammes de craie.	20 kilogrammes de craie.
1500 grammes de sel d'étain.	5 — d'arséniate de soude.

Les bains sont chauffés à 50-62°, et les passages durent de 1 minute à 1 minute 1/2. On lave et l'on procède aux avivages dans bains de savon de plus en plus chauds et pour lesquels on emploie, à raison de dix pièces, chacune de 50 mètres :

	Température.	Durée.
1er bain. — 1500 grammes de savon + 125 de sel d'étain.	50°	1/2 heure.
2e bain. — 1500 — sans sel d'étain.....	75°	—
3e bain. — 1500 — —	75-81°	—

Entre chaque bain, les pièces sont bien lavées.

6° *Couleur vapeur pour violet.*

900 grammes de pâte d'alizarine à 15 0/0 (1400 grammes de pâte à 10 0/0).
10 litres d'épaississant pour violet.
200 grammes de pyrolignite de fer à 12° B.
370 — d'acétate de chaux à 16° B.

Les pièces, imprimées et parfaitement séchées, sont vaporisées pendant 1 à 2 heures avec de la vapeur d'une demi-atmosphère de pression, puis on les transporte à l'étendage, où elles séjournent 24 heures à 36 heures. La vapeur doit être une vapeur humide. Les pièces, bien étalées sur des rouleaux, passent ensuite pendant 1 heure 1/2 à 2 heures dans le bain suivant chauffé à 50-60° :

1000 litres d'eau.
20 kilogrammes de craie.
5 — d'arséniate de soude.

Après le lavage, on les savonne pendant 1/2 heure dans un bain renfermant 1500 gram. de savon pour 10 pièces de 50 mètres, chauffé à 62-75°. Le savonnage est suivi de lavage, séchage et, au besoin, d'un léger savonnage. L'addition d'arséniate de soude avive notablement les violets. Les meilleurs résultats sont obtenus en vaporisant les pièces imprimées, très-fortement séchées, par de la vapeur très-humide.

7° *Couleur vapeur pour puce.*

6000 grammes de pâte d'alizarine à 15 0/0 (9000 grammes de pâte à 10 0/0).
10 litres d'épaississant.
900 grammes d'azotate d'alumine à 18° B.
400 — d'acétate d'alumine à 13° B.
400 — de prussiate rouge de potasse (préalablement dissous dans l'eau chaude).
500 — d'acétate de chaux à 18° B.

Pour obtenir un puce jaunâtre, on ajoute, par litre de couleur, 30 gram. d'extrait de quercitron à 20° Baumé.

Cette couleur pour puce se prépare aussi avantageusement avec de vieilles couleurs pour rouge déjà un peu altérées, auxquelles on n'a qu'à ajouter, par litre de couleur, 20 à 30 gram. de prussiate rouge de potasse dissous dans de l'eau.

CHAPITRE VI.

MATIÈRES COLORANTES DÉRIVÉES DES PHÉNOLS.

D'après les recherches de *Ad. Baeyer*, les différents phénols, comme l'acide carbolique, le naphtol, la résorcine, l'hydroquinone, la pyrocatéchine, l'acide pyrogallique, etc., s'unissent à des acides polybasiques, avec élimination d'eau, lorsqu'on chauffe le mélange seul ou additionné d'acide sulfurique ou de glycérine.

Les substances qui prennent alors naissance ne sont pas des éthers, quelques-unes sont des corps indifférents, d'autres se dissolvent dans les alcalis avec une couleur intense, qui disparaît sous l'influence d'un agent réducteur. Quelques-uns des corps solubles avec coloration dans les alcalis donnent, lorsqu'on les chauffe avec de l'acide sulfurique, de nouvelles matières colorantes, qui se distinguent des précédentes en ce que, en solution alcaline, elles sont, il est vrai, réduites, mais non décolorées.

Les éléments des couleurs dérivées des phénols peuvent être partagés en deux groupes : les phénols d'une part et les résidus des acides, auxquels ceux-là sont combinés.

Les phénols sont sans doute le principe chromogène, parce qu'en général la nature de la substance, avec laquelle les premiers sont unis, ne change pas ou seulement très-peu la couleur.

On pourrait ranger comme il suit, dans un tableau, cette nouvelle et intéressante classe de matières colorantes :

SUBSTANCE COMBINÉE.	PRINCIPE CHROMOGÈNE.			
	PHÉNOL.	NAPHTOL.	RÉSORCINE.	ACIDE pyrogallique.
Acide phtalique....	Phtaléine du phénol.	—	Fluorescine.	Galléine.
Acide succinique ..	—	—	Substance de *Malin*.	—
Acide carbonique..	Acide rosolique.	—	Euxanthone.	—

Il est à présumer que la plupart des matières colorantes naturelles et surtout les principes colorants des bois trouveront place dans ce tableau et que leur synthèse ne présentera plus de difficulté, lorsqu'on connaîtra la nature du principe chromogène et celle du corps auquel il est combiné.

. Des recherches plus approfondies montreront peut-être que la famille de la rosaniline doit être rattachée à cette classe, parce que le méthyle de la toluidine semble jouer dans ce corps le rôle de substance combinée et que l'azote paraît produire la couleur, comme l'oxygène dans les dérivés colorés des phénols.

Les circonstances dans lesquelles se forment la rosaniline et les dérivés des phénols sont même tout à fait analogues, seulement pour l'une c'est de l'hydrogène qui est éliminé et pour les autres c'est de l'eau.

1. DÉRIVÉS DU PHÉNOL.

a. Par l'acide phtalique. — *Phtaléine du phénol*, $C^{20}H^{14}O^4$. En chauffant pendant plusieurs heures à 120 ou 130° un mélange de 10 parties de phénol, de 5 parties d'anhydride phtalique, $C^8H^4O^3$, et de 4 parties d'acide sulfurique concentré, on obtient une masse rouge, qui, après ébullition avec de l'eau, fournit une résine, et celle-ci, bouillie avec de la benzine, se transforme en une poudre blanc-jaunâtre.

Sa formation est représentée par l'équation suivante :

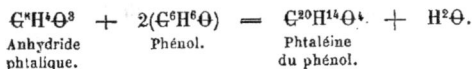

$$C^8H^4O^3 \;+\; 2(C^6H^6O) \;=\; C^{20}H^{14}O^4 \;+\; H^2O.$$

Anhydride   Phénol.   Phtaléine
phtalique.   du phénol.

La *phtaléine du phénol* est isomère de l'éther phtalique du phénol. Elle se dissout dans une lessive de potasse avec une couleur fuchsine magnifique ; la solution se décolore lorsqu'on la chauffe avec de la poudre de zinc, et l'addition d'acide chlorhydrique en sépare alors des grains incolores, qui constituent la *phtaline du phénol*, $C^{20}H^{16}O^4$.

Celle-ci se redissout dans la lessive de potasse, sans coloration, et au contact de l'air la solution se colore peu à peu en rouge, probablement parce que de la phtaléine prend de nouveau naissance.

b. Par l'acide oxalique. — Les acides mellique et pyromelliqu(e) agissent sur le phénol de la même manière que l'acide phtalique ; mais la réaction la plus intéressante est produite par l'acide oxalique, qui donne naissance à de l'*acide rosolique*.

L'acide rosolique (*aurine, coralline jaune;* voyez page 59) a été récemment l'objet d'une étude approfondie. *Dale* et *Schorlemmer* ont trouvé que cet acide est un mélange de différents corps.

Pour préparer la matière colorante pure avec le produit du commerce, on dissout celui-ci dans l'alcool bouillant et l'on ajoute à la solution concentrée de l'alcool saturé d'ammoniaque. Il se sépare une combinaison cristallisée d'aurine et d'ammoniaque presque insoluble dans l'alcool, tandis que les autres corps contenus dans le produit brut restent en dissolution.

Le précipité est lavé avec de l'alcool et ensuite exposé à l'air : l'ammoniaque s'évapore et il reste de l'aurine pure.

Celle-ci cristallise dans l'acide acétique concentré, sous deux formes différentes : en magnifiques aiguilles à éclat adamantin ou en petites aiguilles rouge-foncé à reflets bleus ; fréquemment les deux espèces de cristaux se séparent dans la même dissolution ; ceux-ci appartiennent au système rhombique et renferment de l'eau de cristallisation qui se dégage à 160°, et les cristaux prennent alors un reflet vert vif. A une température plus élevée, qui n'est pas inférieur à 220°, ils fondent, et par le refroidissement ils se prennent en une masse solide amorphe. Cependant la préparation ainsi obtenue retient opiniâtrément de l'acide acétique.

Dans l'acide chlorhydrique bouillant et concentré, l'aurine cristallise en fines aiguilles, qui, desséchées à 110°, retiennent encore de l'acide chlorhydrique. Elle se dissout dans les solutions alcalines avec une coloration rouge et en est de nouveau précipitée par les acides. Par l'évaporation spontanée d'une solution alcoolique, l'aurine cristallise en aiguilles d'un rouge mat avec des reflets verts, qui, desséchées à 110°, ne contiennent pas d'alcool, mais de l'eau, qui ne se dégage qu'entre 140 et 180°.

L'aurine desséchée à 200° a pour formule $C^{20}H^{14}O^3$; la formule de celle qui a été desséchée seulement à 110° et qui renferme encore de l'eau est $C^{20}H^{14}O^3 + H^2O$.

L'aurine se formerait d'après l'équation suivante :

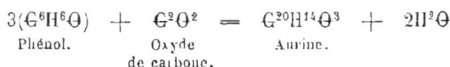

$$3(C^6H^6O) + C^2O^2 = C^{20}H^{14}O^3 + 2H^2O$$
$$\text{Phénol.} \qquad \text{Oxyde} \qquad \text{Aurine.}$$
$$\text{de carbone.}$$

Si l'on fait passer un courant d'acide sulfureux dans la solution alcoolique concentrée et bouillante de l'aurine, il se sépare des croûtes cristallines rouge-clair, qui sont une combinaison d'aurine

(2 molécules) et d'anhydride sulfureux (1 molécule) ; ce corps est inaltérable à l'air, il contient encore de l'eau et de l'alcool, et il dégage de l'acide sulfureux lorsqu'on le chauffe.

L'aurine se combine également aux bisulfites alcalins ; ces combinaisons sont incolores, solubles dans l'eau et surtout dans l'alcool, et cristallisables en longues aiguilles soyeuses et incolores, ou en cristaux aciculaires; elles sont décomposées par les acides et les alcalis.

Lorsqu'on fait agir de la poudre de zinc sur une solution d'aurine dans la soude ou mieux encore dans l'acide acétique concentré, elle se transforme en *leucaurine* incolore, $C^{20}H^{16}O^3$, qui dans l'alcool ou dans l'acide acétique cristallise en gros prismes incolores et repasse à l'état d'aurine sous l'influence des agents oxydants. Les chlorures d'acétyle et de benzoyle agissent sur la leucaurine en y remplaçant 3 atomes d'hydrogène par 3 groupes acétyle ou benzoyle et donnent ainsi naissance à la *triacétyle-leucaurine* ou à la *tribenzoyle-leucaurine*.

Si l'on chauffe l'aurine à 180° avec de l'ammoniaque alcoolique, on obtient la *coralline rouge*, qui donne sur soie et sur laine des nuances plus rouges que la coralline jaune (voyez page 60). Cette combinaison peut aussi être obtenue en beaux cristaux.

L'aurine, ou le corps appelé acide rosolique, ne forme pas de sels offrant une composition constante.

L'aurine fondue avec de l'hydrate de potasse reste longtemps sans éprouver d'altération ; elle finit cependant par donner une résine brune, en dégageant une odeur agréable. La solution alcoolique de la masse fondue donne avec les acides un précipité floconneux, peu coloré, et une résine qui est soluble dans l'éther.

La solution alcaline prend peu à peu à l'air une coloration rouge magnifique, ce qui semble indiquer qu'il s'est formé de la leucaurine. L'aurine donne avec l'acide azotique fumant, des produits nitrés, dont l'un est cristallisé; avec le brome et l'iode il se forme des produits de substitution. Soumise à la distillation sèche avec de la poudre de zinc, l'aurine fournit différents hydrocarbures, parmi lesquels se trouverait le diphényle.

D'après les recherches de *H. Fresenius*, l'acide rosolique (l'aurine) se forme également lorsqu'on chauffe à 140 ou 150° de l'acide phénolsulfurique, ou le mélange de phénol et d'acide sulfurique, et qu'on y fait couler peu à peu de l'acide formique. Celui-ci se décompose naturellement en eau et oxyde de carbone, et c'est ce dernier qui, étant à l'état naissant, donne lieu à la formation de l'acide rosolique.

Pour obtenir de l'acide rosolique, on peut aussi soumettre à l'action de l'acide sulfurique et de l'acide oxalique, au lieu du phénol, l'anisol, c'est-à-dire le méthylphénol, $C^7H^8O = C^6H^5 (CH^3)O$, ou le phénétol, c'est-à-dire l'éthylphénol $C^8H^{10}O = C^6H^5(C^2H^5)O$.

Mais, d'après *H. Fresenius*, l'acide rosolique obtenu par *Caro* et *Wanklyn*, en traitant par l'acide azoteux une dissolution acide d'un sel de rosaniline et en faisant ensuite bouillir le mélange, n'est pas identique avec l'acide phénol rosolique, bien qu'il ait avec ce dernier beaucoup d'analogie (voyez page 56). Il fond à 158°, et sa composition est représentée par la formule $C^{26}H^{18}O^{10}$. C'est pourquoi *H. Fresenius* lui donne le nom de *pseudocoralline* ou d'*acide pseudorosolique*.

2. DÉRIVÉS DU NAPHTOL.

a. Par l'acide phtalique. — Si l'on fait bouillir du naphtol et de l'anhydride phtalique, le liquide se colore en vert foncé et il se dégage une assez grande quantité d'eau. La masse refroidie laisse, lorsqu'on l'épuise avec de l'alcool, une substance blanche, qui donne dans la benzine des cristaux brillants faiblement jaunâtres, insolubles dans une lessive de potasse et qui sont l'*anhydride de la phtaléine du naphtol*, $C^{28}H^{16}O^3$.

La formation de ce corps est mise en évidence par l'équation suivante :

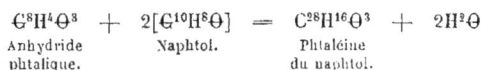

$$C^8H^4O^3 + 2[C^{10}H^8O] = C^{28}H^{16}O^3 + 2H^2O$$

Anhydride   Naphtol.   Phtaléine
phtalique.   du naphtol.

Bouilli avec une solution alcoolique de potasse, il se transforme en une matière verte. Chauffé avec de l'acide sulfurique, il donne une substance d'un beau rouge, mais qui n'est point une matière colorante et qui offre beaucoup d'analogie avec le carminnaphte de *Laurent*. Lorsqu'on le chauffe seul, il se carbonise en partie et il fournit un sublimé d'anhydride phtalique et d'un corps analogue à l'alizarine, mais qui se comporte d'une manière toute différente.

Le chlorure d'acide phtalique, chauffé à 100° avec du naphtol, donne un corps indifférent, un corps soluble dans la potasse avec une couleur bleue et un autre corps soluble dans le même réactif avec une couleur verte. Il est très-probable que l'on doit trouver parmi ces derniers la phtaléine proprement dite du naphtol.

b. Par l'acide oxalique. — Le naphtol chauffé à 120 ou 150° avec de l'acide oxalique et de l'acide sulfurique se comporte d'une manière tout à fait analogue. Indépendamment d'une substance verte soluble dans la potasse, il se forme une matière blanche indifférente, qui donne dans la benzine des cristaux mamelonnés et qui paraît être un mélange de différents corps.

Les acides mellique et pyromellique donnent, lorsqu'on les chauffe légèrement, des substances solubles dans la potasse, avec une couleur verte, et à une température plus élevée des corps indifférents.

3. DÉRIVÉS DE LA RÉSORCINE.

a. Par l'acide phtalique. — Lorsqu'on chauffe à 195° de la résorcine, qui est un dérivé de la benzine, $C^6 \begin{cases} H^4 \\ HO \\ HO \end{cases} = C^6H^6O^2$, avec de l'anhydride phtalique, on obtient la *phtaléine de la résorcine* ou *fluorescéine*, $C^{20}H^{12}O^5$:

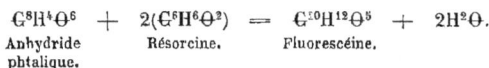

$$C^8H^4O^6 + 2(C^6H^6O^2) = C^{20}H^{12}O^5 + 2H^2O.$$

Anhydride phtalique. Résorcine. Fluorescéine.

La fluorescéine cristallise dans l'alcool en petits cristaux brun-foncé réunis en croûtes ; précipitée par les acides de sa solution dans la potasse, elle se présente sous forme d'une poudre rouge brique. Avec l'ammoniaque elle donne une dissolution rouge, qui offre, même lorsqu'elle est très-étendue, une fluorescence verte magnifique. La fluorescéine teint sans mordant la soie et la laine en un beau jaune.

En solution alcaline elle est convertie par la poudre de zinc en la *fluorescine* incolore, qui sous l'influence des agents oxydants (l'acide chromique) régénère la fluorescéine. Chauffée fortement avec l'acide sulfurique et versée dans l'eau, elle donne lieu à un dépôt d'un corps rouge, qui se dissout dans les alcalis avec une couleur bleue devenant rouge par l'action de la poudre de zinc. On peut avec le liquide rouge réduit teindre en bleu comme avec une cuve d'indigo ; mais la couleur n'est ni belle ni bon teint. En résumé cette substance offre beaucoup d'analogies avec le tournesol.

b. Par l'acide succinique. — *Malin* a obtenu par l'action du chlorure de succinyle sur la résorcine une résine jaune, qui ressemble beaucoup à la phtaléine de la résorcine. Et dans le fait, il se forme avec l'anhydride succinique une substance offrant une très-grande analogie avec la fluorescéine, qui pourrait bien être la *succinéine de la résorcine,* $C^{16}H^{12}O^5$, obtenue d'après l'équation suivante :

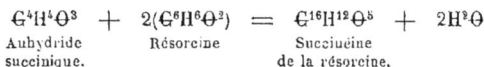

$$C^4H^4O^3 \ + \ 2(C^6H^6O^2) \ = \ C^{16}H^{12}O^5 \ + \ 2H^2O$$

Anhydride   Résorcine   Succinéine
succinique.   de la résorcine.

c. Par l'acide oxalique. — Comme l'euxanthone a probablement pour formule $C^{13}H^8O^4$, elle pourrait bien être la *carbonéine de la résorcine* :

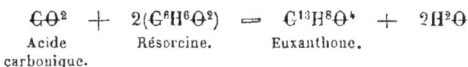

$$CO^2 \ + \ 2(C^6H^6O^2) \ = \ C^{13}H^8O^4 \ + \ 2H^2O$$

Acide   Résorcine.   Euxanthone.
carbonique.

En effet, lorsqu'on chauffe de la résorcine avec de l'acide oxalique et de l'acide sulfurique, on obtient une substance jaune, dont la solution n'est pas fluorescente et qui se comporte tout à fait comme l'euxanthone, mais qui ne peut pas être sublimée. Il est très-probable que l'euxanthone se trouve contenue dans cette substance jaune avec d'autres corps, ou du moins qu'elle se forme d'une manière analogue, d'autant plus que l'euxanthone traitée par l'acide azotique fournit de la trinitrorésorcine.

L'acide mellique, l'acide pyromellique et l'aldéhyde phtalique donnent avec la résorcine des substances analogues à la fluorescéine.

4. DÉRIVÉS DE L'HYDROQUINONE.

L'hydroquinone chauffée à 130-140° avec de l'acide phtalique et de l'acide sulfurique concentré donne deux produits : l'un incolore, qui est la *phtaléine de l'hydroquinone* ; l'autre, rouge, représente un isomère de l'alizarine, auquel *F. Grimm* a donné le nom *quinizarine.* Ce dernier corps ne se forme qu'en très-petite quantité.

La phtaléine de l'hydroquinone et la quinizarine ont été étudiées tout récemment par *F. Grimm,* qui est arrivé aux résultats suivants.

Phtaléine de l'hydroquinone. — Le produit sirupeux résultant du chauffage de l'hydroquinone avec l'acide phtalique et l'acide sulfurique, devient peu à peu cristallin, après avoir été épuisé par l'eau. Si on le dissout alors dans l'alcool absolu et si l'on étend la solution avec de l'eau, la quinizarine se précipite d'abord ; puis, si l'on filtre et si l'on ajoute plus d'eau, toute la phtaléine se dépose à l'état cristallin. On la purifie par recristallisation dans l'alcool. Les cristaux déposés d'une solution dans l'alcool faible forment des aiguilles feutrées renfermant de l'alcool : $C^{20}H^{12}O^3 + C^2H^6O$. L'alcool se dégage à 100° et il reste la phtaléine.

La phtaléine de l'hydroquinone est incolore, fusible à 232-234° et se solidifie par le refroidissement en une masse vitreuse. Chauffée plus fortement, elle donne une huile brune et un résidu charbonneux. L'eau la précipite de sa solution alcoolique en lamelles nacrées renfermant une molécule d'eau qui ne se dégage qu'à 160-180°. Elle est très-soluble dans l'éther, d'où elle se sépare à l'état résineux. Dans l'acide acétique bouillant, elle cristallise en aiguilles étoilées, retenant énergiquement de l'acide. Elle se dissout dans l'acide sulfurique avec une couleur rouge brique, et elle s'en sépare sans altération lorsqu'on ajoute de l'eau. La potasse étendue la dissout avec une coloration violette qui disparaît par la concentration, pour reparaître par la dilution. L'ébullition avec l'alcali ne l'altère pas, et l'addition d'un acide la reprécipite. La solution ammoniacale est également violette. La solution alcaline bouillie avec de la poudre de zinc se décolore, et les acides en précipitent alors un corps résineux jaunâtre. Chauffée à 110° avec du chlorure d'acétyle, la phtaléine de l'hydroquinone donne un dérivé acétylique, cristallisable dans l'éther et le chloroforme.

Quinizarine, $C^{14}H^8O^4$. — Comme on l'a dit précédemment, la quinizarine se sépare de la solution alcoolique du produit de l'action de l'acide phtalique et de l'acide sulfurique, lorsqu'on ajoute de l'eau ; on peut aussi l'isoler de la phtaléine par la benzine (bouillant de 110 à 112°), qui ne dissout que très-peu de cette dernière. Elle cristallise dans l'éther en lamelles jaune rouge ; dans la benzine ou l'alcool, en aiguilles d'un rouge foncé. L'eau la précipite de sa solution alcoolique en flocons oranges, qui, desséchés à 100-110°, deviennent rouges et cristallins. Les solutions éthérées et sulfuriques offrent une fluorescence jaune vert semblable à celle de la munjistine de *Stenhouse.*

Grimm émet l'hypothèse que cette dernière présente, avec la quinizarine, les mêmes relations que la purpurine avec l'alizarine.

La quinizarine cristallisée fond à 192-193° ; elle sublime en cristaux plumeux, et elle est alors fusible à 194-195°.

La solution dans les alcalis est bleue ; sa solution ammoniacale est plus violette, ainsi que celle dans les carbonates alcalins. Elle donne une combinaison bleu violet avec la baryte et avec la magnésie, et une laque rouge avec l'alumine. Le chlorure de fer produit dans sa solution alcaline un précipité rouge brun, et l'acétate de plomb un précipité rouge mat.

La poudre de zinc décolore ses solutions alcalines; au contact de l'air, la coloration apparaît de nouveau. Lorsqu'on dirige des vapeurs de quinizarine sur de la poudre de zinc chauffée, on obtient des lamelles blanches et brillantes, fusibles à 210-212° et sublimables, donnant une combinaison picrique rouge, et par l'action de l'acide chromique un composé qui paraît identique avec l'anthraquinone. Le produit obtenu est donc de l'anthracène, et la quinizarine représente un dérivé de cet hydrocarbure formé d'après l'équation :

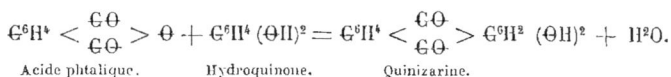

$$\mathrm{C^6H^4} < {}^{CO}_{CO} > O + C^6H^4\,(OH)^2 = C^6H^4 < {}^{CO}_{CO} > C^6H^2\,(OH)^2 + H^2O.$$

$$\text{Acide phtalique.} \qquad \text{Hydroquinone.} \qquad \text{Quinizarine.}$$

Cette réaction vient à l'appui de l'opinion émise par *Graebe* et *Fittig*, que l'anthraquinone représente une diacétone.

La quinizarine peut très-bien être confondue avec l'alizarine; elle teint de la même manière le coton mordancé. Les solutions alcalines ont la même couleur, et leurs spectres d'absorption ne présentent que peu de différence. Par contre les solutions éthérées et sulfuriques de la quinizarine, qui présentent une fluorescence jaune vert très-prononcée, possèdent un spectre d'absorption caractéristique.

5. DÉRIVÉS DE LA PYROCATÉCHINE.

Si l'on chauffe de la pyrocatéchine avec de l'anhydride phtalique et de l'acide sulfurique, on obtient, lorsqu'on ajoute de l'eau, un liquide verdâtre, qui donne avec la potasse une coloration bleue disparaissant rapidement.

Baeyer pense que cette substance pourrait être analogue au bois de campêche.

6. DÉRIVÉS DE LA PHLOROGLUCINE.

La phloroglucine, préparée avec le morin, chauffée avec de l'anhydride phtalique donne, lorsqu'on ajoute de l'acide sulfurique, un corps jaune, et le morin fournit dans les mêmes circonstances une substance rouge.

7. DÉRIVÉS DE L'ACIDE PYROGALLIQUE.

Par l'acide phtalique.

Si l'on chauffe pendant quelques heures à 190 ou 200°, jusqu'à ce que la masse ait acquis une consistance épaisse, 2 parties d'acide pyrogallique et 1 partie d'acide phtalique ou mieux d'anhydride phtalique, le mélange se colore promptement en rouge, et il finit par devenir tout à fait opaque. On dissout la masse fondue dans l'alcool, on filtre et on étend avec de l'eau : il se sépare alors un précipité très-abondant fortement coloré, qui constitue un nouveau pigment, la *galléine* ou *phtaléine pyrogallique*, $C^{20}H^{12}O^7$. Pour préparer la galléine pure, il suffit de faire cristalliser le précipité dans l'alcool étendu bouillant, et on l'obtient sous forme d'une poudre rouge-brun ou en petits cristaux d'un vert métallique.

Sa formation, qui en apparence offre beaucoup d'analogie avec celle de la fuchsine, s'explique par l'équation suivante :

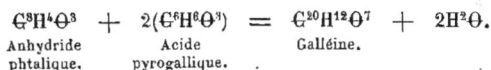

$$C^8H^4O^3 \ + \ 2(C^6H^6O^3) \ = \ C^{20}H^{12}O^7 \ + \ 2H^2O.$$

Anhydride   Acide   Galléine.
phtalique.   pyrogallique.

La galléine est rouge-brun par réflexion et bleue par transmission ; celle que l'on obtient en évaporant une solution de ce corps offre un éclat métallique jaune vert. Lorsqu'on la chauffe elle se carbonise. La galléine oxydée par l'acide azotique fournit outre l'acide oxalique une grande quantité d'acide phtalique.

Elle est peu soluble dans l'eau bouillante avec laquelle elle donne une couleur rouge ; elle se dissout à peine dans l'eau froide, facilement dans l'alcool en colorant ce liquide en rouge foncé. La potasse la dissout avec une coloration bleue magnifique, l'ammoniaque avec une coloration violette ; la couleur bleue de la solution potassique s'altère rapidement. La galléine teint les tissus mordancés en alumine et en oxyde de fer à la manière du bois rouge, mais la nuance est un peu plus bleue. Les couleurs tiennent le milieu entre celles du bois rouge et du bois de campêche, mais elles sont aussi solides et aussi belles que la nuance fournie par le premier. Si maintenant on compare les propriétés de la galléine avec celles de l'hématéine, on voit qu'il existe entre les deux corps la plus grande analogie, de sorte qu'il est extrêmement probable que la galléine appartient à la famille des bois colorés, et qu'elle est la première matière colorante de ce groupe qui ait été préparée artificiellement.

Si l'on fait bouillir de la galléine en ajoutant du zinc et de l'acide sulfurique étendu, la couleur foncée du liquide se transforme au bout de quelque temps en une nuance rouge-clair. Après la séparation par le filtre de la petite quantité de résine formée, le liquide est complétement clair, mais il se trouble peu à peu et il se sépare de gouttes huileuses, qui au bout de quelque temps se solidifient en cristaux rouge-brun. Si on arrose ceux-ci avec de l'éther anhydre, ils se dissolvent avec une grande facilité, mais au bout de quelques minutes il se dépose dans le liquide foncé de gros cristaux brillants et incolores, qui ne sont que difficilement solubles dans l'éther et qui deviennent opaques à l'air, en se transformant en une poudre rougeâtre.

Dans une solution bouillante d'acide pyrogallique la cristallisation se fait mieux, et l'on obtient le nouveau corps, la *galline*, $C^{20}H^{18}O^7$, qui se présente sous forme de prismes et de rhomboèdres brillants et presque complétement incolores, parce que la galléine est maintenue en solution par l'acide pyrogallique.

La galline se colore très-facilement en rouge aussi bien en solution aqueuse qu'en solution alcoolique, et elle est moins altérable que l'hématoxyline, avec laquelle elle a du reste la plus grande analogie. Elle est difficilement soluble dans l'eau froide, plus facilement dans l'eau bouillante et elle s'en sépare par un refroidissement rapide sous forme de gouttes huileuses, tandis que si le refroidissement est lent, elle se dépose en cristaux volumineux; elle est facilement soluble dans l'alcool. Les cristaux s'effleurissent et deviennent opaques comme ceux de l'hématoxyline, et comme celle-ci la galline a une saveur d'abord agréable, puis astringente. La galline teint les tissus comme la galléine.

Si l'on chauffe à 200° de la galléine avec 20 parties d'acide sulfurique concentré, la couleur brun rouge de la solution devient au bout de quelque temps brun-verdâtre.

On reconnaît que la réaction est terminée lorsqu'un échantillon chauffé avec de l'eau donne des flocons bruns et une solution incolore.

A ce moment on verse la masse dans une grande quantité d'eau, et on lave avec de l'eau bouillante le précipité volumineux presque noir.

Celui-ci est la *céruléine*, $C^{20}H^{10}O^7$, qui desséchée donne une masse noir-bleuâtre cassante, prenant un léger éclat métallique par le frottement.

La céruléine est très-peu soluble dans l'eau, l'alcool et l'éther, plus facilement soluble dans l'acide acétique, avec lequel elle donne une coloration vert sale, elle est au contraire très-soluble dans l'aniline bouillante avec une couleur bleu indigo magnifique. Cette dernière solution acidulée avec de l'acide acétique teint la laine en bleu indigo.

La céruléine se dissout dans les alcalis avec une belle couleur verte inaltérable à l'air, et avec les terres elle fournit des laques vertes.

Elle teint en vert les tissus mordancés à l'alumine, en brun ceux mordancés avec les sels de fer; ces teintures supportent très-bien le savon et au point de vue de la solidité, il paraît qu'elles rivalisent avec les couleurs de garance.

La céruléine est transformée en *céruline* par les corps réducteurs; celle-ci se dissout dans l'éther avec une couleur jaune, et la solution offre une belle fluorescence verte.

Il paraît du reste que l'on peut aussi obtenir directement la céruline avec la galline, puisque celle-ci chauffée doucement avec de l'acide sulfurique concentré donne une masse rouge qui, par sa dissolution dans l'eau et son agitation avec de l'éther, offre la même fluorescence. Le meilleur réducteur pour la céruléine est l'ammoniaque et la poudre de zinc: la solution verte se colore en orange, mais sa surface se réoxyde rapidement à l'air, de sorte que le liquide rouge est couvert de bulles vertes. Le lo-kao ou vert de Chine offre avec la céruléine de nombreuses analogies.

Comme celle-ci il est bleu, il donne une laque d'alumine verte, et, réduit par l'ammoniaque et la poudre de zinc, il fournit un liquide rouge foncé, redevenant vert au contact de l'air.

Bien que la différence de coloration des deux substances réduites semble indiquer que le lo-kao n'est pas identique avec la céruléine, celle-ci offre cependant avec celui-là de si grandes analogies qu'il n'est pas possible de méconnaître l'existence d'une affinité entre ces substances, comme celle qui existe entre la galléine et le pigment du bois de campêche.

Outre l'acide phtalique, les dérivés de l'acide mellitique (les acides trimésique, pyromellitique et prehnitique), l'essence d'amandes amères, l'acétone donnent par fusion avec l'acide pyrogallique des galléines ou des matières colorantes analogues. L'anhydride succinique fournit un pigment impur ; lorsqu'on emploie de l'acide oxalique, il est nécessaire d'ajouter de la glycérine ; le liquide prend alors une belle couleur rouge lorsqu'on chauffe.

Dérivés azoïques colorés de la résorcine.

En faisant agir l'acide azoteux sur la résorcine, *Weselsky* a obtenu des matières colorantes, qui par l'éclat et la beauté peuvent rivaliser avec les magnifiques dérivés de l'aniline et qui en outre offrent des phénomènes de fluorescence qui par leur magnificence surpassent de beaucoup ceux que l'on a observés jusqu'à présent.

1. *Combinaisons diazoïques.*

Si l'on fait passer un courant d'acide azoteux dans une solution éthérée de résorcine, la *diazorésorcine*, $C^{18}H^{12}Az^2O^6$, prend naissance par condensation de 3 molécules de résorcine, d'après l'équation suivante :

$$3\ C^7H^8O^2) \ + \ Az^2O^3 \ = \ C^{18}H^{12}Az^2O^6 \ + \ 3H^2O.$$

Résorcine.   Acide   Diazorésorcine.
            azoteux.

La diazorésorcine forme des cristaux grenus, bruns à éclat métallique vert, peu solubles dans l'eau, un peu plus solubles dans l'alcool et l'acide acétique. Les solutions sont rouge-cerise foncé.

Les liquides alcalins dissolvent très-facilement la diazorésorcine avec une couleur violet-bleu magnifique.

En faisant agir des acides concentrés, comme l'acide sulfurique et l'acide chlorhydrique, sur la diazorésorcine, on obtient la *diazorésorufine*, $C^{36}H^{18}Az^4O^9$, dont la formation a lieu d'après l'équation suivante :

$$2(C^{18}H^{12}Az^2O^6) \ - \ 3H^2O \ = \ C^{36}H^{18}Az^4O^9.$$

Diazorésorcine.   Diazorésorufine.

C'est une poudre rouge-brun, qui de sa dissolution dans l'acide chlorhydrique concentré se dépose sous forme de petits grains cristallins rouge foncé et brillants. Elle est presque insoluble dans l'eau, l'alcool et l'éther ; elle se dissout avec une couleur rouge-cramoisi dans l'acide sulfurique concentré, duquel elle est précipitée par l'eau à l'état floconneux. Elle est très-soluble dans les alcalis avec lesquels elle donne un liquide rouge cramoisi, qui offre lorsqu'il est étendu une fluorescence rouge-cinabre magnifique.

Chlorhydrate d'hydro-diazorésorufine, $C^{36}H^{30}Az^4O^9 + 3HCl$. — La diazorésorcine chauffée avec de l'étain et de l'acide chlorhydrique donne une solution verdâtre, de laquelle ne tardent pas à se précipiter des lamelles brillantes de couleur vert de mer, si l'acide employé était concentré. Les solutions étendues donnent des aiguilles d'un vert-clair de la composition précédente. Dans cette réaction la diazorésorcine a perdu de l'eau et absorbé de l'hydrogène.

La nouvelle combinaison, qui est un hydro-dérivé de la diazorésorufine, se produit également lorsqu'on chauffe celle-ci avec de l'étain et de l'acide chlorhydrique ; elle a des propriétés basiques. Elle est soluble dans l'eau bouillante avec une couleur vert-émeraude, et elle se dissout aussi dans l'éther et dans l'alcool. Au contact de l'air les cristaux prennent peu à peu la couleur et l'éclat cuivré de l'indigo sublimé. Si on les chauffe dans un courant d'air, ils perdent tout leur acide chlorhydrique, ils s'oxydent, et la diazorésorufine rouge est régénérée. Les agents oxydants (chlorure ferrique, chlorure de chaux, permanganate de potasse) produisent cette transformation immédiatement. La diazorésorufine a la propriété de s'unir avec son hydrodérivé chlorhydrique en donnant naissance à une combinaison double. Cette dernière se forme lorsqu'on chauffe simplement la diazorésorufine avec une solution aqueuse de chlorhydrate d'hydrodiazorésorufine. Dans le liquide bleu foncé ainsi obtenu la combinaison cristallise en aiguilles brillantes d'un vert noirâtre. Ce corps se forme de la même manière que la quinone hydrone.

Chlorhydrate de déhydro-diazorésorcine, $C^{18}H^{10}Az^2O^5 + 3HCl$.

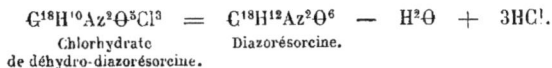

$$C^{18}H^{10}Az^2O^5Cl^3 = C^{18}H^{12}Az^2O^6 - H^2O + 3HCl.$$
Chlorhydrate Diazorésorcine.
de déhydro-diazorésorcine.

Il se produit en même temps qu'un dérivé acétylique, lorsqu'on chauffe à 100° dans des tubes fermés de la diazorésorcine avec du chlorure d'acétyle. Ce sont des lamelles ressemblant à l'or mussif, insolubles dans l'eau, solubles dans l'alcool avec une couleur jaune faible et dans les alcalis avec une belle couleur violette ; l'acide azotique froid les transforme en un corps floconneux rouge-brique.

Cette dernière combinaison fournit par l'action de l'acide azotique chaud des lamelles cristallines rouge-pourpre qui se dissolvent très-facilement dans l'alcool et dans l'éther avec une magnifique fluorescence rouge-cinabre. Les deux corps sont de belles matières colorantes, et le premier présente cette particularité, que la fluorescence de la solution ammoniacale persiste sur la soie.

2. *Combinaisons tétrazoïques.*

En traitant à chaud la diazorésorcine par l'acide azotique concentré, il se forme *l'azotate de tétrazorésorcine* :

$$C^{18}H^6Az^4O^8 + 3AzO^3 = C^{18}H^6Az^4O^{15},$$

sous l'influence de l'acide azoteux la diazorésorcine se change d'abord en tétrazorésorcine.

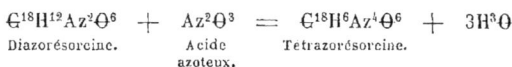

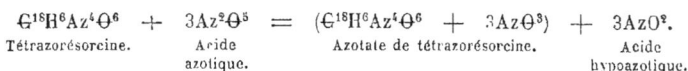

$$\underset{\text{Diazorésorcine.}}{C^{18}H^{12}Az^2O^6} + \underset{\substack{\text{Acide}\\\text{azoteux.}}}{Az^2O^3} = \underset{\text{Tétrazorésorcine.}}{C^{18}H^6Az^4O^6} + 3H^3O$$

$$\underset{\text{Tétrazorésorcine.}}{C^{18}H^6Az^4O^6} + \underset{\substack{\text{Acide}\\\text{azotique.}}}{3Az^2O^5} = \underset{\text{Azotate de tétrazorésorcine.}}{(C^{18}H^6Az^4O^6 + 3AzO^3)} + \underset{\substack{\text{Acide}\\\text{hypoazotique.}}}{3AzO^2}.$$

L'azotate de tétrazorésorcine forme de belles aiguilles rouge grenat offrant un grand éclat et un reflet métallique très-vif, solubles dans l'eau et dans l'éther, mais plus solubles dans l'alcool ; les solutions sont d'une couleur bleu-indigo très-pur.

L'*azotate de tétrazorésorufine*, $C^{36}H^6Az^{14}O^{27}$, dérive de la diazorésorufine comme le précédent de la diazorésorcine, il se forme d'après les équations suivantes :

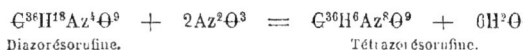

$$\underset{\text{Diazorésorufine.}}{C^{36}H^{18}Az^4O^9} + 2Az^2O^3 = \underset{\text{Tétrazorésorufine.}}{C^{36}H^6Az^8O^9} + 6H^2O$$

$$\underset{\text{Tétrazorésorufine.}}{C^{36}H^6Az^8O^9} + 6Az^2O^5 = \underset{\text{Azotate de tétrazorésorufine.}}{(C^{36}H^6Az^8O^9 + 6AzO^3)} + 6AzO^2.$$

Cette combinaison, qui renferme encore de l'eau de cristallisation, ressemble au permanganate de potasse, et ses solutions dans l'eau, dans l'éther et dans l'alcool sont colorées de la même manière que le caméléon. Après la dessiccation, qui a pour effet de dégager l'eau de cristallisation, elle est rouge-brique et sans éclat. Ce corps se décompose même lorsqu'on le fait bouillir avec de l'eau, mais la décomposition est surtout facile avec les alcalis ; il se produit alors des solutions brun-foncé, d'où les acides précipitent des flocons humiques.

Comme premier produit de l'action de l'hydrogène naissant sur l'azotate de tétrazorésorufine, on obtient *l'azotate de dihydro-tétrazorésorufine*, qui est représenté par la formule :

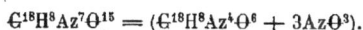

$$C^{18}H^8Az^7O^{15} = (C^{18}H^8Az^4O^6 + 3AzO^3).$$

La formation a lieu d'après l'équation suivante:

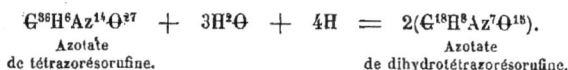

$$C^{36}H^6Az^{14}O^{27} + 3H^2O + 4H = 2(C^{18}H^8Az^7O^{15}).$$
$$\text{Azotate} \qquad\qquad\qquad\qquad \text{Azotate}$$
$$\text{de tétrazorésorufine.} \qquad\qquad \text{de dihydrotétrazorésorufine.}$$

C'est une poudre rouge-brun, qui dans sa dissolution alcoolique rouge-cerise cristallise en petites aiguilles. L'oxydation ramène facilement ce corps à l'état d'azotate de tétrazorésorufine, et sous l'influence des alcalis il se décompose aussi facilement que ce dernier sel.

Comme produit final de l'action de l'étain et de l'acide chlorhydrique sur les combinaisons tétrazoïques précédentes, on obtient un corps très-compliqué, le *chlorhydrate d'hydro-imido-tétrazorésorufine*, $C^{36}H^{43}Az^{14}Cl^9O^9$. Celui-ci cristallise en longues aiguilles incolores, qui deviennent rouges au contact de l'air ; la solution aqueuse primitivement brunâtre se colore de la même manière. On ne peut faire recristalliser cette combinaison sans décomposition qu'en présence d'une grande quantité d'acide chlorhydrique. Les alcalis étendus la dissolvent avec une couleur bleue magnifique. Une solution ammoniale brunit par l'action d'un courant d'air et laisse déposer d'abondants cristaux verts avec reflets cantharide.

Ces cristaux sont *l'hydro-imido-tétrazorésorufine*, $C^{36}H^{28}Az^{14}O^9$. Cette combinaison offre avec la précédente les relations suivantes :

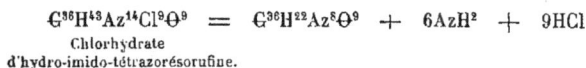

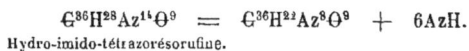

$$C^{36}H^{43}Az^{14}Cl^9O^9 = C^{36}H^{22}Az^8O^9 + 6AzH^2 + 9HCl$$
$$\text{Chlorhydrate}$$
$$\text{d'hydro-imido-tétrazorésorufine.}$$

$$C^{36}H^{28}Az^{14}O^9 = C^{36}H^{22}Az^8O^9 + 6AzH.$$
$$\text{Hydro-imido-tétrazorésorufine.}$$

On voit que les groupes amidés ont été transformés en groupes imidés et que l'acide chlorhydrique a été complétement éliminé.

Les cristaux vert-cantharide renferment de l'eau, mais ils ne peuvent pas être desséchés sans se décomposer partiellement ; ils sont insolubles dans l'eau ; l'acide chlorhydrique concentré et l'acide azotique étendu les dissolvent avec une couleur d'un rouge vineux.

Les couleurs de résorcine que l'on vient d'indiquer, plutôt que de décrire, présentent avec les dérivés colorés des phénols, les relations suivantes : elles dérivent de substances offrant entre elles une grande affinité, la résorcine $C^6H^6O^2$ et l'acide pyrogallique $C^6H^6O^3$; dans la formation des deux sortes de pigments, deux ou plusieurs molécules de ces dérivés hydroxylés se réunissent en perdant de l'eau, et le corps servant d'intermédiaire (anhydride phtalique, acide azoteux, etc.), entre dans la combinaison :

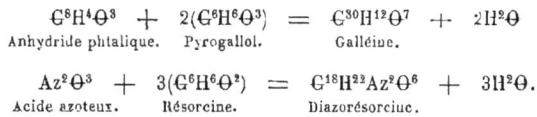

$$C^8H^4O^3 \ + \ 2(C^6H^6O^3) \ = \ C^{30}H^{12}O^7 \ + \ 2H^2O$$
Anhydride phtalique. Pyrogallol. Galléine.

$$Az^2O^3 \ + \ 3(C^6H^6O^2) \ = \ C^{18}H^{23}Az^2O^6 \ + \ 3H^2O.$$
Acide azoteux. Résorcine. Diazorésorcine.

Ces deux classes de combinaisons offrent les phénomènes de fluorescence les plus remarquables, qui distinguent surtout les pigments dérivés de la résorcine.

Si, comme cela est probable, on trouve des moyens pour préparer à peu de frais de la résorcine avec le phénol, les dérivés colorés de celle-ci deviendront des matières colorantes précieuses que l'industrie pourra utiliser.

APPENDICE

DE QUELQUES MATIÈRES COLORANTES ARTIFICIELLES
D'ORIGINES DIVERSES

I.

CYANINE.

Runge avait découvert, en 1834, dans le goudron de houille, une huile basique, à laquelle il donna le nom de *leukol* ou de *leucoline*.

La formule de la leucoline est C^9H^7Az. Des recherches ultérieures ont démontré que le goudron de houille renferme également des homologues de la leucoline, comme l'iridoline, $C^{10}H^9Az$, la cryptidine, $C^{11}H^{11}Az$.

En 1845, *Gerhardt*, en soumettant la cinchonine à la distillation sèche en présence de l'hydrate de potasse ou de soude, obtint une huile basique, qu'il nomma *chinoline* ou *quinoléine* et dont la composition correspondait à la formule C^9H^7Az.

A. W. Hofmann montra, dans son premier travail sur les éléments du goudron de houille, que la leucoline de *Runge* possédait la même composition, le même point d'ébullition (238°), et presque les mêmes propriétés chimiques que la chinoline de *Gerhardt*, et qu'elles étaient identiques ou au moins isomères.

Plus tard on reconnut que, dans le produit brut de la distillation de la cinchonine en présence de l'hydrate de potasse, il existait aussi, indépendamment de la chinoline, des homologues supérieurs de celle-ci, comme la lépidine, $C^{10}H^9Az$, et la dispoline, $C^{11}H^{11}Az$.

Ces deux séries de bases huileuses, qui ont exactement la même formule et la même composition offrent cependant une différence essentielle : celles qui se rencontrent dans le goudron ne donnent pas de dérivés colorés, comme cela a lieu avec les bases provenant de la cinchonine.

Aussi ces dernières ont-elles été exclusivement employées pour la préparation d'une matière colorante d'un bleu magnifique, la *cyanine*, qui se distingue aussi bien par sa beauté que par sa pureté.

La découverte des dérivés bleus de la chinoline et de ses homologues a été faite en 1856 par *Greville-Williams*.

Ce chimiste avait soumis ces bases à de nouvelles recherches ; lorsqu'il voulut décomposer l'iodure de méthylchinolinammonium par l'oxyde d'argent, il obtint un corps d'un beau bleu, qui teignait la soie avec une très-grande facilité.

Ce fait attira son attention ; il étudia alors l'action des iodures des différents radicaux alcooliques sur les bases de la série chinolique, et il trouva que l'iodure d'amyle donnait le bleu le plus beau. Il décrivit la préparation de ce corps, qui bientôt après apparut dans le commerce sous le nom de cyanine.

Dès son apparition, la cyanine fit un bruit extraordinaire. Les teintes bleues produites avec cette couleur, surtout sur soie, sont si belles et si brillantes, et d'une telle pureté qu'aucune de celles obtenues avec toute autre matière colorante ne peut lui être comparée.

La coloration bleue, extrêmement belle à la lumière du jour, paraît d'un violet magnifique à la lumière du gaz, des bougies ou des lampes.

Malheureusement la cyanine est si sensible à l'action de la lumière, qu'elle est détruite en quelques heures surtout lorsqu'elle est exposée directement aux rayons solaires, et jusqu'à présent on n'a trouvé aucun moyen pour la fixer sur les tissus, de manière à ce qu'elle puisse résister à l'influence de l'air et de la lumière au moins comme le bleu d'aniline.

La maison *J. J. Müller et compagnie*, de Bâle, avait fondé à la Société industrielle de Mulhouse une médaille d'or et un prix de 10,000 francs, en faveur de celui qui trouverait le moyen de rendre la cyanine moins fugace.

Malgré cela, le problème n'a pas été résolu, et la cyanine a peu à peu cessé d'être employée dans la teinture, ce à quoi les progrès réalisés dans la préparation du bleu d'aniline n'ont pas peu contribué.

Le bleu de chinoline offre cependant encore un grand intérêt scientifique, et il ne doit pas être passé sous silence.

On emploie comme matière brute pour la préparation de la cyanine, la cinchonine ou la quinoïdine, substance brune résineuse, que dans les fabriques de quinine on obtient en quantités assez grandes comme produit secondaire.

Plusieurs des réactions de la cinchonine indiquent déjà que ce corps peut fournir des dérivés colorés.

Si l'on chauffe un mélange de cinchonine et de sublimé corrosif, il devient brun, puis violet, et il se sépare du mercure métallique.

La cinchonine chauffée avec de l'acide tartrique ou du bichlorure de carbone donne des vapeurs d'abord jaunes, puis violettes; il reste dans la cornue une masse rouge ou brune, qui se dissout avec une couleur rouge dans l'alcool et l'acide acétique.

Avec l'acide oxalique, l'acide phosphorique, le bioxyde de mercure, l'iodure d'amyle et l'iodure d'éthyle, la cinchonine donne sous l'influence de la chaleur des corps rouges ou violet-rouge, qui sont solubles dans l'alcool, et qui teignent la laine ou la soie en violet-rouge sale.

Pour préparer le bleu de chinoline avec la cinchonine ou la quinoïdine, on mélange une partie de l'un de ces corps avec trois parties d'hydrate de potasse ou de soude, et autant d'eau qu'il en faut pour dissoudre l'alcali à chaud (ou bien on ajoute la quantité correspondante de lessive de soude concentrée), et l'on distille le mélange dans une cornue de fer.

Avec les vapeurs aqueuses, il passe un liquide d'une apparence huileuse, qui descend au fond de l'eau et qui constitue la chinoline brute; la quantité de celle-ci s'élève à environ 65 0/0 du poids de la cinchonine employée.

Après l'élimination de l'eau, on rectifie la chinoline brute; toute la partie qui passe de 216 ou 230° à 360° convient pour la préparation de la cyanine; c'est un mélange de chinoline, de lépidine et de dispoline, etc.

Préparation de la cyanine.

Avec les bases ainsi obtenues, on peut préparer la cyanine bleu pur ou bien une matière colorante bleu pourpre.

1. Pour préparer le bleu pourpre on mélange 1 partie de ces bases avec 1 partie 1/2 d'iodure d'amyle. (On obtient ce dernier en dissolvant de l'iode dans de l'huile de pommes de terre, et en ajoutant un peu de phosphore, et l'on purifie par distillation.) D'après

Greville-Williams, on ne prend pour 1 partie de chinoline que 1/2 partie d'iodure d'amyle. Le mélange d'abord jaune paille est porté à l'ébullition, il se colore peu à peu en brun rougeâtre, puis en brun foncé et par le refroidissement il se prend en une masse cristalline brun noir d'iodhydrate d'amylchinoline (qui renferme aussi les combinaisons correspondantes d'amyllépidine, d'amyldispoline, etc.). Le produit de la réaction est chauffé pendant 10 minutes à l'ébullition avec 6 fois son poids d'eau et, lorsque la solution est effectuée, on filtre le liquide bouillant.

La liqueur filtrée est ensuite introduite dans une chaudière de fonte émaillée, où on la chauffe doucement à l'ébullition sur un feu doux, et mélangée peu à peu avec de l'ammoniaque en excès.

L'ébullition peut être prolongée pendant quelques heures avec avantage, mais il faut avoir soin de remplacer de temps en temps l'eau évaporée par une solution ammoniacale faible (mélange à parties égales d'ammoniaque liquide ordinaire et d'eau distillée, dont le poids spécifique est de 0,880).

Lorsque l'ébullition a duré au moins une heure, on laisse refroidir : la matière colorante se précipite presque complétement, et le liquide qui se trouve au-dessus du précipité est à peu près incolore.

On décante ou mieux encore on filtre pour séparer le liquide du précipité, et il reste une masse d'apparence résineuse qui est la matière colorante. On dissout celle-ci dans l'alcool, on filtre et l'on obtient une liqueur de couleur bleu pourpre très-riche.

2. Pour préparer la cyanine, on emploie le procédé suivant. La masse cristalline brun-noir est arrosée avec 5 ou 6 fois son poids d'eau bouillante; on fait encore bouillir pendant quelque temps, et on filtre. Sur le filtre il reste une masse goudronneuse qui se dissout facilement dans l'alcool avec une couleur rouge vif, et qui peut être employée comme la fuchsine.

La solution aqueuse filtrée d'iodhydrate d'amylchinoline, qui a un aspect jaune verdâtre laiteux, est, comme dans la méthode précédente, chauffée à l'ébullition et additionnée non d'ammoniaque, mais d'une solution de potasse ou de soude caustique renfermant environ 1/5 de son poids d'hydrate alcalin solide.

La lessive caustique est versée par portions dans le liquide maintenu en ébullition tranquille, jusqu'à ce que l'on ait ajouté une quantité d'alcali équivalente aux 3/4 de celle de l'iode contenu dans l'iodure d'amyle employé.

Après une ébullition de 15 à 30 minutes, opération pendant laquelle la liqueur se colore en rouge brique, puis en vert, il commence à se séparer des lamelles bleu foncé, qui par le refroidissement du liquide se réunissent en une masse noire résineuse. Cette masse est la cyanine ; on filtre pour séparer la matière colorante, et on lave celle-ci avec de l'eau, dans laquelle elle est presque insoluble.

Si l'on chauffe de nouveau à l'ébullition le liquide filtré, et si l'on y ajoute le dernier quart de lessive caustique, il se précipite une masse noirâtre, qui est également de la cyanine, mais qui contient tout le rouge. Ce rouge se serait mélangé à toute la masse de la cyanine, si l'on avait immédiatement ajouté au liquide aqueux bouillant la quantité totale de l'alcali caustique, qui était proportionnelle à celle de l'iode de l'iodure d'amyle. Le précipité noirâtre obtenu en dernier lieu se dissout facilement dans l'alcool, et il fournit un liquide d'un rouge pourpre magnifique.

Si l'on filtre cette solution alcoolique colorée en rouge pourpre, il reste très-fréquemment sur le filtre une masse foncée, qui se dissout dans la benzine avec une belle couleur vert émeraude.

D'après *G. Williams*, cette matière colorante verte n'est pas toujours facile à obtenir, tandis que la préparation de la couleur bleu pourpre et de la cyanine n'offre aucune difficulté.

La cyanine résineuse brute obtenue comme il vient d'être dit, se dissout dans l'alcool avec une couleur bleu magnifique, et de cette dissolution elle peut être retirée à l'état cristallisé.

Propriétés et composition de la cyanine.

Comme on devait le pressentir d'après le mode de préparation et comme cela a été mis en évidence par les belles recherches de *A. W. Hofmann* et de *Nadler* et *Merz*, la cyanine n'est point une substance simple, mais un mélange, en proportions variables, d'au moins deux corps homologues, dont l'un est un dérivé de la chinoline, et l'autre un dérivé de la lépidine. On devrait donc, à proprement parler, distinguer deux cyanines, la cyanine-chinoline et la cyanine-lépidine.

Mais ces deux cyanines offrent une telle ressemblance dans leurs propriétés physiques et chimiques, les couleurs qu'elles donnent sur soie et sur les autres fibres textiles sont tellement identiques, que leur différence ne peut pour ainsi dire être découverte que par l'analyse élémentaire.

Nous ferons remarquer que les produits des deux principaux fabricants de cyanine, *Ménier*, de Paris, et *Müller*, de Bâle, étaient chacun presque exclusivement composés de l'une ou de l'autre espèce de cyanine. La cyanine de *Müller* (analysée par *Nadler* et *Merz*) était de la cyanine-chinoline; la cyanine de *Ménier* (étudiée par *Hofmann*) ne contenait pour ainsi dire que de la cyanine-lépidine avec des traces de cyanine-chinoline.

Pour expliquer la formation de la cyanine, il faut admettre deux phases dans la réaction.

La chinoline ou la lépidine s'unissent d'abord à l'iodure d'amyle et forment de l'iodure d'amylchinoline ou d'amyllépidyle :

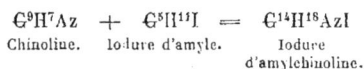

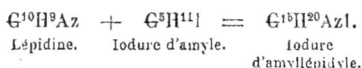

$$\underset{\text{Chinoline.}}{C^9H^7Az} \quad + \quad \underset{\text{Iodure d'amyle.}}{C^5H^{11}I} \quad = \quad \underset{\substack{\text{Iodure} \\ \text{d'amylchinoline.}}}{C^{14}H^{18}AzI}$$

$$\underset{\text{Lépidine.}}{C^{10}H^9Az} \quad + \quad \underset{\text{Iodure d'amyle.}}{C^5H^{11}I} \quad = \quad \underset{\substack{\text{Iodure} \\ \text{d'amyllépidyle.}}}{C^{15}H^{20}AzI.}$$

Dans la deuxième phase, sous l'influence de la potasse, 2 molécules des bases amylées se condensent en une seule, et de l'acide iodhydrique est mis en liberté :

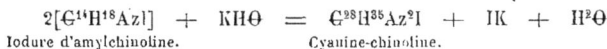

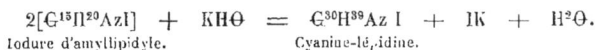

$$\underset{\text{Iodure d'amylchinoline.}}{2[C^{14}H^{18}AzI]} \quad + \quad KHO \quad = \quad \underset{\text{Cyanine-chinoline.}}{C^{28}H^{35}Az^2I} \quad + \quad IK \quad + \quad H^2O$$

$$\underset{\text{Iodure d'amyllipidyle.}}{2[C^{15}H^{20}AzI]} \quad + \quad KHO \quad = \quad \underset{\text{Cyanine-lépidine.}}{C^{30}H^{39}Az\,I} \quad + \quad IK \quad + \quad H^2O.$$

La cyanine est par conséquent l'iodure de deux bases homologues, qui se mélangent en toutes proportions et qui peuvent cristalliser ensemble, de la même manière que l'alun de chrome et l'alun de fer cristallisent en octaèdres avec l'alun d'alumine ordinaire.

La cyanine ou plutôt les iodcyanines (l'iodcyanine-lépidine comme l'iodcyanine-chinoline) cristallisent dans des formes qui varient avec la concentration et la température des dissolutions, et elles sont diversement colorées.

Lorsqu'on laisse évaporer spontanément la solution alcoolique, on obtient des prismes orthorhombiques de couleur vert cantharide avec un reflet métallique magnifique (ceux de la cyanine-chinoline contiennent 1 molécule 1/2 d'eau de cristallisation); lorsqu'on laisse refroidir des solutions bouillantes modérément concentrées, il se dépose des prismes ou des écailles analogues, et les solutions bouillantes très-concentrées donnent en se refroidissant des grains cristallins anorthiques de couleur jaune laiton ou bronzées (ceux de la cyanine de chinoline renferment 1 molécule d'eau).

Les cyanines sont presque insolubles dans l'éther et dans l'eau froide, un peu solubles dans l'eau bouillante, très-facilement solubles dans l'alcool bouillant, tandis que l'alcool froid en dissout à peine 1 0/0, en se colorant en bleu foncé.

Exposés au-dessus de l'acide sulfurique, les cristaux s'effleurissent ; à 100° ils fondent en un liquide bronzé à reflets vifs ne contenant pas d'eau et qui par le refroidissement se prend en une masse cristalline rayonnée.

Les iodcyanines peuvent, comme une diamine, se combiner avec 1 ou 2 équivalents d'acide ; il résulte de là que la base libre, la cyanine, peut former avec les acides trois séries de composés ; les monacides et les triacides sont ceux qui se produisent avec le plus de facilité ; à ce point de vue la cyanine se comporte comme la rosaniline.

Les monacides sont colorés en bleu intense, les triacides sont incolores ; c'est ce qui explique pourquoi la couleur bleue des solutions de la cyanine disparaît lorsqu'on y ajoute des acides ; en neutralisant l'acide, la couleur est naturellement régénérée.

Les triacides incolores sont facilement décomposés, et, lorsqu'on les chauffe modérément, ils se transforment en diacides, qui ordinairement ont une couleur jaune ou bronzée.

La soie elle-même décompose les solutions incolores des triacides ; elle se colore en bleu intense, par formation d'un monacide, et de l'acide libre se sépare.

Toutes les combinaisons monacides de la cyanine donnent sur soie un bleu magnifique, qui à la lumière des lampes paraît aussi beau que le lila. Mais aucune de ces couleurs ne résiste à l'action de la lumière solaire. Le borate de cyanine est le composé qui donne les nuances les plus brillantes, mais aussi les plus fugaces.

La cyanine n'a pas été seulement appliquée sur soie, on a aussi teint en beau bleu la laine non mordancée, depuis les nuances les plus claires jusqu'aux nuances les plus foncées. Pour le bleu foncé il est cependant nécessaire que la fibre teinte soit passée dans un bain de savon, parce que la nuance foncée ne se développe qu'au contact de ce liquide.

Schönbein, se basant sur l'intensité du pouvoir tinctorial de la cyanine et sur la propriété que possèdent ses dissolutions bleues d'être décolorées même par les acides les plus faibles, a recommandé celles-ci comme réactif extrêmement sensible pour les acides, et le liquide décoloré comme réactif aussi sensible pour les alcalis.

Le liquide dont *Schönbein* s'est servi se composait d'une dissolution alcoolique de cyanine (1 partie de cyanine pour 100 parties d'alcool), qui souvent était étendue de vingt fois son volume d'eau. Le liquide incolore était un mélange de 1 partie de la solution alcoolique précédente et de 2 parties d'eau, le tout additionné de 1/1000 d'acide sulfurique.

La cyanine est également très-sensible à l'action de l'ozone. Elle est décolorée par ce corps, mais non détruite, car les agents réducteurs, comme l'acide sulfureux, l'hydrogène sulfuré, etc., régénèrent la couleur bleue d'une manière passagère ou permanente; cette action est aussi produite par certaines substances organiques, telles que l'alcool, l'aldéhyde et les alcalis.

La teinture de cyanine décolorée par l'ozone n'est plus bleuie par les corps réducteurs, lorsqu'elle a été auparavant exposée à l'influence de la lumière. Mais si cette influence n'a pas été de longue durée, principalement si la liqueur a été exposée aux rayons solaires directs, une coloration bleue se manifeste de nouveau, mais elle est due à une nouvelle matière colorante insoluble dans le liquide et que *Schönbein* a nommée *photocyanine*. Lorsque l'action de la lumière se prolonge beaucoup, la photocyanine se décompose à son tour et se transforme en une matière de couleur rouge cerise, soluble dans l'eau et appelée *photoérythrine*.

L'oxygène sec ne réagit que lentement sur la cyanine, même en présence de la lumière solaire; mais l'oxygène humide la décolore très-rapidement et la couleur bleue n'est plus régénérée par les agents réducteurs; cependant il est souvent facile de produire encore de la photocyanine.

Le chlore agit à peu près comme l'oxygène.

Une solution de cyanine décolorée par une quantité d'acide aussi petite que possible redevient bleue lorsqu'on la chauffe à l'ébullition, et elle se décolore de nouveau par le refroidissement; cette même solution refroidie à — 25° se congèle et redevient bleue, mais elle se décolore en repassant à l'état liquide.

Voici ce que l'on connaît jusqu'à présent relativement aux réactions chimiques des deux cyanines.

Cynanine-chinoline, $C^{28}H^{35}Az^2I$. — L'*iodcyanine-chinoline* se dissout dans l'acide chlorhydrique en donnant un liquide incolore, qui évaporé en présence de chaux caustique fournit des écailles incolores de $C^{28}H^{35}AzI,2HCl$. Exposés dans un exsiccateur, les cristaux s'effleurissent peu à peu en une poudre jaune, qui finit par devenir jaune-vert.

Si l'on chauffe le chlorhydrate biacide à 90 ou 100°, la moitié de l'acide chlorhydrique se dégage peu à peu, et il reste un sel de couleur bronze, qui se dissout assez difficilement dans l'eau, facilement dans l'alcool, avec lequel il donne une belle couleur bleue. Sa formule est $C^{28}H^{35}Az^2I,HCl$.

Si l'on fait digérer la solution alcoolique de l'iodcyanine avec de l'oxyde d'argent fraîchement précipité, de l'iodure d'argent est précipité et la base (cyanine) est mise en liberté dans un état d'impureté très-grande.

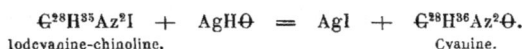

$$C^{28}H^{35}Az^2I \ + \ AgHO \ = \ AgI \ + \ C^{28}H^{36}Az^2O.$$
$$\text{iodcyanine-chinoline.} \qquad\qquad\qquad \text{Cyanine.}$$

La cyanine forme, lorsqu'on évapore la solution, une masse non cristalline, visqueuse et de couleur bronze, qui est un peu soluble dans l'éther, assez soluble dans l'eau, très-facilement soluble dans l'alcool.

On obtient la *chlorcyanine* en faisant agir le chlorure d'argent sur la solution alcoolique chaude de l'iodcyanine; en neutralisant la solution chlorhydrique de l'iodcyanine par l'ammoniaque; en décomposant la solution acétique du sulfate de cyanine par le chlorure de baryum et saturant le liquide filtré par l'ammoniaque. Dans les deux derniers cas il se sépare des flocons rouge-brun, qui se dissolvent facilement dans l'eau bouillante. Par le refroidissement la solution aqueuse se prend en une masse semblable à un caillot sanguin, qui se compose d'un feutrage de longs prismes microscopiques d'une belle couleur bleue.

Par évaporation spontanée des solutions alcooliques on obtient la chlorcyanine en belles aiguilles brillantes d'un vert cantharide, en prismes courts de couleur vert foncé ou en tables épaisses tranchantes sur les bords.

Elle est très-facilement soluble dans l'alcool et dans l'eau bouillante, moins dans l'éther, l'eau froide en dissout des proportions assez grandes, mais elle la laisse se précipiter lorsqu'on ajoute des solutions salines.

Les solutions sont d'un bleu magnifique.

La composition de la chlorcyanine séchée à l'air est représentée par la formule $C^{28}H^{35}Az^2Cl + 4H^2O$. Desséchée à 110 ou 120°, le composé est anhydre.

La chlorcyanine se dissout dans les acides étendus sans donner lieu à une coloration, et elle forme des combinaisons analogues à celles de l'iodcyanine.

L'*azotate de cyanine* s'obtient par double décomposition des solutions alcooliques de l'iodcyanine par le nitrate d'argent. En évaporant le liquide filtré, il reste une résine fondue de couleur bronze verdâtre, qui par le refroidissement se prend en une masse cristalline rayonnée. On purifie le sel en le faisant cristalliser plusieurs fois dans une solution alcoolique bouillante très-étendue (1 partie d'alcool et 5 d'eau). L'azotate de cyanine cristallise en aiguilles et en prismes d'une couleur bronze particulière et offrant un vif éclat; on trouve aussi quelquefois des cristaux qui passent à la forme tabulaire et qui appartiennent au système orthorhombique.

Il est peu soluble dans l'éther et dans l'eau froide, il se dissout plus facilement dans l'eau bouillante et très-facilement dans l'alcool bouillant. Les solutions sont d'un bleu magnifique.

L'azotate de cyanine séché à l'air a pour formule : $C^{28}H^{35}Az^3O^3 + H^2O$.

Chauffés à 100°, les cristaux fondent en abandonnant de l'eau et donnant une résine de couleur bronze brillant. Lorsqu'on chauffe rapidement et fortement, il se produit une légère détonation et il se développe une odeur d'amyle et de chinoline.

L'azotate de cyanine se dissout dans un excès d'acide chlorhydrique en donnant un liquide incolore; la solution placée dans un exsiccateur avec de la chaux caustique donne de longues aiguilles transparentes de $C^{28}H^{35}Az^3O^3,2HCl$.

Celles-ci, chauffées à 90°, deviennent bleu intense, perdent 7,34 0/0 de leur poids et représentent la combinaison $C^{28}H^{35}Az^3O^3,HCl$.

Une solution alcoolique d'azotate de cyanine, chauffée à 100° avec du sulfure d'ammonium, devient jaune et laisse précipiter du soufre. Le résidu de l'évaporation est brun et cristallin. Par traitement avec de l'éther on peut en extraire une substance sulfurée cristallisant en prismes clinorhombiques brillants, jaune-rougeâtre et offrant les couleurs variées de l'opale vraie; cette substance est insoluble dans l'eau, facilement soluble dans l'alcool, l'éther et les acides. Mais les combinaisons avec les acides sont décomposées lorsqu'on ajoute une grande quantité d'eau.

On peut admettre que le radical de l'acide azotique a été détruit par l'hydrogène sulfuré avec formation d'eau et d'ammoniaque, tandis que la moitié du soufre devenu libre est entré dans le produit :

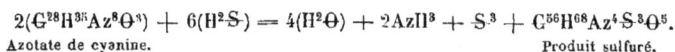

$$2(C^{28}H^{35}Az^8O^3) + 6(H^2S) = 4(H^2O) + 2AzH^3 + S^3 + C^{56}H^{68}Az^4S^3O^5.$$

Azotate de cyanine.   Produit sulfuré.

On peut préparer le *sulfate de cyanine* en chauffant de l'iodcyanine avec un excès d'acide sulfurique concentré (ce qui donne lieu à un dégagement d'iode et d'acide sulfureux), dissolvant le produit acide dans l'eau, filtrant et mélangeant le liquide filtré avec un excès d'ammoniaque ; le sulfate se précipite alors en flocons brun-rouge volumineux. On lave ceux-ci sur le filtre avec de l'eau froide, jusqu'à ce que l'eau de lavage ne soit plus fortement colorée en bleu, et ensuite on purifie par cristallisation dans la solution aqueuse saturée à l'ébullition. Par le refroidissement, la liqueur se prend, comme la solution de chlorcyanine, en une masse ayant l'apparence d'un caillot sanguin et qui au microscope ressemble à un tissu de longues aiguilles d'un beau bleu.

Le sulfate de cyanine séché à l'air constitue une masse légère, brillante, d'un beau rouge, qui lorsqu'on la chauffe perd 4 molécules d'eau, qui ne fond pas, mais qui commence à se décomposer dès la température de 120°.

La formule du sulfate de cyanine sec est : $S(C^{28}H^{35}Az^2)^2O^4$.

Au point de vue de la solubilité, il se comporte à peu près comme la chlorcyanine ; les sels neutres séparent également le sulfate de ses solutions aqueuses. Le sulfate de cyanine est très-convenable pour préparer par double décomposition d'autres combinaisons de la cyanine avec les acides.

L'*oxalate de cyanine* séché à l'air est vert cantharide, lorsqu'on le chauffe il fond en une masse de couleur bronze, et relativement à la solubilité il se comporte à peu près comme le sulfate.

L'*acétate de cyanine* et le *borate de cyanine* offrent beaucoup d'analogie avec les sels précédents ; de leur solution aqueuse bouillante ils se séparent sous forme de masses semblables à un caillot sanguin ; mais ils sont très-facilement solubles, et pour cette raison ils cristallisent plus difficilement.

Le *chlorure de cyanine et de platine* s'obtient en mélangeant la solution chlorhydrique des différents sels de cyanine avec du chlorure de platine ; il se sépare sous forme d'un précipité cristallin blanc-jaunâtre.

Sa formule est : $C^{28}H^{36}Az^2Cl^2$, $PtCl^4$.

La combinaison séchée à l'air contient 1 molécule 1/2 ou 2 molécules d'eau.

Cyanine-lépidine, $C^{30}H^{39}Az^2I$. — L'*iodcyanine-lépidine* ressemble tout à fait à l'iodcyanine-chinoline. Ses cristaux prismatiques offrent un éclat métallique vert magnifique avec des reflets dorés. Les solutions possèdent également une très-belle couleur bleue, avec un éclat cuivré à la surface. Les acides détruisent la couleur ; l'ammoniaque et les alcalis fixes paraissent être sans action ; mais au bout de quelque temps il se forme un précipité bleu foncé, et le liquide qui surnage est incolore.

L'iode de la cyanine peut être précipité de la solution alcoolique par l'oxyde d'argent et la base mise en liberté. On peut aussi à la place de l'iode introduire du brome ou du chlore, si l'on traite la solution avec du bromure ou du chlorure d'argent.

La composition de la cyanine-lépidine a été déterminée par l'analyse d'un sel double de platine cristallisant en petites tables rhomboïdales.

La cyanine-lépidine se dissout facilement dans l'acide iodhydrique étendu et bouillant ; de cette dissolution incolore il se sépare par le refroidissement de belles aiguilles jaunes de la combinaison $C^{30}H^{39}Az^2I$, $HI = C^{30}H^{40}Az^2I^2$.

On voit que ce diacide est isomère de l'iodure d'amyllépidyle ou, comme on désigne aussi fréquemment ce dernier, avec l'iodure d'amyllépidylammonium. Il se dissout dans l'eau froide sans décomposition ; mais lorsqu'on le fait bouillir avec de l'eau ou de l'alcool, ou lorsqu'on le dessèche à 110°, la combinaison bleue, le monacide, est régénérée.

Lorsqu'on traite l'iodure par l'acide chlorhydrique ou l'acide bromhydrique, la couleur bleue disparaît et il se forme des combinaisons cristallisables, dans lesquelles il y a en même temps que l'iode du chlore ou du brome.

Si l'on fait digérer la cyanine en solution aqueuse ou alcoolique avec du chlorure d'argent, tout l'iode se précipite sous forme d'iodure d'argent, et la solution bleue évaporée avec précaution dépose des prismes verts à reflets métalliques constitués par le chlorure, $C^{30}H^{39}Az^2Cl$.

En dissolvant ce chlorure dans l'acide chlorhydrique on peut obtenir des aiguilles jaune paille du diacide très-instable, $C^{30}H^{39}Az^2Cl$, HCl.

Si l'on chauffe la cyanine elle fond d'abord en un liquide bleu à surface miroitante rouge-cuivre, et elle se décompose ensuite en lépidine et en iodure d'amyle qui distillent, et en un gaz qui est de l'amylène.

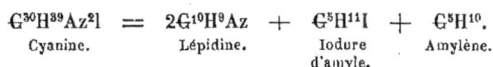

$$C^{30}H^{39}Az^2I \quad = \quad 2C^{10}H^9Az \quad + \quad C^5H^{11}I \quad + \quad C^5H^{10}.$$
$$\text{Cyanine.} \qquad\qquad \text{Lépidine.} \qquad \text{Iodure} \qquad \text{Amylène.}$$
$$\text{d'amyle.}$$

La base de la cyanine mise en liberté par l'oxyde d'argent s'obtient par évaporation de la solution alcoolique sous forme d'une masse à structure cristalline peu apparente, qui est bleu foncé, insoluble dans l'éther, soluble dans l'eau et l'alcool et qui, soumise à la distillation sèche, fournit une nouvelle base différente de la lépidine.

Dalleïochine. — Comme appendice au dérivé bleu de la cinchonine, nous devons encore mentionner le dérivé vert de la quinine si voisine de la cinchonine, bien qu'il n'ait jamais été employé industriellement.

Le *vert de quinine*, nommé *dalleïochine* par son inventeur *Horace Kœchlin*, se prépare de la manière suivante. On prend :

> 10 grammes de sulfate de quinine.
> 1000 — d'eau.
> 134 — de chlorure de chaux liquide.
> 35 — d'acide chlorhydrique.

On laisse ces substances réagir l'une sur l'autre et ensuite on ajoute 125 gram. d'ammoniaque liquide.

Il se précipite une résine verdâtre, que l'on rassemble sur un filtre.

Ce vert de quinine est insoluble dans l'eau, la benzine, le sulfure de carbone et l'éther ; il se dissout dans l'alcool, l'esprit de bois et la glycérine.

L'acide acétique bleuit la couleur ; les acides minéraux la dissolvent avec une couleur brune, en neutralisant la liqueur on régénère la couleur primitive. Les solutions sont décolorées par le sel d'étain. Au contact des fibres textiles le vert de quinine se comporte de la manière suivante.

La solution alcoolique étendue avec de l'eau teint la soie en un vert qui conserve sa nuance à la lumière artificielle, c'est par conséquent un vert lumière.

La laine est teinte comme la soie. Le coton doit d'abord être animalisé avec de l'albumine, afin que la couleur puisse se fixer sur la fibre. Dans l'impression genre vapeur la couleur est épaissie avec de l'albumine et après l'impression elle est fixée par vaporisage.

Abstraction faite de son prix de revient très-élevé, le vert de quinine ne peut être comparé, au point de vue de la beauté et de l'éclat de la nuance, ni avec le vert à l'aldéhyde, ni avec le vert à l'iode.

II.

MATIÈRES COLORANTES DÉRIVÉES DE L'ALOÈS.

Les matières colorantes dérivées de l'aloès, dont les principales sont les produits de l'oxydation de ce corps, l'acide aloétique, l'acide chrysammique et la chrysamide, n'ont pas encore acquis dans l'industrie la considération qu'elles méritent, parce que leur préparation exige de grandes quantités d'acide azotique, ce qui augmente beaucoup le prix de revient. Cependant, comme l'industrie est aujourd'hui parvenue, au moyen d'appareils d'absorption convenablement appropriés, à condenser les vapeurs nitreuses dégagées et à les transformer en majeure partie en acide azotique, il pourrait bien arriver que dans quelque temps on vît les dérivés de l'aloès acquérir une certaine importance industrielle.

Les différentes espèces d'aloès contiennent une substance soluble dans l'eau, très-amère, cristallisable, facilement altérable et résinifiable, à laquelle on a donné le nom d'*aloïne* ou d'*amer d'aloès ;* elles renferment en outre des résines et corps azotés protéiques.

Ulex a trouvé dans l'aloès fraîchement préparé 70 0/0 d'aloïne, 25 0/0 de résine et 5 0/0 de substance protéique ; ces proportions varient cependant avec la provenance de l'aloès.

L'aloïne de l'aloès des Barbades et de l'aloès succotrin, nommée *barbaloïne,* est essentiellement différente de l'aloïne de l'aloès de Natal, qui est désignée sous le nom de *nataloïne.*

La barbaloïne, $C^{17}H^{18}O^7$ (?), cristallise en petits cristaux grenus et jaunes ; traitée par l'acide azotique, elle donne de l'*acide aloétique* et de l'*acide chrysammique*, et lorsqu'on la fond avec de l'hydrate de potasse elle fournit de l'acide paroxybenzoïque, $C^7H^6O^3$, et de l'α-orcine, $C^7H^8O^2$.

La nataloïne, $C^{25}H^{28}O^{11}$, est moins soluble dans l'eau et l'alcool que la barbaloïne, elle cristallise sous une autre forme ; traitée par l'acide azotique elle ne donne pas d'acide aloétique et d'acide chrysammique, mais de l'acide picrique et de l'acide oxalique, et fondue avec de l'hydrate de potasse elle fournit bien de l'acide paroxybenzoïque, mais, au lieu d'α-orcine, probablement de la β-orcine, $C^8H^{10}O^2$.

La résine d'aloès qui accompagne l'aloïne n'est point une résine proprement dite, parce que, bien qu'elle soit insoluble dans l'eau froide, elle se dissout dans l'eau bouillante, de laquelle elle se précipite par le refroidissement.

L'aloïne aussi bien que la résine d'aloès peuvent être considérées omme des matières colorantes, parce que leurs dissolutions, de même que celles de l'aloès, teignent en jaune les tissus les plus variés. Mais les matières colorantes proprement dites sont les dérivés de l'aloès produits, en même temps que de l'acide picrique et de l'acide oxalique, par l'action de l'acide azotique.

La nature de ces dérivés dépend de la concentration de l'acide azotique et de la durée de la réaction.

D'après *Mulder*, il se forme d'abord l'acide aloérésinique, substance encore problématique et d'ailleurs peu étudie et incomplétement connue.

L'acide aloétique prend ensuite naissance, et celui-ci est enfin transformé par l'acide azotique concentré en acide chrysammique.

Cependant ces deux derniers acides se forment simultanément dans la plupart des cas, et ils se trouvent l'un à côté de l'autre dans le produit de l'opération.

Préparation de l'acide aloétique et de l'acide chrysammique.

On peut opérer soit avec l'aloès, soit avec la barbaloïne plus ou moins pure préparée avec celui-ci :

1. *Avec l'aloès.*

Le meilleur procédé est celui qui a été indiqué par *Stenhouse* et *Hugo Müller*.

Dans 6 parties d'acide azotique d'un poids spécifique de 1,36, qui est préalablement chauffé presque à l'ébullition dans une grande cornue munie d'un récipient bien refroidi, on introduit peu à peu 2 parties d'aloès en petits morceaux (le plus avantageux à employer est l'aloès des Barbades). La réaction est très-vive, et il se dégage de grandes quantités de vapeurs nitreuses; aussi doit-on au commencement de l'opération ajouter l'aloès par très-petites portions et chauffer très-peu ou même pas du tout. Plus tard on chauffe et on reverse de temps en temps dans la cornue l'acide qui a passé à la distillation. Lorsque tout l'aloès a été introduit, on laisse digérer encore pendant 10 heures et pendant les 3 dernières heures on distille l'acide affaibli, de manière à ce que le contenu de la cornue soit réduit à la moitié de son volume primitif. On ajoute ensuite par petites portions encore 3 parties d'acide azotique et l'on fait digérer encore pendant 6 ou 7 heures, durant lesquelles on distille la majeure partie de la masse. Le résidu contenu dans la cornue est ensuite versé dans 4 parties d'eau environ ; après avoir agité on rassemble l'acide picrique et l'acide aloétique non dissous et l'on dessèche ces acides, que l'on fait ensuite digérer comme précédemment pendant 6 ou 8 heures avec 1 partie d'acide azotique concentré contenu dans une cornue. Le résidu, qui maintenant se compose des acides picrique, aloétique et chrysammique, est lavé par décantation avec de l'eau bouillante, jusqu'à ce que l'eau de lavage ne soit plus colorée qu'en rouge pâle. De cette manière on élimine l'acide picrique. Le mélange d'acide aloétique et d'acide chrysammique qui reste est desséché et de nouveau traité comme précédemment pendant 10 heures avec encore une partie d'acide azotique concentré. La plus grande partie de l'acide aloétique est ainsi transformée en acide chrysammique. Maintenant on lave avec de l'eau bouillante, jusqu'à ce que l'eau de lavage soit colorée en rouge pâle, et ensuite on fait bouillir pendant à peu près 5 minutes avec environ 4 parties d'eau et on filtre. Cette opération est répétée trois ou quatre fois, jusqu'à ce que la couleur du liquide filtré soit rouge-vif, au lieu d'être pourpre. On fait de nouveau bouillir avec de l'eau et on ajoute un petit excès de craie, qui rend le contenu du vase rouge foncé ou pourpre. Par le refroidissement il se sépare sur les parois du vase de petites aiguilles rouges de chrysammate de calcium, et au fond il se dépose une masse floconneuse du même sel. On recueille les cristaux et les flocons, on les dessèche et les fait cristalliser dans l'alcool étendu (parties égales d'alcool et d'eau). Lorsque l'aloès n'est pas suffisamment décomposé et qu'il y a encore une quantité notable d'acide aloétique, ces aiguilles ne cristallisent pas tout d'abord, mais si l'on fait bouillir avec de nouvelles quantités d'eau et si on laisse refroidir le liquide entre chaque opération, elles finissent par se former, parce qu'on élimine de cette façon l'aloétate de calcium, qui est plus facilement soluble dans l'eau froide et qui paraît s'opposer à la cristallisation. Les eaux de lavage colorées en rouge, que l'on obtient dans les différentes opérations, sont concentrées et elles fournissent, après avoir été additionnées d'acide azotique pur, une quantité considérable d'acide aloétique brut, qui par un nouveau traitement avec l'acide azotique concentré peut être transformé en acide chrysammique. On extrait ainsi de l'aloès 3 ou 4 0/0 de chrysammate de calcium. Bien que l'aloès soit la meilleure matière à employer, on peut aussi obtenir à moins de frais une grande quantité d'acide chrysammique, en traitant par l'acide azotique la résine qui reste dans la préparation à froid de l'extrait d'aloès. Le rendement que donne cette résine n'est cependant pas beaucoup plus grand que la moitié de celui que fournit l'aloès.

Le chrysammate de calcium brut, obtenu comme il vient d'être dit, est purifié par des cristallisations répétées que l'on effectue alternativement dans l'eau bouillante et dans l'alcool étendu. La solution aqueuse bouillante du sel purifié forme par le refroidissement un magma d'aiguilles rouges brillantes. Il est très-facilement soluble dans l'alcool bouillant, modérément dans l'eau bouillante, dans laquelle il cristallise presque complètement par le refroidissement. Lorsqu'on ajoute à la solution bouillante de ce sel un petit excès d'acide azotique, de l'acide chrysammique pur se précipite. L'acide rassemblé après le refroidissement forme des écailles dorées, d'un volume considérable et d'un éclat magnifique, qui ressemblent beaucoup à l'iodure de plomb. Le liquide filtré est tout à fait incolore, et il ne contient plus de traces d'acide chrysammique.

2. *Avec la barbaloïne.*

L'aloès barbade, qui a une belle couleur brune et une forte odeur, est dissous dans 8 fois son poids d'eau bouillante additionnée d'un peu d'acide chlorhydrique. On laisse reposer la solution dans un lieu froid pendant au moins 24 heures, et la résine se sépare. Le liquide décanté est évaporé au bain marie à consistance sirupeuse ; il forme maintenant moins d'un quart du volume primitif.

Au bout de 1 ou 2 jours, il se prend en une masse demi-solide par suite de la production de grains cristallins. Cette masse est jetée sur un filtre de toile et fortement pressée après l'écoulement de l'eau mère colorée en noir.

La barbaloïne brute ainsi obtenue est de couleur jaune citron et elle constitue 20 ou 25 0/0 du poids de l'aloès, si celui-ci était de bonne qualité. Il est facile de l'obtenir pure par recristallisation dans l'alcool, mais cela n'est pas nécessaire pour la préparation de l'acide chrysammique.

La barbaloïne brute, desséchée et pulvérisée, est maintenant introduite peu à peu dans 6 fois son poids d'acide azotique fumant (poids spécifique 1,45). Au bout de quelques heures on ajoute une quantité d'eau égale à la moitié du poids du mélange, et l'on fait bouillir, jusqu'à ce qu'il se produise de fortes secousses par suite de la formation d'un précipité grenu jaune. Pendant cette opération il se dégage beaucoup d'acide carbonique avec des vapeurs nitreuses.

Le produit est maintenant versé dans une grande quantité d'eau, et il se forme un précipité jaune cristallin d'acide aloétique et d'acide chrysammique.

Ce précipité est séparé par filtration, lavé et desséché.

Dans les eaux mères il reste de l'acide oxalique et de l'acide picrique avec une petite quantité d'acide aloétique, qui peut être extrait de la manière suivante : tous les liquides sont évaporés à siccité, le résidu est lavé avec de l'eau, et l'acide aloétique étant très-difficilement soluble reste comme résidu.

Le mélange desséché d'acide aloétique et d'acide chrysammique est bouilli pendant 8 ou 10 heures avec 1 partie ou 1 partie 1/2 d'acide azotique concentré. On ajoute encore de l'eau, on filtre et on lave, jusqu'à ce que les eaux de lavage soient rouge-rose.

On fait maintenant bouillir pendant 1 heure le résidu avec son poids d'acétate de potasse dissous dans 50 parties d'eau.

La solution filtrée bouillante fournit par le refroidissement une cristallisation magnifique de chrysammate de potassium pur.

Dans les eaux-mères se trouve l'aléotate de potassium facilement soluble, duquel on sépare l'acide aloétique par l'acide azotique et qui peut être transformé, comme précédemment, par oxydation, en acide chrysammique.

La barbaloïne ainsi traitée fournit de 33 à 40 0/0 de son poids de chrysammate de potassium pur.

L'acide chrysammique se forme également par l'action de l'acide azotique fumant sur l'acide chrysophanique qui se trouve dans la rhubarbe. En effet l'acide chrysammique peut être regardé comme de l'acide tétranitrochrysophanique.

Acide chrysophanique (rhéine) $= C^{14}H^8O^4$.

Acide chrysammique $= C^{14}H^4Az^4O^{12} = C^{14}H^4(AzO^2)^4O^4$.

D'après cette manière de voir, l'acide chrysophanique serait un isomère de l'alizarine $= C^4H^8O^4 = C^{14}H^6O^2 \begin{cases} HO \\ HO. \end{cases}$

Propriétés de l'acide aloétique et de l'acide chrysammique.

L'*acide aloétique*, aussi nommé *amer d'aloès* artificiel, *acide polychromatique*, est probablement représenté par la formule $C^{14}H^4Az^4O^{10} = C^{14}H^4 (AzO^2)^4O^2$. Par absorption de 2 atomes d'oxygène, O^2, il se transforme en acide chrysammique. L'acide aloétique, débarrassé d'acide chrysammique par cristallisation dans l'alcool, est une poudre cristalline, de couleur jaune orange, d'une saveur amère, peu soluble dans l'eau froide, plus soluble dans l'eau bouillante et assez facilement soluble dans l'alcool.

Il se dissout facilement dans l'ammoniaque avec une couleur violette et en donnant en même temps naissance à une combinaison amidée.

L'aloétate de potassium est très-soluble dans l'eau avec une couleur rouge sang ; on peut l'obtenir cristallisé en aiguilles rouge-rubis.

Le sel de sodium est également rouge et très-soluble.

Le sel de baryum est une poudre rouge-brun, insoluble ou du moins pas très-soluble dans l'eau.

Les sels de l'acide aloétique détonent lorsqu'on les chauffe.

L'*acide chrysammique*, $C^{14}H^4Az^4O^{12} = C^{14}H^4 (AzO^2)^4O^4$, peut être obtenu en lamelles minces semblables à des feuilles de fougères.

Il forme ordinairement de petites lamelles brillantes, de couleur jaune d'or, d'une saveur amère, qui sont très-peu solubles dans l'eau froide, un peu plus solubles dans l'eau bouillante avec une couleur rouge foncé, plus facilement solubles dans l'alcool et dans l'éther. Il détone lorsqu'on le chauffe vivement.

Il se décompose lorsqu'on le fait bouillir avec les alcalis fixes. Il dégage de l'ammoniaque et il se forme un acide brun (nommé acide aloérésinique par *Schunck* et acide chrysatique par *Mulder*).

Chauffé avec de l'acide sulfurique concentré, l'acide chrysammique dégage, en produisant une vive réaction, de l'acide carbonique et des vapeurs nitreuses ; en même temps il se forme des substances violet-bleu et bleues (la chryïodine de *Mulder*).

Les corps réducteurs, comme le sulfure de potassium, le protochlorure d'étain, convertissent l'acide chrysammique en hydro-chrysamide bleue, $C^{14}H^{10}Az^4O^6$.

Les chrysammates, même les sels alcalins, se distinguent par leur faible solubilité dans l'eau. Les sels cristallisés possèdent tous un reflet métallique vert doré ; les sels insolubles acquièrent le même reflet par le frottement. Ils produisent tous une vive explosion lors-qu'on les chauffe.

Le *chrysammate de potassium*, $C^{14}H^2K^2(AzO^2)^4O^4 + 3H^2O$, cris-tallise sous deux formes, en lamelles rouge foncé avec un reflet mé-tallique vert doré vif ou en petites aiguilles rouge-cramoisi avec re-flets jaune d'or. Les deux formes cristallines polarisent la lumière d'une manière extrêmement remarquable.

Ce sel exige pour se dissoudre 1250 parties d'eau froide ; il est beaucoup plus facilement soluble dans l'eau bouillante. La solution est d'un beau rouge.

Le *sel de sodium* est tout à fait semblable au précédent.

Le *chrysammate de baryum*, $C^{14}H^2Ba(AzO^2)^4O^4 + 4H^2O$, est une poudre insoluble de couleur rouge cinabre. Il peut être obtenu par double décomposition en aiguilles brillantes rouge-brun.

Le *chrysammate de plomb*, $C^{14}H^2Pb(AzO^2)^4O^4 + 4H^2O$, est une poudre rouge brique. On peut aussi l'obtenir en prismes minces à reflets jaune-bronzé magnifiques, en décomposant le sel potassique par l'acétate de plomb dans des solutions bouillantes et mélangées avec de l'acide acétique. La lumière transmise à travers ces cristaux est polarisée en rouge faible et très-fortement.

Le *chrysammate de magnésium* cristallise dans sa solution bouil-lante en très-belles tables rouges, larges et brillantes.

Hydrochrysamide, $C^{14}H^{10}Az^4O^6 = C^{14}H^4(AzO^2)(AzH^3)^3O^4$. Cette belle substance, semblable à l'indigo et qui appartient à la série quinonique, se produit avec une très-grande facilité lorsqu'on dis-sout de l'acide chrysammique dans une solution bouillante de sul-fure de potassium contenant un excès d'hydrate de potasse ; le liquide prend une teinte bleue magnifique, et il laisse déposer par le refroidissement de belles aiguilles bleues d'hydrochrysamide. Ces aiguilles sont purifiées par recristallisation dans une solution bouillante d'hydrate de potasse.

L'hydrochrysamide se forme encore lorsqu'on fait bouillir de l'acide chrysammique avec une solution de protochlorure d'étain, lorsqu'on fait digérer l'acide avec du zinc et un acide minéral étendu, par l'action de l'acide iodhydrique mélangé avec du phosphore, de l'amalgame de sodium, de l'hydrogène sulfuré, du sulfure d'ammonium, etc.

Les aiguilles bleues de l'hydrochrysamine possèdent un reflet rouge cuivre. Lorsqu'on les chauffe avec beaucoup de précaution, elles donnent des vapeurs violettes, qui se condensent sous forme cristalline.

Elles sont insolubles même dans l'eau bouillante, peu solubles dans l'alcool bouillant, solubles dans les alcalis caustiques et carbonatés. Cette dissolution possède la couleur du carmin d'indigo ou de l'acide sulfindigotique, et elle donne lorsqu'on y ajoute un excès d'acide un précipité floconneux bleu d'hydrochrysamide.

Si l'on agite la solution alcaline de l'hydrochrysamide dans un vase bien fermé, avec de l'amalgame de sodium en excès, elle devient orange ou se décolore; mais en présence de la moindre quantité d'air la couleur bleu-pourpre reparaît.

Il est évident qu'ici l'hydrochrysamide, qui correspond à la quinone hydrone, se change en le corps correspondant à l'hydroquinone, $C^{14}H^{12}Az^4O^6$, qui par absorption d'oxygène sépare H^2O et passe de nouveau à l'état d'hydrochrysamide, $C^{14}H^{10}Az^4O^6$.

L'hydrochrysamide se dissout dans l'acide sulfurique concentré avec une couleur brune. En ajoutant de l'eau on précipite des flocons bleus.

Combinaisons amidées de l'acide chrysammique.

L'acide chrysammique donne très-facilement des combinaisons amidées sous l'influence de l'ammoniaque.

Si l'on dissout de l'acide chrysammique dans de l'ammoniaque liquide bouillante, le liquide devient rouge-pourpre foncé, et par le refroidissement il se sépare des aiguilles cristallines rouge-brun à reflets métalliques verts.

Ces aiguilles constituent la substance désignée sous le nom de *chrysamide*, mais qu'il serait plus exact de considérer comme du chrysamidate d'ammoniaque.

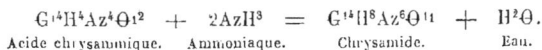

$$C^{14}H^4Az^4O^{12} \ + \ 2AzH^3 \ = \ C^{14}H^8Az^6O^{11} \ + \ H^2O.$$
Acide chrysammique.   Ammoniaque.   Chrysamide.   Eau.

Si l'on mélange la solution bouillante de la chrysamide avec de l'acide chlorhydrique ou de l'acide sulfurique étendu, il ne se sépare pas d'acide chrysammique, mais de l'*acide chrysamidique*,

$C^{14}H^5Az^5O^{11}$, qui se dépose sous forme d'aiguilles rouge-pourpre foncé, possédant après la dessiccation une couleur vert olive :

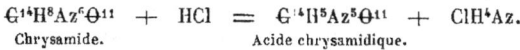

$$C^{14}H^8Az^6O^{11} + HCl = C^{14}H^5Az^5O^{11} + ClH^4Az.$$
Chrysamide.   Acide chrysamidique.

Sous l'influence des alcalis bouillants ou des acides très-concentrés, l'acide chrysamidique repasse à l'état d'acide chrysammique en absorbant H^2O et dégageant de l'ammoniaque :

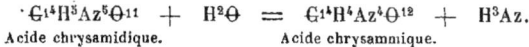

$$C^{14}H^3Az^5O^{11} + H^2O = C^{14}H^4Az^4O^{12} + H^3Az.$$
Acide chrysamidique.   Acide chrysammique.

L'acide chrysamidique peut être considéré comme de la tétranitroamidoxyanthraquinone.

L'oxyanthraquinone est $C^{14}H^8O^3$.

L'acide chrysamidique $= C^{14}H^3 (AzH^2) (AzO^2)^4 O^3$.

L'acide chrysamidique se dissout dans l'eau avec une couleur rouge-pourpre. Il forme toute une série de sels, qui extérieurement offrent beaucoup d'analogie avec les chrysammates et qui comme ceux-ci détonent lorsqu'on les chauffe.

Le chrysamidate de potassium, obtenu par saturation de l'acide avec le carbonate potassique, cristallise en petites aiguilles rouge-foncé à éclat métallique vert.

Le chrysamidate de baryum est une poudre rouge cristalline que l'on obtient par double décomposition des solutions bouillantes de chrysamide et de chlorure de baryum.

L'acide chrysamidique et ses sels sont des matières colorantes qui possèdent un pouvoir tinctorial très-intense.

Usage des dérivés colorés de l'aloès.

Pour teindre et imprimer on n'emploie pas ordinairement les acides aloétique et chrysammique purs, mais des mélanges de ces acides, qui souvent renferment encore de l'aloès non décomposé. Ainsi, par exemple, on chauffe au bain marie 1 partie d'aloès en morceaux avec 8 parties d'acide azotique ; lorsque la réaction est terminée, on ajoute encore 1 partie d'acide azotique, on chauffe pendant quelques heures, on verse le tout sous forme d'un mince filet dans de l'eau froide, puis on rassemble, on lave et on dessèche les acides jaunes qui se séparent.

D'après *Lindner*, on chauffe au bain-marie 1 partie d'aloès avec

60 parties d'acide azotique, jusqu'à ce qu'il se dégage des vapeurs rouges; on introduit ensuite peu à peu dans le mélange encore 9 parties d'aloès et on évapore à sec la solution, lorsque la réaction est terminée; la masse, de couleur jaune d'or, lavée sur un filtre et desséchée forme 66 0/0 du poids de l'aloès employé, et elle constitue ce que l'on appelle l'acide aloétique ou le *pourpre d'aloès*, dont la solution aqueuse est employée immédiatement pour teindre.

Pour préparer son acide chrysammique demi-oxydé, *Löwe* fait digérer, sans chauffer, 1 partie d'aloès avec 8 parties d'acide azotique, et après avoir filtré la solution il la verse dans une grande quantité d'eau; il prépare en outre de l'acide chrysammique sous forme d'une poudre jaune claire en procédant de la manière suivante : il évapore d'abord à la moitié de son volume la solution azotique, avant de la mélanger avec de l'eau, puis il ajoute 1/2 partie d'acide azotique, et concentre de nouveau, jusqu'à ce qu'il apparaisse des cristaux d'acide oxalique et il verse ensuite le tout dans une grande quantité d'eau.

Si, au lieu d'opérer comme il vient d'être dit, on mélange la solution azotique concentrée avec un excès d'ammoniaque, et, si on évapore à cristallisation, on obtient de petites aiguilles très-brillantes de chrysamide, que *Löwe* désigne sous le nom de chrysammate d'ammoniaque.

Pour obtenir une préparation peu chère, une sorte d'aloès oxydé, on dissout 132 parties d'aloès dans 100 parties d'eau bouillante et l'on ajoute 80 parties d'acide azotique; la réaction se produit au milieu d'une vive effervescence et d'un abondant dégagement gazeux. L'acide est ensuite neutralisé avec environ 10 parties de lessive de soude d'un poids spécifique de 1,12. Avant de se servir de la préparation on y ajoute une quantité d'acide chlorhydrique ou d'acide tartrique suffisante pour obtenir une réaction acide faible.

Lorsqu'on se sert de ces différentes préparations pour teindre ou imprimer des tissus, avec ou sans le secours du vaporisage, il ne faut pas perdre de vue qu'en présence des corps réducteurs, surtout du protochlorure d'étain, l'acide chrysamique rouge et la chrysamide violet-pourpre se changent en hydrochrysamide bleue.

Toutes les nuances sur soie, sur laine ou sur coton, du rouge au violet ou au brun cannelle, sont, au contact de ces agents réducteurs, converties en gris plus ou moins clair, bleu-gris, bleu-grisâtre, vert olive ou vert mousse.

Si l'on plonge de la soie, de la laine et du coton non mordancés dans une solution aqueuse très-faible d'acide chrysammique, et si l'on chauffe le bain à l'ébullition, la soie se teint en nuances variant du rouge-rose à la couleur raisin de Corinthe, la laine en brun-châtaigne plus ou moins foncé, et le coton n'est pas teint.

Mais lorsque le coton est mordancé au fer ou à l'alumine, comme pour la teinture en garance, l'alumine se colore en violet, tandis que, chose remarquable, le mordant de fer ne prend pas de couleur. Avec l'acide aloétique de *Linder* on obtient sur la laine non mordancée un brun foncé, qui peut être poussé jusqu'au noir velouté.

L'acide chrysammique demi-oxydé de *Löwe* donne sur laine des nuances cachou rougeâtre-clair ou foncé.

L'aloétate de soude de *Linder* (acide aloétique neutralisé avec de la soude) communique à la laine non mordancée une belle couleur gris bleuâtre.

Lorsqu'on imprime avec une solution de gomme qui contient par litre 2 grammes d'acide chrysammique, on obtient, avant le vaporisage, sur laine, sur soie et coton, des couleurs rouge-rose. Toutes ces couleurs résistent au lavage, et leur nuance ne change pas sur les tissus mordancés au sel d'apprêt (stannate de soude).

Si au contraire on vaporise les tissus imprimés, il se produit un changement complet, et, au lieu d'une nuance rose-rouge, on voit apparaître une couleur violette sur les trois tissus.

La chrysamide teint la soie et la laine en gris clair ou gris foncé ; en ajoutant du pink-salt (chlorure double d'étain et d'ammonium), la nuance tire sur le verdâtre.

La chrysamide épaissie, sans addition de sels métalliques, et imprimée sur coton, produit après le vaporisage un beau vert de mousse qui résiste à l'eau bouillante et aux bains de garancine.

Comme ce vert vapeur bon teint ne contient pas de mordant, et que pour cette raison il ne prend pas les couleurs de garance ou de garancine, il est possible d'imprimer avec des mordants des fonds gris chargés pour dessins en garance et alors de teindre en garance comme sur un fond blanc.

Sur soie, la chrysamide donne un brun noisette ; sur laine elle produit du jaune avant le vaporisage et du vert olive après cette opération.

Lorsqu'on ajoute du bichlorure d'étain on obtient un jaune rouille sur coton, un brun cannelle sur soie et sur laine.

L'alun donne avec la chrysamide, avant le vaporisage, un jaune rouille sur soie et sur coton, et du jaune sur laine ; mais après le vaporisage le coton devient gris perle, la soie couleur mode et la laine prend une couleur bois vif.

Avec le sulfate de fer et le protochlorure d'étain, les différents tissus offrent avant ou après le vaporisage une belle nuance lustrée.

D'après *Lindner*, l'acide aloétique (pourpre d'aloès) serait très-avantageux pour la fixation d'autres matières colorantes non solides par elles-mêmes. Si l'on mélange par exemple 10 parties d'orseille avec 1/2 partie de pourpre d'aloès, que l'on a préalablement dissous dans une lessive de soude caustique, la couleur d'orseille est ainsi rendue inaltérable à l'air et à la lumière, sans avoir perdu de sa vivacité.

Enfin nous ferons encore remarquer que si, dans la teinture des étoffes de coton en garancine ou en fleur de garance, on ajoute un peu d'aloès au bain, les nuances brun-grenat surtout acquièrent un lustre tout particulier. Ce procédé de teinture est employé dans la Normandie ainsi que dans plusieurs fabriques de l'Allemagne.

III.

ACIDE RUFIGALLIQUE.

La nature de l'acide tannique a été l'objet de recherches multipliées et il existe à ce sujet des opinions très-différentes et souvent contradictoires.

Cette question a été presque résolue dans ces derniers temps par les beaux travaux de *Hugo Schiff*, car il est maintenant démontré que l'acide tannique n'est point un glucoside. En effet, *H. Schiff* a montré par l'expérience que les solutions aqueuses ou alcooliques même très-étendues de l'acide gallique, soumises à l'action de l'oxychlorure de phosphore ou plus simplement encore traitées à l'ébullition par l'acide arsénique, se transforment complétement en acide tannique, sans que l'acide arsénique soit altéré. Une petite quantité de ce dernier acide convertit en acide tannique une quantité proportionnellement grande d'acide gallique.

L'acide tannique ainsi obtenu est à son tour transformé en acide gallique par ébullition avec de l'acide chlorhydrique.

La formule de l'acide tannique pur est $C^{14}H^9O^{10}$.

Celle de l'acide gallique $C^7H^6O^5$.

D'après cela, il est évident que l'acide tannique est de l'acide digallique :

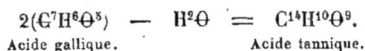

$$2(C^7H^6O^5) - H^2O = C^{14}H^{10}O^9.$$
$$\text{Acide gallique.} \qquad \text{Acide tannique.}$$

L'acide ellagique [1] se forme aux dépens de l'acide gallique, lorsqu'on mélange celui-ci avec de l'acide arsénique et qu'on chauffe le mélange des deux substances à 120 ou 160°. L'acide arsénique se convertit alors en acide arsénieux. L'acide ellagique desséché à 110° est $C^{14}H^8O^9$; à 210° il se change en anhydride en perdant encore H^2O, et il a alors la formule $C^{14}H^6O^8$.

---

[1] L'acide ellagique prend aussi naissance lorsqu'on abandonne à elle-même au contact de l'air une solution de noix de galle, ou qu'on la fait bouillir avec de l'acide chlorhydrique ; c'est un acide cristallisable, bibasique, presque insoluble dans l'eau et qui préexiste dans certains bézoards orientaux.

Lorsqu'on chauffe avec de l'acide sulfurique concentré, au bain-marie ou même seulement à 70 ou 80°, de l'acide gallique ou de l'acide tannique, ces corps donnent peu à peu une solution colorée en pourpre foncé. Celle-ci, versée dans une grande quantité d'eau, laisse déposer une poudre cristalline rouge-brun, que l'on débarrasse de l'acide sulfurique adhérent par décantation et lavage sur un filtre. Pour 1 partie d'acide gallique ou d'acide tannique sec on prend 5 parties d'acide sulfurique concentré. On obtient 66 0/0 de produit. La substance ainsi obtenue est l'*acide rufigallique*. Sa formule est $C^{14}H^8O^8$:

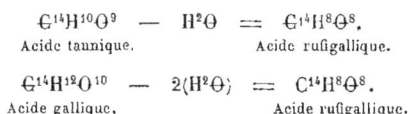

$$C^{14}H^{10}O^9 \; - \; H^2O \; = \; C^{14}H^8O^8.$$

Acide tannique.   Acide rufigallique.

$$C^{14}H^{12}O^{10} \; - \; 2(H^2O) \; = \; C^{14}H^8O^8.$$

Acide gallique.   Acide rufigallique.

L'acide sulfurique agit par conséquent simplement comme corps déshydratant.

L'acide rufigallique ainsi produit se présente sous forme d'une poudre brun-rouge foncé analogue au phosphore amorphe et qui se compose de rhomboèdres microscopiques. Il est à peine soluble dans l'eau froide et dans l'eau bouillante, il ne se dissout qu'en petite quantité dans l'éther et l'alcool froids ; les solutions ont une couleur jaunâtre.

Elles donnent avec les sels de peroxyde de fer une coloration brun noir, avec l'acétate de plomb et l'azotate de cuivre des précipités rouge-brun. Le bichlorure de mercure ne produit aucune réaction.

L'acide rufigallique se dissout dans l'acide sulfurique ; avec une lessive de potasse concentrée, il se colore en bleu indigo, et il laisse précipiter un sel potassique noir bleu.

Il se dissout dans les lessives étendues avec une couleur violette, mais au bout d'un long temps il finit par se séparer de cette dissolution ; arrosé avec de l'ammoniaque il se colore en rouge.

L'acide rufigallique teint de la même manière que l'alizarine les tissus mordancés à l'alumine et aux sels de fer ; les nuances sont cependant peu vives, non pures, mais elles résistent complétement au savon, comme les couleurs d'alizarine.

Lorsqu'on chauffe fortement l'acide rufigallique à l'abri de l'air, il sublime, en se décomposant en partie, sous forme de belles aiguilles rouge-jaune transparentes de la couleur du minium.

Fondu avec de la potasse caustique, il se dédouble en 2 molécules d'oxyquinone, $C^6H^4O^3$:

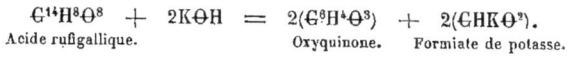

$$C^{14}H^8O^8 + 2KOH = 2(C^6H^4O^3) + 2(CHKO^2).$$
Acide rufigallique.   Oxyquinone. Formiate de potasse.

Distillé sur de la poudre de zinc, il est réduit en anthracène, et il doit peut-être être considéré comme un dérivé hydroxylé de l'anthraquinone :

$$C^{14}H^8O^8 = C^{14}H^2(HO)^6O^2.$$

Comme matière colorante, l'acide rufigallique offre une analogie évidente avec l'alizarine ; comme celle-ci il teint en nuances bon teint, qui, il est vrai, ne sont pas belles.

Si l'on arrivait à enlever par réduction 4 O à l'acide rufigallique, on obtiendrait de l'alizarine :

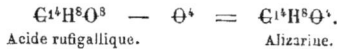

$$C^{14}H^8O^8 - O^4 = C^{14}H^8O^4.$$
Acide rufigallique.   Alizarine.

Mais les tentatives faites dans cette direction n'ont pas été jusqu'à présent suivies d'un résultat favorable.

IV.

MUREXIDE.

C'est en 1853 que furent faites les premières tentatives pour obtenir sur laine des nuances amarante rouge-rose à l'aide des produits d'oxydation de l'acide urique (alloxane et alloxantine). La substance qui produisait la coloration était la *murexide* ou purpurate d'ammoniaque.

Le rouge de murexide a été appliqué pour la première fois sur laine par *Albert Schlumberger*. Des nuances rouges magnifiques furent produites par *Depouilly* sur laine et sur soie au moyen du purpurate de mercure, et *Ch. Lauth* a appris à fixer la murexide sur coton.

Ces applications de la murexide donnèrent tout à coup une grande importance industrielle à ce corps, qui, découvert par *Liebig* et *Wöhler* en 1839, n'avait été jusqu'à ce moment qu'un produit de laboratoire assez rare, mais remarquable par un beau reflet métallique vert. Ce fut principalement dans les trois années de 1857 à 1859 que l'on en fabriqua et employa de grandes quantités (d'abord en pâte, plus tard en magnifiques cristaux purs). Un seul fabricant de Manchester produisait par semaine environ 600 kilogr. de murexide. Mais le succès de la murexide a été aussi éphémère que brillant ; elle ne put pas lutter avec les couleurs d'aniline ; depuis 1860 ses applications se sont de plus en plus restreintes, et aujourd'hui elle n'est pour ainsi dire plus du tout employée.

L'histoire de la murexide est néanmoins extrêmement intéressante et instructive. Les ressources qu'offre la chimie moderne ne se sont peut-être jamais manifestées d'une manière si éclatante qu'à propos de la question de la murexide qui, surgissant tout à coup comme un problème important, reçut une solution aussi rapide que complète : le corps, dont la préparation à l'aide d'une matière brute jusque-là assez chère et rare était regardée comme une opération de laboratoire très-difficile, fut fabriqué en peu de temps sur une grande échelle et livré à des prix d'une infériorité vraiment étonnante.

La *préparation* de la murexide, dont la formule est $C^8H^8Az^6O^6$, comprend deux opérations distinctes :

1° L'extraction et la purification de l'acide urique ;

2° La transformation de l'acide urique en murexide.

Préparation de l'acide urique.

L'*acide urique* se rencontre en combinaison avec l'ammoniaque, sous forme d'urate d'ammoniaque, dans les excréments des oiseaux (surtout dans ceux des oiseaux de proie), des crocodiles, des lézards, des vers à soie, des serpents, ainsi que dans l'urine de l'homme, etc. [1]. L'acide urique est presque pur dans les excréments des serpents, où il se trouve partie à l'état libre, partie combiné avec l'ammoniaque. Mais cette matière est trop rare pour pouvoir servir à l'extraction industrielle de l'acide urique.

L'acide urique a été le plus souvent extrait du guano du Pérou, qui n'en contient jamais moins de 5 0/0, mais jamais plus de 15 0/0. La meilleure méthode de préparation, qui est également applicable à la fiente de pigeon et aux autres matières contenant de l'acide urique, est la suivante.

Le guano pulvérisé est traité à chaud par de l'acide chlorhydrique étendu à 12° Baumé ; les carbonates, les oxalates, les phosphates d'ammoniaque, de chaux, de magnésie, etc., entrent en dissolution. On laisse déposer la portion non dissoute et l'on décante le liquide clair. Avec celui-ci on traite de nouvelles portions de guano, jusqu'à ce que l'acide chlorhydrique soit presque saturé. Ce liquide saturé constitue un engrais d'une grande valeur, il peut aussi servir à préparer de l'acide oxalique et des sels ammoniacaux. Le premier résidu de guano est introduit dans un vase de bois ou de plomb chauffé à la vapeur, on le fait bouillir pendant une heure avec de nouvel acide chlorhydrique étendu à 12° Baumé. On laisse reposer, on décante le liquide acide clair (que l'on emploie comme précédemment) et on lave le résidu par décantation. On continue cette opération, jusqu'à ce que tous les éléments solubles aient été éliminés du sédiment. Le résidu lavé contient tout l'acide urique du guano mélangé avec du sable, de l'argile, du sul-

---

[1] Voyez *C. Neubauer* et *J. Vogel* : De l'urine et des sédiments urinaires (page 23), traduit de l'allemand par le Dr *L. Gautier*. Paris, 1870.

fate de chaux, des débris organiques et des substances extractives ; on y trouve aussi de la guanine, dont la majeure partie a été entraînée par le traitement avec l'acide chlorhydrique.

Ce résidu, qui forme environ 30 0/0 du poids du guano, peut, après filtration et dessication, être employé directement à la préparation de la murexide. Cependant il est plus convenable d'extraire l'acide urique du résidu encore humide en traitant celui-ci par les alcalis et de le précipiter de la solution clarifiée en sursaturant la liqueur avec un acide.

Dans une chaudière de cuivre, on introduit le résidu de 100 kilogr. de guano avec 360 ou 400 litres d'eau contenant en dissolution 4 kilogr. de soude caustique, et on chauffe à l'ébullition pendant une heure en agitant continuellement ; on ajoute ensuite un lait de chaux préparé avec 1 kilogr. ou 1 kilogr. 1/2 de chaux caustique, on brasse bien et on fait bouillir encore pendant 3 ou 4 heures. La chaux précipite les matières extractives, tandis que l'urate de soude reste en solution.

Lorsque le liquide est suffisamment clarifié, on le décante à l'aide d'un siphon dans un vase bien propre, où on mélange la solution encore chaude avec un petit excès d'acide chlorhydrique, et l'acide urique est ainsi précipité.

Celui-ci se dépose assez facilement et il est facile à laver et à à séparer par filtration. Sur le résidu contenu dans la chaudière, on verse autant d'eau que précédemment, on ajoute 2 kilogr. 1/2 à 3 kilogr. de soude caustique et l'on porte à l'ébullition ; pour clarifier le liquide une addition de 1/2 à 1 kilogr. de chaux sous forme de lait est maintenant tout à fait suffisante.

Après cette deuxième ébullition, le résidu est ordinairement dépouillé de tout l'acide urique. Il n'y a que les sortes de guano très-riches qui nécessitent une troisième ébullition avec une quantité de soude caustique et de chaux encore moins grande que dans la deuxième opération.

L'acide urique ainsi obtenu offre, après la dessication, une couleur jaune, et il contient encore de 3 à 5 0/0 d'éléments étrangers ; mais il peut parfaitement être employé pour toutes les préparations.

Lorsqu'on veut obtenir un acide encore plus pur, le moyen le moins dispendieux consiste à dissoudre l'acide jaune-brun desséché dans de l'acide sulfurique assez concentré, que l'on chauffe à 60 ou 80°, et à verser la solution clarifiée dans une grande quantité d'eau froide, qui précipite l'acide urique. On lave celui-ci, puis on le verse sur un filtre et on le dessèche.

Avec 100 parties de guano on obtient ainsi 2 parties 1/2 à 3 parties d'acide urique presque pur, dont la composition est représentée par la formule, $C^5H^4Az^4O^3 + 2$ aq.

Transformation de l'acide urique en murexide.

Pour préparer la murexide, on dissout d'abord l'acide urique dans de l'acide azotique froid, qui transforme celui-là en alloxane et en urée.

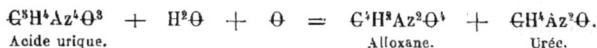

$$C^5H^4Az^4O^3 + H^2O + O = C^4H^2Az^2O^4 + CH^4Az^2O.$$
Acide urique. Alloxane. Urée.

Il se forme en même temps une certaine quantité d'alloxantine ($C^8H^4Az^4O^7$), d'acide dialurique ($C^4H^4Az^2O^4$) et de dialuramide ou uramile ($C^4H^5Az^3O^3$).

L'alloxantine n'est rien autre chose que 2 molécules d'alloxane moins 1 atome d'oxygène :

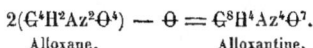

$$2(C^4H^2Az^2O^4) - O = C^8H^4Az^4O^7.$$
Alloxane. Alloxantine.

L'acide dialurique est de l'alloxane plus 2 atomes d'hydrogène :

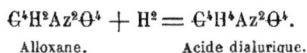

$$C^4H^2Az^2O^4 + H^2 = C^4H^4Az^2O^4.$$
Alloxane. Acide dialurique.

L'alloxane, l'acide dialurique et l'alloxantine ont entre eux les rapports suivants, qui sont une preuve de leur grande affinité :

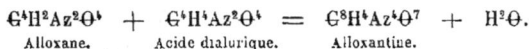

$$C^4H^2Az^2O^4 + C^4H^4Az^2O^4 = C^8H^4Az^4O^7 + H^2O.$$
Alloxane. Acide dialurique. Alloxantine.

Enfin l'alloxantine donne avec un sel ammoniacal de l'alloxane et de la dialuramide ou uramile :

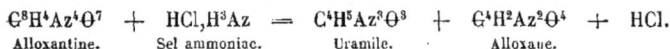

$$C^8H^4Az^4O^7 + HCl,H^3Az = C^4H^5Az^3O^3 + C^4H^2Az^2O^4 + HCl.$$
Alloxantine. Sel ammoniac. Uramile. Alloxane.

L'action de l'acide azotique sur l'acide urique doit être dirigée avec beaucoup de précaution, si l'on veut obtenir un bon rendement en matière colorante. On procède de la manière suivante.

Dans une capsule de porcelaine ou dans des vases de verre ou des terrines en grès, de 4 à 5 litres de capacité, on verse 1060 à

1070 grammes d'acide azotique à 36 ou 38° Baumé. Ces vases sont placés dans l'eau froide ; on a soin que le tout soit disposé de manière à ce qu'on puisse remplacer l'eau échauffée par de la fraîche. En grand on dispose dans le même réfrigérant 2, 3 ou un plus grand nombre de ces vases. On mélange maintenant avec l'acide azotique 875 grammes d'acide urique, que l'on ajoute par petites portions.

On ne répand jamais qu'une petite quantité d'acide urique à la surface du liquide et l'on ne brasse le mélange avec une baguette de verre que lorsque l'acide urique est presque totalement dissous. Il faut éviter un échauffement trop fort ; du reste on ne doit jamais laisser la température s'élever au-dessus de 32°. Aussi est-il nécessaire, au commencement de l'opération, de toujours attendre quelque temps avant d'ajouter une nouvelle quantité d'acide urique. Plus tard la réaction devenant plus faible, il est nécessaire de mélanger l'acide urique ajouté avec l'acide azotique, avant que le mélange se soit assez refroidi pour arrêter l'oxydation et pour que l'on soit obligé de chauffer doucement, afin de la provoquer de nouveau.

Les dernières portions de l'acide urique ne sont plus dissoutes, ce à quoi l'on devait s'attendre avec la proportion de l'acide azotique employé. L'opération dure en tout 10 à 12 heures.

Après le refroidissement, le mélange obtenu se présente sous forme d'une bouillie cristalline renfermant de l'acide urique, de l'alloxane, un peu d'alloxantine, de l'azotate d'urée, de l'eau et un un peu d'acide azotique libre. Dans une chaudière de fonte émaillée d'une capacité de 10 à 12 litres, on réunit maintenant le mélange résultant du traitement de deux portions (c'est-à-dire le produit de la réaction de 2130 grammes d'acide azotique et de 1750 grammes d'acide urique) et l'on chauffe au bain de sable.

Sous l'influence de la chaleur, l'acide azotique étendu qui se trouve encore dans la liqueur, réagit sur l'acide urique non oxydé et donne naissance à une certaine quantité d'alloxantine ; si pendant la réaction la masse se boursoufle, on retire le vase du bain de sable, jusqu'à ce que le mélange se soit abaissé. Ce boursouflement se produit plusieurs fois, mais vers la fin il cesse complétement, et alors on laisse la température s'élever jusqu'à 110°.

Immédiatement après on pousse le vase dans un endroit moins chaud et, en brassant avec soin, on y verse aussi rapidement que possible 250 grammes d'ammoniaque à 24° Baumé. On chauffe encore pendant 2 ou trois minutes et on laisse refroidir. Le mélange est maintenant transformé en une masse visqueuse brun-rouge foncé, qui se compose en majeure partie de murexide, mélangée avec de l'azotate d'ammoniaque, des matières extractives brunes modifiées, etc.

Ce produit constitue ce que l'on appelle la *murexide en pâte*, aussi nommée *carmin de pourpre*.

Pour obtenir la murexide pure cristallisée, on délaye le produit brut avec de l'eau chaude (à 70 ou 80°), et, par le refroidissement de la solution décantée claire ou filtrée, il se dépose de magnifiques aiguilles à reflets métalliques vert-doré.

On répète ce traitement plusieurs fois, seulement il faut ajouter de temps en temps aux eaux mères une petite quantité d'ammoniaque afin de favoriser la cristallisation de la murexide. Enfin, les cristaux sont desséchés à une douce chaleur.

A la place de l'ammoniaque liquide, on peut également se servir du carbonate d'ammoniaque. On peut du reste obtenir la murexide sans addition d'ammoniaque caustique ou carbonatée.

Dans ce but, on verse dans un vase de fonte émaillée, la solution azotique de l'acide urique, et on l'évapore lentement, en ayant soin de ne pas chauffer jusqu'au point d'ébullition et de ne verser dans le vase qu'une petite quantité de liquide à la fois, et on n'en ajoute une nouvelle portion que lorsque la partie chauffée a acquis une consistance pâteuse ; de cette façon on obtient aussi du carmin de pourpre, qui a une couleur rouge-brunâtre ou violette, quelquefois avec un reflet vert.

Dans ce cas l'ammoniaque nécessaire pour la formation de la murexide provient de la décomposition de l'urée.

Au lieu de la murexide proprement dite ou purpurate d'ammoniaque, on obtient du purpurate de soude, si l'on mélange la solution azotique saturée d'acide urique avec du carbonate de soude, et si ensuite on concentre à consistance pâteuse en prenant les précautions indiquées précédemment.

C'est sur ce mode de formation de la murexide par décomposition de l'urée contenue dans la solution azotique de l'alloxane et de l'alloxantine que reposait la première application des dérivés de l'acide urique à la teinture des tissus de laine.

La laine mordancée avec un mordant d'étain très-faible (parties égales de bichlorure d'étain et d'acide oxalique étendues avec de l'eau, de manière à ce que la solution ne marque que 1° Baumé) est imprégnée avec la solution azotique étendue d'alloxane et d'alloxantine (7 à 8 parties d'eau pour 1 de solution), préalablement en partie neutralisée par le carbonate d'ammoniaque ou la soude, si elle est trop acide ; le tissu est ensuite exposé dans une atmosphère un peu humide et chauffée à 25°, puis séché.

La laine ainsi traitée n'est pas encore teinte. On l'expose maintenant à une chaleur sèche de 100°, et, dans ce but, on la fait passer dans une étuve chauffée à cette température ou bien on la repasse avec un fer chauffé à la vapeur ; on obtient ainsi une très-belle nuance amarante rouge-rose, qui ne déteint pas dans l'eau froide et qui résiste très-bien à la lumière. Mais cette couleur ne supporte pas l'action de l'eau bouillante ou de la vapeur, qui la détruisent rapidement.

Propriétés et usages de la murexide.

La formation de la murexide, $C^8H^8Az^6O^6$, dans les conditions indiquées précédemment est mise en évidence par les réactions suivantes :

Par oxydation de la dialuramide ou de l'uramile (oxydation qui peut être produite par l'oxyde d'argent ou le bioxyde de mercure), il se forme très-facilement de la murexide :

$$2(C^4H^5Az^3O^3) + O = C^8H^8Az^6O^6 + H^2O.$$
Uramile.   Murexide.

Si à une solution ammoniacale d'uramile on ajoute une solution d'alloxane, le mélange se colore en pourpre foncé, et des cristaux abondants de murexide ne tardent pas à se déposer :

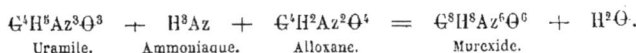

$$C^4H^5Az^3O^3 + H^3Az + C^4H^2Az^2O^4 = C^8H^8Az^6O^6 + H^2O.$$
Uramile.   Ammoniaque.   Alloxane.   Murexide.

L'alloxantine est transformée en murexide par l'ammoniaque avec élimination d'eau :

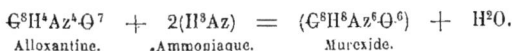

$$C^8H^4Az^4O^7 + 2(H^3Az) = (C^8H^8Az^6O^6) + H^2O.$$
Alloxantine.   Ammoniaque.   Murexide.

Sous l'influence des agents réducteurs, l'alloxane est également convertie en murexide par l'ammoniaque avec élimination d'eau :

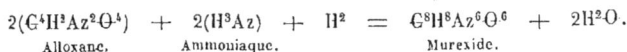

$$2(C^4H^2Az^2O^4) + 2(H^3Az) + H^2 = C^8H^8Az^6O^6 + 2H^2O.$$
Alloxane.   Ammoniaque.   Murexide.

L'alloxantine traitée par un sel ammoniacal se transforme en alloxane et en uramile :

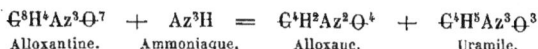

$$C^8H^4Az^3O^7 \quad + \quad Az^3H \quad = \quad C^4H^2Az^2O^4 \quad + \quad C^4H^5Az^3O^3$$

Alloxantine.   Ammoniaque.   Alloxane.   Uramile.

Ces réactions montrent comment la murexide peut se former sous l'influence de l'ammoniaque aux dépens des substances résultant de la réaction de l'acide azotique sur l'acide urique (alloxane, alloxantine, etc.).

La murexide est le sel ammoniacal acide d'un acide, l'acide purpurique, qui ne peut pas être isolé à l'état libre, mais que l'on peut transporter sans difficulté d'une base sur une autre.

Lors de la décomposition de la murexide par des acides forts, comme par exemple l'acide sulfurique ou l'acide chlorhydrique, il se forme le sel ammoniacal correspondant, et l'acide purpurique bibasique se dédouble au moment de sa formation en uramile et en alloxane :

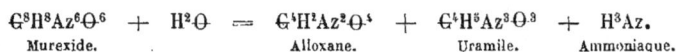

$$C^8H^8Az^6O^6 \quad + \quad H^2O \quad = \quad C^4H^4Az^2O^4 \quad + \quad C^4H^5Az^3O^3 \quad + \quad H^3Az.$$

Murexide.   Alloxane.   Uramile.   Ammoniaque.

La murexide cristallise en prismes quadrilatères raccourcis, qui offrent un magnifique reflet métallique vert-doré. Examinés par transparence, ils paraissent rouge-grenat ; ils donnent une poudre d'un beau rouge qui, par compression, reprend l'éclat métallique vert. Les cristaux contiennent 1 molécule d'eau de cristallisation, H^2O (6,54 0/0), qu'ils perdent à 100°.

La murexide est insoluble dans l'alcool et dans l'éther, peu soluble dans l'eau froide (1 partie de murexide se dissout dans 1500 parties d'eau), beaucoup plus soluble dans l'eau bouillante. La solution aqueuse possède une belle couleur rouge carmin ou rouge-rose.

Les purpurates alcalins sont seuls solubles dans l'eau, aussi les autres sels peuvent-ils être préparés par double décomposition et précipitation.

Les combinaisons alcalino-terreuses et terreuses sont toutes rouges, et il en est de même des combinaisons avec l'étain, le plomb, l'argent, l'or, le platine et le mercure; les sels de mercure, surtout l'azotate de bioxyde, donnent les couleurs les plus belles et les plus vives ; le plomb donne des couleurs très-nourries, mais peu vives; le zinc fournit au contraire un jaune ou un jaune-orange d'une belle nuance ; les sels de cuivre produisent un précipité jaune foncé.

La murexide est une matière colorante très-riche et qui rend beaucoup. Pour les nuances les plus foncées une solution de 1 gram. de murexide dans un litre d'eau est suffisante. Comme mordants pour la teinture ou l'impression de la soie, de la laine et du coton on a presque exclusivement employé les sels de mercure, de plomb et d'étain.

Pour obtenir sur soie avec la murexide des nuances pourpre magnifiques, on prépare séparément deux dissolutions aqueuses, l'une contenant 3 ou 4 0/0 de matière colorante [1], et l'autre la même quantité de bichlorure de mercure. On mélange la solution de murexide avec une certaine quantité de la solution de sublimé, préalablement additionnée d'un peu d'acide acétique. La soie est traitée par ce mélange, jusqu'à ce qu'on ait produit la nuance désirée. On avive ensuite dans un bain de sublimé pur, qui contient 3 0/0 de ce sel, et on lave complétement. Toute l'opération s'effectue à la température ordinaire.

Si à la place du sublimé on emploie un sel de zinc, la soie se colore en un beau jaune. Dans ce cas, on passe la soie teinte dans une solution aqueuse très-faiblement alcaline de carbonate de soude, et on termine par un lavage à l'eau ordinaire.

Le meilleur procédé pour teindre la laine en rouge magnifique avec la murexide est le suivant : on lave bien la laine dans des dissolutions légèrement alcalines, afin d'éliminer tout l'acide sulfureux, puis on la plonge pendant quelques heures dans un bain de murexide assez concentré et chauffé à 40°, on tord et on laisse sécher à l'air. Le bain de murexide peut, par exemple, être préparé avec

        1000 litres d'eau,
            4 kilogrammes d'acide acétique et
        700 grammes de murexide cristallisée.

La laine ainsi traitée est passée dans le bain fixateur, qui se compose de

        400 litres d'eau,
            1 kilogramme de sublimé et
        3   —   d'acétate de soude.

---

[1] Si au lieu du carmin de pourpre en pâte on emploie de la murexide cristallisée, il suffit que les dissolutions renferment 3/4 ou 1 0/0 de matière colorante.

On y laisse la laine plus ou moins longtemps (de 5 à 7 heures), suivant que le rouge pourpre doit tirer plus ou moins sur le bleuâtre. Très-souvent on ajoute au bain de murexide, une certaine quantité d'azotate de plomb, pour faciliter la fixation de la matière colorante sur la fibre textile.

Pour imprimer le coton avec la murexide, on procède de la manière suivante : les tissus sont d'abord mordancés ou imprimés avec un sel métallique, de préférence avec un sel de plomb, et ensuite teints avec la murexide, ou bien on les imprègne d'abord avec celle-ci, et on fixe ensuite la couleur dans la solution d'un sel métallique. Le sel soluble, l'azotate de plomb, par exemple, peut aussi être en même temps imprimé avec la murexide. L'oxyde de plomb se précipite sur le tissu à l'état de sel basique avec la murexide, et la couleur ainsi produite est avivée dans un bain de sublimé.

Pour les nuances très-foncées, on peut par exemple employer le mélange suivant :

Solution de gomme....................	1 litre.
Azotate de plomb	400 grammes.
Murexide cristallisée.................	1 —

Pour les nuances claires, le mélange précédent est étendu avec une solution de gomme, qui contient par litre 100 gram. d'azotate de plomb. On expose pendant quelques heures dans un lieu humide les tissus imprimés avec cette couleur, et on les passe ensuite pendant 1 minute ou 1/2 minute dans une boîte dont l'air est fortement imprégné d'ammoniaque, après quoi on les introduit dans un bain contenant 2 kilogr. 500 de sublimé pour 1000 litres d'eau. On les laisse séjourner dans ce bain pendant 20 minutes, puis on les lave dans l'eau courante, et on les passe de nouveau dans un bain, qui contient :

1 kilogramme de sublimé,	
1 — d'acide acétique à 7 ou 8° et	
500 grammes d'acétate de soude.	

On lave, on sèche et on apprête.

Si avant l'apprêt on passe les tissus dans un bain faiblement alcalin, la couleur peut virer au violet. Le procédé peut être modifié de diverses manières, mais il repose toujours sur l'emploi des sels de plomb et de mercure.

Les nuances produites par la murexide sont très-vives, très-brillantes, et elles résistent assez bien à l'action de la lumière. Mais elles sont extrêmement sensibles à l'influence de l'acide sulfureux, qui les blanchit en très-peu de temps.

Le gaz d'éclairage étant difficile à débarrasser de toutes les combinaisons sulfurées, qui lors de la combustion donnent naissance à de l'acide sulfureux, il en résulte que les couleurs de murexide sont influencées d'une manière très-fâcheuse dans les localités où l'on fait usage de ce gaz. Cet inconvénient, joint au développement de l'industrie des couleurs d'aniline, n'a pas peu contribué à la chute complète des dérivés colorés de l'acide urique, dont l'histoire sera toujours, malgré cela, un des chapitres les plus intéressants de celle des matières colorantes artificielles.

FIN.

BIBLIOGRAPHIE

GOUDRON DE HOUILLE.

1. Examen des matières colorantes artificielles dérivées du goudron de houille par *E. Kopp*, première partie (Extrait du Moniteur scientifique du docteur Quesneville).
2. *Id.*, seconde partie.
3. International exibition, 1862. Reports by the juries. Classe II. Section A. Chemical products and proces, reporter *A. W. Hofmann*.
4. *Gaultier de Claubry*. Rapport sur les établissements de la Société de carbonisation de la Loire. Bulletin de la Société d'encouragement. Octobre 1862.
5. *F. Zimmermann*. Die mineralöl-und Paraffinfabrikation in der Provinz Sachsen, Zeitschrift für das Berg-Hütten-und Salinenwesen in dem preussischen Staate. T. XIII, p. 62 (1865).
6. *G. Lunge*. Die Destillation der Steinkohlentheers und die Verarbeitung der damit zusammenhängenden Nebenproducte. Brunswick, 1867.
7. *Depouilly frères*. Bulletin de la Société industrielle de Mulhouse, 1865, pages 217 et 299.
8. *W. H. Perkin*. Journal of the society of arts. Moniteur scientifique, 1869, p. 145, 209 et 257.
9. *Th. Château*. Couleurs d'aniline, d'acide phénique et de naphtaline. Paris, 1868.
10. *A. Kekulé*. Chemie der Benzolderivate oder des aromatischen Substanzen. Erlangen, 1867.
11. Exposition universelle de 1867. Rapports du jury international, etc. T. VII, p. 223.
12. *Dr Max Vogel*. Die Entwicklung der Anilin-Industrie. Die anilinfarben, ihre Entstehung, Herstellung und technische Verwendung. Leipzig, 1866.
13. *Reimann*. Technologie des Anilins, etc. Berlin, 1866.
14. *A. Jordan*. Das Anilin und die Anilinfarben. Weimar, 1866. Appendice, 1870.

15. *Th. Oppler*. Theorie und praktische Anwendung von Anilin. Berlin, 1866.
16. *Girard et de Laire*. Traité des dérivés de la houille, etc. Paris, 1872.
17. *R. Wagner*. Nouveau traité de chimie industrielle, édition française par *L. Gautier*. T. II, pages 425, 540, 568 et 597. Paris, 1873.

ACIDE PHÉNIQUE, HOMOLOGUES ET DÉRIVÉS.

1. *Runge*. Poggendorff's Annalen. T. XXXI, p. 69; t. XXXII, p. 308.
2. *Laurent*. Annales de chimie et de physique, troisième série. T. III, p. 195.
3. *Gerhardt*. Revue scientifique. T. X, p. 210.
4. *Bobœuf*. De l'acide phénique, de ses solutions aqueuses et du phénol solide. Deuxième édition, Paris.
5. *E. Kopp*. Moniteur scientifique. T. II, p. 823.
6. *Calvert*. Zeitschrift für Chemie, 1865, p. 530.
7. *Kekulé*. Zeitschrift für Chemie, 1867, p. 197.
8.   —   Chemie der Benzolderivate, p. 479.
9. *Berthelot*. Comptes rendus. T. LXVIII, p. 539.
10. *Church*. Chemical news, 1871, p. 173.

ACIDE PICRIQUE ET AUTRES PRODUITS NITRÉS.

1. *Balard*. Rapport sur la fabrication de l'acide picrique. Bulletin de la Société d'encouragement. Mai 1862.
2. *Welter*. Annales de chimie. T. XXIX, p. 301.
3. *Chevreul*.   —   T. LXXII, p. 113.
4. *Dumas*. Annales de chimie et de physique. T. LIII, p. 178.
5. *Dumas*.   —   —   3ᵉ série. T. II, p. 228.
6. *Laurent*.   —   —   3ᵉ série. T. III, p. 221.
7. *Hofmann*. Annal. der Chemie und Pharm. T. XLVII, p. 72.
8. *Stenhouse*. Annal. der Chemie und Pharm. T. LVII, p. 87.
9. *Hofmann*. Report on chemical products and processes, p. 135.
10. *Guinon*. Dictionnaire des arts et manufactures. Supplément, p. 608.
11. *Carey Lea*. Sillim. Americ. jour., 2ᵉ série. T. XXVI, p. 279; t. XXII, p. 180. Répertoire de chimie pure. T. I, p. 227.

12. *Müller.* Zeitschrift für Chemie, 1865, p. 189.

13. *Hlasiwetz.* Annal. d. Chemie und Pharm. T. CX, p. 289.

14. *Bayer.* Jahresbericht d. Chem. von Will, etc. 1859, p. 458.

15. *Fritzsche.* Annal. d. Chem. u. Pharm. T. CIX, p. 247.

16. *Zulkowsky.* Isopurpurates. Dingler's polytechn. Journal. T. CXC, p. 49.

17. *H. Gruner.* Erdmann's Journ. f. prakt. Chem. T. CII, p. 222.

18. *F. Springmühl.* Grothe's Musterzeit, 1871, n° 23.

ACIDE ROSOLIQUE, CORALLINE, ETC.

1. *Runge.* Annalen der Physik von Poggendorff. T. XXXI, p. 65 et 512; . t. XXXII, p. 308 et 323.

2. *Tschelnitz.* Dingl. polytechn. Jour. T. CL, p. 467.

3. *A. Smith.* Chemical gazette, 1858, p. 20. Répertoire de chimie appliquée, 1859. T. I, p. 163.

4. *Hugo Müller.* Quart. journ. of the chemical society. T. II, p. 1. Répertoire de chimie appliquée. T. II, p. 96.

5. *Dusart.* Répertoire de chimie appliquée. T. II, p. 207.

6. *Jourdin.* Répertoire de chimie appliquée. T. II (juin 1861), p. 216.

7. *Kolbe* et *Schmidt.* Annalen der Chemie und Pharm. T. CXIX, p. 169.

8. *Guinon, Marnas* et *Bonnet.* Répertoire de chimie appliquée, 1862, p. 450.

9. *Schützenberger* et *Sengenwald.* Jahresbericht der Chemie von Will, 1862, p. 413.

10. *Schützenberger* et *Paraf.* Comptes rendus de l'Académie, 1862, t. LIV, p. 197.

11. *Korner.* Annal. der Chemie und Pharm. T. CXXXVII, p. 203.

12. *Wanklyn* et *Caro.* Zeitschrift für Chemie, 1666, p. 511.

13. *Caro.* Zeitschrift für Chemie, 1866, p. 563.

14. *Binder.* Répertoire de chimie appliquée, 1863, p. 54.

15. *Perkin* et *Duppa.* Chemical news. Juin 1861, p. 351.

16. *Pelouze* et *Frémy.* Traité de chimie, troisième édit. T. VI, p. 295.

17. *Dale* et *Schorlemmer.* Berl. 1871, p. 574, 971.

18. *H. Frésenius.* Journ. für prakt. Chem. T. III, p. 477.

19. *Kielmeyer.* Moniteur scientifique, sept. 1872, p. 740.

20. *F. Fol.* Répert. de chimie appliquée. T. IV, p. 179.

21. Reimann's Färber. Zeit. 1871, p. 18 et 50 (Jaune Campo-Bello).

PHÉNICIENNE ET AUTRES BRUNS DE PHÉNYLE.

1. *Roth*. Bulletin de la Société industrielle de Mulhouse, 1864. T. XXXIV, p. 439.
2. *E. Dolfuss*. Rapport sur, etc. *Id*. T. XXXIV, p. 500.
3. *Alfraise*. Brevet n° 60,358, du 8 octobre 1863.
4. *Monnet*. Bulletin de la Société industrielle de Mulhouse, 1861, octobre.
5. *Dullo*. Deutsche Industriezeitung, 1865, p. 193.
6. *Bolley*. Schweiz. polytechn. Zeitschrift, 1869, p. 140.

CRÉSYLOL.

1. *Williamson* et *Fairlie*. Annal. der Chemie und Pharm. T. XCII. p. 319.
2. *Duclos*. Annal. der Chemie und Pharm. T. CIX, p. 135.
3. *Ad. Wurtz*. Moniteur scientifique, 1870, p. 547.

BINITROCRÉSYLOL.

1. *Martius* et *Griess*. Zeitschrift der deutsch. chemisch. Gesellschaft, 1869, p. 206.

TRINITROCRÉSYLOL.

1. *Kellner* et *Beilstein*. Annal. der Chemie und Pharm. T. CXXVIII, p. 164.

BENZINE, HOMOLOGUES ET DÉRIVÉS.

1. *Faraday*. Philos. Transactions, 1825, p. 440. — Poggend. Annal. T. V, p. 306.
2. *Mitscherlich*. Poggend. Annal. T. XXI, p. 231. Annal. der Chemie und Pharm. T. IX, p. 39; t. XXXI, p. 625; t. XXXIII, p. 224; t. XXXV, p. 370.
3. *Hofmann*. Annal. der Chemie und Pharm. T. LV, p. 200.

4. *Warren de la Rue* et *Müller*. Journal für prakt. Chem. T. XXII, p. 300. Jahresbericht der Chemie, 1856, p. 606.

5. *Freund*. Annal. der Chemie und Pharm. T. CXV, p. 19.

6. *Wöhler*. — — T. CII, p. 125.

7. *Mansfield*. — — T. LXIX, p. 162.

8. *Church*. — — T. CIV, p. 111.

9. *H. Kopp*. — — T. XCVIII. p. 369.

10. *Church* et *Perkin*. Journal für prakt. Chem. T. XXXVI, p. 93; t. LVII, p. 177.

11. *Coupier*. Bulletin de la Société industrielle de Mulhouse, 1869, p. 259.

TOLUÈNE.

1. *Pelletier* et *Welter*. Annal. der Chemie und Pharm. T. XXII, p. 150; t. XXVIII, p. 297.

2. *Cahours*. Pharm. Centralblatt, 1850, p. 344. Annal. der Chemie und Pharm. T. LXXVI, p. 286.

3. *Deville*. Annal. der Chemie und Pharm. T. XXXXIV, p. 305.

4. *Völkel*. — — T. LXXXVI, p. 335.

5. *E. Kopp*. Comptes rendus, 1849, p. 149. Gmelin, Handb. T. VI, p. 174.

6. *Mansfield*. Annal. der Chemie und Pharm. T. LXIX, p. 176.

7. *Cannizaro*. Annal. der Chemie und Pharm. T. XC, p. 252; t. XCVI, p. 246.

8. *Warren de la Rue* et *Müller*. Journ. für prakt. Chemie. T. LXX, p. 300.

9. *C. M. Warren*. Zeitschrift für Chemie, 1865, p. 666. Journal für prakt. Chem. T. XCVII, p. 50.

10. *Fittig* et *Tollens*. Annal. der Chemie und Pharm. T. CXXXI, p. 304.

11. *Coupier*. Bulletin de la société industrielle de Mulhouse, 1864, p. 259.

12. *Rosensthiel*. Bull. de la Société industr. de Mulhouse, 1868, p. 194.

13. *Berthelot*. Bullet. de la Soc. industr. de Mulhouse, 1869, p. 194.

XYLÈNE.

1. *Cahours*. ⎫
2. *Völkel*. ⎭ Voyez *Toluène*.

420   BIBLIOGRAPHIE.

3. *Warren ae la Rue* et *H. Müller.* Journ. für prakt. Chemie. T. LXX,
    p. 300. Annal. der chem. und Pharm. T. CXX, p. 339.
4. *H. Müller.* Zeitschrift für Chemie, 1864, p. 161.
5. *Beilstein.* Annal. der Chem. und Pharm. T. CXXXIII, p. 32.
6. *Fittig.* Annal. der Chem. und Pharm. T. CXXXIII, p. 47; t. CXXXVI,
    p. 303.
7. *Béchamp.* Comptes rendus. T. LIX, p. 47.

CUMÈNE.

1. *Gerhardt* et *Cahours.* Annal. der Chem. und Pharm. T. XXXVIII,
   p. 88.
2. *Abel.* Annal. der Chem. und Pharm. T. LXIII, p. 308.
3. *Mansfield.* Annal. der Chem. und Pharm. T. LXIX, p. 179.
4. *Mitthausen.* Journ. für prakt. Chem. T. LXI, p. 79.
5. *Church.* Journ. für prakt. Chem. T. LXV, p. 383.
6. *Warren de la Rue* et *Müller.* Voyez *Xylène.*

NITROBENZINE.

1. *Mitscherlich.* Annal. der Chem. und Pharm. T. XII, p. 305.
2. *Mulder.* Journ. für prakt. Chemie. T. XIX, p. 375.

BINITROBENZINE.

1. *Deville.* Journ. für prakt. Chemie. T. XXV, p. 353.
2. *Muspratt* et *Hofmann.* Annal. der Chem. und Pharm. T. LVII, 214.

NITROTOLUÈNE.

1. *Deville.* Journ. für prakt. Chem. T. XXV, p. 353.
2. *Glénard* et *Boudault.* Journ. für prakt. Chem. T. XXXIII, p. 459.
3. *Jaworsky.* Zeitschrift für Chemie. T. VIII, p. 225.
4. *Kekulé.* Zeitschrift für Chemie. T. X, p. 225.
5. *F. Beilstein* et *A. Kuhlberg.* Zeitschr. für Chem. T. XII, p. 521.

BINITROTOLUÈNE.

1. *H. Deville.* Voyez *Nitrotoluène*.
2. *Cahours.* Comptes rendus. T. XXIV, p. 555.

TRINITROTOLUÈNE.

1. *Wilbrand.* Annal. der Chem. und Pharm. T. CXXVIII, p. 178.

NITROXYLÈNE.

1. *Deumelandt.* Zeitschrift für Chem., 1866, p. 21.

NITROBENZINE, FABRICATION INDUSTRIELLE.

1. *Mansfield.* Le technologiste. T. X, 1848.
2. *Collas.* Secret des arts par le docteur Quesneville, 1851, n°s 5 et 6.
3. *Depouilly frères.* Bulletin de la Société industrielle de Mulhouse, 1865, p. 217.
4. *W. H. Perkin.* Moniteur scientifique, 1869, p. 145, 209, 257.

ANILINE ET DÉRIVÉS.

1. *Unverdorben.* Annal. der Physik. T. VIII, p. 397.
2. *Fritzche.* Annal. der Chem. und Pharm. T. XXXIX, p. 76 et 91.
3. *Runge.* Annal. der Physik. T. XXVI, p. 67 et 513.
4. *Zinin.* Annal. der Chem. und Pharm. T. XLIV, p. 283.
5. *Hofmann.* Annal. der Chem. und Pharm. T. XLVII, p. 37; t. LII, p. 56; t. LIII, p. 1 et 57 ; t. LXVII, p. 61, 129, et 205 ; t. LXX, p. 129; t. LXXIX, p. 11.
6. *Muspratt* et *Hofmann.* Annal. der Chem. und Pharm. T. LIII, p. 221; t. LIV, p. 27 ; t. LXII, p. 200.
7. *Béchamp.* Ann. de chimie et de physique, 3e série. T. XLII, p. 186.
8. *Gottlieb.* Annal. der Chem. und Pharm. T. LXXXV, p. 17 et 265.
9. *Wöhler.* Annal. der Chem. und Pharm. T. CII, p. 127.

10. *H. Schiff*. Annal. der Chem. und Pharm. T. CI, p. 102 ; et Untersuchungen über metallhaltige Anilinderivate. Berlin, 1864.
11. *Scheurer-Kestner*. Répert. de chimie appliquée. T. IV, p. 121.
12. *Beilstein*. Annal. der Chem. und Pharm. T. CIII, p. 242.
13. *Greville-Williams*. Repertory of patent inventions. Janvier 1860. — Zeitschrift für Chem., 1864, p. 315.
14. *Riche* et *Bérard*. Jahresbericht. 1863, p. 428.
15. *Girard* et *de Laire*. Monit. scientifique. T. IX, p. 245.
16. *Berthelot*. Annal. de chim. et de phys. 3ᵉ série. T. XXXVIII, p. 63 t. LVIII, p. 446.
17. *Juncadella*. Annal. der Chem. und Pharm. T. CX, p. 254.
18. *Ch. Bardy*. Monit. scient., 1870, p. 553.

TOLUIDINE ET DÉRIVÉS.

1. *Muspratt* et *Hofmann*. Annal. der Chem. und Pharm. T. LIV, p. 1.
2. *A. W. Hofmann*. Annal. der Chem. und Pharm. T. LXVI, p. 144 ; t. LXXIV, p. 172.
3. *Wilson*. Annal. der Chem. und Pharm. T. LXXVII, p. 216.
4. *H. Müller*. Jahresbericht, 1864, p. 423.
5. *Brimmeyr*. Dingl. polytech. Journ. T. CLXXIV, p. 461. Zeitschrift für Chem. 1865, p. 513.
6. *Gräfinghoff*. Journ. für prakt Chem. T. XCV, p. 221. Zeitschrift für Chem. 1865, p. 599.
7. *Städeler* et *Arndt*. Chem. Centralbatt. 1864, p. 705.
8. *Abel* et *Morley*. Annal. der Chem. und Pharm. T. XCIII, p. 311.
9. *Girard* et *de Laire*. Moniteur scientifique. T. IX, p. 245.
10. *A. W. Hofmann*. Moniteur scientifique, 1872, p. 849.

PSEUDOTOLUIDINE.

1. *Rosenstiehl*. Bulletin de la Soc. indust. de Mulhouse. 1868, p. 543.
2. *W. Körner*. Compt. rend. T. LXVIII, p. 824.

XYLIDINE.

1. *Church*. Journ. für prakt. Chemie. T. LXVII, p. 44.
2. *Deumelandt*. Zeitschrift für Chem. 1866, p. 21.

3. *C. A. Martius*. Monatsbericht der Königl. Akademie der Wissenschaften zu Berlin, 15 juillet 1869.

FABRICATION INDUSTRIELLE DE L'ALININE.

1. *Depouilly frères*. Bulletin de la Soc. industr. de Mulhouse, 1865, p. 299.
2. *Perkin*. Moniteur scientifique, 1865, p. 145.
3. *Béchamp*. Voyez *Aniline*.
4. *Kremer*. Dingl. polytechn. Journ. T. CLXIX, p. 377.
5. *Vohl*. Dingl. polytechn. Journ. T. CLXVII, p. 437.
6. *Brimmeyr*. Dingl. polytechn. Journ. T. CLXXVI, p. 462 ; t. CLXXIX, p. 388.

COULEURS D'ANILINE.

ROUGE D'ANILINE.

1. *Runge*. Ánnal. der Physik von Poggendorff. T. XXVI, p. 67 et 513.
2. *A. W. Hofmann*. Voyez *Aniline ;* en outre, Compt. rend. T. XLVII, p. 472. Proceedings of the Royal Society. T. IX, p. 284.
3. *Natanson*. Annal. der Chem. und Pharm. T. XLVIII, p. 297.
4. *Crace-Calvert*. Journ. of the Society of arts, 1858, juin, p. 17.
5. *Renard frères* et *Franc*. Brevet d'invention du 8 avril 1859, n° 40, p. 635, Cinq additions : des 1er oct., 19 nov., 26 nov., 17 déc. 1859, et 14 fév. 1860.
6. *A. W. Hofmann*. Compt. rend. T. LIV, p. 418. Journ. für prakt. Chem. T. LXXXVII, p. 226. Compt. rend. T. LVI, p. 1033. Zeitschrift für Chem. 1863, p. 393. Compt. rend. T. LVIII, p. 1131. Journ. für prakt. Chem. T. XCIII, p. 208. Compt. rend. T. LVI, p. 945. Zeitschrift der Chem. und Pharm. 1863, p. 369. Comp. rend. T. LV, p. 817. Zeitschrift der Chem. und Pharm. 1863, p. 33.
7. *E. Kopp*. Répert. de chim. appliq. T. VI, p. 257. Dingl. polytechn. Journ. T. CLXV, p. 382. Compt. rend. LII, 363.
8. *Sopp*. Brevet d'invention, 19 fév. 1866.
9. *Girard* et *de Laire*. Brevet d'invention, fév. 1867.
10. *Girard, de Laire* et *Chapotàut*. Compt. rend. T. LXIII, p. 964 ; t. LXIV, p. 416. Traité des dérivés de la houille, p. 575.
11. *Luthringer*. Brevet français du 7 août 1867.

12. *Bolley*. Schweiz. polytechn. Zeitschrift, 1863.

13. *E. C. P. Ulrich*. Brevet d'invention, 1869. Moniteur scientifique, 1869, p. 674.

14. *Coupier*. Bulletin de la Soc. industr. de Mulhouse. 1866, p. 259.

15. *Schützenberger*. Rapport sur les procédés Coupier. Bullet. de la Soc. indust. de Mulhouse, 1868, p. 925.

16. *Rosenstiehl*. Bulletin de la Soc. industr. de Mulhouse, 1866, p. 264 ; 1871, p. 217 et Wagner's Jahresbericht, 1871, p. 764.

17. *A. W. Hofmann*. Rouge de xylidine, Monatsbericht der Königl. Akademis der Wissenschaften zu Berlin, 15 juillet 1869.

18. Safranine. *Dingler's* polyt. Journ. T. CCII, p. 307. Bullet. de la Soc. chim. de Paris. T. XVI, 1871, p. 383. Wagner's Jahrerbericht, 1871, p. 772.

19. *A. W. Hofmann*. et *A. Geyger*. Deutsche chem. Gesellschaft. T. V, p. 462 et 526, 1870, n⁰ˢ 10 et 11. — Bullet. de la Soc. chim. de Paris. T. XVIII, 1872, p. 279.

BLEU D'ANILINE.

1. *Girard* et *de Laire*. Brevet d'invention du 6 juillet 1860. Additions, 2 janv. 1861. Brevet du 2 janv. 1861. Moniteur scientifique. T. VII, p. 4. Traité des dérivés de la houille, p. 585, 590.

2. *Beissenhirz*. Annal. der Chem. und Pharm. T. LXXXVII, p. 376.

3. *Fritzche*. Journ. für prakt. Chem. T. XXVIII, p. 202.

4. *E. Kopp*. Moniteur scientifique. T. III, p. 75. Brevet d'invent. 13 juin 1861.

5. *Béchamp*. Brevet d'invention, 22 juin 1860. Comptes rendus. T. LII, p. 538.

6. *C. Calvert, C. Löwe* et *S. Clift*. Patente anglaise, 11 juin 1860. Brevet français, 12 déc. 1860.

7. *G. Schäffer* et *Gros-Renaud*. Monit. scientifique. T. III, p. 293.

8. *Ch. Lauth*. Moniteur scient. T. III, p. 79.

9. *Persoz, de Luynes* et *Salvetat*. Compt. rend. 1861, n° 14, p. 100, Répertoire de Chim. appliq. T. III, p. 131 et 170.

10. *Bécourt*. Monit. scientifique. T. IV, 1ᵉʳ janv. 1862.

11. *Monnet* et *Dury*. Brevet d'invention, 30 mai 1852. Addition, 7 août 1862. Addition, 21 octobre 1862.

12. *Nicholson*. Monit. scientifique. T. VII, p. 5. Brevet d'invention, 10 juillet 1862.

13. *Williams*. Repertory of pat. invent., mars 1864.

14. *Hofmann*. Compt. rend. 1864. T. LIX, p. 793.

15. *Collin*. Brevet d'invention, 16 mai 1862.

16. *Girard, de Laire* et *Chapotaut*. Brevet d'invention (*Girard* et *de Laire*), 21 mars 1866, Certificat d'addition, 16 mars 1867.

17. *Bolley*. Schweiz. polytechn. Zeitschrift, 1863, p. 32.

18. *Blumer-Zweifel*. Moniteur scientifique, 1869, p. 301.

19. *E. Willm*. Bulletin de la Soc. industr. de Mulhouse, nov. 1861.

20. *J. Persoz*. Brevet au nom de MM. *Guinon, Marnas* et *Bonnet*, juillet 1862.

21. *Richard*. Monit. scient. 1862, p. 463.

22. *Bulk*. Deutsche chem. Gesellschaft. T. V, p. 417 ; 1872, n° 9, Bullet. de la Soc. chim. T. XVIII, 1872, p. 277.

— — —

VIOLET D'ANILINE.

1. *Girard* et *de Laire*. Brevet d'invention, 2 janv. 1861.

2. »   »   »   »   21 févr. 1867.

3. »   »   »   »   25 »   1867.

4. »   »   Traité des dérivés de la houille, p. 595.

5. *E. C. Nicholson*. Patente anglaise, 20 juin 1862.

6. *Delvaux*. Brevet d'invention, 28 mars 1862. Certificat d'addition, 10 oct. 1862.

7. *Wise*. Le technologiste, août 1865.

8. *Poirrier* et *Chappat*. Brevet d'invention du 16 juin 1860. Certificat d'addition du 11 août 1866.

9. *Ch. Lauth*. Moniteur scientifique 1864, p. 336. Brevet d'invention du 1er décembre 1866.

10. *Wanklyn*. Brevet d'invention, 6 nov. 1865.

11. *Perkin*. Patente anglaise provisoire du 27 août 1856, confirmée le 2 févr. 1858. Brevet français du 20 févr. 1858. Patente anglaise du 10 sept. 1864.

12. *Scheurer-Kestner*. Bulletin de la Soc. industr. de Mulhouse, juin 1860.

13. *A. Schlumberger*. Bulletin de la Soc. industr. de Mulhouse, mars 1862.

14. *Tabourin* et *Franc*. Brevet d'invention du 6 août 1858.

15. *Greville-Williams*. Patente anglaise, 30 avril 1859.

16. *Kay*. Patente anglaise du 9 mai 1859.

17. *D. Price*. Patente anglaise, 25 mai 1859 ; Brevet français du 16 nov. 1859.

18. *Guigon*. Brevet français, 30 mai 1861.

19. *Ch. Lauth*. Le technologiste, nov. 1861.

20. *Levinstein*. Brevet d'invention, 2 sept. 1864.

21. *Bolley*. Schweiz. polytechn. Zeitschrift, 1858.

22. *Beale* et *Kirkham*. Patente anglaise, 13 mai 1859.

23. *Depouilly* et *Lauth*. Brevet d'invention, 19 janv. 1860.

24. *R. Smith*. Patente provisoire, 15 mars 1860, Patente définitive, 17 août 1860.

25. *Coblentz*. Brevet d'invention, 23 mars 1860.

26. *J. Dale* et *H. Caro*. Patente anglaise, 26 mai 1860.

27. *G. Philipps*. Brevet d'invention, 28 janv. 1864.

28. *Perkin*. Annal. der Chem. und Pharm. T. CXXXI, p. 201. Brevet d'invention, 1864.

29. *Bulk*. Voyez *Bleu d'aniline*.

30. *A. W. Hofmann*. Berichte der deutsch. chem. Gesellschaft, 6ᵉ année, p. 263, Moniteur scientifique, mai 1873.

VERT D'ANILINE.

1. *Usèbe*. Brevet d'invention du 28 oct. 1862. Note d'un manufacturier, Moniteur scientifique, vol. VI, p. 361.

2. *Lucius*. Polytechn. Centralblatt. 1864, p. 1596 et 1659.

3. *Lauth*. Brevet d'invention, 28 décembre 1865.

4. *Wanklyn* et *Paraf*. Patente anglaise, 14 août 1866.

5. *Keisser*. Brevet d'invention, 18 avril 1866.

6. *A. W. Hofmann*. Monatsbericht des Königl. Akademie der Wissenschaften zu Berlin, 15 juillet 1869.

7. *A. Poirrier, C. Bardy* et *Ch. Lauth*. Bulletin de la Société chim. de Paris. T. XV, 1871, p. 156. Dingl. polytechn. Journ. T. CXCVIII, p. 94, Wagner's Jahresbericht, 1870, p. 587.

9. *Girard* et *de Laire*. Traité des dérivés de houille, p. 608.

BRUN ET JAUNE D'ANILINE.

1. *H. Kœchlin*. Bulletin de la Soc. industr. de Mulhouse, août 1865.

2. *J. Fayolle*. Brevet d'invention du 15 nov. 1864. Moniteur scientifique. T. VII, p. 417.

3. *Girard* et *de Laire*. Brevet d'invention du 23 mars 1863.

4. *Hunt*. Sillim. amer. Journal, nº 1849.

5. *A. W. Hofmann*. Annal. der Chem. und Pharm. T. LXXV, p. 356.

6. *A. Mathiessen*. Annal. der Chem. und Pharm. T. CVIII, p. 212.

7. *Luthringer*. Brevet d'invention, 30 août 1861.

8. *Mène*, Compt. rendus. T. LII, p. 311.
9. *A. Schultz*. Le technologiste, janv. 1866.
10. *H. Caro* et *P. Griess*. Zeitschrift für Chemie. T. X, p. 278.
11. *C. A. Martin* et *P. Griess*. Zeitschrift für Chemie. T. IX, p. 132.
12. *H. Schiff*. Journ. des Chem. und Physik, 1864, p. 110. Le technologiste, oct. 1863.

NOIR ET GRIS D'ANILINE.

1. *Lightfoot*. Brevet d'invention du 28 janv. 1863, n° 57192. Patente anglaise du 17 janv. 1863.
2. *Cordillot*. Moniteur scientifique. T. VI, p. 569 (1864).
3. *Ch. Lauth*. Bulletin de la Soc. chim. de Paris, décembre 1864, févr.
1866, 20 mai 1873.
4. *C. Kœchlin*. Moniteur scientifique. T. VII, p. 772.
5. *Rosenstiehl*. Bulletin de la Soc. industr. de Mulhouse, 1865, nov. et
déc., p. 436.
6. *J. Persoz*. Deutsche Industrie-Zeitung, 1868.
7. *Coupier*. Brevet d'invention, 17 sept. 1867.
8. *Castelhaz*. Brevet d'invention du 19 octobre 1865, n° 69083.
9. *C. Hartmann*. Grothe's Muster-Zeitung, n° 33; Dingler's Journal,
CCII, p. 389. Wagner's Jahresbericht. 1871, p. 761.
10. *A. Müller*, Chem. centralblatt,, 1871, p. 288, Wagner's Jahresbericht, 1871, p. 775.
11. *Jarasson* et *Muller-Pack*. Moniteur de la teinture, 20 octobre 1872.
Bulletin de la Soc. chim. de Paris. T. XIX, 1873, p. 285.
12. *J. Persoz*. Monit. scientifique, 1872, p. 396.
13. *M. Vogel*. Muster-Zeitung. 1868. n° 9. Becker und Reimann, Ani-
lin-Färberei, Berlin 1871, p. 26.

NAPHTALINE ET DÉRIVÉS.

1. *E. Kopp*. Examen des matières colorantes artificielles dérivées du
goudron de houille, seconde partie, Couleur de naphtaline. (Extrait
du moniteur scientifique du docteur Quesneville.)
2. *Ballo*. Das Naphtalin und seine Derivate in Beziehung auf Technik
und Wissenschaft, Brunswick, 1870.
3. *Th. Château*. Couleurs d'aniline, d'acide phénique et de naphtaline.
Paris, 1868.

4. *Berthelot* (Formation de la naphtaline). Will's Jahrb. 1866, p. 516, 1867 et 1868.

5. *Vohl* (Préparation de la naphtaline). Dingl. Journ. T. CLXXXVI, p. 138.

6. *Kolbe* (Constitution). Annal. der Chem. und Phann. T. LXXVI, p. 40.

7. *Erlenmeyer* (Constitution). Annal. der Chem. und Phann. T. CXXXVII, p. 346.

8. *Gräbe* (Constitution). Annal. des Chem, und Phann. T. CXLIX, p. 25.

9. *Faust* et *Saame* (Chlorures de naphtaline). Zestschrift für prakt. chem., 1869.

10. *Glaser* (Dérivés bromés). Annal. des Chem. und Phann. T. CXXXV, p. 40.

11. *Roussin* (Nitronaphtaline). Comptes rendus. T. LII. Dingl. Journ. T. CLXI, p. 69.

12. *Newton* (Jaune de naphtaline). Patente, Dingl. Journ. T. CLXXI, p. 72.

13. *Dusart* (Acide nitroxynaphtalique). Comptes rendus. T. LII, p. 1183, 1861, Journ. für prakt. Chem. T. LXXXIV, p. 188.

14. *E. Kopp* (ibid.). Répert. de Chim. appliq. 1861, p. 262, 306, 405.

15. *Darmstädter* et *Wichelhaus* (Binitronaphtaline). Berl. Bericht, 1869, p. 274.

16. *Laurent* (ibid.). Annal. de Chim. et de Phys. T. LIX, p. 381.

17. *Troost* (ibid.). Bullet. de la Soc. chim. de Paris, 1861, p. 74.

18. *Roussin* (Naphtazarine). Comptes rendus. T. LII, p. 1034.

19. *Liebermann* (ibid.). Berl. Ber. 1870, p. 905.

20. *Aguiar* et *Baeyer* (ibid.). Berl. Ber. 1871, p. 251, 301, 438.

21. *Careg Lea* (Réduction de la binitronaphtaline). Dingl. Journ. T. CLXVI, p. 317, 237.

22. *Troost* (ibid.). Bull. de la Soc. chimique de Paris, 1861, p. 74.

23. *Mülhauser* (ibid.). Annal. der Chem. und Pharm. T. CXLI, p. 240. Will's Jahrb. 1865, p. 528, 1866, p. 619.

24. *Zinin* (Naphtylamine). Annal. der Chem. und Pharm. T. XLIV, p. 283.

25. *Carey Lea* (ibid.). Dingl. Journ. T. CXVI, p. 237; t. CLXXIII, p. 480. T. CXC, p. 428.

26. *Piria* (Naphtazarine). Annal. des Chem. und Pharm. T. LXXVIII, p. 62. T. CI, p. 92.

27. *Scheurer-Kestner* et *Richard* (Violet de naphtylamine). Dingl. Journ. T. CLXII, p. 295 et 193.

28. *Clavel* (Rouge de naphtylamine). Dingl. Journ. T. CXL, p. 428.

29. *Church* et *Perkin* (Nitrosonaphtyline). Chem. Centralblat, 1856, p. 604, 1863, p. 913.

30. *Martius* (Jaune de Martius). Dingl. Journ. T. CLXXXVII, p. 165.

31. *Wichelhaus* et *Darmstädter* (ibid.). Berl. Ber., 1869, p. 113.

32. *E. von Sommaruga* (Indophane). Deutsche chemische Gesellschaft. T. IV, p. 94, 1871; Bulletin de la Soc. chim., 1871. T. XXV, p. 281; *Wagner's* Jahresbericht, 1871, p. 750.

33. *Hofmann* (Rouge de naphtaline). Berl. Ber., 1869, p. 374 et 412. Dingl. Journ. T. CXLII, p. 513.

34. *Zinin* (Naphtalidam). Journ. für Prakt. Chem. T. XXXVII, p. 29; t. LVII, p. 173.

35. *D'Aguiar* (ibid.). Berl. Ber., 1870, p. 27.

36. *Gräbe* (Naphtoquinones). Annal. der Chem. und Pharm. T. CIL, p. 1, Berl. Ber., 1869, p. 612.

37. *Depouilly* (Acide chloroxynaphtalique). Bulletin de la Soc. chim., 1865, p. 10.

38. *Merz* (Acide sulfonaphtalique). Zeitschrift für Chem, 1868, p. 34 et 393.

39. *Merz* et *Mulhäuser* (Cyannaphtaline). Zeitschrift für Chem. 1869, p. 70 et 614.

40. *Wichelhaus* et *Darmstädter* (ibid.). Berl. Ber., 1869, p. 356.

41. *Grieff* (Naphtol). Chem. Centralblatt, 1863, p. 125.

42. *Schäffer* (ibid.). Berl. Ber., 1869, p. 90. Zeitschrift für Chem. 1869, p. 215.

43. *Laurent* (Acide phtalique). Revue scientifique. T. XIV, p. 560.

44. *Vohl* (ibid.). Annal. des Chem. und Pharm. T. CXLIV, p. 71.

ANTHRACÈNE ET DÉRIVÉS.

1. *E. Kopp* (Sur l'anthracène et ses dérivés). Moniteur scientifique, 1869. M. XI, p. 465, 851, 873, 1065, 1138; 1870, t. XII, p. 753; 1871, t. XIII, p. 531, 691; 1872, t. XIV, p. 33, 252, 319, 681; 1873, t. XV, p. 14.

2. *G. Auerbach*. Das Anthracen und seine Derivate. Berlin, 1873.

3. *Dumas* et *Laurent* (Paranaphtaline). Annal. de chim. et de phys. 3ᵉ série. T. L, p. 187.

4. *Laurent* (Anthracène). Annal. de chim. et de phys. 3ᵉ série. T. LX, p. 230; t. LXVI, p. 148; t. LXXII, p. 415.

5. *Fritzsche* (ibid.). Journ. für prakt. Chem. T. LXXIII, p. 282; t. CV, p. 129. — Rep. chim. prat., 1862. T. IV, p. 269. Bulletin de la Soc. chim. T. VI, p. 474; t. VIII, p. 191; t. XII, p. 414.

6. *Anderson* (Anthracène et dérivés). Annal. des Chem. und Pharm. T. CXXII, p. 294.

7. *Berthelot* (Formation de l'anthracène). Bullet. de la Soc. chim. T. VI,

p. 268, 272, 280; t. VII, p. 43, 224, 274, 279, 288; t. VIII, p. 195, 225, 231; t. IX, p. 295; t. X, p. 483.

8. *Gräbe* et *Liebermann* (Anthracène et dérivés). Annal. der Chem. und Pharm. 1870. T. VII (supplément), p. 257; Berl. Ber., 1870, p. 634, 637 ; Bulletin de la Soc. chim. T. XI, p. 178, 271, 516.

9. *Liebermann* (Anthraquinone). Berl. Ber., 1871, p. 109, 230.

10. *Greiff* (Préparation de l'anthracène). Dingl. Journ. T. CXCIII, p. 511; t. CXCIV, p. 351.

11. *Gessert* (ibid.). Polytechn. Notizbl., 1870, p. 221.

12. *Schuller* (ibid.). Berl. Ber., 1870, p. 548.

13. *Wartha* (Anthraquinone). Berl. Ber., 1870, p. 548.

14. *Bolley* (Nitroanthracène). Berl. Ber., 1871, p. 671.

15. *Bolley* (Alizarine). Schweiz, polytechn. Zeitschrift, 1869, p. 145, 18; 1870, p. 31, 51.

16. *Perkin* (Dérivés de l'anthracène et anthraflavine). Chem. news. T. XXI, p. 116, 139 ; t. XXII, p. 37, 283; t. XXIV, p. 226; Journ. of the Chem. Soc. (3) T. VIII, p. 133; t. IX, p. 25.

17. *Böttger* et *Petersen* (Dérivés de l'anthraquinone). Berl. Ber., 1871, p. 226, 301.

18. *Böttger* (Orange d'anthracène). Polytechn. Notizblatt, 1870, p. 225.

19. *Roscoë* (Alizarine). Chem. news, 1870. T. XXI, p. 185.

20. *Dale* et *Schorlemmer* (Alizarine). Berl. Ber., 1870, p. 838.

21. *Schunck* (Anthraflavine). Berl. Ber., 1871, p. 359.

22. *Strecker* (Nitroxyalizarine). Zeitschrift für Chem. T. IV, 1868, p. 263.

23. *Limpricht* (Formation de l'anthracène). Bulletin de la Soc. chim. T. VI, p. 467.

24. *Auerbach* (Isopurpurine). Moniteur scientifique, août 1872, p. 686; Das anthracen und seine Derivate, Berlin, 1873, p. 122.

25. *W. H. Perkin* (Anthrapurpurine). Bulletin de la Soc. chim. T. XVIII, 1872, p. 527; t. XIX, 1873, p. 519. Moniteur scientifique, septembre 1873, p. 788.

26. *H. Grothe* (Impression avec l'alizarine). Grothe's Muster-Zeitung, 1871, n° 24, p. 142; n° 30, p. 242; n° 46, p. 362.

MATIÈRES COLORANTES DÉRIVÉES DES PHÉNOLS.

1. *Dale* et *Schorlemmer* (Acide rosolique). Berl. Ber., 1871, p. 231, 968. — Bulletin de la Soc. chim., 1871. T. XVI, p. 374. — Chem-news, t. XXVII, p. 103. — Bullet. de la Soc. chim. 20 sept. 1873.

2. *H. Fresenius* (ibid.). Journ. für. prakt. Chem. T. III, p. 477. Bullet. de la Soc. chim. 1871, t. XVI, p. 375.

3. *Baeyer* (Couleurs dérivées des phénols), Berl. Ber. 1871, p. 457, 555, 658. Bullet. de la Soc. chim. T. XVI, 1871, p. 184, 377.
4. *F. Grimm* (Phtaléine de l'hydroquinone et quinizarine). Deutsche chemische Gesellschaft, t. VI, p. 506, 1873. — Bullet. de la Soc. chim. 5 octob. 1873.
5. *Weselsky* (Dérivés azoïques de la résorcine). Berl. Ber. 1871, p. 613. Bullet. de la Soc. chim. 1871. T. XVI, p. 186.

CYANINE.

1. *Runge* (Leucoline). Poggend. annal. des Phys. T. XXXI, p. 68.
2. *Hofmann* (ibid.). Annal. der Chem. und Pharm. T. XLVIII, p. 27.
3. *Gerhardt* (Chinoline). Revue scientifique. T. X, p. 186.
4. *Greville-Williams* (Bleu de chinoline). Chem. news. T. II, 1860, p. 219.
5. *Hofmann* (Cyanine). Dingl. polytechn. Journ. 168, p. 125; compt. rend. T. LV, p. 84.
6. *Schnitzer* (ibid.). Chem. Centralb., 1861, p. 636.
7. *Nadler* et *Merz* (ibid.). Journ. für prakt. Chem. T. C, p. 129.
8. *Schönbein* (ibid.). Journ. für prakt. Chem. T. CV, p. 385, 449.
9. *Horace Köchlin* (Cinchonine). Rép. de Chim. appliq., 1861. T. III, p. 381.
10. *H. Köchlin* (Dalleïochine). Bullet. de la Soc. indust. de Mulhouse, 1860. T. XXX, p. 458.

MATIÈRES COLORANTES DÉRIVÉES DE L'ALOÈS.

1. *Schunk* (Acide chrysamique). Annal. des Chem. und Pharm. T. XXXIX, p. 1; t. LXV, p. 235.
2. *Mulder* (ibid.). Annal. des Chem. und Pharm. T. LXVIII, p. 329; t. LXXII, p. 285.
3. *Laurent* (ibid.). Compte rendu des travaux de Chimie, 1850, p. 163.
4. *C. Robiquet* (Aloès et dérivés). Annal. des Chem. und Pharm. T. LX, p. 295.
5. *Sacc* (Teinture avec les dérivés de l'aloès). Dingl. Journ. T. CXXXIV, p. 289.
6. *Boutin* (ibid.) Le teinturier, p. 355.
7. *Lindner* (ibid.). Dingl. Journ. T. CXXXV, p. 312.
8. *Löwe* (ibid.). Dingl. Journ. T. CXXXVII, p. 238.

432 BIBLIOGRAPHIE.

9. *Stenhouse* et *Müller* (Acide chrysamique). Zeitschrift für Chem. 1866, p. 565.
10. *Finck* (Acide chrysocyamique). Zeitschrift für Chem. 1865, p. 519.
11. *Tilden* (Acide chrysamique et aloïne). Chem. news, 1872. T. XXV, p. 229, 244.

ACIDE RUFIGALLIQUE.

1. *Löwe* (Acide rufigallique). Journ. für prakt. Chem. T. CVII, p. 296.
2. *Malin* (ibid.). Annal. des Chem. und Pharm. T. CXXXI, p. 345.
3. *Jaffe* (ibid.). Berl. Ber. 1870, p. 694.
4. *Hugo Schiff* (ibid. et acide tannique). Berl. Ber. 1871, p. 231, 968. Bullet. de la Soc. chim. 1871. T. XVI, p. 198.

MUREXIDE.

1. *Prout* (Acide purpurique). Annal. of Philos. T. XIV, p. 363.
2. *Liebig* et *Wöhler* (Murexide). Annal. des Chem. und Pharm. T. XXVI, p. 319.
3. *Braun* (Préparation de l'acide urique). Dingl. Journ. T. CLII, p. 191.
4. *Brooman* (ibid. et murexide). Dingl. Journ. T. CXLIV, p. 68; t. CXLV, p. 137; t. CIVL, p. 236.
5. *Schlumberger* et *Dollfuss* (Teinture avec la murexide). Bullet. de la Soc. ind. de Mulhouse, 1854, n° 120, p. 242, 280.
6. *Depouilly* et *Ch. Lauth* (ibid.). Moniteur scientifique, 1859, p. 968.
7. *E. Kopp* (Murexide). Répert. de chim. appliq. 1859. T. I, p. 79.
8. *Clark* (ibid.). Dingl. polytechn. Journ. T. CLL, p. 141, 203.
9. *Th. Wurtz* (Teinture). Dingl. Journ. T. CLIII, p. 212.

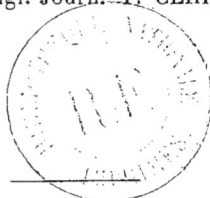

TABLE ANALYTIQUE DES MATIÈRES

CHAPITRE PREMIER

DU GOUDRON ET DE SA RECTIFICATION

(Pages 1 à 35.)

CHAPITRE II

L'ACIDE PHÉNIQUE, SES HOMOLOGUES ET SES DÉRIVÉS

(Pages 36 à 67.)

CHAPITRE III

LA BENZINE, SES HOMOLOGUES ET SES DÉRIVÉS

(Pages 68 à 251.)

CHAPITRE IV

LA NAPHTALINE ET SES DÉRIVÉS

(Pages 252 à 287.)

CHAPITRE V

L'ANTHRACÈNE ET SES DÉRIVÉS

(Pages 288 à 357.)

CHAPITRE VI

MATIÈRES COLORANTES DÉRIVÉES DES PHÉNOLS

(Pages 358 à 374.)

APPENDICE

DE QUELQUES MATIÈRES COLORANTES ARTIFICIELLES D'ORIGINES DIVERSES

(Pages 375 à 414.)

FIN DE LA TABLE ANALYTIQUE

TABLE ALPHABÉTIQUE DES MATIÈRES

FIN DE LA TABLE ALPHABÉTIQUE.

CORBEIL. — IMPRIMERIE DE CRÉTÉ FILS.

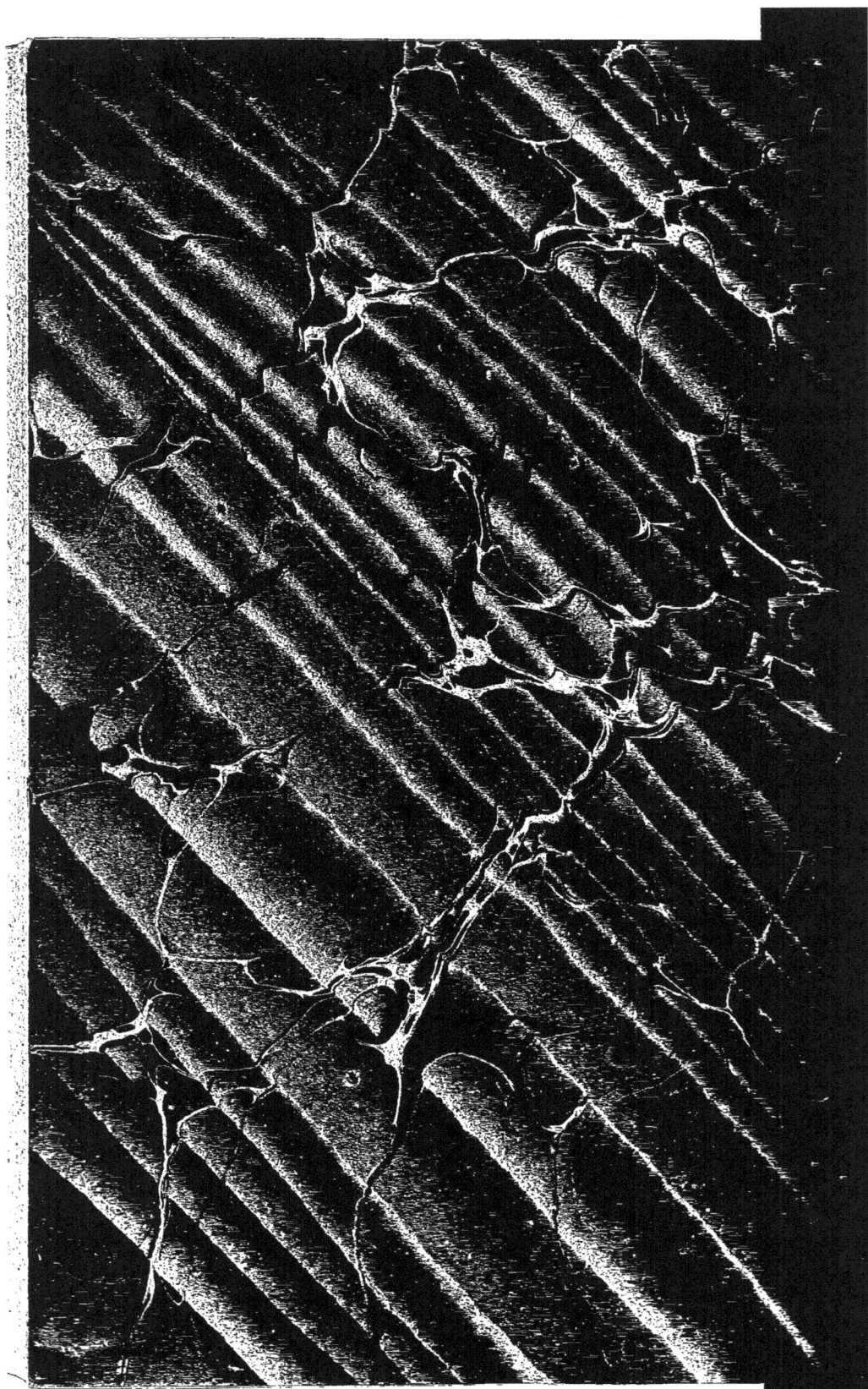

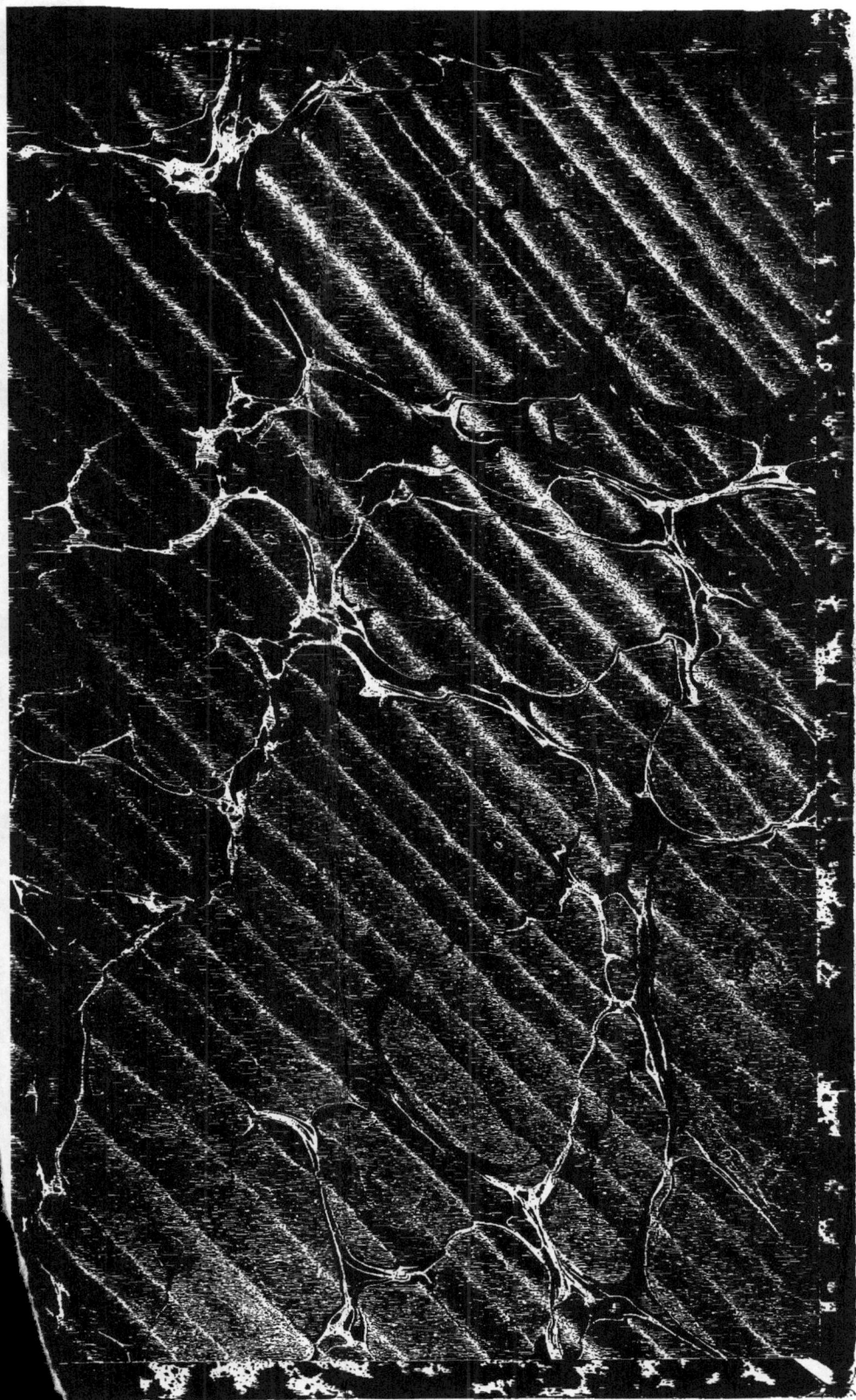

www.ingramcontent.com/pod-product-compliance
Lightning Source LLC
Chambersburg PA
CBHW060522220326
41599CB00022B/3399